マイクロ・ナノプラズマ技術の開発と産業応用

Developments and Industrial Applications of Micro-/Nano-Plasma Technology

監修：橘　邦英
寺嶋和夫

シーエムシー出版

はじめに
—ものさしをかえてプラズマを見直す—

従来，多くのプラズマ応用技術では，できるだけ大きな容積あるいは面積に均一なプラズマを生成する方向が志向されてきた。その発想を逆転して，空間的尺度を mm から μm，さらには nm に至るまでスケールダウンしていけばその先に何が見えてくるだろうか。そのような好奇心からスタートしたマイクロプラズマ研究への関心が，近年急速に高まってきている[1~4]。その理由としては，ただ小さいだけではないという特徴が漸く見えてきたからではないだろうか。

図 1 には，プラズマの空間的スケール（特性長）d と動作ガス圧力 p の座標の上に，従来のさまざまな応用技術とマイクロプラズマの領域を表示している[1]。一般には，よく知られたパッシェンの法則に従って，pd の積がガスの種類に依存した 10^3 ～10^4 Pa・mm 程度の一定値で放電開始電圧が最低になるため，サイズ d の減少とともに動作最適圧力 p は増加していくことになる。ここで，我々がマイクロプラズマと称している領域の入口付近には，プラズマディスプレイパネル（PDP）の単一セルの放電プラズマが位置づけられ，1970 年代の中頃から 30 年近い研究

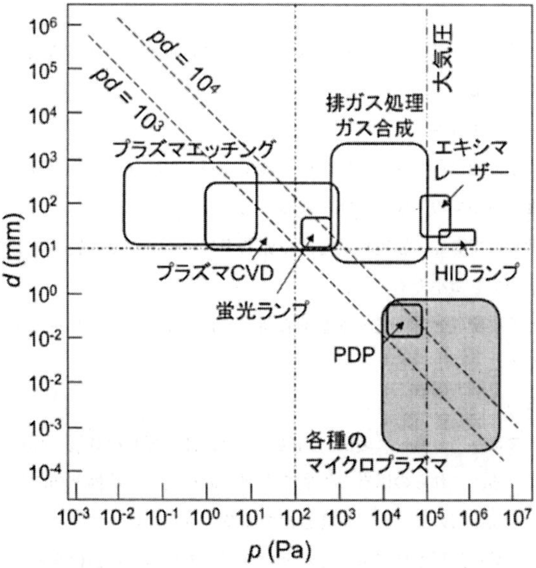

図 1　各種プラズマ応用技術の圧力 p と特性長 d の座標上での位置付け

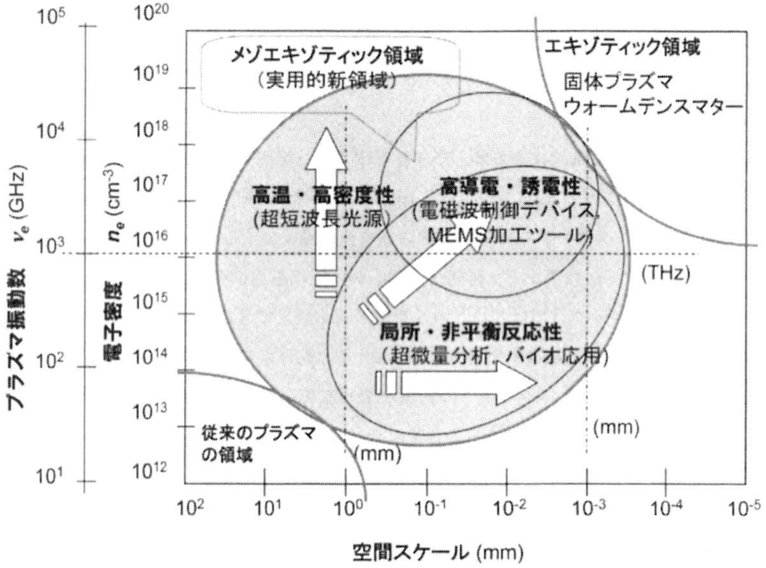

図２　空間スケールと電子密度で表したマイクロプラズマの領域と応用技術の展開

の歴史を刻んでいる。それに倣いながら一般化することによって，さらに大きな発展を狙っているのが最近の動向である。

さて，微小な空間で生成されるプラズマの特性としては，

① 大気圧領域を含む高圧ガスや，場合によっては超臨界流体や液体（液滴），固体（微粒子）などの高密度媒質中での生成が可能になること

② 空間の尺度だけでなく，放電持続時間や原料ガス（あるいは媒質）の滞在時間などの時間スケールにおいても微小であること

③ プラズマとその境界となる電極や器壁表面との相互作用が，スケールダウンに従ってますます重要になること

などが挙げられる。

一方で，プラズマは本来，高い反応性，高効率の発光性，可変な誘電・導電性という３つの優れた性質を有している。これらの固有の性質を上述の微小空間の特性と巧みに組み合わせることによって，いろいろな応用のアイデアが湧き出てくる。さらには，マイクロプラズマを単独で用いるか，あるいは複数を配列させて用いるかという選択の自由度を掛け合わせれば，さらにその可能性は広がっていく。その身近な一例としては，発光性×微小性×集積化の組み合わせによっ

て画像表示という機能を引き出したものがPDPということになる。

ところで，一般に高密度媒質中の放電プラズマでは，電離度がそれほど高くなくても，電子（やイオン）の密度n_eを10^{12}～$10^{18}cm^{-3}$程度にまで到達させることができる。したがって，図2に示すように[1)]，プラズマの固有振動としての電子プラズマ周波数ν_eは10GHz～10THzという超高周波領域になる。また，サイズが小さいことから，プラズマ中での原料の滞在時間をμm～msという時間領域まで微小化することができる。このように，プラズマのミクロ空間へのスケーリングという発想の転換によって，プラズマ化される媒質の体積（量）のみならず，関連する周波数や時間のスケールまで，従来と違ったものさしで測る必要が生じ，逆に，それによって新しい物理や応用の世界が展開してくる。

本書では，そのようなマイクロプラズマの特徴を利用したさまざまな技術について，特にナノ・バイオ材料プロセスや新規なマイクロプラズマデバイスにスポットを当てて，先端の研究が紹介されている。また，今後に期待される戦略的な展開については最終章で言及される。

2006年12月

橘　邦英

文　　献

1)　橘　邦英：応用物理，**75** (4)，399 (2006)
2)　Kunihide Tachibana: *IEEJ Trans. Electrical and Electronic Eng.* **1**, 145 (2006)
3)　橘　邦英：プラズマ・核融合学会誌，**80**, 825 (2004)
4)　特定領域研究「マイクロプラズマ」，URL: http://plasma.kuee.kyoto-u.ac.jp/~tokutei429/

普及版の刊行にあたって

本書は2006年に『マイクロ・ナノプラズマ技術とその産業応用』として刊行されました。普及版の刊行にあたり，内容は当時のままであり加筆・訂正などの手は加えておりませんので，ご了承ください。

2012年2月

シーエムシー出版　編集部

執筆者一覧（執筆順）

橘　邦英	京都大学　工学研究科　電子工学専攻　教授 (現) 大阪電気通信大学　工学部　教授
石井彰三	東京工業大学　大学院理工学研究科　電気電子工学専攻　教授
河野明廣	名古屋大学　工学研究科　電子情報システム専攻　教授
櫻井　彪	山梨大学　大学院医学工学総合研究部　教授 (現) 山梨大学名誉教授
川田重夫	(現) 宇都宮大学　工学研究科　学際先端システム学専攻　教授
中村恭志	東京工業大学　大学院理工学研究科　土木工学専攻　助教授 (現) 東京工業大学　大学院総合理工学研究科　環境理工学創造専攻　准教授
寺嶋和夫	(現) 東京大学　大学院新領域創成科学研究科　物質系専攻　教授
野間由里	東京大学　大学院新領域創成科学研究科　物質系専攻
野崎智洋	(現) 東京工業大学　大学院理工学研究科　機械制御システム専攻　特任准教授
岡崎　健	(現) 東京工業大学　大学院理工学研究科　機械制御システム専攻　教授
白井　肇	(現) 埼玉大学　大学院理工学研究科　物理機能系専攻　教授
藤山　寛	(現) 長崎大学　大学院工学研究科　教授
関口秀俊	東京工業大学　大学院理工学研究科　化学工学専攻　助教授
酒井　道	(現) 京都大学　大学院工学研究科　電子工学専攻　准教授
斧　高一	(現) 京都大学　大学院工学研究科　航空宇宙工学専攻　教授
東口武史	(現) 宇都宮大学　大学院工学研究科　准教授
窪寺昌一	(現) 宮崎大学　工学部　教授
清水禎樹	(現) (独)産業技術総合研究所　ナノシステム研究部門　フィジカルナノプロセスグループ　研究員
佐々木　毅	(現) (独)産業技術総合研究所　ナノシステム研究部門　主幹研究員
越崎直人	(現) (独)産業技術総合研究所　ナノシステム研究部門　研究グループ長

（つづく）

堀　　勝	(現) 名古屋大学　大学院工学研究科　電子情報システム専攻　教授
畠山力三	東北大学　大学院工学研究科　電子工学専攻　教授
岡田　健	東北大学　大学院工学研究科　電子工学専攻
金子俊郎	東北大学　大学院工学研究科　電子工学専攻　助教授
葛谷昌之	(現) 松山大学　薬学部　教授
崎山幸紀	(現) University of Califolnia, Berkeley Department of Chemical and Biomolecular Engineering Research Associate
秋津哲也	山梨大学　大学院医学工学総合研究部　人間環境医工学専攻　教授
黒澤　茂	(独)産業技術総合研究所　環境管理技術研究部門　主任研究員
張替寛司	筑波大学　数理物質科学研究科　物性・分子工学専攻
愛澤秀信	(独)産業技術総合研究所　環境管理技術研究部門　研究員
鈴木博章	(現) 筑波大学　大学院数理物質科学研究科　教授
一木隆範	(現) 東京大学　大学院工学系研究科　バイオエンジニアリング専攻　准教授
沖野晃俊	(現) 東京工業大学　大学院総合理工学研究科　創造エネルギー専攻　准教授
宮原秀一	(現) 東京工業大学　大学院総合理工学研究科　創造エネルギー専攻　特任助教；㈱プラズマコンセプト東京　代表取締役
安岡康一	(現) 東京工業大学　大学院理工学研究科　電気電子工学専攻　教授
秋山秀典	(現) 熊本大学　大学院自然科学研究科　教授
篠田　傳	東京大学　生産技術研究所　客員教授；㈱富士通研究所　フェロー (現) 篠田プラズマ㈱　社長
粟本健司	(現) 篠田プラズマ㈱　主監

執筆者の所属表記は，注記以外は2006年当時のものを使用しております。

目　　次

【第一編　発生と診断】

第1章　マイクロプラズマの生成とその課題　石井彰三

第2章　診　断

第3章 マイクロプラズマシミュレーション 川田重夫，中村恭志

【第二編 材料工学への応用】

第1章 マイクロプラズマの材料デバイスプロセスへの応用 寺嶋和夫，野間由里

第2章 ナノクラスター・粒子創成 野崎智洋，岡崎 健

第3章 大気圧マイクロプラズマジェットの薄膜プロセス応用　白井　肇

第4章 低圧環境下でのマイクロプラズマの生成と製膜への応用　藤山　寛

第5章 マイクロプラズマリアクターを利用した材料・化学合成　関口秀俊

第6章 マイクロプラズマデバイスの創製　酒井　道，橘　邦英

第7章 マイクロプラズマスラスタ　斧 高一

第8章 次世代リソグラフィー用短波長光源　東口武史，窪寺昌一

第9章 オンデマンド材料プロセシングのための大気圧マイクロプラズマデポジション技術　清水禎樹，佐々木毅，寺嶋和夫，越崎直人

第10章 プラズマナノプロセス用マイクロプラズマ分光診断 堀 勝

【第三編 医療・バイオテクノロジーへの応用】

第1章 DNA 超分子システム創成への応用 畠山力三，岡田 健，金子俊郎

第2章 プラズマ技術の薬物送達システム開発へのバイオ応用 葛谷昌之

第3章 医療装置への応用 崎山幸紀

第4章 半導体オープニングスイッチ方式大気圧グロープラズマのバイオ応用 **秋津哲也**

第5章 センシングプロセスへの応用

黒澤　茂，張替寛司，愛澤秀信，寺嶋和夫，鈴木博章

第6章 マイクロプラズマ技術の先端バイオ計測への展開 **一木隆範**

第7章 微量元素分析への応用 **沖野晃俊，宮原秀一**

第8章 大気圧酸素ラジカルフローと水処理への応用 安岡康一

第9章 ハイパワーパルス式マイクロプラズマの環境・バイオプロセスへの応用 秋山秀典

【第四編 マイクロ・ナノプラズマの今後の展望】

第1章 産業応用の新展開 篠田 傳，栗本健司

第2章 戦略的基礎研究 橘 邦英

第　一　編

発生と診断

第1章　マイクロプラズマの生成とその課題

石井彰三*

1　マイクロプラズマ生成法の分類

典型的な寸法が10～500μmであるマイクロプラズマを生成・維持するには，プラズマの大きさを微小に保ちながら，電気的エネルギーを外部から微小空間に効率良く注入しなければならない。さて，用語として「マイクロ放電」と「マイクロプラズマ」は異なるので，その違いを明らかにしておきたい。これはグロー放電の場合を考えると分かりやすい。グロー放電では陰極から放電管軸方向に陰極暗部，負グロー，ファラデー暗部が交互に現れ，さらに陽極までの間にプラズマ状態にある陽光柱領域が存在する[1)]。つまり，陽光柱がプラズマであり，その全体がグロー放電である。正と負の極性の電荷数が等しく電気的に中性であるプラズマと，放電とを分けて扱う必要がある。

マイクロプラズマの生成方式は大別して，エネルギー集中型，空間制限型，質量制限型の三種類に分けると考えやすい。まず，エネルギー集中型は外部からのエネルギーを空間的に集中させてプラズマを作る方式である。たとえば，針状電極の先端部は電界が集中し高電界となるので，気体の絶縁破壊が容易に起こり，その場所にマイクロプラズマを生成できる。直流あるいは高周波電力を針状電極の先端部に集中させて，マイクロプラズマを作ることもできる。また，レーザ生成プラズマやレーザ核融合のように，大出力レーザ光を空間的に集中させてプラズマを作る方法もこの方式の一つである。

二つめの空間制限型は固体壁等により放電空間を物理的に制限し，マイクロプラズマを作る方式である。身近な例では，微小な放電から発生する紫外線で蛍光体を発光させるプラズマ・ディスプレイ・パネルにおいて[2)]，画素を構成する各セル内の放電がこの形式にあてはまる。一般に，空間制限型では微小な放電セルの中に電極を置いたり，セルの外部に電極あるいは給電用のコイルを設けたりして，放電部に電力を注入する。この方式では放電領域が壁で取り囲まれているため放電の制御が容易で，プラズマの形状を自由に設定できる等の特長がある。産業応用あるいは実験室で使われている従来のプラズマの大部分は，放電容器の中で作られるので空間制限型である。プラズマの体積が大きい場合には，周囲にある固体壁の影響を無視しても問題は生じないが，

---

* Shozo Ishii　東京工業大学　大学院理工学研究科　電気電子工学専攻　教授

マイクロプラズマでは壁や電極の影響が大きい。微小な物質では，その体積に対する表面積の割合である比表面積が大きくなり，表面における次のような現象が問題になってくる。プラズマと接する電極や固体壁の表面では，壁面の損傷，不純物の発生，再結合等による荷電粒子の損失およびエネルギー損失のように，プラズマ生成にとって好ましくない問題が生じる。その一方で，プラズマとの界面現象である電子放出，表面での帯電，薄膜形成，スパッタリング，分子の吸着・脱着等を効果的に利用できる可能性がある。

三つ目の質量制限型はプラズマとする物質の質量を微小なものとして，マイクロプラズマの大きさを制御する方式である。その基本的イメージは，対向する電極間に微小な物質を置いて放電させ，マイクロプラズマに進展させるというものである。プラズマの大きさは固体壁で制限されるのではなく，物質自身が有する質量で決まる。物質として，気体・液体・固体のいずれもが使えるので，ほとんどすべての物質をプラズマ状態にできる。これはマイクロプラズマで初めて実現できるようになった特徴である。また，放電容器が不要であるので，マイクロプラズマは大気中でも自由に生成できる。さらに周囲のガス雰囲気を選択・制御すれば，多様な特性を持つマイクロプラズマが作れるようになる。

放電電極間に導入することができる微小な物質として，気体では微細ガス流，液体では微小液滴，固体では粉体微粒子がそれぞれ考えられる。寸法が 1 ～数 10cm である従来のプラズマ生成技術において，放電で固体や液体からプラズマを直接作ることは論外であった。その理由は，液体や固体を構成する原子数が気体の場合に較べてはるかに多く，溶融・気化という相転移の過程を経て気体の状態にしなければならないために，プラズマを生成するには膨大な電気エネルギーが必要となるからである。

2　マイクロプラズマの生成と制御

前項で述べたように寸法が微小なマイクロプラズマでは，従来のプラズマでは考えられなかった発想による装置の実現や，技術的に困難であった点の克服が可能となる[3)]。たとえば，微細加工やプラズマプロセスへの応用では，プラズマ装置には高価な真空排気装置とガス供給装置が不可欠であり，プロセスごとに試料を移動し交換するため真空を破る手間が必要で連続的な処理が困難であった。この問題は大気圧プラズマを使うことで克服されつつある[4)]。マイクロプラズマではプラズマ周辺の雰囲気についての条件が緩和され，大気圧放電も容易である。しかしながら，マイクロプラズマの生成技術は多様であり目的と応用にあわせて，放電方式，プラズマとする物質，プラズマ生成のための電源それぞれについて，最適となる選択をする必要がある。

マイクロプラズマの生成と制御に関わる課題を図 1 に整理した。マイクロプラズマ生成装置は

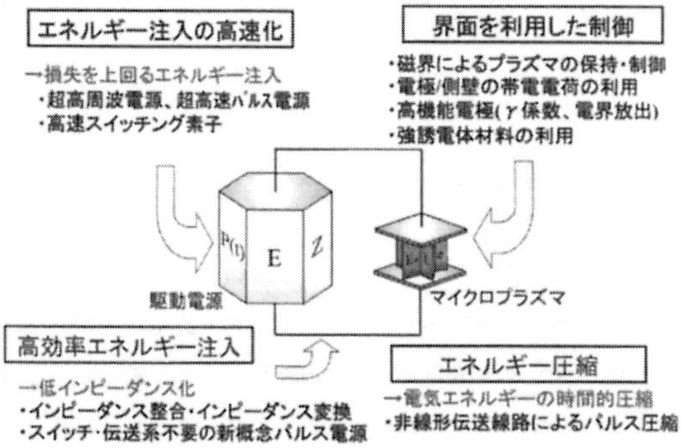

図1　マイクロプラズマの生成と制御

プラズマとそのための駆動電源で構成される。放電の開始と維持には電子が大きな影響を与えるので，放電の制御では電子数の制御が効果的である。すなわち，二次電子放出係数の大きな電極材料の適用や電子の電界放出を増加させる電極構造の設計が重要である。バリア放電を用いたマイクロプラズマでは電極を覆う誘電体の電荷量が放電電流に関係するなど，プラズマ周辺にある誘電体に帯電する電荷を制御する技術も重要である。

放電が維持されている状態では電極間電圧が200～600Vであるが，マイクロプラズマを生成する駆動電源の出力電圧としては1～5kV程度が要求される。マイクロプラズマの種類により，直流，交流，13.56MHzの高周波，2.45GHzのマイクロ波，パルスなどの電力を供給する電源がそれぞれ使われる。一般に放電を進展・維持させるには，荷電粒子が損失する割合を上回る電力を注入する必要がある。このため，高周波あるいはパルス電力が有効であり，電気エネルギーを高速で注入し，微小空間に効率よく注入する時間的・空間的な制御が必要である。高周波電力やパルス電力を用いる場合では，電源とプラズマとのインピーダンス整合を常に考えなければならないが，これは装置のインピーダンス整合，あるいは伝送線路やインピーダンス変換回路の設計で対応する。パルス電力に要求される高速で立ち上がる電圧や電流を得るため，高速スイッチング素子やパルス圧縮回路が使われる。パルス圧縮回路には非線形インダクタンスとする磁気スイッチや，非線形コンデンサを用いた非線形伝送線路[5]がある。

水冷や空冷による強制的な冷却をしないとすれば，マイクロプラズマに注入される平均電力は0.1～10W程度である。このように小電力であることとプラズマ自身が微小であることから，プラズマ生成用の電源もできる限り小さくすべきであるという考え方が当然生まれる。マイクロプラズマが従来のプラズマ装置と基本的に異なるのは，電源とプラズマが一体となったコンパクトなシステムを実現できることである。電気的特性を左右する回路のインダクタンスや静電容量は装置の機械的な構造と寸法に依存するので，電源を含めて小形で集積化されたプラズマ装置とする利点は大きい。

3　大気圧マイクロプラズマ

マイクロプラズマの特徴は，大気圧に近いガス圧力であってもグロー放電が得られ，熱的非平衡プラズマが容易に生成できることである。大気圧でグロー放電が実現されている例には，バリア放電[6]，マイクロホローカソード放電[7]，微小電極間における高周波・マイクロ波放電[8]などがある。マイクロプラズマで定常的なグロー放電が実現できる一つの理由として，放電の維持に陰極領域から電子が充分に供給されることと同時に，微小電極間の微小な放電では，電極あるいはプラズマ表面からのエネルギー損失が大きく，注入電力との適正なエネルギー収支の釣り合いが実現されていることがあげられる。

大気圧中での放電によりマイクロプラズマを作るときには，前述した質量制限型の生成法がもっとも基本的である。質量制限型の基本形は図2(a)に示すように，電極間に存在する微小な物質を放電させるものである。図から分かるように軸対称で単純な構造となっているが，これを基本形として物質の種類，電極構造，電力の供給法などさまざまに変えることができる。たとえば図2(b)に示すような，絶縁物細管中に希ガスや反応ガスを流すマイクロプラズマジェットがある。これは本書でも述べられているように，新材料合成や微細加工などマイクロプラズマの応用として広く使われている。マイクロプラズマジェットにはプラズマに対して，細管の外部に置いたコイルで高周波電力を誘導結合させるもの，あるいは電極を設けて静電的に電力を結合させるものの二種類がある。ガス流によりプラズマとしての質量が決まるが，周囲を細管が取り囲んでいるので質量制限型と空間制限型との中間の形式ともいえる。

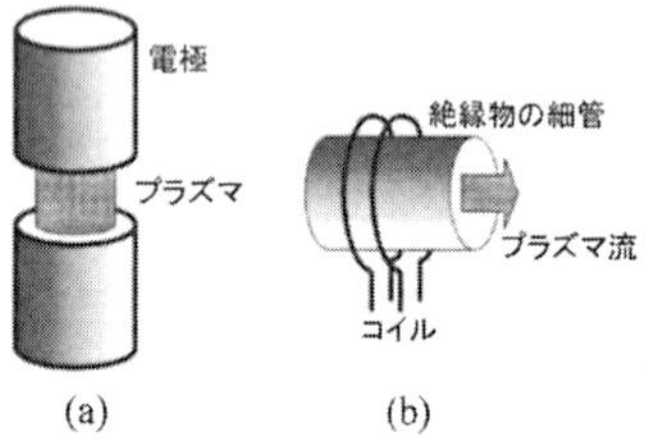

図2　質量制限型のマイクロプラズマ生成
(a)質量制限型の基本形，(b)マイクロプラズマジェット

以下において質量制限型のマイクロプラズマ生成では，プラズマとなる物質を選択する自由度がいかに大きくなるかを指摘する。さらにプラズマを生成するには気体を用いるという従来の常識をくつがえし，液体や固体からプラズマを直接生成する方法をとりあげる。気体に比べて液体や固体である物質の種類ははるかに多い。これら液体や固体である数多くの物質を簡単に高温，高励起，高電離の状態にできれば，産業応用，分析技術，材料科学に新しい視点と手法をもたらすことができる。以下では，気体・液体・固体の三種類の状態からマイクロプラズマを生成する具体例をそれぞれ説明する。

4　微細ガス流を用いた大気圧直流放電によるマイクロプラズマの生成

4.1　微細ガス流のある微小電極間における直流放電

直径100～200 μm の微細なノズルから流量を100ccm以上として気体を大気中に流出させると，ノズル先端から1 mm程度以内の範囲であれば，気体は拡がらずに微細ガス流となる。このようにして気体の質量を制限し放電させるとマイクロプラズマが生成できる。この放電は直流から高周波に及ぶ広い周波数の電力で駆動できるが，ここでは直流放電の例を説明する[9)]。マイクロプラズマ生成装置の概要は図3(a)に示すように，直流電源及びステンレス製ノズル電極とそれに対向するメッシュ電極で構成する。ガス流を供給するノズル電極は内径190 μm，外径350 μm で，メッシュ電極はステンレス細線でピッチが12.8mesh/mmである。放電電極は大気中に置き，電極間距離は100～1000 μm の範囲で変化させる。気体はヘリウムとアルゴンを使用し，流量を変える範囲は10～1000ccmである。ノズル電極から流出するガス流の様子をレーザ・シュリーレン法により観測したところ，ノズルからの距離500 μm 程度までの範囲において，ヘリウムガス流の半径方向への広がりを無視できることが分かった。これは市販の計算ソフトを用いて求めたガス流ベクトルの方向を示す図3(b)の結果からも確認される。ただし，この計算においては，実際のようにヘリウムガス流の周囲は空気ではなく，1気圧のヘリウムがとりまいていると設定した。

ガス流はヘリウムでメッシュ電極を陰極として，電極間距離が200 μm 以下のとき，直流高電圧電源を用いて電極間へ電圧を徐々に加えていくと，放電は次のように進展する。電圧の上昇とともに絶縁破壊が生じ，図4のように電極間電圧が瞬時に低下する。このとき電圧は零まで低下せず，放電後に指数関数的に時間とともに回復するが，その途中で再び放電が起こる。以後，この過程が繰り返されて電極間では，のこぎり歯状の電圧変化が観測される。このとき電流のピーク値が10～100mAのパルス的な放電となっている。電源電圧を零から増加させて最初に絶縁破壊が生じる電圧はガス流量とともに上昇するが，パルス放電が繰り返される状態になると放電電

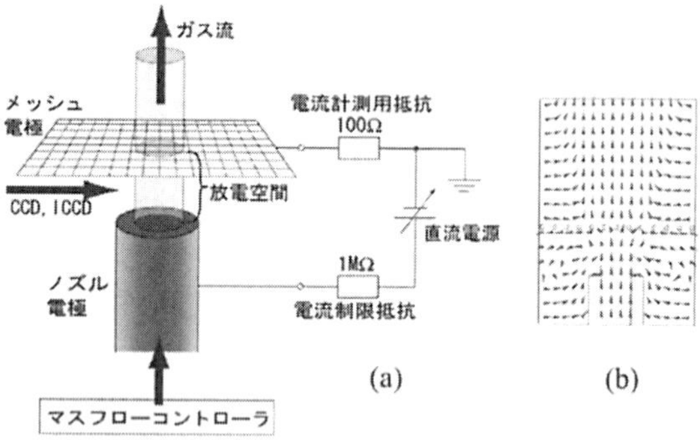

図３　微細ガス流を用いた大気圧直流放電によるマイクロプラズマ生成装置の概念図
(a)マイクロプラズマ生成装置，(b)ヘリウムガス流（100ccm）の速度ベクトル

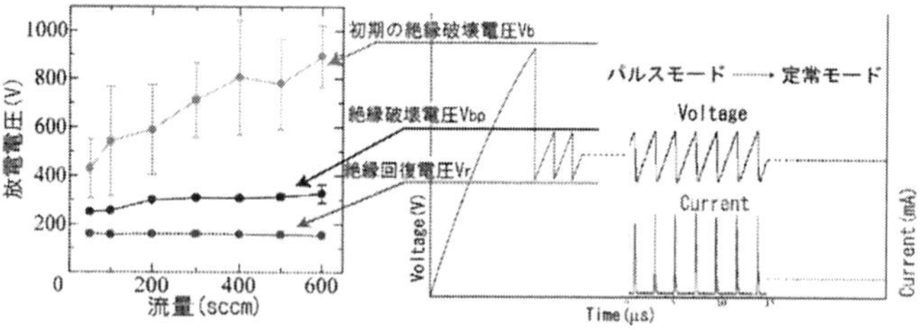

図４　ヘリウムの微細ガス流を用いた大気圧直流放電の絶縁破壊特性とそのガス流量による変化
電極間距離は 100 μm。

圧は，ガス流量に依存せず約 300V となる。なお，電極間隔を 200 μm 以上とすると，このようなパルス放電は生じなかった。パルス放電の電圧と電流の時間変化を図５(a)に示す。電源電圧をさらに増加させると，図５(b)で示すような定常直流放電となる。

パルス電流は放電電極周辺の回路に存在する約 12pF の浮遊容量に充電されている電荷の放電により供給されている。このことは，放電回路に直列に接続する電流制限抵抗を大きくするか，あるいは放電電極と並列に 60pF 程度までのコンデンサを付加して静電容量を大きくすると，パルス放電の繰り返し周期が長くなったことから確認された。一方，静電容量の充電電圧は放電開始電圧と等しいので，パルス電流のピーク値はほとんど変化しない。このようにパルス幅が 50ns で繰り返し周波数が 100〜500kHz の範囲で変化するパルス放電は，直流放電回路で自動的に誘起されるもので応用の上からも有用である。

4.2　大気圧グロー放電とマイクロプラズマ

定常的な直流放電となったとき，典型的な放電電流は約1mA，電極間電圧は約230Vで，注入される電力は0.2～0.5Wであるが，これらの値は電源電圧，ガス流量，電極間距離によって変化する。メッシュ陰極を用いて直流電源電圧が1500Vでガス流量は100ccmとして，電極間距離を100μmから900μmまで変化させたとき，放電の様子をCCDカメラで観測した結果が図6である。電極間には低気圧のグロー放電と同様に，明るく発光する負グローとファラデー暗部で構成される陰極領域と，陽極に向かって陽光柱に対応する領域が見られる。図7に示すように，

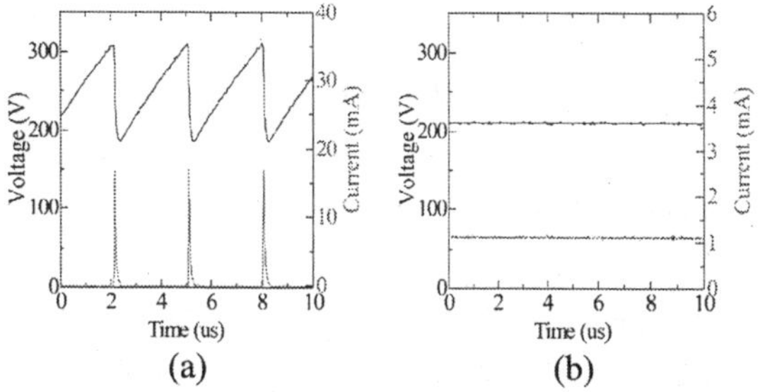

図５　直流放電における(a)パルス放電モードと(b)定常放電モードに対応する電圧と電流の時間変化
電極間距離：100μm，Heガス流量：100ccm

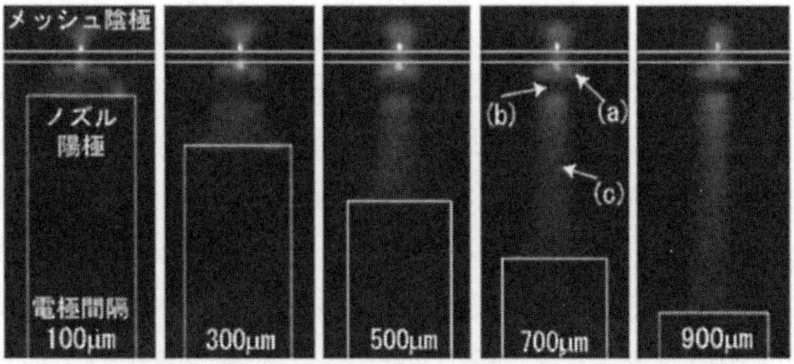

図６　ヘリウムの微細ガス流を用いた大気圧直流グロー放電の電極間距離による変化
(a)負グロー，(b)ファラデー暗部，(c)陽光柱にそれぞれ対応する。
Heガス流量：100ccm

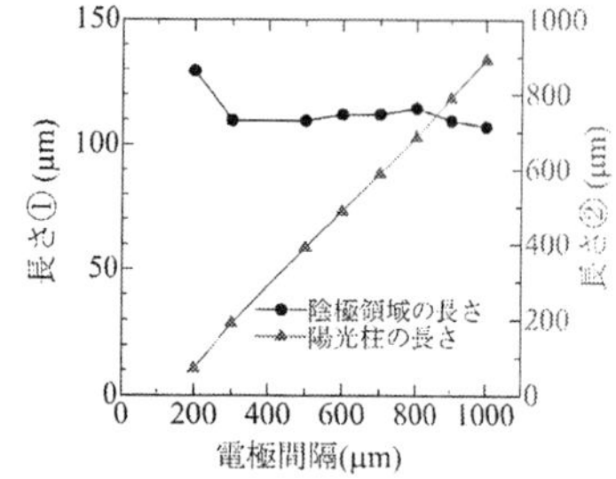

図７　陽光柱及び陰極領域の長さの電極間距離による変化

電極間隔を1000μmまで増加させると，これに比例して陽光柱の長さは増加するが，陰極領域の長さはメッシュ陰極から100μm程度で，ほとんど変化しない。また，陽光柱の長さが増加するのに従って抵抗が大きくなるので，電極間電圧は電極間距離に比例して増加し，放電電流は減少する。

各領域からの発光スペクトルを調べると，ヘリウムの原子線は陽光柱に比べて陰極グローからの発光強度が強く，窒素の分子線はいずれの領域からも検出された。これは電圧降下が大きい陰極領域では高エネルギー電子によるヘリウム原子の励起が顕著であり，また，ヘリウムガス流の周囲にある空気による放電への影響が無視できないことを示している。測定されたスペクトル強度は半径方向に積分されているので，これをアーベル変換により各位置での強度の半径方向分布として求めたところ，ヘリウム原子線の強度は中心軸上で最大となっているが，窒素の分子線の強度はノズル出口付近ではガス流と空気の界面付近で最大となる。しかしながら，陽光柱においても陰極領域に近づくにつれて窒素の分子線強度は中心軸の位置で最大となっている。このため，電極間ではヘリウムだけの領域がノズル先端のわずかな部分に限られており，他の場所ではヘリウムと空気が混在する状態となっていると考えられる。

微小電極間にガス流があると電極間における気体の滞在時間は，放電を特徴づける時間と同程度になり，熱伝導，粒子の拡散など放電に対するガス流の影響が無視できなくなる。たとえば電極間隔が500μm以下ではガス流量が150ccm以上となると，気体の滞在時間は5μs以下である。ガス流は陽光柱や陰極領域の長さにも影響を与える。メッシュ陰極の場合では，ガス流量の増加とともにノズル陽極と接する陽光柱領域が長くなり，電極間距離は一定なので負グローを含む陰極領域は短くなる。極性を変えてメッシュ電極を陽極とする場合にもグロー放電が安定に得られるが，ノズル陰極付近における発光強度は，メッシュ陰極の場合に比較して弱くなる。ガス流量の増加による影響は顕著で，ノズル陰極と接する陰極領域は長くなり，陽光柱領域の長さは短くなる。

薄膜生成や微細加工等のプラズマプロセスでよく使われるアルゴンを用いた場合，ヘリウムでは流量が100ccm以上であれば，グロー放電を安定に生成できたが，同じ流量のアルゴンではグロー放電とならずアーク放電に容易に移行してしまう。ガス流を特徴づけるレイノルズ数を計算すると，流量をアルゴン10ccmとヘリウム100ccmとしたとき，両者のレイノルズ数値が等しくなり，ガス流の解析からも類似した流速分布が得られた。そこで，アルゴンの流量を10ccm程度としたところ安定にグロー放電が得られた。すなわち，質量が異なるガスを用いる場合，グロー放電が安定に形成されるのに最適なガス流量があることが分かる。

ノズル電極に対向する電極の形状も放電の形態に影響を与える。針陰極では，負グローが陰極先端部を覆うように形成され，放電電流の増加とともにその面積は針陰極表面に沿って拡がっていく。平板電極の中央部に微細な円形の穴を設けたホロー平板陰極では，穴の直径を200 μmとしてガス流が電極に触れるようにすると，メッシュ陰極の場合と同様にグロー放電が形成される。ところが，さらに穴の直径を400 μmまで大きくしてガス流が電極に触れないようにすると，メッシュ陰極に比べて放電電流が一桁減少し約0.1mA程度となり，電極間電圧が760V程度に増加した。CCDカメラで放電からの発光を観測すると，メッシュ陰極のときのグロー放電とは異なる形態が見られた。

5　微小液滴を用いたマイクロプラズマの生成

液体と放電現象とは，変圧器をはじめとする電力機器に使われている絶縁油における絶縁破壊の問題として従来から調べられている。ただし，液体と従来の実験室プラズマとは，まったく関係がなかったが，マイクロプラズマの視点から見ると液体は放電を形成するための物質として使えるのである。具体例として，液体中での微小な放電あるいは液体中に気泡の存在する放電が，マイクロプラズマの生成法として注目されている。一般に，液体が関係する放電現象では，液体に不純物や溶け込んだ気体が存在すること，希ガスのような単原子ではなく分子の形であること，気相との界面現象が無視できないこと等のように気体放電とは違う複雑な物理現象がある。しかしながら，液体を微小な質量に制限した状態からのマイクロ放電は，液体が関わる放電の物理を解明するために有用である。ここでは，微小な液滴を電極間において放電させるマイクロプラズマの生成[10)]を説明する。

液滴を用いたマイクロプラズマ生成装置の概念図を図8に示す。液滴[11)]は市販されている発生装置を用いて生成し，その最小飛滴量は10nlで，直径が100～300 μmの範囲の液滴として放電電極間に自由落下させる。液滴は繰り返し周波数1kHz程度まで連続的に発生できる。放電

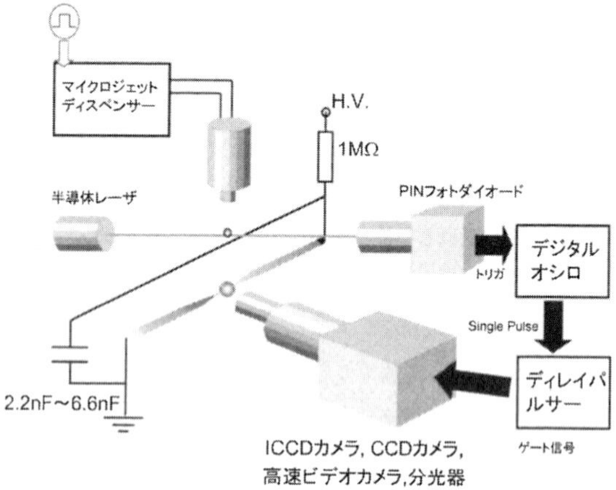

図８　液滴を用いたマイクロプラズマ生成装置

電極はステンレス針電極あるいは直径２mmのタングステンカーバイド球電極とした。液体は扱いやすさの観点からエタノールあるいは精製水を用いた。液滴の生成過程では表面張力の影響を受ける。エタノールの表面張力は水に比べて約0.3程度で小さいので，微小寸法の形状制御が容易である。周囲雰囲気は大気中とし，液滴の直径よりも大きい間隔に設定した電極間に，絶縁破壊電圧よりも低い電圧を加えておく。このとき液滴が電極間に到達すると，電極と液滴の間に高電界が誘起され絶縁破壊が進展する。針電極と球電極のそれぞれについて，液滴の有無による絶縁破壊電圧と電極間距離の関係を調べたところ，絶縁破壊電圧は電極形状に大きく依存しないが，液滴が存在すると無いときに比べて50％程度に低下した。このため放電の進展は，絶縁破壊電圧よりもやや低い直流電圧をあらかじめ電極間に加えておけば，液滴を導入するだけで自動的に放電が開始することになる。

注入エネルギーを調整するため電極間に容量6.6～200nF程度のコンデンサを並列に接続しておけば，液滴を用いたパルス放電が実現される。この放電では高価な高電圧パルス電源を使う必要がなく，また，放電回路中にはギャップスイッチのようなスイッチング素子が不要である。このため回路が単純となり残留インダクタンスを低減できるので，高速のパルス放電が可能となる。これは液滴を用いたマイクロ放電の特長の一つである。放電電流は減衰する正弦波形となり，コンデンサ2.2nFのとき半周期は0.6μsであった。コンデンサの充電電圧を2kVとすると，放電電流の最大値はコンデンサ容量の違いにより１～２kAの放電となる。

放電による液滴の形状変化は高速ビデオで観測できる。図９は針電極と直径300μmのエタ

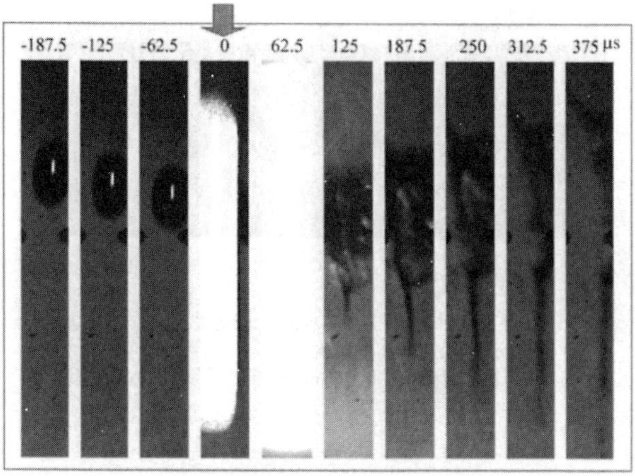

図9　高速ビデオで観測した直径 300 μm のエタノール液滴の放電とその前後における形状。矢印の時刻で放電が開始する。

ノール液滴を用いた放電について，各コマの間隔が 62.5 μs の高速ビデオで得た画像である。放電前の液滴形状が 3 コマ目まで記録されており，4 コマと 5 コマでは強い発光が認められる。放電電流は 4 μs で減衰しているので，5 コマ目では放電電流が流れていない。コンデンサ容量は 100nF でエネルギーが 200mJ であるが，放電後でもすべて気化せず液体の状態に留まっている。これは直径 300 μm のエタノール液滴に対する解離エネルギーは約 100mJ であり，さらに気化エネルギーが必要であることから，コンデンサエネルギー200mJ ではプラズマ生成に不十分であったためである。コンデンサエネルギーを 400mJ 以上とすると，液滴全体を気化・電離できた。

液滴が放電する様子は，露光時間を 5 ns とした ICCD カメラによる高速度撮影で観測した。放電によりエタノールから生じる水素原子の存在を確認するため，水素原子の発光スペクトル線 656.28nm の空間分布に注目した。球電極間での放電進展過程について，中心波長が 650nm の干渉フィルタを用いて撮影した結果が図 10 である。エタノール液滴の表面において水素の原子線による発光が顕著である。分光器を用いて調べた発光スペクトル強度の時間変化は，放電開始とともに増加するのが観測される。発光強度が最大となる時刻は，空気中に含まれる窒素の原子線強度の方が，エタノールから生じる水素の原子線強度よりも先行する。このとき，水素の原子線強度が最大となるのは放電開始から 1 μs 後である。また，コンデンサの充電エネルギーを増加させると，窒素の原子線強度に比べて水素の原子線強度の増加が著しい。以上の結果は，放電の

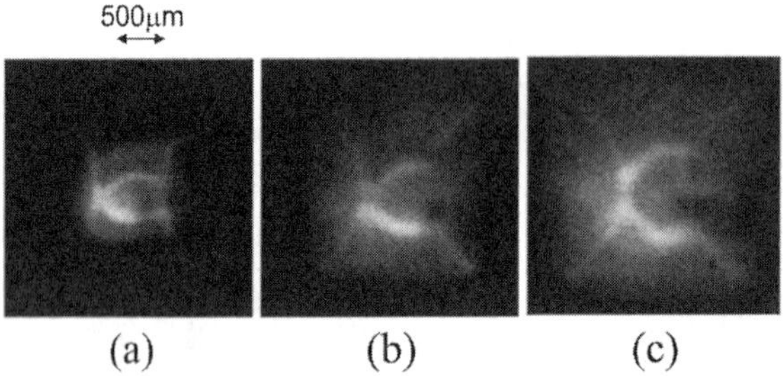

図 10　中心波長 650nm の干渉フィルタをつけた ICCD カメラによるエタノール液滴の放電過程の観測
時刻は放電開始から，(a) 500ns，(b) 1000ns，(c) 1500ns 経過後

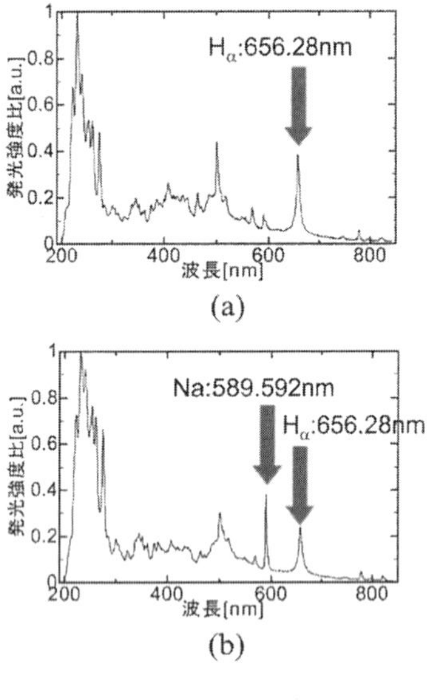

図 11　液滴放電からの発光スペクトル
(a)エタノール液滴，(b) NaCl 水溶液の液滴。コンデンサ容量：6.6nF，充電電圧：2kV

進展過程では，まず液滴の表面付近で周囲の空気が絶縁破壊し，高温となった空気と接触するエタノール表面が気化し解離する過程を経ることを示している。液滴の放電を分光分析すると液滴中に含まれる元素も検出できる。たとえば，図 11 で示すように NaCl 水溶液の液滴放電では Na

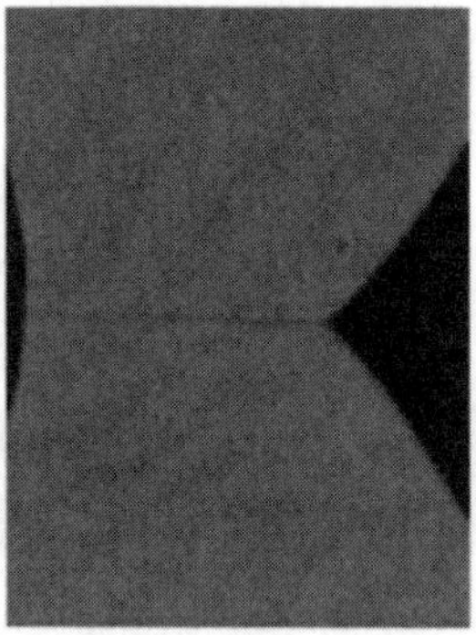

図12　球電極間に形成されたエタノールのフィラメント
電極間隔は700 μm で印加電圧は約3 kV

の原子線が観測された。Naの存在は濃度0.09%程度まで確認できた。

電極表面に微少質量の液体が存在する場合，電極間に電圧を加えると液体は静電力により円錐状に引き伸ばされ，テイラー・コーン[12, 13]と呼ばれる円錐形状が形成される。特に電界強度が大きくなる先端部は，条件によって霧状やフィラメント状となり，これらの形状は印加電圧，電極形状，電極間距離，液体の種類に依存する。図12に示すフィラメント状となった液体を用いると，マイクロプラズマの新しい生成法が考えられる。実際にコンデンサを用いたパルス電源により，エタノールフィラメントを使った放電を実現した。

6　固体微粒子を用いたマイクロプラズマの生成

固体からプラズマを作る方法として，大出力レーザを固体表面に照射するレーザ・アブレーションプラズマや，フューズのようにパルス大電流を金属細線に流す細線爆破が知られている。プラズマ生成に固体を使うときの特長は，初期密度が気体に比べて高いので高密度のプラズマが得られることである。固体そのものを放電でプラズマにすることは難しいが，寸法が100 μm程度で微小な質量の微粒子状の導電性固体を用いたパルス放電により，マイクロプラズマを生成できる[14]。これが固体における質量制限型のマイクロプラズマを生成する基本概念である。導電性の微粒子に放電電流が流れると，ジュール加熱により高温となり溶融と気化の過程を経て，気体放電へと進展する。微粒子状の固体には粉体があり，これはさまざまな製品の原料として使われている。粉体の材料は多種多様であるので，これを用いてプラズマを生成できれば，従来にはな

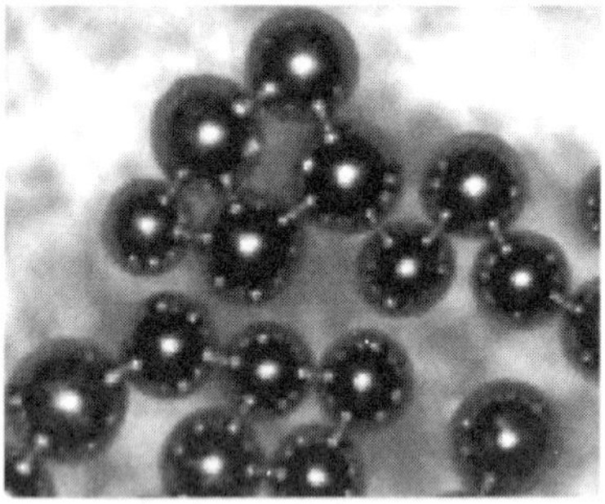

図 13　銅粉体の直径 100〜300 μm である真球状微粒子

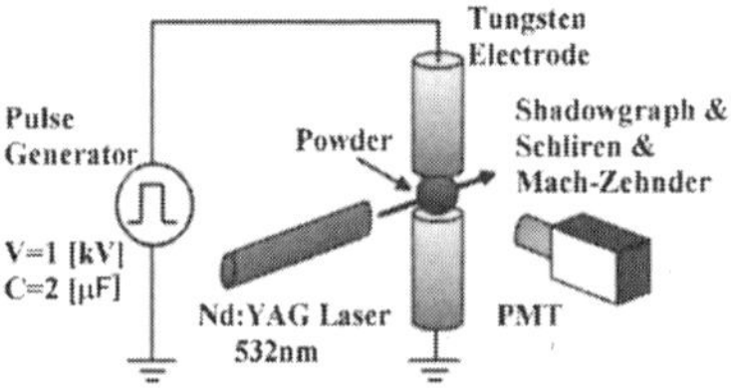

図 14　銅微粒子を用いたマイクロプラズマ生成装置

い新しい特性を持つ材料開発の有力な手段として活用できる。たとえば，高融点物質を微小面積で薄膜生成したり，あるいは放電雰囲気を制御しプラズマ中の物質との反応による材料合成をしたりする応用が考えられる。固体からの放電を用いたプラズマ生成は，マイクロプラズマであるからこそ実現される特徴の一つである。

粉体を用いる方法では粉体粒子一個を取り出して使うので，プラズマの大きさは粒子の寸法で決まる。しかしながら，個々の粒子の形状は粉体の製造方法に従って異なり，大きさや形状が不規則な場合が多い。銅を電解により陰極面に析出させた電解銅粉は樹枝状粉と呼ばれ，その名前が表すように鋭利な形状をしており，大きさもまちまちである。このような粉体では一定な質量に設定して再現性の良い放電が得られない。幸いなことに図 13 に示すような直径が 100〜300 μm である真球状の銅粉体は入手が可能である。この中から取り出した 1 個の銅微粒子を，電極間において放電させるマイクロプラズマの生成について説明する。

プラズマ生成装置の概念図である図 14 に示すように，銅微粒子を電極ではさみ込み，コンデンサとスイッチで構成した電源を用いてパルス放電をさせる。気体から作るマイクロプラズマと

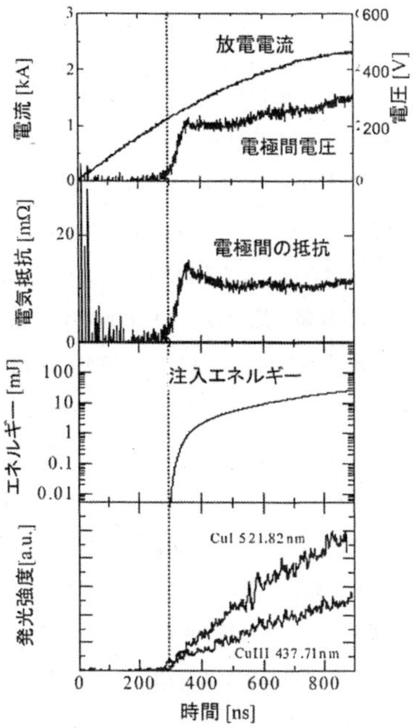

図15　銅微粒子マイクロプラズマにおける，放電電流，電極間の電圧降下，抵抗値の変化，銅の発光スペクトルの時間変化

は異なり，固体から液体・気体までの相転移を経てから放電が開始するので，それまでに必要な内部エネルギーの変化にも対応するため，パルス放電の電流値は2～10kA 程度が必要である。また，電源エネルギーは高速に注入した方が良いので，残留インダクタンスをできる限り低減した放電回路とする。電極はタングステンとしているが，その直径は銅微粒子と同じ程度にするのが望ましい。これは電極の直径が大きいと，視野角の関係から放電を半径方向から観測するのが難しくなってしまうからである。一方，直径が小さいとその部分の自己インダクタンスが大きくなり，放電電流の立ち上がり速度が遅くなったり，放電回路に残留する磁気エネルギーが大きくなったりして，プラズマ生成の効率の低下などの不都合が生じる。この相反する条件を解決するため，放電電極は直径4 mm のタングステン棒の先端を直径300 μm で高さ1 mm に加工した構造としている。微粒子を扱う操作性が良いこと及び広い応用に適用できることから，プラズマの生成は大気中で行った。直径が数100 μm 程度以下の微粒子では，重力に対する静電力の割合が大きくなる。このため微粒子を静電的に吸着できるので，電極面上への装着などの操作が容易で

ある。

本方式を検証するため直径100μmの銅微粒子から，2μFのコンデンサを1kVに充電し1Jの蓄積エネルギーでギャップスイッチを含むパルス放電回路によりプラズマを生成した。図15は放電電流，電極間の電圧降下，抵抗値の変化，および微粒子材質である銅の発光スペクトルをまとめた結果の例である。放電開始からt=300nsまでは，銅微粒子により電極間が短絡された状態なので電圧降下はわずかである。この期間において，微粒子は初期の固体状態を保ち続けているが，微粒子の温度は常温から融点付近まで上昇している。その後，抵抗値および電圧は急速に上昇し，t=360nsで抵抗値は初期値と比較して2桁程度高い14mΩにまで達する。したがって，t=300nsにおいて微粒子内の温度は融点に達し，固相から液相へと相転移が開始している。液相へと進展した微粒子はt=360nsにおいて沸点に達し，液相から気相への相転移が生じている。その後は10mΩとほぼ一定の抵抗値を保ち続けていることから，微粒子は気相状態となっていると考えられる。また微粒子への注入エネルギーは相転移に必要なエネルギーにほとんど達していないことが分かった。また，電圧がステップ状に立ち上がったt=250ns付近から銅原子線および銅イオン線からの発光が開始し，その後も増加を続けていた。したがって，この時刻以降に微粒子の一部が気化・電離を開始しており，微粒子マイクロプラズマが生成されていることが確認された。銅イオン線からの発光が開始する時刻は，銅原子線による発光が観測される時刻と一致している。したがって，銅の気化と電離はほぼ同時に開始していることが分かる。微粒子内においては相転移が部分的に進展しており，気相とプラズマとが混在する状態となっている。

レーザ・シャドウグラフ法を用いて微粒子マイクロプラズマの放電進展過程における，微粒子の形状変化を観測したところ，放電開始からの時刻t=200nsで微粒子が融解し，その形状が変化していることが確認された。このとき，微粒子内の温度は1000℃以上に達していると考えられる。電極間電圧がステップ状に立ち上がり始め，放電からの発光強度が増加するt=300nsでは，微粒子の表面から銅蒸気の噴出する様子が確認され，微粒子は気相へと相転移していることが確認できている。

文　献

1）放電ハンドブック，電気学会，上巻 p.150 (2003)
2）鈴木敬三，プラズマ・核融合学会誌，**79**，No.4，p.326 (2003)
3）橘邦英，応用物理，**75**，No.4，p.399 (2006)

4) 小特集「大気圧グロー放電の発生と応用」，プラズマ・核融合学会誌，**79**，No.10，p.1000 (2003)
5) 鈴木浩光ほか，電気学会論文誌，**114-A**，No.3，p.204 (1994)
6) U. Kogelschatz, *Plasma Chemistry & Plasma Processing*, **23**, No.1, p.1 (2003)
7) K. H. Becker *et al., J. Phys. D : Appl. Phys.*, **39**, p.R55 (2006)
8) F. Iza *et al., IEEE Trans. on Plasma Science*, **31**, No.4, p.782 (2003)
9) T. Yokoyama *et al., J. Phys. D : Appl. Phys.*, **38**, No.11, p.1684 (2005)
10) 白井直機ほか，電気学会プラズマ研究会資料，PST-04-29 (2004)
11) E. R. Lee, "Microdrop Generation", CRC Press, Washington, D.C. (2003)
12) A. L. Yarin *et al., J. Appl. Phys.*, **90**, No.9, p.4836 (2001)
13) F. J. Higuera, *J. Fluid Mech.*, **484**, p.303 (2003)
14) 高野和也ほか，電気学会プラズマ研究会資料，PST-04-4 (2004)

第2章　診　断

1　プラズマの基本的性質とプラズマ診断

河野明廣*

1.1　はじめに

マイクロプラズマは磁界を用いる場合を除けばその生成に大気圧領域の高圧が必要であり，プラズマの密度や活性種の密度も低圧プラズマに比べてずっと高いのが一般的である。このような特徴に対応して，プラズマ診断にも低圧プラズマとは異なった手法や注意が必要となる[1]。

プラズマを特徴付ける種々の時間・空間パラメータの概略値を図1に示す。(電子) プラズマ周波数は

$$f_{ep} = \frac{1}{2\pi}\sqrt{\frac{e^2 n_e}{\varepsilon_0 m}} \tag{1}$$

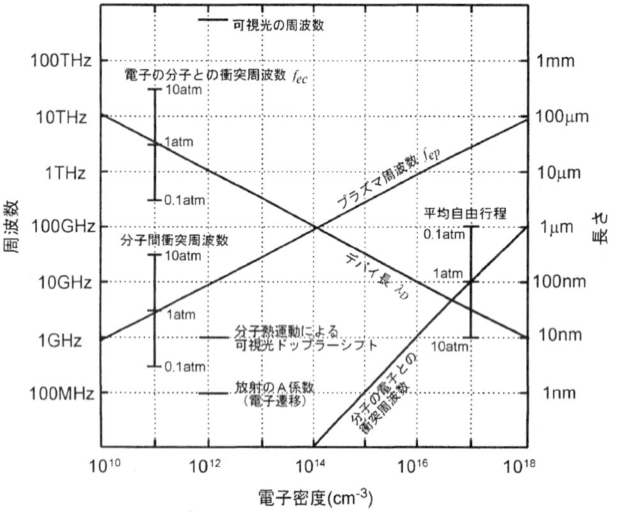

図1　プラズマ計測に関連する種々の時間・空間パラメータの典型値 (デバイ長は電子温度2eVにおける値)

＊　Akihiro Kono　名古屋大学　工学研究科　電子情報システム専攻　教授

(e：素電荷，n_e：電子密度，ε_0：真空の誘電率，m：電子質量）で与えられ，衝突が無視できるとき，プラズマ中の電子が周波数fの振動電界で駆動されることによるプラズマの動的誘電率は

$$\varepsilon = \varepsilon_0 \left(1 - \frac{f_{ep}^{\ 2}}{f^2}\right) \tag{2}$$

となる。$f < f_{ep}$ならば$\varepsilon < 0$であり，プラズマに入射する電磁波は表面で全反射されてプラズマ内部に入ることはできない。

電子のガス分子との衝突周波数f_{ec}が電磁波の周波数より大きければ（$f_{ec} \gg f$）プラズマは誘電体ではなく導電体（抵抗体）としてふるまい，その導電率は

$$\sigma = \frac{2\pi\varepsilon_0 f_{ep}^{\ 2}}{f_{ec}} \tag{3}$$

となる。図1に示したように，大気圧領域のマイクロプラズマ中の電子衝突周波数はマイクロ波・ミリ波の周波数より高く，低圧プラズマの場合とは異なって，この波長帯の電磁波に対してプラズマは導電体としてふるまうことに注意を要する。中・近赤外より短波長の電磁波に対しては，大気圧プラズマも誘電体としてふるまう。

デバイ長は

$$\lambda_D = \sqrt{\frac{\varepsilon_0 k T_e}{e^2 n_e}} \tag{4}$$

(k：ボルツマン定数，T_e：電子温度）で与えられ，この長さより大きな空間スケールでは熱的な擾乱よりもクーロン相互作用の効果が大きく，プラズマは準中性を保つ。プラズマと固体壁との境界にできるシース領域（空間電荷領域）の厚さはデバイ長の数倍程度である。図1に示すように，電子密度$10^{15}\mathrm{cm}^{-3}$程度以下の大気圧プラズマでは粒子の平均自由行程がデバイ長より短く，プラズマ内部から壁に向かう粒子はシース内で多数回衝突する。シース内の無衝突近似がよく成り立つ低圧プラズマとの違いを認識しておく必要がある。

プラズマ中の電子密度，電子温度，活性種密度，ガス温度は応用上最も重要なパラメータである。これらを計測するための主要な計測手法を表1に示し，概説する。

1.2　プローブ計測

プローブ計測はプラズマ中に挿入した探針に流れる電流から電子密度・電子温度を求める方法であるが，マイクロプラズマに対しては微小プローブの作成や熱的耐性に関する困難がある。また，上述したようにプローブまわりにできるシース領域は衝突シースであり，低圧プラズマに用いられる無衝突シース近似に基づくプローブ理論を使うことができず，測定結果の解釈には衝突シースの適切なモデル化が必要となる[1, 2]。

表1　種々のプラズマ計測手法と得られる情報

計測手法	主に得られる情報			
	電子密度	電子温度	活性種密度	ガス温度
プローブ計測	○	○		
マイクロ波・ミリ波・光伝播	○			
発光分光	○	○	○	○
吸収分光			○	○
レーザー誘起蛍光			○	○
レーザー散乱	○	○	○	○

1.3　マイクロ波・ミリ波・光伝播

マイクロ波・ミリ波の伝播特性からプラズマの誘電率や導電率を求め，これらから電子密度を算出することできる。低圧プラズマでは，干渉法による位相シフトや共振法による共振周波数のシフトからプラズマの誘電率を求めるのが一般的であるが，マイクロプラズマでは衝突周波数が高いため，プラズマの導電性による電磁波の減衰を測定することになる[3)]。光波に対してはプラズマは誘電性を持つが，$f \gg f_{ep}$ であるため生じる屈折率変化は極めて小さく，微小体積のマイクロプラズマに対して変化量を検出するのは容易ではない。

1.4　発光分光

発光分光法は，原子・分子の発光スペクトル線の強度，強度比，線幅などを利用して種々の情報を引き出す方法であり，簡便で利用範囲が広いが，定量的な情報を得るためには適切なモデルと組み合わせることが必要である。エネルギー準位 i から準位 j への遷移でプラズマの微小体積 dV が発するスペクトル線の放射エネルギー $d\phi_{ij}$ は

$$d\phi_{ij} = h\nu A_{ij} N_i dV \tag{5}$$

（h：プランク定数，ν：放射の周波数，A_{ij}：遷移のA係数［遷移確率］，N_i：準位 i の密度）で与えられ，ϕ_{ij} の測定から N_i が求められる。ただし，サイズの小さいプラズマであっても，下準位 j が高密度に存在する場合は，放出された光子がプラズマ外部に出る前に再吸収される確率が無視できなくなり，全放射エネルギーは(5)の積分値よりずっと小さくなる可能性があることに注意を要する（放射のトラッピングと呼ばれる）。種々の準位について求められた N_i の相対値を適切なモデルと組み合わせれば，電子温度やガス温度に関する情報を得ることができる。低圧プラズマで成り立つコロナ平衡モデル（基底状態の分子が電子衝突で準位 i に励起され，これが放射遷移により消滅するとする）は，放射遷移の頻度（A係数）よりも衝突周波数の方が大きいマイクロプラズマでは必ずしも成り立たない（図1参照）。分子の回転準位の占有分布は併進運動と熱平衡にある場合が多く，この場合，発光スペクトルから回転準位の占有密度分布を得てガス

温度を求めることができる。電子密度が十分大きく電子による励起準位の生成と破壊が放射遷移の頻度より高くなり，かつ，プラズマの主要な消滅過程が空間内の再結合である場合には，プラズマは熱平衡に近づく。このとき，励起準位の占有分布は温度 T_e のボルツマン分布となるので，占有密度分布 N_i から電子温度が直接に得られる。微小サイズのプラズマで壁の影響が大きく，プラズマが壁への拡散で消滅する場合には，電子密度が高くても熱平衡プラズマとはならない。

発光スペクトル線の線幅も種々の情報を含む。熱運動によるドップラーシフトはガス温度の情報を含むが，大気圧プラズマでは分子間の衝突周波数が高く，これによる衝突広がりがドップラー広がりと同じオーダーの大きさになるので，両者の畳み込み分布である Voigt プロファイルの解析が必要となる。水素原子では主量子数 n が同じで軌道角運動量の異なる nS, nP, nD 状態などが縮退しており，電界がかかると縮退が解けて（1次のシュタルク効果），スペクトル線の広がり（分裂）が生じる。プラズマ中の荷電粒子のミクロ電界が引き起こすバルマー系列スペクトル線のシュタルク広がりは，高電子密度では線幅の広がりの主要因であり，この測定から電子密度を求めることができる[4)]。

1.5　吸収分光

吸収分光は光ビームの吸収量から吸収遷移の下準位にある分子の密度を求めるものであり，光強度の相対的な測定だけで密度の絶対値が得られることが大きな利点である。吸収遷移の上準位密度が無視できるときには，周波数 ν における吸収係数 $k(\nu)$（単位吸収長あたりの光の減衰率）は

$$\int k(\nu)\,d\nu = \frac{\lambda^2 g_i A_{ij} N_j}{8\pi g_j} \tag{6}$$

（λ は吸収線の波長，g_i, g_j は上下準位の統計重率）により下準位密度 N_j と結びつけられる。ここで積分はスペクトル線のプロファイルにわたるものである。マイクロプラズマの圧力領域ではスペクトル線の圧力広がりが大きいことに注意する必要がある。

1.6　レーザー誘起蛍光

レーザー誘起蛍光はレーザーを吸収遷移波長に同調して分子を励起し，蛍光強度を観測することにより吸収分子の同定や定量を行う。マイクロプラズマでは蛍光のA係数よりも分子間の衝突周波数の方が一般に大きいので，励起状態の一部は蛍光を発せずに失活する。このような蛍光のクエンチングの程度を把握することが吸収分子の定量には不可欠である。

1.7 レーザー散乱

レーザートムソン散乱・ラマン散乱などの光散乱計測は，散乱断面積が極めて小さいために，容易な計測とは言えなかったが，近年，高感度ICCDカメラを使用する多チャネル計測技術の進展[5]により実用的な計測技術となった。トムソン散乱は自由電子による光散乱であり，観測される散乱光強度は散乱体である電子の密度揺らぎの２乗に比例する。揺らぎを考える空間領域の大きさは（前方散乱に近い場合を除けば）レーザー光の波長のオーダーである。これがデバイ長より短ければ領域内の個々の電子の運動はランダムと考えてよく，揺らぎの２乗と平均電子数が一致する。このような場合には，散乱光強度は個々の電子による散乱強度の単純和と一致し，散乱光強度から電子密度が，散乱波長のドップラー広がりから電子温度が直接に求められる。電子密度が高くデバイ長がレーザー光の波長より短い場合（あるいは前方散乱の場合）には，デバイ長より大きい空間スケールの密度揺らぎを考えることになる。この場合は，電子数の揺らぎは電子とイオンの集団運動から生じることになるので，このことを考慮にいれた解析が必要となる。

ラマン散乱は分子による光子の非弾性散乱であり，分子の回転遷移あるいは振動遷移に対応する周波数シフトを伴うので，散乱分子の密度，回転温度などの情報が得られる。なお，回転ラマン散乱はトムソン散乱と同じオーダーの周波数シフトを与えるので，トムソン散乱測定の妨害になる。トムソン散乱の断面積は回転ラマン散乱の断面積の 10^4 倍程度であるので，電離度が 10^{-4} よりずっと小さいプラズマではトムソン散乱計測は困難になる。

文　　献

1) プラズマ診断全般の参考書として，プラズマ・核融合学会編，プラズマ診断の基礎と応用，コロナ社（2006）
2) C. H. Su and S. H. Lam, *Phys Fluids*, **6**, p.1479 (1963)
3) K. Tachibana *et al.*, *Plasma Phys. Control. Fusion*, **47**, A167 (2005)
4) H. R. Griem, *Plasma Spectroscopy*, McGrow-Hill, New York (1964)
5) A. Kono and K. Nakatani, *Rev. Sci. Instrum.*, **71**, p.2716 (2000)

2 マイクロプラズマの分光学的診断例

河野明廣*

2.1 マイクロ波励起マイクロギャッププラズマ

はじめに計測対象のプラズマ源について簡単に述べる。2枚のナイフエッジ電極（エッジ厚さ～100 μm）を～100 μmのマイクロギャップを隔てて対向させ，電極をマイクロ波（2.45GHz）で励振してマイクロギャップ内に均一な大気圧プラズマを生成することができる[1)]。直流やRF（13.56MHz）でも放電は起こるが，電流がミリメートル幅程度の狭い領域に集中し，電極の長手方向に沿ってプラズマが広がらない。また直流，RF励起では強い発光は電極表面近傍に極在しギャップ中央部は暗いが，マイクロ波励起ではギャップ中央部の発光も強い。図1にナイフエッジ電極をマイクロ波で励振するために用いられた方法を示す。電極は厚さ2 cmの銅ブロックに作られたストリップライン構造の端に取り付けられており，マイクロ波は導波管から同軸モードに変換されストリップラインに導かれる。この構造は図に示したようにガス流を導入しやすく，プラズマの発光の観測が多方向から可能である。

図2に，図1の x 方向から見た大気中マイクロギャップ放電の様子を示す。電極の幅（10mm）全体に均一に広がってプラズマが生成されていることがわかる。プラズマから電極への熱の輸送が速いのでプラズマは非平衡である。このようにして高密度・非平衡の定常プラズマを生成することができる。

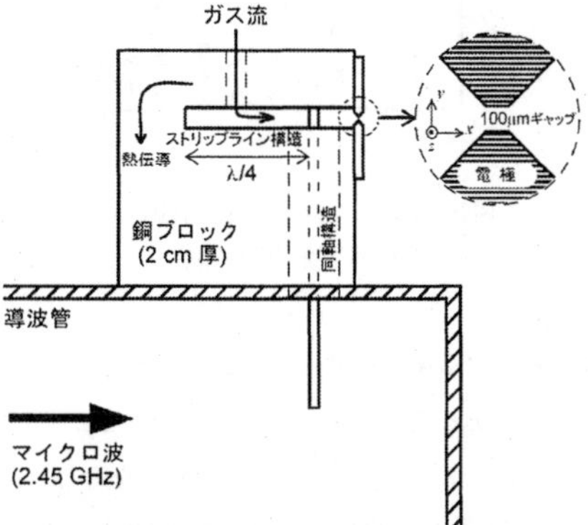

図1　マイクロギャップ放電用マイクロ波回路

---

* Akihiro Kono　名古屋大学　工学研究科　電子情報システム専攻　教授

図２　大気圧中のマイクロギャップ放電

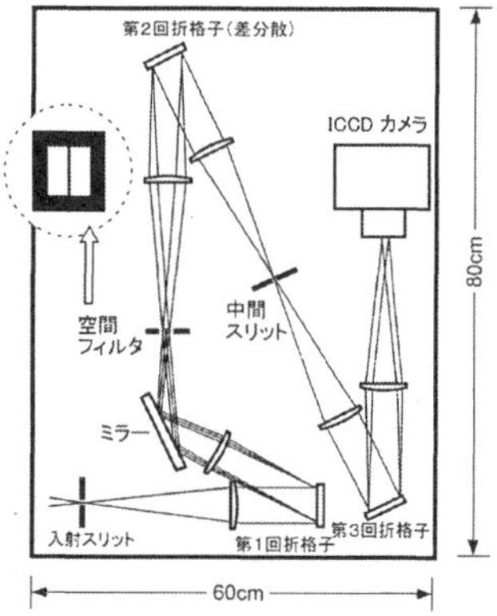

図３　トムソン散乱計測用 TGS（triple-grating spectrograph）

2.2　レーザートムソン散乱による電子密度・電子温度の計測

トムソン散乱の全断面積は $8\pi r_e^2/3=6.65\times10^{-25}\mathrm{cm}^2$（$r_e=2.82\times10^{-13}$cm は古典電子半径）で与えられる。4 mJ の可視光レーザパルス（$\sim10^{16}$ 個の光子を含む）を電子密度 $10^{12}\mathrm{cm}^{-3}$ のプラズマに照射する場合を考えると，レーザビームの 1 cm の長さから散乱される光子数は$\sim10^4$ となり，集光の立体角効率，分光器の透過効率，光検出器の量子効率等を考えると，実際に検出される光子数は 1 レーザパルスあたり 1 個程度にしかならないことがわかる。散乱光の収集効率を上げるために，レーザ光をレンズで集光し，その焦点近傍を観測する必要があり，大気圧領域ではレーザ光自体によるガスのブレークダウンを避けるため，レーザエネルギーを上記の値程度以上に上げることはできない。したがって，ガス分子によるレイリー散乱光や固体表面からの迷散乱光を十分に取り去らないと，トムソン散乱光の計測はできない。また，散乱光のスペクトルは，波長ごとの計測ではなく，全波長領域の同時計測により測定効率を上げる必要がある。

空間フィルタを持つ三重回折格子分光器（TGS：triple-grating spectrograph）とICCDカメラを組み合わせた計測系により上述した要請を満たすことができる[2)]。図3にTGSの構造を示す。光源となるレーザの波長を中心波長とする固定波長の3段カスケード分光器であり，結像素子としてレンズを用いている。第1段目の分光器の出力像面にできるスペクトルから，レイリー光や迷散乱光を含む中心波長部分が空間フィルタで取り除かれる。しかし，第1回折格子の表面で生じる迷散乱光などは出力像面に結像されないので，空間フィルタを通過してしまう。第2段分光器は，第1段に対して差分散の配置となっており，第1段の出力像面にできたスペクトルは第2段の出力像面では再度集光結像されて（第1段の入射スリットと同形状の）細いビームとなる。このビームを通すように中間スリットが置かれている。空間フィルタを通りぬけた迷光は結像されない成分なので，中間スリットを通り抜けることができない。このような空間フィルタと中間スリットによる2段のフィルタ作用により，レイリー光・迷光成分を～1 nm以下の帯域内で10^{-6}程度まで減衰させることができる。中間スリットを通りぬけた光は第3段分光器で再度分散され，その出力像面のスペクトルが光子計数レベルの感度を持つICCDカメラで検出される。このTGSはレンズを結像素子としているため，軸外れ光線の結像をする必要がなく，像の歪みが少ない。したがって，長い入射スリットを用いて散乱光の収集効率を高くすることができる。

図4にマイクロギャッププラズマの電子密度・電子温度を空間分解測定した計測系を示す[3)]。光源はYAGレーザの2倍波（532nm）であり，これを低収差のレンズで集光しマイクロギャップに通す。レーザビームの周縁がナイフエッジ電極に触れると電極からラマン散乱光が発生し，これはTGSでは取り除くことができないのでトムソン散乱光がマスクされてしまう。マイクロギャップの像は拡大光学系を用いてTGSの入射スリット上に結像される。このとき，マイクロギャップの像の幅より入射スリットの幅を小さく設定することにより，ナイフエッジ電極上で発生する迷散乱光がTGSに入ることを防ぐことができる。レーザビームの軸とマイクロギャッププラズマの長手方向とは小さな角度を持っており，ビームに沿って散乱光を空間分解測定すれば，電子密度・電子温度の図中x方向の変化を計測することになる。TGSでは入射スリット長手方向の空間情報は出力スペクトル中に保存されるので，ICCDカメラの2次元像の特定のピクセル行は，特定のレーザビーム位置から散乱された光のスペクトルに対応する。したがって，カメラの2次元像の解析から，空間分解された多数のスペクトルを得ることができる。

図5に大気放電に対する散乱スペクトルの例を示す。観測スペクトルは自由電子によるトムソ

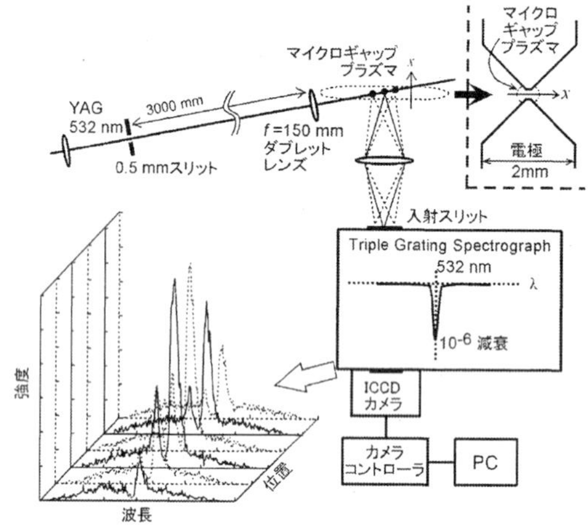

図4　マイクロギャッププラズマの空間分解トムソン散乱計測系

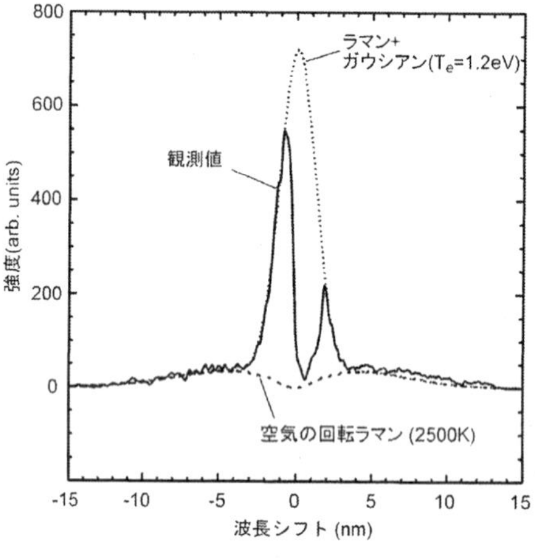

図5　大気中マイクロギャッププラズマの中心部からの光散乱スペクトル

ン散乱光と窒素・酸素分子による回転ラマン散乱光の重ね合わせになっている。スペクトルの中央部の窪みは TGS によるレイリー成分のフィルタリングによるものである。回転温度を仮定した回転ラマンスペクトルの理論値を観測値より差し引き，残部をガウス形分布でフィッティングすることにより，その半値幅より電子温度を求めることができる。電子密度はガウス分布の面積

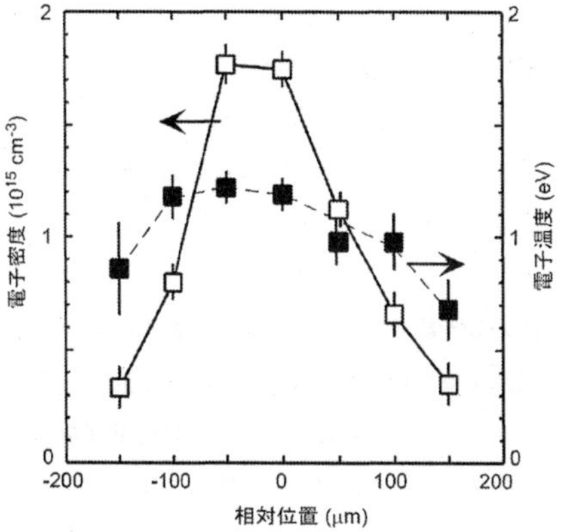

図6　大気中マイクロギャッププラズマの電子密度・電子温度の空間分布（マイクロ波電力 100 W）

に比例する。密度の絶対値校正は，放電をオフとして空気（密度既知）の回転ラマン散乱を計測し，その強度と比較することにより容易に行うことができる[4)]。

図6はこのようにして得られた空気マイクロギャッププラズマ（マイクロ波電力100W）の電子密度・電子温度の空間分布である。プラズマ中心部の電子密度は $n_e = 1.8 \times 10^{15}\mathrm{cm}^{-3}$，電子温度は $T_e = 1.2\mathrm{eV}$ であり，プラズマの広がりは半値幅にして約 200 μm であることがわかる。以上の結果は，トムソン散乱強度が，個別電子による散乱強度の和で与えられるものとして導かれているが，得られた n_e，T_e の値によるとデバイ長とレーザの波長は同じ大きさのオーダーであり，電子とイオンの集合運動による効果が現れるパラメータ領域に近づいている。しかし集合散乱の効果を考慮しても電子密度はせいぜい10%程度の補正を受けるのみであると見積もられている。

なお，100 Wの He/N_2（5%）混合ガスプラズマに対して $n_e = 3 \times 10^{14}\mathrm{cm}^{-3}$，$T_e = 1.5\mathrm{eV}$，8 W の Ar プラズマに対して $n_e = 3 \times 10^{14}\mathrm{cm}^{-3}$，$T_e = 1.2\mathrm{eV}$ という値が得られている。

2.3　分子スペクトルの発光分光によるガス温度の計測

分子の電子遷移による発光バンドスペクトルは多数の回転微細構造線の集合であり，微細構造線の強度分布から回転準位の占有密度分布が求められる。占有密度分布がボルツマン分布であれば，発光励起準位の回転温度が求められ，これがガス温度（並進温度）と平衡にあれば，ガス温度が求められることになる。発光励起準位の回転温度がガス温度と平衡にあるためには，以下のいずれかが必要であると考えられる。(1)発光励起準位が基底電子状態にある分子への電子衝突で生成される。(2)発光励起準位の寿命が長く，放射が起こる前に他の分子との多数回の（非破壊的）衝突が起こる。電子衝突励起では電子の質量が小さいため衝突による回転量子数の変化が小さく，基底電子状態への電子衝突励起で生成された発光励起状態の回転温度は，基底電子状態の回転温度にほぼ等しいと期待される。基底電子状態は長寿命で回転温度と並進温度が平衡にあるため，生成された発光励起状態の回転温度がガス温度を反映することになる。これが条件(1)の意味である。大気圧領域のマイクロプラズマでは条件(2)が成立する場合も多いと考えられる。

通常用いられる低分解能の分光器では回転微細構造の個々の線を分解して測定することはできない。したがって，回転温度を仮定して理論スペクトルを生成し，これを微細構造線が重なったままの観測スペクトルにフィッティングすることにより回転温度を求めることが簡便で現実的な方法である。このとき単一のスペクトル線が，分光器のスリット幅の設定などにより，どのように広がって観測されるか（装置関数）が問題となるが，この情報もフィッティングパラメータに含めて，装置関数を

$$f(\lambda)=\frac{a-(\lambda/b)^2}{a+(a-2)(\lambda/b)^2} \tag{1}$$

とするのが便利である[5)]。ここでλは中心波長からのシフト，bは装置関数の幅を表すパラメータ，aは形状因子であり，$f(0)=1$に規格化されている。$a\to 1$のとき$f(\lambda)$は矩形に近づき，$a=2$では放物線型，$a\to\infty$ではローレンツ型となり，一つのパラメータaの変化で多様な装置関数の形状を表現することができる。

回転量子数J'からJ''への遷移で生じる回転微細構造線の発光強度は，上準位のエネルギーを$E_{J'}$，回転温度をT_r，ボルツマン定数をkとして

$$I_{J'J''}\propto S_{J'J''}\exp(-E_{J'}/kT_r) \tag{2}$$

で与えられる。ここで$S_{J'J''}$はJ'，J''に依存する遷移の相対的な遷移確率であり，ヘンル・ロンドン因子と呼ばれている。スピン1重項以外では$S_{J'J''}$の形は複雑となるが，2原子分子に対しては本にまとめられている[6)]。文献より$E_{J'}$を知れば(1)と組み合わせてフィッティング用の理論スペクトルを生成することができる。

N_2分子の$C^3\Pi_u-B^3\Pi_g$遷移（Second Positive Band）は回転温度の算出によく利用される。この遷移はスピン3重項間の遷移であるが，スピンによる準位の分裂を無視した近似的な取り扱いがよく用いられている[6)]。図7はこのような近似的な理論スペクトルで大気中マイクロギャッププラズマの$C^3\Pi_u-B^3\Pi_g$発光（0-0バンド）をフィッティングした例であり，回転温度として1800Kが得られている。発光の上準位$C^3\Pi_u$は主に基底準位への電子衝突で励起されると考えられるので，回転温度はガス温度に等しいと見なすことができる。

図8はマイクロギャップにガス流を導入した場合のプラズマ中のガス温度のガス流量依存性で

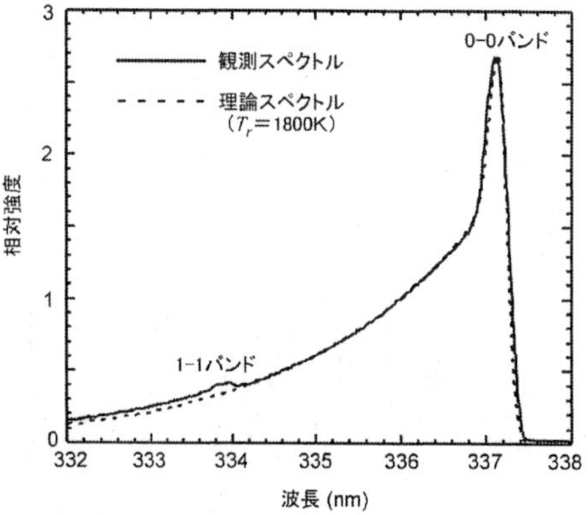

図7　大気中マイクロギャッププラズマの N_2 分子 $C^3\Pi_u - B^3\Pi_g$ (0-0 バンド) 発光と回転温度 1800K の理論スペクトル

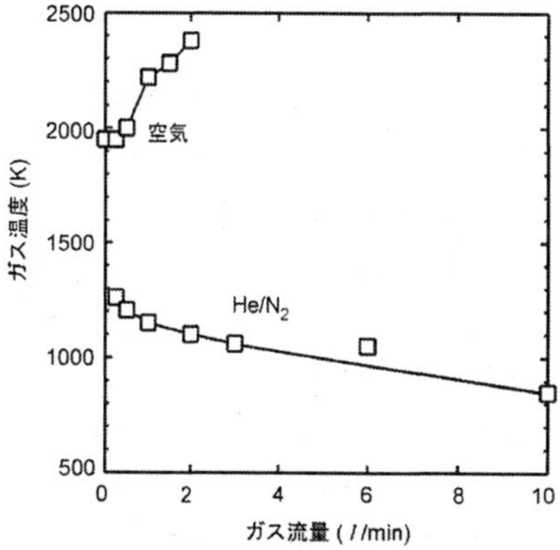

図8　空気および He/N_2 (5%) 大気圧マイクロギャッププラズマ中のガス温度のガス流量依存性 (マイクロ波電力 100W)

ある[7]。空気放電の場合はガスを流すとかえってガス温度が上昇しているが，これは流れによりプラズマが一部吹き消され，プラズマの単位体積あたりへの電力投入が増えたためと推定される。He/N_2 (5%) 混合ガス放電のガス温度は空気放電と較べればずっと低く，またガス流れによりプラズマが吹き消されることもなく，流速とともにガス温度が低下していることがわかる。

Ar プラズマの場合に，N_2 を微量混合して N_2 の $C^3\Pi_u - B^3\Pi_g$ 発光からガス温度を求める試み

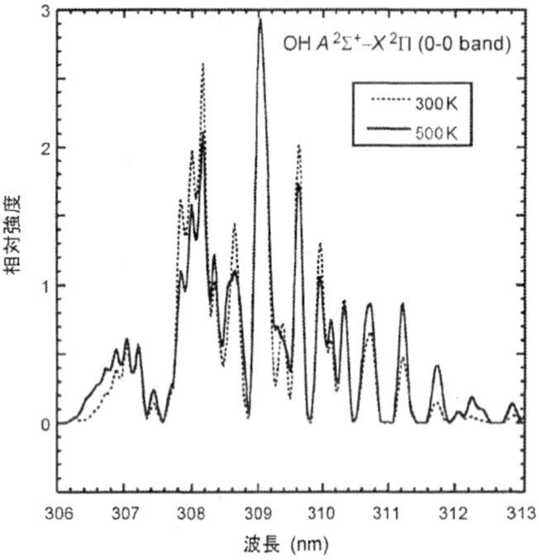

図9　OH ラジカル $A^2\Sigma^+ - X^2\Pi$ 遷移（0-0 バンド）の理論発光スペクトル

には注意が必要である。これは N_2 の $C^3\Pi_u$ 状態が，Ar 準安定原子と N_2 基底状態分子のエネルギー移動衝突により効率よく生成されることにより，先に述べた条件(1)が成立しない場合があるためである。実際，低圧 Ar プラズマにおいて N_2 を微量混合して測定されるガス温度が，Ar 準安定原子の多い放電条件では，実際の温度よりずっと高めに出ることが報告されている[8)]。

大気圧 Ar マイクロギャップ放電のガス温度を計測するため，不純物として，あるいは微量の水蒸気混合により現れる OH ラジカルの $A^2\Sigma^+ - X^2\Pi$ 遷移（0-0 バンド）の発光が利用できる。$A^2\Sigma^+$ 状態の放射寿命が比較的長いため（～700ns），大気圧領域ではこの準位の回転温度は並進温度と平衡にあると期待できる。図9に OH $A^2\Sigma^+ - X^2\Pi$ 発光の理論スペクトルの回転温度 300K と 500K における形状の違いを示す[9)]。図10は Ar マイクロギャッププラズマ中の OH 発光スペクトルの観測値であり，これは回転温度～340K の理論スペクトルでよくフィットされる(理論スペクトルは観測値とほとんど重なるので図に示していない)。2.2の最後に述べたトムソン散乱測定の結果とあわせて考えると，10^{14}cm^{-3} オーダーの高電子密度でありながらガス温度が常温に近い，極めて非平衡性の高いマイクロプラズマが連続的に生成されていることがわかる。

2.4　吸収分光による Ar 準安定原子密度の計測

Ar を作動ガスとするマイクロギャッププラズマを真空紫外エキシマー光源として利用しよう

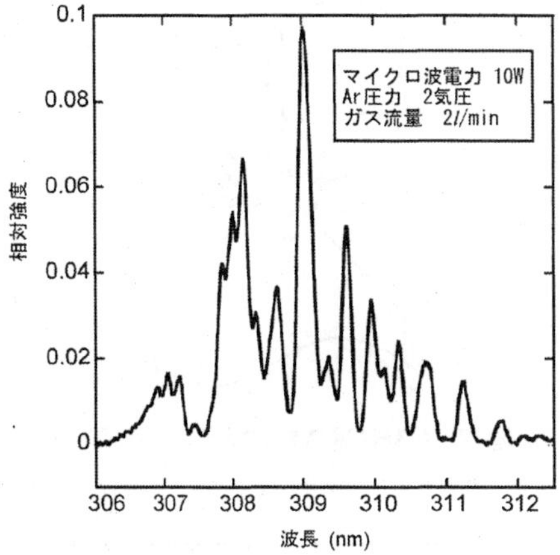

図10　Ar マイクロギャッププラズマ中の OH $A^2\Sigma^+ - X^2\Pi$ (0−0 バンド) 発光
回転温度 340K の理論スペクトルとほぼ一致する。

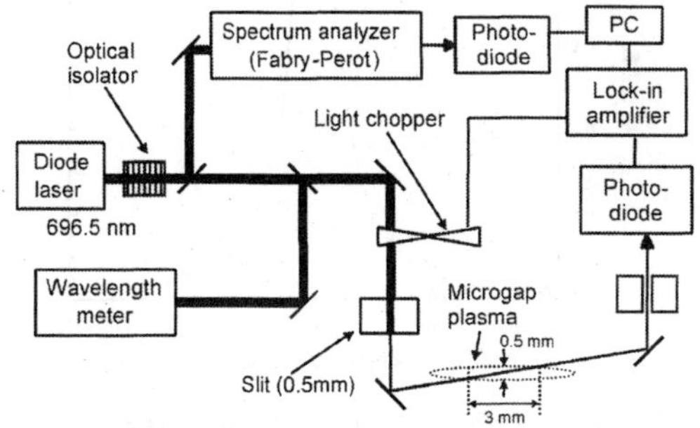

図11　マイクロギャッププラズマ中の準安定原子密度測定のための吸収分光計測系

とする場合，Ar_2 エキシマー生成の前駆体である Ar 準安定原子の挙動を知ることがプラズマの最適化を考える上で重要となる。マイクロプラズマでは吸収長を長くとることが難しいが，対象分子の密度が高いことが多いので吸収分光は有用である。

図11に Ar マイクロギャッププラズマ中の Ar 準安定原子密度計測に用いられた測定系を示す[9]。Ar 準安定原子（$^3P_2$ 状態）の波長 696.5nm の吸収線近傍で波長掃引可能な半導体レーザを光源とし，これを幅 0.5mm のスリットに通してビーム幅を制限した後，マイクロギャップの長

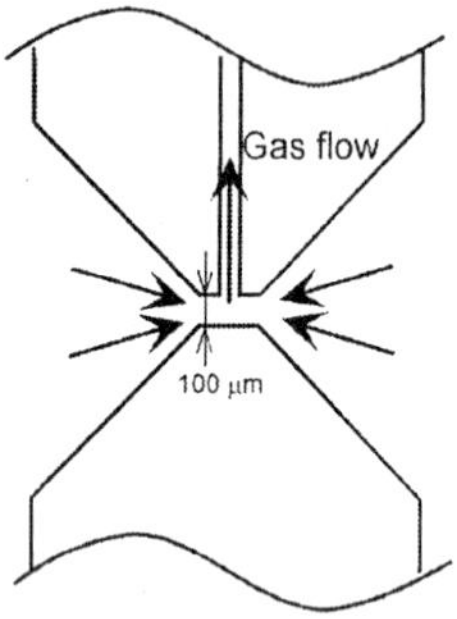

図 12　ガス吸収通路を持つナイフエッジ電極系

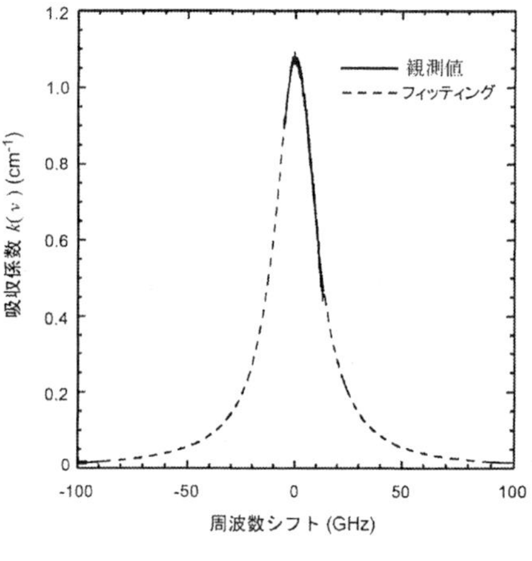

図 13　Ar マイクロギャッププラズマ中の Ar 準安定原子 ($^3P_2$ 状態）による吸収線形状（696.5nm 線）とローレンツ型プロファイルへのフィッティング

手方向と小さな角度（～10°）をなしてレーザビームをギャップに通す。この角度が小さいため，レーザビーム幅を制限しないとビームが 10mm の電極幅からはみ出してしまう。レンズによりレーザビームを集光してマイクロギャップを通すことは，吸収の飽和を引き起こすため，避けている（吸収の飽和とは，レーザの放射密度が大きすぎて，吸収線の下準位占有密度が減少し，吸収が起こらなくなることを言う）。この測定に用いられたナイフエッジ電極は図 1 に示したものとは異なり，図 12 に示すようにエッジ先端部からガスを吸い込むことによりガス流を導入する

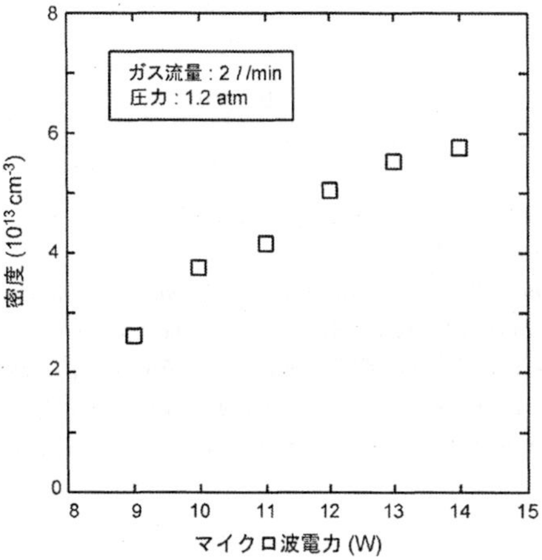

図 14　Ar マイクロギャッププラズマ中の Ar 準安定原子密度（$^3P_2$ 状態）のマイクロ波電力依存性

構造になっている。このためナイフエッジが厚く，プラズマの幅は図 6 に示した結果より大きく，0.5mm 程度である。このため，図 11 に示したように約 3 mm と比較的長い吸収長が得られている。

図 13 に観測された吸収スペクトルの例（吸収係数）を示す。周波数の関数として測定されたビームの透過率 $t(\nu)$ から $k(\nu) = -(1/l)\ln\ t(\nu)$（$l$ は吸収長）により吸収係数 $k(\nu)$ を求める。Ar ガス中の Ar 準安定原子の吸収線は大きな衝突広がりを持っており，レーザを安定に掃引できる周波数範囲を越えている。この例では衝突広がりはドップラー広がりよりずっと大きいので，後者を無視して単純なローレンツ形のラインプロファイル関数で $k(\nu)$ をフィッティングしている。$k(\nu)$ の積分値より，2 章 1 節・式(6)を用いて Ar 準安定原子密度が求められる。

図 14 に得られた Ar 準安定原子密度のマイクロ波電力依存性を示す。密度は $10^{13}\mathrm{cm}^{-3}$ のオーダーであり，マイクロ波電力とともに増加している。Ar 準安定状態は電子衝突により破壊されるが，これが主要な破壊過程であるならば，密度は電力にあまり依存しないはずである（電子衝突による生成と破壊がバランスするため）。したがって，実験結果は，電子衝突以外の Ar 準安定状態の破壊過程，すなわち 3 体衝突によるエキシマー分子の生成過程

$$Ar^* + 2Ar \rightarrow Ar_2 + Ar$$

などが電子衝突破壊と同程度以上の頻度で起こっていることを示唆している。

文　献

1) A. Kono *et al.*, *Jpn. J. Appl. Phys.*, **40**, L238 (2001)
2) A. Kono and K. Nakatani, *Rev. Sci. Instrum.*, **71**, 2716 (2000)
3) A. Kono and K. Iwamoto, *Jpn. J. Appl. Phys.*, **43**, L1010 (2004)
4) A. Kono and H. Funahashi, *J. Appl. Phys.*, **92**, 1757 (2002)
5) D. M. Phillips, *J. Phys. D*, **8**, 507 (1975)
6) I. Kovacs, *Rotational Structure in the Spectra of Diatomic Molecules*, Adam Hilger (1969)
7) A. Kono *et al.*, *Thin Solid Films*, **506-507**, 444 (2006)
8) 大月高実，他，第52回応用物理学関連連合講演会予稿集，179 (2005)
9) A. Kono *et al.*, *Microwave Discharges: Fundamentals and Application* (*Proc. VI Int. Workshop on Microwave Discharges*), Ed. Yu. A. Lebedev, 187 (Yanus-K, Moscow, 2006)

3 プラズマと固体のマイクロ界面診断

櫻井　彪*

3.1 まえがき

プラズマはいまや我々の生活にとって重要な位置を占めている。各種光源としてはもちろん，半導体や太陽電池など固体素子の製造工程にプラズマは不可欠である。さらに最近ではプラズマディスプレイパネル（PDP）などマイクロプラズマが脚光を浴びている。またナノテクノロジーの発展とも深く関連して，局所的に場所を限定してプラズマを作り，必要とするマイクロ領域でプラズマを利用することが注目されはじめている。今後マイクロプラズマがますます発展すると考えられる。

これらのプラズマの未来を考えたとき，次のような観点は大切である。

① 球形のプラズマを考えるとプラズマを囲う壁の面積は半径の二乗に，プラズマの体積は半径の三乗に比例する。したがって，両者の比は半径に反比例し，プラズマがマイクロ寸法へと小さくなると，壁の役割がますます重要になる。

② 応用上の観点から見ると，プラズマによるガラス基板の処理などほとんどの場合，プラズマと固体表面との相互作用を利用している。

③ 誘電体バリアー放電は多岐に及ぶ構造や放電状態に対して安定に動作し，マイクロ放電でもよく利用されているが，このバリアー放電では誘電体が電極として働き，誘電体表面のダイナミックスが放電機構を決定している。

これらに共通していえることはプラズマと誘電体など固体表面の相互作用の理解が大切なことである。またプラズマは本来輸送や衝突など非平衡現象が主役であり，壁表面相互作用の研究は非平衡現象の科学にとっても大いに興味のある対象である。しかしながら，固体表面のプラズマ界面やその近傍の実時間ミクロ観察の研究は実験的に困難を伴い，これまで実験による取り組みは多くない。プラズマ―壁表面相互作用の重要性を考えるとき，界面ミクロ観測手段の開発が不可欠である。

プラズマをミクロ観察する手段としては図1に示すようなレーザを用いた種々の計測が考えられる。バルクプラズマではトムソン散乱を用いて電子密度や電子温度が[1]，シュタルク効果を用いて電場が[2]，顕微吸収分光を用いて励起原子密度が[3] ミクロ計測されてきた。一方，エヴァネッセント波を利用したレーザ分光法や電気光学結晶レーザ偏光法は，マクロやマイクロプラズマと固体表面との相互作用をミクロ観察するために筆者らが開発してきた計測手法である。

本節では，まずプラズマと界面との現象について簡単に解説する。次に図1で示した手法のう

* Takeki Sakurai　山梨大学大学院　医学工学総合研究部　教授

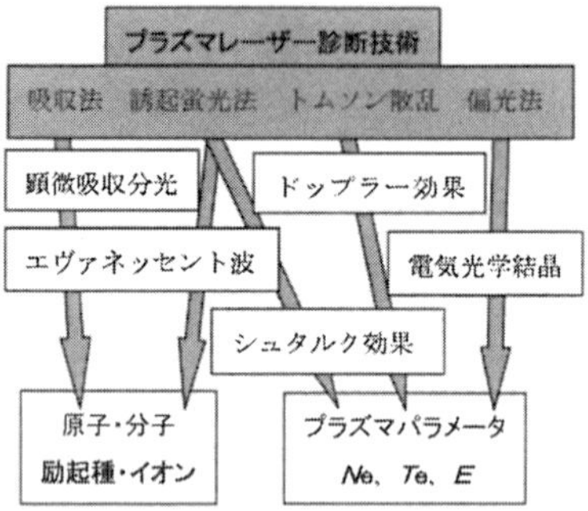

図１　プラズマミクロ観察のためのレーザ分光法

ち，筆者らが研究してきた表面近傍ミクロ観察技術の背景を紹介し，最後に個々の具体的な観測方法と得られた結果を紹介する。

3.2　プラズマの界面近傍の振る舞い

3.2.1　準安定励起原子の特性

(1)　連続の式

プラズマ内の準安定励起原子は密度が高く，段階的電離や壁での衝突による２次電子放出が生じるなど重要な役割を持っている。この励起原子の密度 N は拡散と衝突による励起と減衰の項を含んだ粒子連続の式

$$\frac{\partial N}{\partial t} = D\frac{\partial^2 N}{\partial z^2} + p_e n_e - \gamma N, \tag{1}$$

によって与えられる。ここで D と γ は準安定励起原子の拡散定数と衝突減衰確率，p_e は電子衝突励起確率，n_e は電子密度である。

最も簡単な取り扱いとして，準安定励起原子密度が放電管管壁で０という境界条件を仮定して，式(1)を定常状態で計算すると，例えば間隔 d の平行平板管壁の場合，分布は次式となる。

$$N(z) = N_0 \sin(\pi z/d), \qquad z = 0, d \text{ が管壁} \tag{2}$$

ここで，N_0 は放電管の中央における密度であり，電子密度の分布は正弦波形を仮定している。

この場合，準安定励起原子の全減衰確率 Γ（寿命 τ の逆数）は，

$$\Gamma = D/\Lambda^2 + \gamma, \qquad 1/\Lambda^2 = \pi^2/d^2 \tag{3}$$

となり，Λ は拡散長と呼ばれている。

(2)　二流速近似による境界値と表面反射

二流速近似では，$+z$ 方向に対して θ の角度の円錐表面にある二方向の粒子流れを I_+，I_- に分けて考える。このとき粒子束 $F(z)$ と密度 $N(z)$ は，平均熱速度 v を用いて

$$F(z) = 2\pi\cos(\theta)(I_+ - I_-) \tag{4}$$

$$N(z) = 2\pi(I_+ + I_-)/v \tag{5}$$

で与えられる。これらの結果から定常状態においての密度の変化は次式となる[4~6]。

$$\frac{1}{N}\frac{\partial N}{\partial z} = -\frac{\sqrt{3}}{\lambda_m}\frac{I_+ - I_-}{I_+ + I_-} \tag{6}$$

ここで，λ_m は平均自由行程である。

いま粒子の壁での反射（反射率を R とする）を考慮して，管壁 $z=0$ において $I_+ = RI_-$ とおくと，$z=0$ では

$$\frac{1}{N}\frac{\partial N}{\partial z}\Big|_{z=0} = \frac{1}{\beta}, \qquad \frac{1}{\beta} = \frac{\sqrt{3}}{\lambda_m}\frac{1-R}{1+R} \tag{7}$$

となる。この式が二流速近似を使った場合の粒子の壁での境界条件である。また，壁 $z=0$ における粒子束 F_w は壁密度 N_w を使って $-DN_w/\beta$ で与えられる。

この反射を考慮した境界条件を用いて，励起項 $p_e=0$ と仮定して連続の式(1)を解くと準安定励起原子密度 $N(z, t)$ とその全減衰確率 Γ は

$$N(z, t) = A\{\cos(\mu z/d) + (d/\beta\mu)\sin(\mu z/d)\}\exp\{-(D\mu^2/d^2 + \gamma)t\} \tag{8}$$

$$\Gamma = 1/\tau = D\mu^2/d^2 + \gamma \tag{9}$$

で与えられる[7]。ここで，μ は d/β に依存して 0 から π まで変化し，拡散定数 D はガス圧力 p に反比例し，γ は p に比例する。例えば，$R=1$ とすると $\beta \gg d$ となり $\mu=0$，また $\beta \ll d$，$R<1$ とすると $\mu=\pi$ となる。

管内の準安定励起原子密度の z 依存性と壁近傍の拡大を図2に示すが，反射率 R によって大きく形が変わる。なお，図では中心の密度を1に規格化している。また図中の破線は管壁密度を0と仮定した式(2)の結果を示すが，$R=0$ の場合と比べても異なっている。また管壁近くでの密度変化の接線は管壁から壁の方向へ β だけずれた位置で必ず0となることを式(7)は示している。一方，式(9)に示した準安定原子の寿命 τ のガス圧力依存性を図3に示す。図中で破線は式(3)の結果であり，二流束近似の $\mu=\pi$ の結果と一致している。二流束近似を用いると準安定励起原子の寿命は R の値に依存しており，低ガス圧力領域では式(3)の結果とは全く異なる。このことは励起種の管壁での境界条件がプラズマ内の振る舞いに大きく影響することを示す一例である。

(3)　表面反射についての考察

表面における準安定励起原子の反射について考える。壁表面 $z=0$ における単位面積当たりの

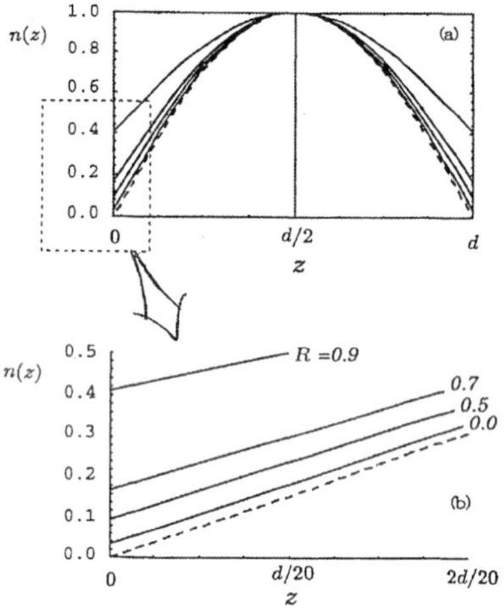

図２　準安定励起原子密度の場所依存性と壁反射率

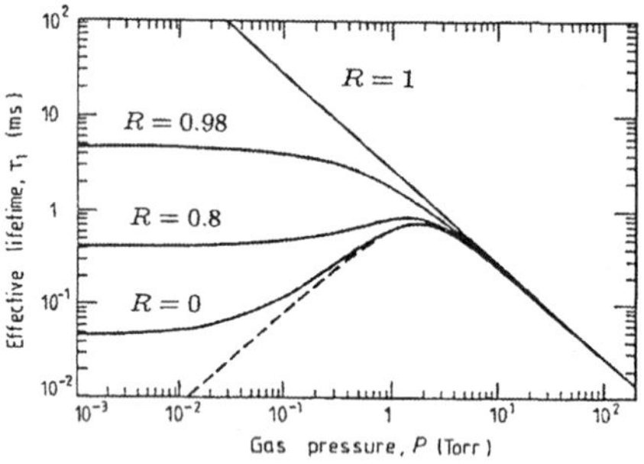

図３　準安定励起原子寿命のガス圧力依存性

準安定原子密度を σ とすると，その時間変化率は

$$\frac{\partial \sigma}{\partial t} = -I_{+} + I_{-} + cI_{i} - \gamma_{s}\sigma - D_{s}\nabla^{2}\sigma \tag{10}$$

となる。ここで，I_i はイオンの壁への流れ，c は壁におけるイオンの準安定励起原子への変換率，γ_s，D_s はそれぞれ準安定原子の表面での消滅確率，面方向拡散定数である。ここで表面拡散の項は小さいとして無視する。表面からの離脱確率を γ_d とすると $I_{+} = \sigma\gamma_d$ であり，定常状態においては式(10)より $\sigma = (I_{-} + cI_i)/(\gamma_s + \gamma_d)$ となる。これらの結果よりイオンの効果を含めた壁での

実質的反射率 R は

$$R = I_+ / I_- = (1 + c\frac{I_i}{I_-})\ \frac{\gamma_d}{\gamma_s + \gamma_d} \tag{11}$$

で表される。

離脱確率 γ_d は粒子の表面に対する吸着エネルギー E_a と結びついており，

$$\gamma_d = \gamma_{d0} \exp(-E_a/kT) \tag{12}$$

となる。ここで，γ_{d0} は $E_a = 0$ の場合の離脱確率で，熱エネルギーによる振動の角周波数，$kT/\hbar$ に相当し，室温で約 $10^{13}\mathrm{s}^{-1}$ となる。準安定励起原子の場合は吸着エネルギー E_a は0に近く，離脱確率は γ_{d0} に近いと思われる。しかし，離脱の前にエネルギーを失って消滅する確率が高く，一般に反射率 R は小さいと仮定されることが多い。

3.2.2 荷電粒子の振る舞い

プラズマと誘電体等の壁との間には必ずシースが形成され，これが壁表面近傍の励起種などの振る舞いの解析を一層複雑にしている。低気圧プラズマのシースはプラズマ領域から準中性領域，中間領域，イオンシース領域を経て壁にいたるが，定常状態では壁電流が0になる必要があり，壁は負の電位に維持され，これを浮動電位と呼んでいる。シース内での荷電粒子や壁電荷のダイナミックスは非平衡科学として興味があるが，ここではこれ以上立ち入らないことにする。

誘電体バリアー放電では放電開始と同時に陽極では電子が，陰極ではイオンが帯電し始める。放電空間ではこの壁電荷による電場は，外部印加電場とは逆に働き，放電が進むと実効的電場は減少し放電が維持できなくなる。したがってバリアー放電は自動的にパルス動作となる。電源として交流電圧を印加した場合，パルス放電終了後，逆位相で次の電圧が印加されるが，前の放電で蓄積された壁電荷による壁電位が加算され，見かけ上低い外部電圧で放電開始する。このようにバリアー放電の壁電荷は放電機構を決定し非常に重要となる。バリアー放電以外においても，プラズマは必ず誘電体で囲われており，壁電荷は大切なパラメータであり，表面処理におけるプラズマ応用などにおいても壁電位の存在は問題となる。壁電荷という観点からも壁近傍の荷電粒子の振る舞いはプラズマにとって重要課題なのである。

3.3 プラズマ励起種の固体表面ミクロ計測

3.3.1 エヴァネッセント波の特性とミクロ分光法への適用[8~11]

光が屈折率 n_r の誘電体表面から真空中に入射するとき，入射角 θ_i が臨界角 θ_c より大きくなると入射光は境界面で全反射する。このとき，真空側にはエヴァネッセント波がしみ出す。このエヴァネッセント波は入射光が誘起した誘電体表面分極により生じた光近接場として理解される。

このエヴァネッセント波の興味ある特性は，①波数ベクトルの誘電体垂直方向成分 k_z は虚数

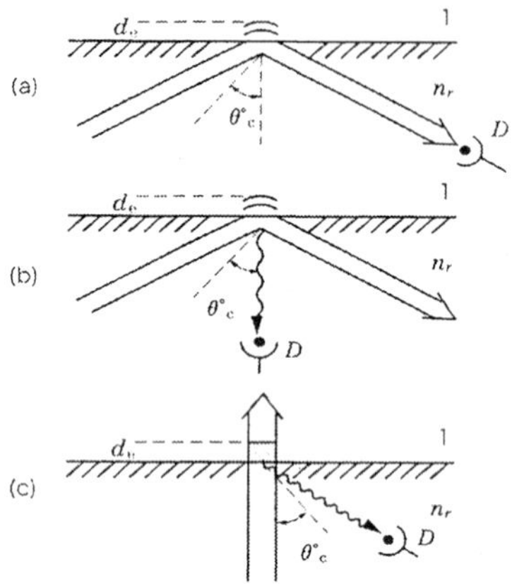

図4　エヴァネッセント波を用いた界面ミクロ分光法

となり垂直方向には伝搬せず，その侵入深さ d_e は $1/|k_z|$ で与えられ，一波長以下となり，②表面方向成分 k_x は真空中の波数 $|k_0|$ よりも大きく，表面方向に進む波の擬運動量 $\hbar k_x$ は真空中の光子の運動量よりも大きくなる。式で示すと次式となる。

$$k_x = k_0 n_r \sin\theta_i$$
$$k_z = ik_0\sqrt{n_r^2 \sin^2\theta_i - 1} \tag{13}$$

この結果，前者の性質を用いると表面近傍に存在する原子の高分解分光が可能であるし，また，後者の性質は原子に大きな recoil force を与えることになる。

一方，誘電体表面近傍一波長以内に存在する励起原子の発光は自由空間中での発光とは異なり，誘電体表面に誘起された分極の影響を受ける。すなわち，表面近傍の原子の発光はエヴァネッセント波の励起が可能となる。言い換えると，表面近傍一波長以内に存在する原子の発光は，誘電体側では臨界角より大きな角度でも観測できる。これに対して表面から離れた自由原子の発光は分極の影響を受けず，その発光は臨界角より大きな角度に絶対に伝搬しない。したがって，誘電体側で臨界角よりも大きな角度で原子のエヴァネッセントモード発光を観測すれば，この発光は表面から一波長以内に存在する励起原子によるものであり，励起原子の表面近傍場所選択を行ったことになる。これらのことは筆者らの実験によって確かめられている[8, 9]。

エヴァネッセント波を用いたミクロ分光法は基本的には図4に示すように三種類の方法が考えられる。(a)は Evanescent Laser Absorption（ELA）法で吸収により直接，表面極近傍の粒子密度が得られるが，低い密度（おおよそ $10^{12}cm^{-3}$ 以下）では測定不可能である。(b) Evanescent Laser Induced Fluorescence（ELIF）法と (c) Laser Induced Evanescent Mode Fluorescence

(LIEF) 法はレーザ誘起蛍光法の一種で，測定感度は高く一般のプラズマ計測に適しているが密度の定量値は求めにくい。

(c)の LIEF 法は表面に垂直に入射するレーザ光（周波数 ν）を励起光として用いており，次のような特色がある。すなわち，レーザ光は原子（表面垂直方向速度 v_z）とはドップラー効果によって $\nu-\nu_0=\mathrm{k}_0 v_z/2\pi$ の関係で共鳴する（ν_0 は共鳴中心周波数）。従って，$\nu-\nu_0>0$ では表面から遠ざかる原子（$v_z>0$）を，$\nu-\nu_0<0$ では表面に向かってくる原子（$v_z<0$）を速度選択的に励起する。この速度選択的に励起された原子のうち，表面から侵入深さ $d_e=1/|k_z|$ 以内に存在する励起原子だけが LIEF を発生する。

また，励起原子が壁方向に移動するなど全原子の平均速度が 0 でない場合に LIEF 法を適用すると移動速度 v_d の測定が可能となる。プラズマ内のイオンはシース内で壁方向に移動している。LIEF 法によるイオンの移動速度の測定はまだ実現されていないが，シースの詳しい取り扱いのために今後の適用が期待できる。

以上のようにミクロ分光法は三種類が基本であるが，後で述べるように欠点もあり，筆者らはさらに進めたミクロ分光法を開発している。すなわち上記(b)と(c)を結合させたクロスビーム型 LIEF 法と(a)を改良した光導波路型 ELA 法である。これらについては後で説明する。以上のミクロ分光法はプラズマ励起種の誘電体表面での振る舞いの直接観測に優れている。しかし，まだエヴァネッセント波とプラズマ内の励起原子との相互作用などに関して，未知の問題も多く，スペクトル形状などのさらなる詳しい解析は今後の興味ある研究対象である。

3.3.2　LIEF 法とマイクロプラズマ観測

実際に用いられる PDP 構造のマイクロプラズマに LIEF 法を適用した[12]。実験配置を図 5 に示す。PDP 前面のガラス表面に 45° プリズムを接着し，パネルに垂直にアルゴン $1s_5\rightarrow 2p_9$ 準位間に共鳴（波長 811nm）した波長掃引可能半導体レーザが入射する。$2p_9$ 準位の誘起蛍光をプリズムを通して 45°（臨界角 $\theta_c=43°$）でエヴァネッセント波モードとして観測した。一放電セルの寸法は 285×120×100 μm と小さいので，レーザ光はレンズで集光している。封入ガス圧力は 200Torr でネオンとアルゴン（5 %）の混合気体を用いた。

測定された LIEF スペクトルを図 6 に示す。圧力が高いため原子衝突効果でスペクトル幅が約 5GHz と大きく，中心周波数のシフトも大きい。信号スペクトルの強度から誘電体壁表面の $1s_5$ 原子密度は $1\times10^{12}\mathrm{cm}^{-3}$，そのときの粒子束 F_w は式(7)を使って $1\times10^{16}\mathrm{cm}^{-2}\mathrm{s}^{-1}$ となった。なお，密度の定量値は，密度が既知のセシウム蒸気セルを用いた場合の LIEF 強度との比較から見積もっている。

この他，LIEF 法を用いてマイクロプラズマジェットのプラズマ励起種密度と温度[13] やマイクロプラズマの壁表面準安定原子密度のガス圧力依存性[12] がミクロ計測されている。また直流グ

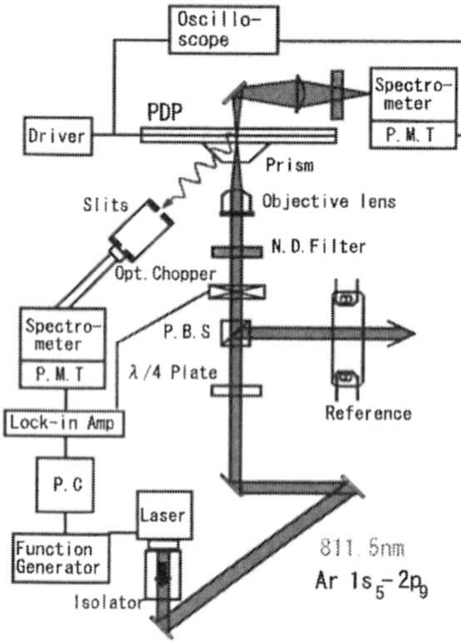

図５　PDP マイクロプラズマに対する LIEF 実験配置図

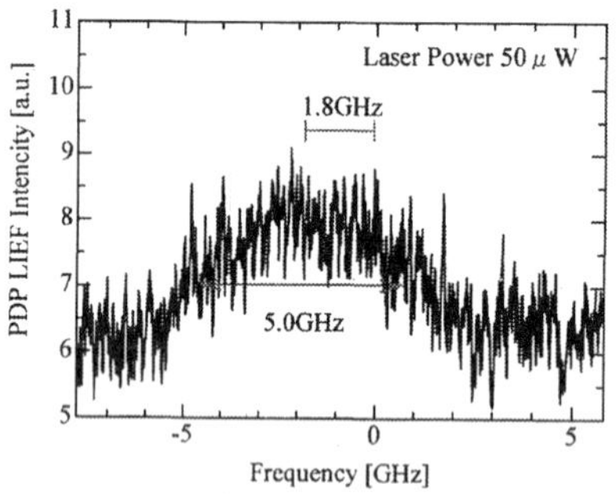

図６　PDP における LIEF スペクトル測定結果

ロー放電陽光柱の壁における準安定原子が ELIF 法で観測された[14]。

3.3.3　クロスビーム型 LIEF 法と壁反射

上記実験で使用したガス圧力範囲では準安定原子の平均自由行程はエヴァネッセント波の進入深さより十分長い。したがって，LIEF 法では原子の壁方向速度が選択的に励起できるため，壁での反射率に依存してスペクトル形は中心周波数に対して非対称になることが期待される。しかしながら，実験結果は対称なドップラー広がり成分が主であった。その原因の一つは，$2p_9$ 準位

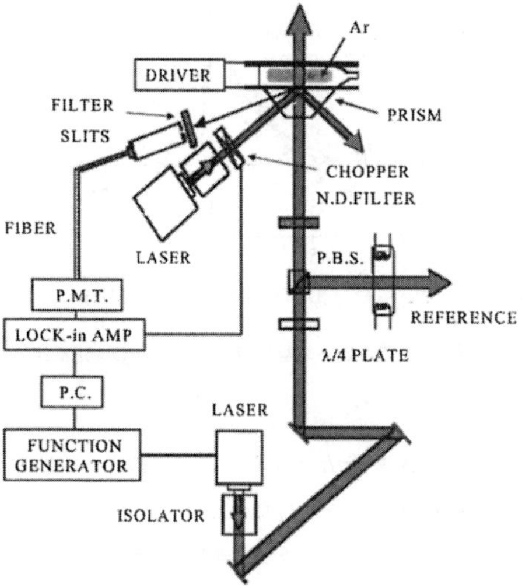

図7　クロスビーム型 LIEF 実験配置図

励起原子が蛍光を発するまでに熱運動を行い，レーザ励起箇所とは場所が異なることである。他の原因はプリズムやガラス板との接着剤からのレーザ散乱があり，その散乱光によるドップラー型誘起蛍光成分が大きく，真の LIEF 信号の非対称性を見分けることができなかったからと思われる。ただし，これらの影響による準安定励起原子密度の定量値の見積り誤差については，全く同じガラス構造のセシウムセルの結果と比較しているので問題はない。

壁反射の直接的情報を得るために，クロスビーム型 LIEF 法を開発した[15, 16]。実験配置を図7に示す。LIEF 法にエヴァネッセント波レーザを追加している。第一垂直入射レーザで準安定励起原子の壁方向運動の速度 v_z を選択し，その原子が同時に第二エヴァネッセント波レーザを横切って相互作用する。このときエヴァネッセント波の進入深さ d_e が非常に小さいのでトランジット効果を受ける。トランジット時間は $d_e/|v_z|$ で表され，実効的均一周波数幅は（$\gamma_n+|v_z|/2\pi d_e$）となり，両レーザと相互作用する原子数 $N(v_z)$ は $\gamma_n/(\gamma_n+|v_z|/2\pi d_e)$ に比例する。ここで，γ_n はトランジット効果の無い場合のスペクトル線のローレンツ周波数幅である。

もし，準安定原子が壁で完全反射する場合を考えると v_z の正負にかかわらず壁極近傍の原子数 $N(v_z)$ は等しい。したがって第一レーザの周波数 ν_1 を掃引したときのスペクトル線形は

$$F(\nu_1-\nu_0)=(1+|\nu_1-\nu_0|/\gamma_s k_1 d_e)^{-1} \tag{14}$$

となり，対称なサブドップラー型となる。ここで，k_1 は第一レーザの波数である。

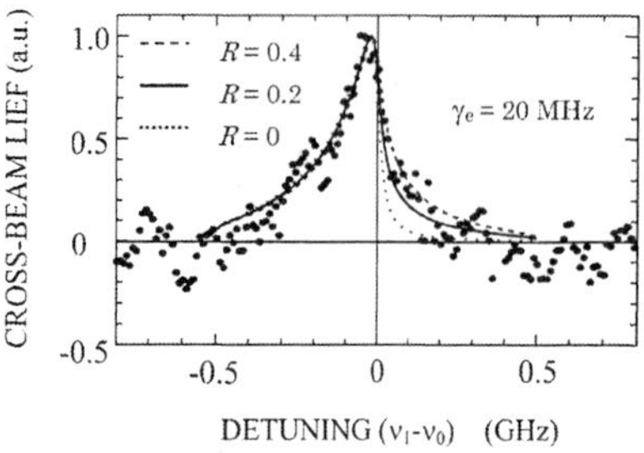

図８　クロスビーム型 LIEF スペクトルの測定結果

一方，準安定原子の壁での反射率を R とすると，$v_z>0$ の原子数は $R\times N(v_z)$ となり，$(\nu_1-\nu_0)>0$ のスペクトル線は式⒁に反射率を掛けた形となる。結果としてスペクトル線は ν_0 に対して非対称なサブドップラー型になる。この線形の非対称形から直接壁での反射率 R が測定できる。ただし，実際のスペクトル線形は上記 $F(\nu_1-\nu_0)$ の形にドップラー型のガウス線形と均一幅のローレンツ線形をたたみ込み積分して得られる。

実験ではガラスセルに 1 Torr のアルゴンを封入し，導電性透明膜（ITO）の電極とピラミッド型プリズム（頂点近傍は平面に切断）を接着し，周波数 44kHz，電圧 1kV の交流電源でバリアー放電させた。第一レーザはアルゴンの準安定原子 $1s_5$ から $2p_9$ 準位への遷移（共鳴波長 811nm）に共鳴しており，その周波数 ν_1 を掃引する。第二レーザは $1s_5$ から $2p_6$ 準位への遷移（共鳴波長 764nm）に共鳴し，プリズムを介して 45° で入射しエヴァネッセント波レーザとなる。周波数が共鳴中心周波数に固定された第二レーザは光学チョッパーで断続され，誘起蛍光信号はチョッパーに同期した信号のみを観測している。

しかしながら，実験結果は常に大きなドップラー型のバックグランドを有しており，これはガラス表面や接着層におけるレーザ散乱の影響が大きいためと思われる。実験を繰り返し，バックグランドを引き去った後平均化処理を行い，クロスビーム型 LIEF 信号を抽出した結果を図８に示す。図における線は R を変えてたたみ込み積分した計算スペクトル形で，最小二乗法による最適化から反射率 $R=0.3\pm0.2$ が得られた。信号が弱く S/N が悪いため，精度のよい見積もりはできなかった。第二レーザ光は全反射であるにもかかわらず，その強度の散乱損失は約 20％に達し，今後の装置の改良としては表面近傍の境界面でのレーザ散乱の低減が必要である。

この実験での反射率は以前の我々の見積もった値[14]と一致している。また，最近極端に低気圧のアルゴン放電管に通常の LIF 実験を行い，壁での反射率が 0.28 という結果が報告されているが，よく一致している[17]。以上の結果は壁反射率が約 0.3 と大きな値であることを示しているが，これは単純な準安定原子の反射だけでは考えにくい。式(11)で示したようにイオンの壁での再結合で準安定原子が生成される過程が存在し，その効果が含まれていると考えている。これについては今後の詳しい解明が望まれる。

3. 3. 4　光導波路型 ELA 法と壁近傍原子密度

誘電体表面近傍の励起種の計測のために LIEF 法などエヴァネッセント波誘起蛍光法を用いてきた。この方法は測定感度は高いが絶対値は得にくいという欠点を持っていた。一方，エヴァネッセント波吸収法は表面近傍励起種の絶対値は得られるが感度が低く，一般のプラズマには適用できなかった。そこで，これらの欠点を克服し感度よく絶対値が得られる方法として，光導波路を表面に有するバリアー電極を用いたエヴァネッセント波吸収分光法を提案し実験を行ってきた[16, 18]。

まず，光導波路を以下のように作成した。厚さ 0.5mm の z-cut $LiNbO_3$ を 240℃に加熱した H_3PO_4 溶液に 20 分浸し，プロトン交換（Li^+を H^+で置換）を行い，その後 400℃の酸素雰囲気中でアニーリングを 7 分行い，なだらかな屈折率変化の光導波路を作成した。高屈折率プリズム（TiO_2）（屈折率 $n_r = 2.584$）カップラーを用いて入射角を変えてレーザ光を入射させ，導波路を伝播させる。波長 811nm のレーザを用いたとき，入射角 42° で TM0 モードが励振できた。導波路理論との比較検討から，表面付近の $LiNbO_3$ の屈折率分布は図 9 のようになる。図において n_0 は $LiNbO_3$ のバルクの屈折率である。表面とバルク結晶との屈折率の差は 0.06 で，導波路深さは 1.3 μm と推定できる。

以上の光導波路付き誘電体を用いてバリアー放電装置を製作した。放電装置を図 10 に示す。基盤の上に ITO 蒸着のガラス板を固定し，その上に光導波路付 $LiNbO_3$ 板を置き，二個の入出力用カップリングプリズムを適度な圧力を加えて固定した。また，ITO 蒸着スライドガラスを基盤に平行に固定し，$LiNbO_3$ 板とで平行平板対向型バリアー放電電極を形成した。電極間隔は

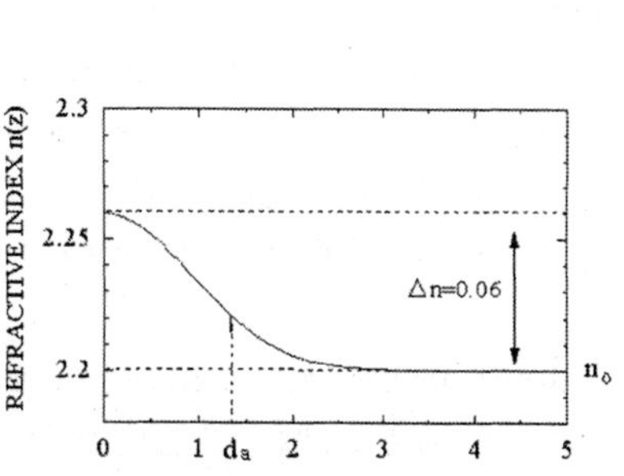

図 9　表面近傍 $LiNbO_3$ 光導波路の屈折率分布

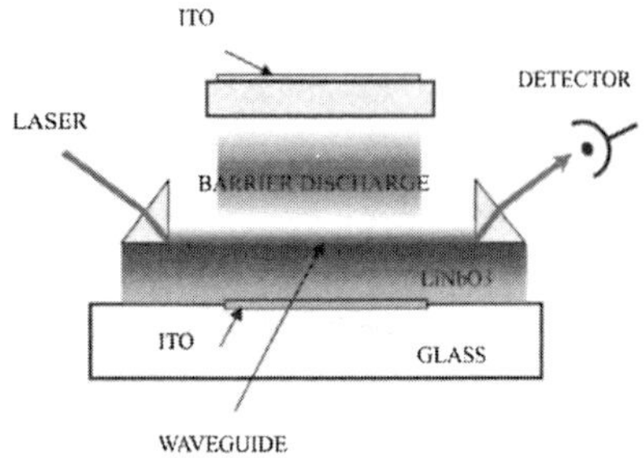

図10　光導波路付き誘電体バリアー放電装置

1.4mm，有効放電面積は19×8mmで，導波路上のエヴァネッセント波レーザとプラズマとの相互作用長は19mmとなり，吸収実験が可能となる。

バリアー放電装置を真空チャンバー内に設置し，10^{-6}Torrの真空にした後に，アルゴンガスを20Torr封入し，外部から交流電源（5kHz）を印加してバリアー放電させる。波長安定化半導体レーザの発振波長は811.5nmでアルゴンの準安定励起原子$1s_5$準位から$2p_9$準位への遷移に共鳴し，準安定励起原子の吸収スペクトルを観測する。バリアー放電では印加交流電源周波数の2倍で放電が生じ，励起原子も2倍の周波数で生成され，レーザ光もその周波数で吸収を受ける。したがって，検出された信号を電源電圧の2倍の周波数で動作しているロックイン増幅器を用いて感度よく測定した。20Torrにおいて準安定励起原子の寿命は10^{-5}s程度であるので，これを考慮して電源周波数は5kHzとした。なお，ビームスプリッターで分離した他方のレーザ光は参照用アルゴングロー放電管を透過し，参照用吸収スペクトルとして観測している。

以上の系による実験結果を図11に示す。図において吸収スペクトルは吸収変化分を明確にするため縦軸を拡大して示している。

また，破線は参照吸収スペクトルである。吸収スペクトルの結果から中心周波数における吸収量の絶対値を見積もると1.0%となり，壁密度は5×10^{8}cm^{-3}と定量的に測定できた。

光導波路型エヴァネッセント波吸収法により，表面極近傍の準安定励起原子密度が定量的に測定されたが，さらなる次の改良を加え，スペクトルの形状や放電パラメータ依存性を今後明確にする予定である。

① 吸収量が小さいため，レーザの出力安定度が0.1%以下のものを使用する。

② プリズムカップラーの安定性を高めると共に，放電装置全体の熱的安定性を向上させる。

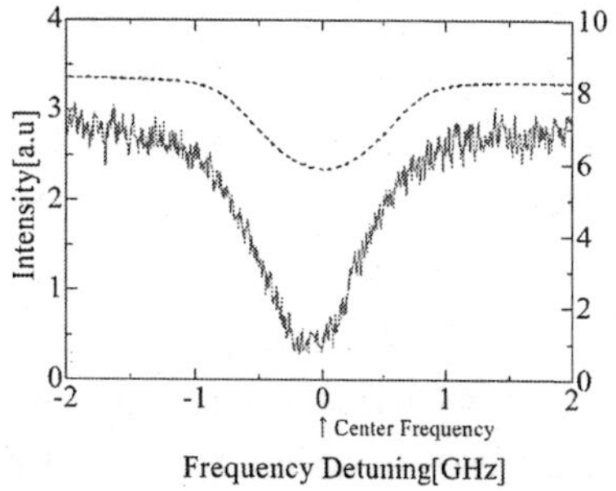

図11　光導波路を用いた壁近傍準安定励起原子吸収スペクトル測定結果

3.4　電気光学結晶を用いた固体表面の壁電位・壁電荷ミクロ計測

3.4.1　電気光学結晶による測定原理

プラズマにとって重要課題である壁電荷，壁電位は電気回路的には測定されてきたが，壁電荷の場所分布などは測定不可能であった。しかし，電気光学結晶を使って壁電荷の観測が可能であることが大気圧の沿面放電において示され[19)]，その後バリアー放電や同一平面型PDP様放電に適用され，この方法の有効性が注目されてきた[20~22)]。

立方晶の電気光学結晶（例えば $Bi_{12}SiO_{20}$（BSO））の z 軸に外部電圧 V_z が印加されたとき，z 軸に垂直な面内の屈折率 n'_x，n'_y は外部電場に応じて変化する。波長 λ のレーザ光が z 軸方向に入射するとき，その光の x' 方向の電場成分と y' 方向電場成分が結晶内で受ける位相差 $\Delta\phi$ は

$$\Delta\phi = \frac{2\pi}{\lambda} d_c (n'_x - n'_y) = \frac{2\pi n_{ro}^3 f_{41}}{\lambda} V_z \tag{15}$$

となる。ここで，d_c は結晶長，n_{ro} は正常屈折率，f_{41} はBSOの電気光学係数である。

いま，完全な円偏光が z 軸に沿ってBSOに入射すると，結晶透過で式(11)によって位相差が生じ，その値に応じて透過光は円偏光から，楕円偏光さらに直線偏光へと変化する。いま，z 軸を中心に45°回転した座標軸を x，y 軸とし，透過光強度の x 軸，y 軸方向成分を I_x，I_y とすると

$$\begin{aligned} I_x &= I_o \sin^2\{(\Delta\phi/2) + (\pi/2)\} \\ I_y &= I_o \cos^2\{(\Delta\phi/2) + (\pi/2)\} \end{aligned} \tag{16}$$

となる。したがって，透過光の偏光率 P は

$$P = \frac{I_x - I_y}{I_x + I_y} = \sin\left(\frac{2\pi n_{ro}^3 f_{41}}{\lambda} V_z\right) \tag{17}$$

となる。この結果より，入射光として円偏光を用いた場合は，V_z の変化に対して偏光率 P は正

弦波形で表される。印加電圧が小さく位相差$\Delta\phi$が小さい範囲においてPはV_zの変化に対して直線的に変化し，偏光率の変化量から壁電位を感度よく見積もることができる。

この方法は光学的測定であり，原理的に時間，場所分解能にすぐれた測定が期待できる。しかし，実際の実験では電気光学結晶の有限の厚さd_cのために場所分解能が制限される。計算から見積もると$d_c=50\,\mu$m のとき，場所分解能は 100 μm 程度となる[23]。

3. 4. 2 同一平面型 PDP 様バリアー放電の壁電荷計測

PDP 様バリアー放電装置の側面図を図 12 に示す。ITO 電極間隔は 100 μm であり，30 μm の SiO_2 誘電体の上に厚さ 100 μm の BSO が接着され，さらに MgO 膜が蒸着されている。なお，比較として電極間隔 1.5mm の放電装置も用いた。この場合はガラス誘電体の厚さは 150 μm で BSO の上には MgO は蒸着されていない。これらの装置に 400Hz で立ち上がり 25 μs のパルス電圧を印加し，そのときの壁電位，壁電荷のガス圧力や電圧依存性を調べた。用いたガスはネオンとキセノン（10%）の混合気体を用いた[16, 24]。

100 μm 間隔装置のプラズマ荷電粒子の帯電による壁電位V_{tr}の時間・場所依存性を図 13 に示す。外部印加電圧によって誘起される壁電位は引き去られている。放電電流の立ち上がり 17.6 μs と同時に帯電が始まり，最大電流時（18.6 μs）を経て，放電終了（21 μs）後の約 5 μs 間はわずかに増加している。また，時間分解能 100ns で観測した場合，放電初期から電極上にほぼ一様に

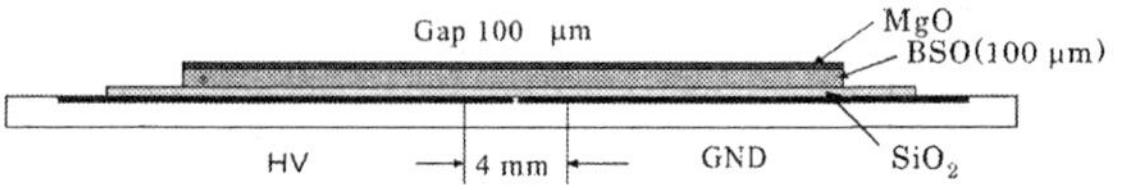

図 12 PDP 様同一平面電極型バリアー放電装置側面図

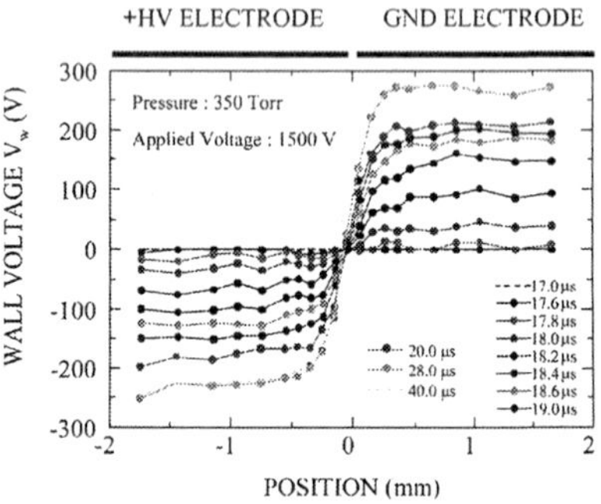

図 13 帯電による壁電位の時間・場所依存性

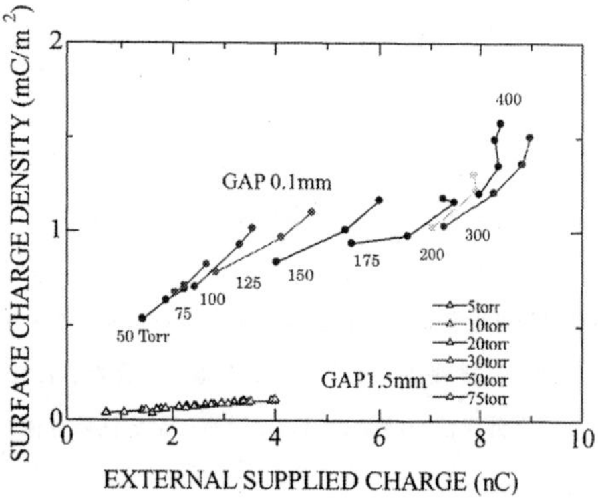

図 14　壁電荷密度と一パルス放電電流総電荷量との関係

	Pressure : Low	High
LIEF, ELIF Relative Density, Doppler	●	●
Cross-beam type LIEF Reflectance, asymmetric sub-Doppler	●	
Optical waveguide type ELA Absolute Density, Doppler	●	●
Cross-beam optical waveguide type ELA Reflectance, asymmetric sub-Doppler	Not yet	
Laser Polarization (electro-optic crystal) Wall voltage, Spatial and temporal measurement	●	●

図 15　エヴァネッセント波分光法と壁電荷計測法の現状まとめ
● はプラズマに適用可能な分光法を示す。

帯電し，明白な帯電分布の移動は見られなかった。したがって，一様帯電と考えて壁電荷密度 σ_e は，式 $\sigma_e = (\varepsilon/d_c)\,V_w$ から計算できる。ここで，ε は BSO の誘電率である。

つぎに放電終了後の壁電荷密度定常値のガス圧力をパラメータとした印加電圧依存性を測定した。また，同一実験条件で放電電流を測定し，電流の時間積分から一パルス放電当りの総電荷量 Q を測定した。Q に対する σ_e の変化を図 14 に示す。ここでは参考のため間隔 1.5mm の装置の結果も示すが，壁電荷は 1/10 以下である。また，全体としてみると Q の増加に対して σ_e は飽和傾向を示す。しかしながら，細かく見ると高いガス圧力では電圧の増加に対して Q はほぼ一定となるが，σ_e は増加している。

3.5 あとがき

プラズマ応用も広範囲にわたり，マイクロからマクロまで種々の方面で利用されているが，あらゆるプラズマにとって誘電体や絶縁物などの壁は非常に重要な境界条件であり，プラズマ理解にとっては避けられない問題である。しかしながら，直接的観測がこれまで困難であり，壁近傍のプラズマの振る舞いが充分把握されているとは言い難いのが現状であった。筆者らはレーザを用いて固体表面のミクロ観察に挑戦し，種々の方法を進めてきた。これらの結果をまとめて図15に示す。エヴァネッセント分光法や結晶を用いた壁電荷計測法の今後の活用が望まれる。

文　献

1) Y. Noguchi *et al., J. Appl. Phys.*, **91**, 613 (2002)
2) M. D. Bowden *et al., Contrib. Plasma Phys.*, **40**, 113 (2000)
3) K. Tachibana *et al., IEEE Trans. Plasma Sci.*, **31**, 68 (2003)
4) S. Chandrasekhar, *Radiative Transfer*, Dover, New York (1960)
5) P. J. Chantry *et al., Phys. Rev.*, **152**, 81 (1966)
6) A. V. Phelps, *J. Res. Natl. Inst. Stand. Technol.*, **95**, 407 (1990)
7) S. Suzuki *et al., J. Phys. D*, **25**, 1568 (1992)
8) T. Matsudo *et al., Phys. Rev. A*, **55**, 2406 (1997)
9) T. Matsudo *et al., Opt. Commun.*, **145**, 64 (1998)
10) 櫻井彪，プラズマ・核融合学会誌，**76**，449 (2000)
11) T. Sakurai *et al., thin solid films*, **374**, 157 (2000)
12) T. Sakurai *et al., J. Appl. Phys.*, **91**, 4806 (2002)
13) T. Ito *et al., J. Phys. D Appl. Phys.*, **37**, 445 (2004)
14) T. Sakurai *et al., Japan. J. Appl. Phys.*, **38**, L590 (1999)
15) T. Sakurai, Abstract of Frontiers in Low Temperature Plasma Diagnostics VI, LesHauches France, 23 (2005)
16) T. Sakurai, Proc. 18th Europhysics Conf. on the Atomic and Molecular Phys. of Ionized Gases, Lecce Italy, 17 (2006)
17) P. Macko *et al., Plasma Sources Sci. and Technol.*, **13**, 303 (2004)
18) 岩下智史ほか，電気学会プラズマ研究会資料，PST-04-27 (2004)
19) 熊田亜紀子ほか，電気学会論文誌A，**118**，723 (1998)
20) D. C. Jeong *et al., J. Appl. Phys.*, **97**, 013304 (2005)
21) T. Sakurai *et al., J. Phys. D Appl. Phys.*, **36**, 2887 (2003)

22) K. Tachibana *et al., J. Plasma and Fusion Research*, **80**, 835 (2004)
23) 櫻井彪ほか，電気学会論文誌A，**124**, 170 (2004)
24) T. Terayama *et al.*, Proc. Intern. Workshop on Microplasmas, Greifswald Germany, P02 (2006)

第3章　マイクロプラズマシミュレーション
—高エネルギー荷電粒子バンチの形成を中心として—

川田重夫[*1]，中村恭志[*2]

1　はじめに

電離したイオンと電子の集団であるプラズマの最大の特徴は集団運動を示すことである。プラズマ中では，デバイ遮蔽やプラズマ振動など，空気などの中性ガスには見られない集団的な振る舞いが見られる。プラズマのガス中に，たとえば外部からプラスのイオンが入り込んだとすれば，そのプラスの電荷の作る電場を感じて，周りの電子が集団で寄ってきて，電場を打ち消そうとする。その電場が遮蔽される特徴的な距離がデバイ遮蔽の距離である。式で書けば，遮蔽されたイオンの作る静電ポテンシャルは湯川ポテンシャルの形をしている[1)]。

マイクロプラズマは，プラズマ自身のサイズの小ささから，特徴的で面白い性質を示す。大きなプラズマでは，プラズマサイズに比べてデバイ遮蔽の距離（デバイ長）は十分小さい場合が多い。しかし，マイクロ・ナノプラズマでは，プラズマサイズがデバイ長のサイズと比較して同程度である。このため，マイクロプラズマ・ナノプラズマならではの興味深い性質が見られる。すなわち，密度や温度などの物理量の勾配の特徴的な距離がプラズマサイズとほぼ同程度となり，デバイ遮蔽長とも近い値になる場合もある。するとデバイ長内の強力な電場が現象を支配するような現象も見られる。本稿の3節で紹介するレーザーによる薄膜からの高エネルギーイオンの生成の現象はまさに，このマイクロプラズマの特徴をうまく利用している[2~4)]。

さらに，マイクロプラズマはそのサイズが小さく，時には流体としての取り扱いができなくなるような場合すらある。そのときは1個1個の荷電粒子の振る舞いを解くためのVlasovシミュレーションも必要になる。Vlasovシミュレーションコードの開発も進めているので，これについても簡単に紹介する[5)]。

一方，マイクロプラズマを含めて，調べるための手法としては，理論・実験とあわせて，コンピュータシミュレーション手法も不可欠である。シミュレーション手法は，第3の手法といわれて久しく，その重要性は確立している。新しいアイデアを確かめるため，実験データの解析のた

＊1　Shigeo Kawata　宇都宮大学　工学研究科　エネルギー環境科学専攻　教授

＊2　Takashi Nakamura　東京工業大学大学院　理工学研究科　土木工学専攻　助教授

め，通常では見えない物理量を抽出し可視化するためなど多くの場面で活躍している。しかし，コンピュータシミュレーションを実施しようとするとき，物理現象の理解と抽出に加えて，コンピュータそのもの，計算手法（アルゴリズム），プログラミング・計算実行の3つの知識と経験が必要になる。コンピュータパワーとアルゴリズムのパワーは，飛躍的に発展してきた。コンピュータのパワーの進展には目を見張るものがある。一方，プログラミングや計算を実行する方法の発展はあまり見られず，忘れ去られてきた感がある。この点をターゲットとして発展してきた分野がPSE（Problem Solving Environment（問題解決環境））といわれる研究分野である[6~8)]。PSEはプログラミングや計算の実行など，シミュレーションや計算・コンピュータの利用などを手助けすることを狙っている。FortranやCなどの高級言語が開発されると同時に，PSE的な発想は生まれ，さらに高級なPSE言語やシミュレーション言語などの研究が行われてきている。

本稿の4節では，研究室などのいくつかのコンピュータが分散して存在する閉じた計算機環境をターゲットに，シミュレーション計算を実行することを手助けする，シミュレーション問題解決環境（PSE）についても紹介する。PSEはシミュレーションなどの計算機やソフトウエアを利用する際の手助けをするために発達してきた学問領域で，本稿で紹介するPSEはその中のひとつであるクローズドシミュレーションGrid（高速分散シミュレータ）システムである。

本稿では，コンピュータシミュレーションによりマイクロプラズマを調べ，マイクロプラズマの特徴的な性質を紹介する。具体的には，①高強度レーザーピンセットによるマイクロ高エネルギー電子バンチの形成，②マイクロプラズマの性質を利用した高エネルギーイオンの生成，さらに，③Vlasovシミュレーション，④シミュレーションを容易に実行できるマイクロプラズマシミュレーションGRID（高速分散シミュレータシステム）についても紹介する。

2　レーザーピンセットによるアト秒マイクロ電子バンチの生成

マイクロ電子バンチを作るためにはいくつかの方法が考えられるが，ここでは高強度の短パルスレーザーを用いて，高密度で高エネルギーの電子バンチビームを生成する方法（図1）を紹介する。目的は高密度で非常に短パルスの電子ビームバンチを生成することである。例えば，電子バンチを非常に短くし，アト秒程度にまで圧縮できるとすれば，アト物理において重要なアト秒の光の生成などに貢献でき，新たな研究・技術の新しいツールを提供できることになる。

通常良く用いられているガウスモードレーザーでは，レーザーの軸上に強度の強いところが位置するため，電子とこのレーザーとの相互作用では，電子はレーザーの軸上からはじき出され，軸上から外側に向かって発散させられてしまう。このままでは電子を半径方向に閉じ込めること

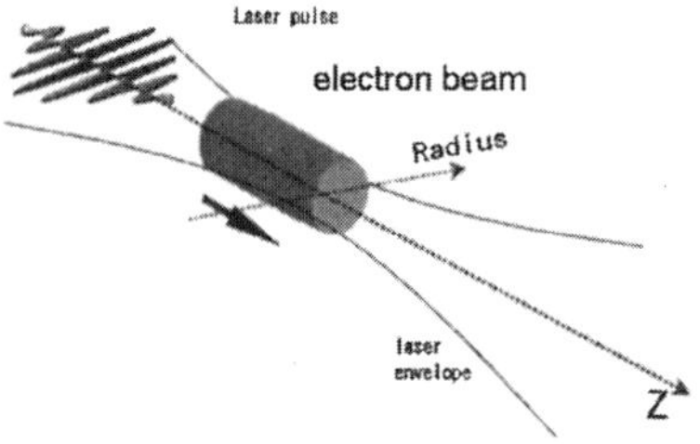

図１　電子ビームに高強度短パルスのレーザーを照射することで，電子ビームを圧縮し，高密度超短パルスの高エネルギー電子ビームバンチを形成する。アト秒の高密度の電子バンチの形成が可能になる。

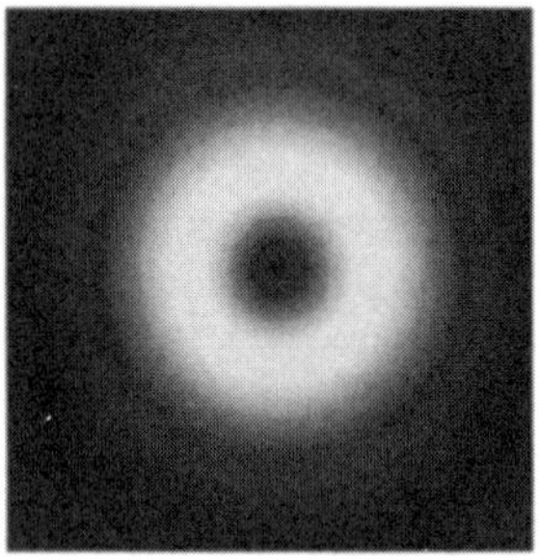

図２　TEM(1,0)＋TEM(0,1) モードレーザーの横方向の強度分布。リング状の強度分布により，電子は横方向に閉じ込められると同時に，進行方向にパルス状のレーザーによって進行方向に加速され，圧縮される。

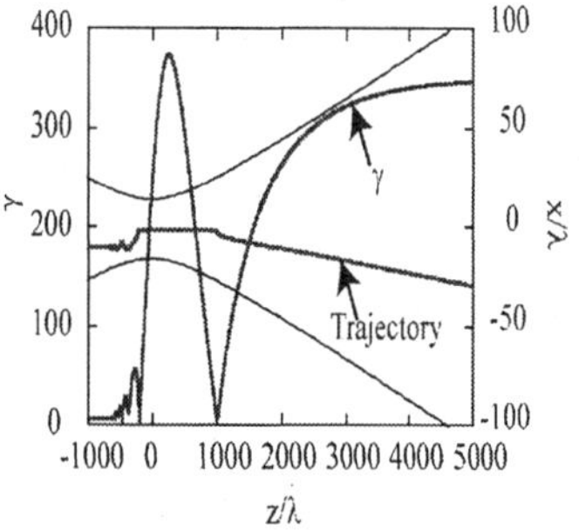

図３　TEM(1,0)＋TEM(0,1) モードレーザー中における電子の典型的な軌跡。電子が横方向にうまく閉じ込められ，エネルギーを得ていることがわかる。

は難しい。しかし，短パルス高強度のTEM(1,0)＋TEM(0,1)モードレーザー（図２）を用いることで，電子ビームを横方向に閉じ込めることができる[9, 10]。

図３は典型的な電子の軌道とエネルギーの時間変化を表す。TEM(1,0)＋TEM(0,1)モードレーザーを収束させることで，特に集光点付近で縦電場を形成し，これにより電子が加速されていることもわかった。また，電子の初速が非相対論的である場合，レーザーによる加速勾配が非常に大きいため雪かきをするかのように電子を縦方向に集め，非常に高密度に圧縮された電子バンチ

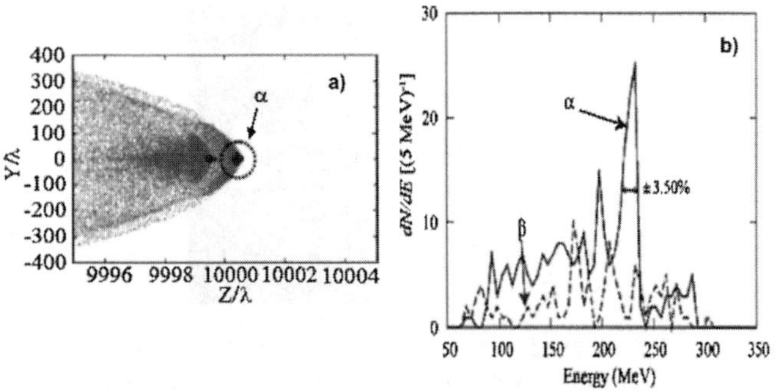

図4　高密度の超短パルスの電子ビームの形成とエネルギースペクトル
TEM(1,0)＋TEM(0,1) モードレーザーによりアト秒の高密度の電子バンチが形成でき，エネルギースペクトルもモノエナジェティック（αバンチ）になっている。

を形成できることもわかった。高密度高エネルギーで超短パルスのアト秒電子バンチの形成について，レーザーパラメータと電子ビームのパラメータとに最適な組み合わせがあることもわかった。図4には典型的なアト秒電子バンチの形成例を示す。αと示したバンチは初期の電子密度の43倍にも圧縮されており，横方向にもよく閉じ込められている。進行方向には～499アト秒を実現している。またそのエネルギースペクトルも単一エネルギー的な性質を持っている。

本加速メカニズムは，レーザーを電子ビームに照射するシンプルなものであることやその物理的なメカニズムがクリアであることのため，その再現性や利用価値が高いものと期待している。もしこのメカニズムによりアト秒の高密度の電子ビームが容易に形成できれば，原子の中における電子の動きの時間計測などのアト秒物理の開闢に大きく貢献できるものと期待している。

3　高品質の高エネルギーマイクロイオンバンチ生成制御

薄膜プラズマとレーザーとの相互作用によるイオンバンチの生成に関する研究は世界中で盛んに行われるようになった。多くの研究は粒子エネルギーの向上とビームエネルギーの単色化に向いている。すでに単色のイオンビームを生成する方法としていくつかのアイデアが提案されている。しかし，実際のイオンバンチの利用においては，ビームの横方向への発散も抑えることも不可欠である。そこで，本研究項目では，主にイオンバンチの質の向上に向けての研究を行ってきている。レーザーの照射によりはじき出された電子群により生じる強力な両極性電場により，イオンバンチは形成される（図5）[2)]。

さらに，レーザーにより照射されたマイクロプラズマ薄膜からは3種類のイオンバンチが発生

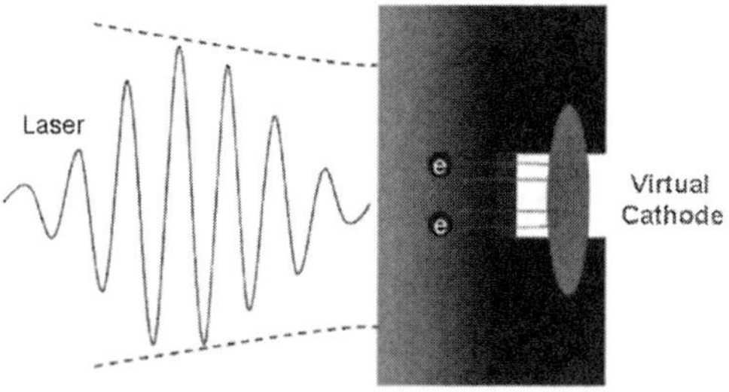

図５　高強度短パルスレーザーと薄膜マイクロプラズマとの相互作用による高品質高エネルギーイオンビームの生成制御。薄膜左側から照射するレーザーは，電子をはじき出し，反対側に電子の雲を形成する。この電子の雲が仮想陰極（virtual cathode）を形成し，プロトンビームを加速する。

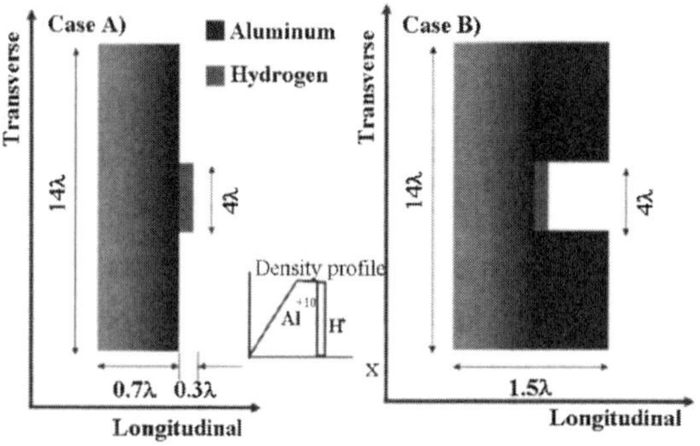

図６　高強度短パルスレーザーと薄膜マイクロプラズマとの相互作用
通常 A）のようなシンプルな薄膜を用いるが，B）のような構造を持った薄膜マイクロプラズマを用いることで，仮想陰極の端のが作る電場のゆがみを消去できる。その結果，生成されるイオンビームの横方向への発散を制御できる。（*Phys. of Plasmas*, 12, 073104（2005））

しうること，レーザーのエネルギーが電場だけでなく，いったん磁場にも変換され，そのエネルギーが再度電子の過熱に使われることもわかり，レーザーパラメータによりイオンビームの質の制御を行う一つの方法なども提案されている。両極性電場は，～MV/μm程度の大きな電場が形成される。この電場は，レーザーで薄膜プラズマからはじき出された電子が薄膜表面近傍に作る電子雲によって，形成される。この現象において，電子は電場を形成するだけでなく，大きな

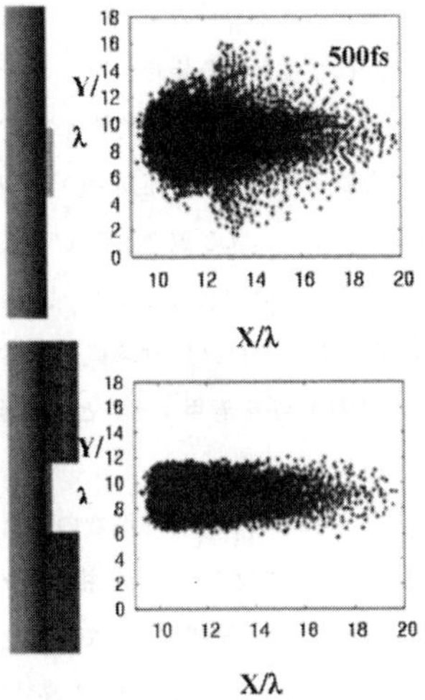

図7　レーザーと薄膜マイクロプラズマとの相互作用により生成されるイオンビームの横方向への広がりが，薄膜ターゲットに穴を持たせることで抑えられている。

電流を形成し，薄膜表面に方位角方向に～数10kT程度の強力な磁場も形成する[2]。イオンビームの横方向への発散を決めているのは，電場の形状，つまり電子の雲の形状である。特に電子の雲の端の影響で，イオン粒子は発散する方向の電界を感じる。この電子の雲の端の効果を抑えることを考えた[3, 4]。その結果，最近になって図5と図6に示すようにターゲットの裏面に穴を開け，出っ張りの部分に電子の雲の端がかかるように設計すると，電子の雲の端の効果を消すことができ，横方向へのイオンの発散を抑えることに成功した[4]（図7参照）。この成果は，イオンバンチの質を制御するという道筋を開く新しいアイデアであると考えている。このようなマイクロプラズマの形状に簡単な工夫をすることで大きな効果を得られることがあることは非常に興味深い。今後，レーザーパラメータ調整やイオン源のサイズ，穴の深さの効果などについて研究を進め，イオンバンチの質の制御へと結びつけていきたいと考えている。

4　Vlasov-Maxwell並列シミュレーション[5]

マイクロプラズマは最大でも数mm以下の空間スケールしか持たない。このため，マイクロプラズマの生成機構や生成されたプラズマの空間分布を精緻に解析する場合には，空間平均自由行程とマイクロプラズマのサイズが同程度となる場合が生じ，プラズマを構成する個々の荷電粒子の運動論的解析が必要となると考えられる。運動論的解析ではプラズマを構成する種々の荷電粒子について，ある空間座標に存在する粒子が持つ運動量の分布を示す分布関数を解析することになる。そのため，空間座標（配位空間）および運動量空間で定義された分布関数の解析には，最高で6次元もの高次元位相空間内での計算が必須となり，数値計算に伴う計算負荷は一般に莫大なものが要求されることになる。本稿では，低計算負荷・高精度数値解法として知られるConstrained Interpolated Profile（CIP）法を適用することで実現した，高次元位相空間における数値シミュレーションコードを紹介する。

荷電粒子間での衝突過程が無視しうる場合には分布関数の時間変化はVlasov方程式に従うことが知られている。Vlasov方程式は分布関数の6次元位相空間内での移流過程を単に記述するものであることから，移流方程式に向けた数値解法として開発された上記CIP法および同手法の保存改良版を直接適用することにより，空間3次精度での高精度解析が可能となっている。一方，マイクロプラズマの挙動解析には，プラズマの荷電粒子と電磁場との相互作用を解析することが必須となることから，Vlasov方程式を相対論的な場合に拡張するとともに，Maxwell方程式による数値電磁場解析を組み合わせたシミュレーションコードの開発を行った。その際には，Maxwell方程式をRiemann普遍量の輸送方程式に書き換え，CIP法を適用するEuler的解析手法を適用することにより，3次精度での電磁波伝播解析と従来の差分解析法であるFDTD法などで問題となる吸収・入射境界の良好な導入を実現している。さらに，開発したコードは計算機クラスターを用いた並列解法を可能とするようMessage Passing Interface（MPI）ライブラリを用いて実装されており，計算空間の領域分割による計算負荷の低減と計算の高速化を達成している。

図8及び図9には計算例として，配位空間2次元（x, y）及び運動量空間（px, py）からなる4次元位相空間を対象とした，超高強度fs-laserと薄膜状水素プラズマとの相互作用による高エネルギーマイクロイオンバンチ生成への開発コードの適用例を示したが，開発したVlasov-Maxwellコードの基幹コンポーネントを幾つかの検証例題に適用し有効性について検証を現在行っており，良好な結果が示されつつある。

5　マイクロプラズマシミュレータ（クローズドグリッドシステム利用支援）

研究室内や社内のPC群などの分散した空きコンピュータを有効利用するため，マイクロプラズマのシミュレーションを容易に実行できるマイクロプラズマシミュレータの開発も行ってい

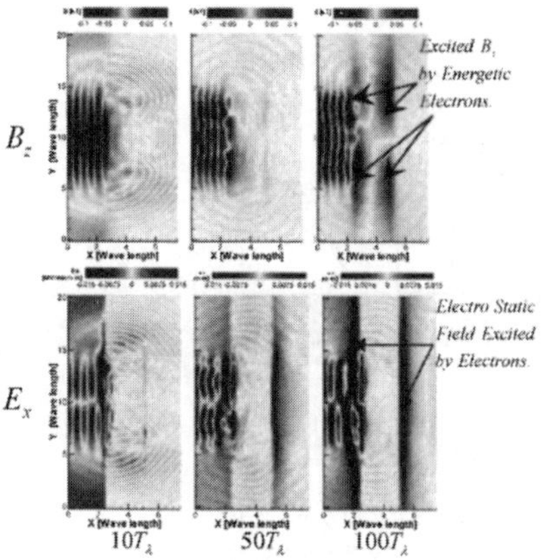

図8　レーザーとマイクロ薄膜との相互作用のVlasov シミュレーション例。レーザー照射によりマイクロ薄膜中に強力な電磁場が生成される。

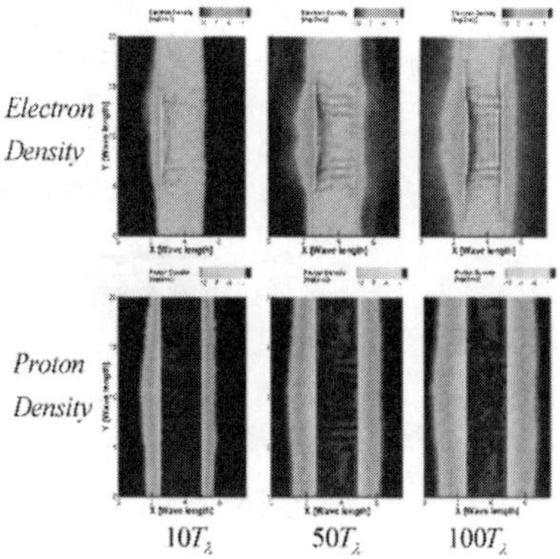

図9　レーザーとマイクロ薄膜のVlasov シミュレーション例。電子密度とプロトン密度の時間変化。

る。シミュレータシステムのホームページにアクセスし，Job を投入するだけで，適切な計算資源上でシミュレーションを実行できる。また，並列粒子コード，流体コード，Vlasov コード，放電コードなどのシミュレーションプログラムを同時に開発中である。ユーザの手元で，シミュレーション実行，実行状況の把握，計算データの転送などサポートするシステムがほぼできつつある。

図 10 にジョブ実行支援システム概念図を示す。本研究の分散コンピュータ環境は，サーバの管理とユーザインターフェイスを提供するPSE（問題解決環境（Problem Solving Environment)）ホストサーバ，コンピュータリソースを提供し実際の計算を行う計算サーバと計算結果などを保存するためのファイルサーバから成る。図 11 にジョブ実行支援部の概念図を示す。ユーザはPSE ホストサーバのWeb ページにアクセスすることで，PSE ホストサーバが管理する全ての計算サーバのコンピュータリソース情報を得ることができ，CPU 処理能力，総メモリ量，HDD 容量などのユーザが重視するマシンスペックに合わせソートし，ユーザの要求に対し最適なマシンを提供することができる。加えてユーザは計算サーバと直接対話する必要がなく，PSE ホストサーバのWeb ページのみでソースファイルの転送やコンパイラ・コンパイルオプションの選択，ジョブ実行指示，実行結果の参照などを行うことができる。PSE サーバおよびデータをバックアップするデータサーバは2重化されており，ロバストなシステム構成をとっている。また，PSE サーバ上でもジョブを実行可能としているため，負荷が大きくなって

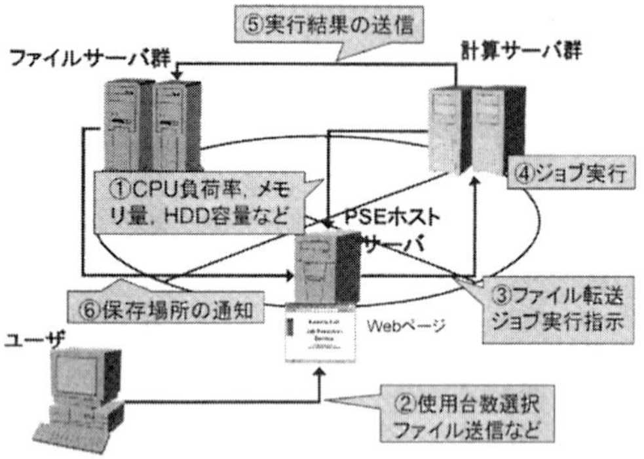

図10　シミュレーションジョブ実行支援システム（クローズドGrid システム）。クローズなコンピュータ環境を有効利用しシミュレーションを実施することをサポートする。

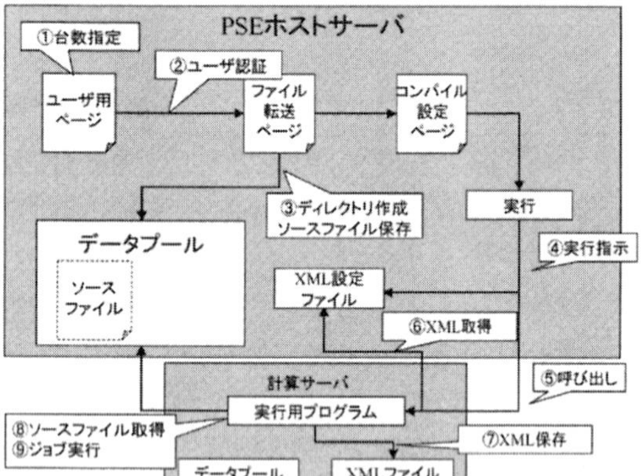

図11　シミュレーションジョブ実行支援部の概念図

きた場合は，負荷の小さいコンピュータを探し移動し，新たなPSEサーバとしての役割を自立的に移動させる。シミュレーションデータが出力された際，あらかじめPSEサーバに登録してあったデータサーバ群に2重化し，スケジューリングして保存する。保存場所はユーザに知らせられる。

ユーザは，現在Windowsコンピュータなどに標準で搭載されているWebブラウザから，PSEホストサーバのWebページにアクセスすることによって支援を受けることができる。ユー

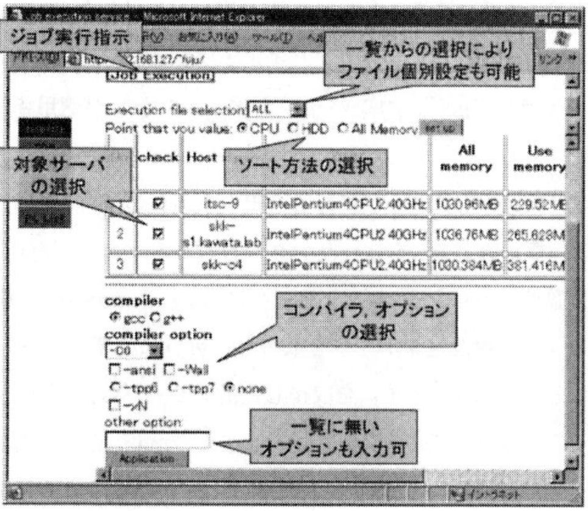

図12　シミュレーションジョブ実行のためのコンパイラなどの設定画面例

ザは，PSEホストサーバと対話しながら実行ファイル転送，コンパイラ・コンパイルオプション設定，実行サーバの選択，ジョブの実行指示などを行う（図12)。PSEホストサーバはユーザからの実行指示を受け取ると，ユーザの要求に見合うサーバに対しジョブ実行用プログラムの起動を指示する。

PSEホストサーバには，各々のユーザに関わる部分に簡易的な認証を設置しており，ユーザに関わる情報を表示するときなどに認証を行う必要がある。ユーザ認証にはApacheのBasic認証を使用する。Basic認証により，ユーザのデータプールやユーザ情報を使用するWebページへアクセスすることが可能になる。ユーザページでは，そのユーザのジョブに関する履歴やその詳細，ユーザのディレクトリ参照，管理などを行うことができる。ユーザは，ユーザ用ページより，プロジェクト名の記入と実行するソースファイル数の選択を行う。ここで，プロジェクト名の記入が行われなかった場合，日時などを利用したディレクトリが作成される。また，既存のディレクトリ名と重複する場合は，ユーザに再度記入を求める。

“makefile”を利用してコンパイルを行う場合は，必要な全てのソースファイルが入ったディレクトリをZIP形式に圧縮しておく必要がある。ファイル数を選択すると，PSEホストサーバのユーザディレクトリに新規プロジェクト用のディレクトリが作成される。ユーザは自身のコンピュータにあるソースファイルを作成されたディレクトリへ転送する。

ユーザは，コンパイラ選択画面より転送されたソースファイルに対し，使用するコンパイラ，コンパイルオプションの選択と設定，さらにサーバ一覧のチェックを外す事により対象サーバの除外を行うことが可能である。またフレーム上部よりファイル名を選択することで，ファイル個別設定にも対応している。コンパイラやコンパイルオプションの選択が行われなかった場合は，デフォルトでコンパイラに“gcc”，コンパイルオプションなしが適用される仕組みになっている。

実行指示を行うと，指定の計算サーバに対しリモート実行の準備を行う。ここで，計算サーバに空きがない場合は，簡易的なスケジューリングが行われる。ユーザの条件に合う計算サーバが空いている場合，計算サーバはPSEホストサーバにXML（Extensible Markup Language）形式で保存されているジョブ用設定ファイルを取得し，実行に必要なソースファイルをPSEホストサーバより取得する。ソースファイルを取得した計算サーバは，ジョブ用設定XMLファイルに基づき，コンパイルを行い，ジョブ実行を行う。また“makefile”を含むZIP形式ファイルの場合は解凍を行い，makeし実行または，実行用シェルスクリプトを実行する。

実行が終わると，自動的にファイルサーバへと結果が転送される。転送が終了すると，ファイルサーバは保存場所をPSEホストサーバに通知する。ユーザは，PSEホストサーバのWebページへアクセスすることで，ファイルサーバにある実行結果を得ることが可能である。

計算サーバでの実行時に，ソースファイル自身の不備やコンパイルオプションに依るエラーが発生した場合，計算サーバからPSEホストサーバにその旨を通知する。通知を受けたPSEホストサーバは，コンパイル時に作成されたエラー内容を計算サーバから取得し，ユーザ用ページでユーザに通知を行う。

ユーザが実行したジョブの状態や詳細を知りたい場合，ユーザ用ページから最近のジョブ詳細を参照することができる。コンパイラ，コンパイルオプション，実行方法，ジョブの状態（実行中，転送中，終了）を確認することができる。さらにSourceからソースファイルの参照，ProcessからプロセスのKillを行うことができる。

Webブラウザからジョブの出力結果の閲覧が可能である。プロジェクト内にジョブ毎にディレクトリが作成され，その中に出力結果などが保存される。

6 おわりに

マイクロプラズマシミュレーションに関連するいくつかのトピックスを紹介した。マイクロプラズマ自身，そのサイズの小ささゆえの大変興味深い性質を持ち，今までに扱われてきたプラズマとは異なる面白さがある。本稿でも紹介したように，高粒子密度でアト秒の非常に短い電子バンチが生成できそうであるし，マイクロイオンバンチの研究においては，マイクロプラズマの構造を変化させることで，非常に有効にイオンバンチの横方向の広がりを押さえることに成功した。今後，マイクロ荷電粒子バンチに関連し発展が期待できそうである。シミュレーションの実行を支援するシミュレータについても紹介した。グループ内で空きコンピュータを有効に利用するためには，どのコンピュータがあいているかを探すのは容易ではない，時々刻々あきコンピュータも変化する。本稿で紹介したPSEサーバはあいているコンピュータを自動的に探しにいき，ユーザにリストとして提示し，シミュレーションの実行を手助けする。クローズドGridシステムとも言うべきソフトウエアである。

マイクロプラズマのシミュレーションには，流体モデル，粒子モデル，Vlasovモデルなどが用いられる。本稿で紹介した荷電粒子バンチ生成シミュレーションでは粒子モデルが用いられた。一方，マイクロプラズマでも，ここでは紹介しなかった慣性核融合燃料の振る舞いなどを調べる際は，流体モデルが必要である[12, 13)]。粒子モデルでは表現できないほど，たとえば密度勾配が大きくなるような場合などではVlasovモデルが欠かせない。しかし，同じ研究対象であっても時々刻々そのマイクロプラズマの性質が変化し，粒子間の衝突がきくところと，そうでないところが混在するような現象も見られる。このような場合，現在のシミュレーション手法（アルゴリズム）では太刀打ちできない。この辺のところをどのように解決してゆくかも今後の大きな課題である。マイクロプラズマが見せてくれた新たな研究課題ともいえる。

一方，本稿で紹介したPSEがさらに発展し，マイクロプラズマのシミュレーションをしたいというとき，基礎式や諸条件から自動的にプログラムを作ってくれるようになるとうれしい[6~8)]。

本稿では，マイクロプラズマ関連の物理からシミュレーション支援まで簡単に紹介した。興味を持たれ，さらに調べられたい方は以下の参考文献をお勧めする。

謝辞

本研究は，一部科学研究費補助金・特定領域研究「マイクロプラズマ」により実施された。関係各位に感謝申し上げます。

文　　献

1)　プラズマに関する入門書や専門書を参照されたい。たとえば，後藤憲一著，「プラズマの世界」講談社，ブルーバックス（1968年），川田重夫著，「プラズマ入門」，近代科学社（1991年）など

2)　T. Nakamura, S. Kawata, *Phys. Rev. E*, **67**, No.2-1, pp.026403-1～026403-10 (2003)

3)　S. Miyazaki, R. Sonobe, T. Kikuchi, S. Kawata, *Phy. Rev. E*, **71**, 056403 (2005)

4) R. Sonobe, S. Kawata, S. Miyazaki, M. Nakamura,T. Kikuchi, *Physics of Plasmas*, **12**, 073104 (2005)

5) T. Nakamura, M. Shitamura, K. Miyauchi and S. Kawata, The 3rd international conference on inertial fusion sciences and applications (IFSA2003), Monterey, California, pp.1053-1056 (2003)

6) 川田重夫, 田子精男, 梅谷征雄編著, シミュレーション科学への招待―コンピュータによる新しい科学―, 日経サイエンス (2000年3月17日)

7) 川田, 田子, 梅谷, 南共編, PSE BOOK シミュレーション科学における問題解決のための環境 [基礎編], 培風館 (2005)

8) 川田, 田子, 梅谷, 南共編, PSE BOOK シミュレーション科学における問題解決のための環境 [応用編], 培風館 (2005)

9) Q. Kong, S. Miyazaki, S. Kawata, K. Miyauchi, K. Sakai, Y. K. Ho, K. Nakajima, N. Miyanaga, J. Limpouch and A. A. Andreev, *Phys. Rev. E*, **69**, 056502 (2004)

10) S. Miyazaki, S. Kawata, Q. Kong, K. Miyauchi, K. Sakai, S. Hasumi, R. Sonobe and T. Kikuchi, *Journal of Physics D : Applied Physics*, **38**, pp.1665-1673 (2005)

11) S. Kawata, H. Usami, Y. Hayase, Y. Miyahara, M. Yamada, M. Fujisaki, Y. Numata, S. Nakamura, N. Ohi, M. Matsumoto, T. Teramoto, M. Inaba, R. Kitamuki, H. Fuju, Y. Senda, Y. Tago and Y. Umetani, Int. J. High Performance Computing and Network, Vol.1, No.4, pp.223-230 (2004)

12) T. Someya, A. I. Ogoyski, S. Kawata and T. Sasaki, *Phys. Rev. ST-AB*, **7**, 044701 (2004)

13) T. Someya, T. Kikuchi, K. Miyazawa, S. Kawata and A. I. Ogoyski, Proceedings of Fourth International Conference on Inertial Fusion Sciences and Applications (IFSA2005), Biarritz, France, September 2005, WO13.3.

第　二　編

材料工学への応用

第1章　マイクロプラズマの材料デバイスプロセスへの応用

寺嶋和夫*1，野間由里*2

1　緒言

蛍光灯，ガスレーザーなどの“光応用”からスタートしたプラズマの応用は，今では，半導体デバイスやDNAバイオデバイス作製，ナノマテリアル合成などの“材料デバイスプロセス応用”，宇宙ロケットプラズマエンジンなどの“宇宙工学応用”，廃棄物・有害物質処理，空気清浄装置などの“環境工学応用”，さらにまた，プラズマ手術メス，プラズマ治療器具などの“医療応用”など，実に幅広い分野における基盤技術として，その重要性が益々高まっている。

一方，近年注目を集めている極微細領域（マイクロ／メゾ／ナノ空間）でのプラズマ科学技術においてもまた，その産業応用はPDP（プラズマテレビ）—光応用—から始まり，多方面の分野での基幹科学技術として着実な歩みを進めている。

上記のような応用研究は，マイクロプラズマのもつ多彩な特徴，すなわち，
(1)超微小性，(2)高密度性，(3)超非平衡性，(4)プラズマ媒質環境の超エキゾティズム，(5)環境適用性の高さ，(6)集積化によるプロセスの大規模化（大面積化）の容易性，(7)システムのコンパクト化・携帯化，など，通常のマクロスケールプラズマを凌駕するプロセス上の上記の特長に対する大きな期待を推進力としており，それらの実現に向けた基礎研究が精力的に進められている。

本項では，先ず，材料デバイスプロセス応用に関連したマイクロプラズマの基礎について簡単に解説したのち，PDPに続く大きな産業展開が期待されているマイクロプラズマの材料デバイスプロセスへの応用について，私どもの研究を中心に話題を提供させていただく。

2　マイクロプラズマの基礎—材料デバイスプロセス応用に向けて—

2.1　はじめに

固体，液体，気体，に続く第4の物質状態—プラズマ。イオン化したガス状態に対して20世

＊1　Kazuo Terashima　東京大学　大学院新領域創成科学研究科　物質系専攻　助教授
＊2　Yuri Noma　東京大学　大学院新領域創成科学研究科　物質系専攻

紀初頭，ラングミュア博士により名づけられたプラズマは，現在までに，sub mm から m の大きさの実験室プラズマ（マクロ空間プラズマ）や，自然界プラズマや宇宙プラズマのような km から何光年にも至る巨大な大きさのプラズマ（スーパーマクロ空間プラズマ）のように，主に肉眼で確認できる領域で認知され，研究が進められてきた。一方，sub mm 以下の微細空間━メゾ／マイクロ空間━，特に，数 μm 以下の超微細空間━ナノ空間━でのプラズマについての知見は，最近まで皆無に近い状態であった（図 1 参照）。

このような状況の下，①微細プラズマが有する特異的物性は？　②それらの現実のマクロ世界への応用は？　という興味の下，sub μm から sub mm のサイズの空間でのプラズマ現象を対象とするマイクロプラズマ研究が近年，盛んに進められている。

前者に関しては，徐々にではあるが，その秘めた魅力を我々の前に姿を現してきた。例えば，超臨界流体 CO_2 中でのナノ空間プラズマの発生時に臨界点（臨界温度：304.2 K，臨界圧力：72.9 atm）付近でプラズマ発生電圧が従来の相似則から大きく外れ激減（20％以下）する特異現象が我々の研究室で発見された[1]。臨界点近傍では，原子・分子間で量子論的クラスタリング反応が進行し，そのクラスター揺らぎとの関連で論じている。原子，分子，クラスタ，電子，イオンなどが混在する新しい複雑系での“励起現象”を扱う，新たな学問分野の創生への第一歩となった。この発見の今後の展開が期待される。

一方，後者に関してもマクロスケール空間のプラズマからナノ空間のプラズマに移る境界領

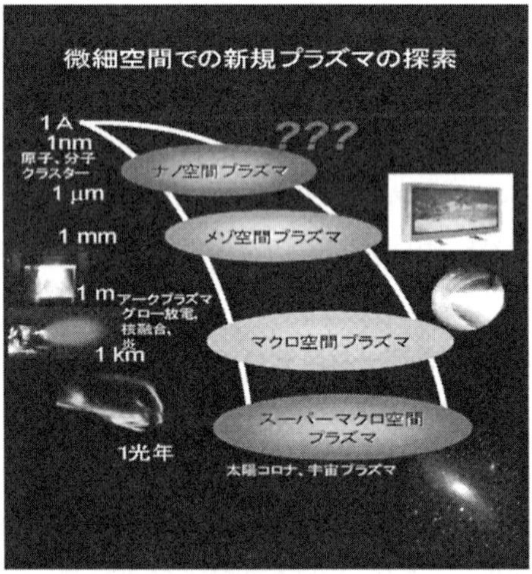

図 1　微細空間での新規プラズマ

図2　マイクロプラズマの応用展開樹木図

域，すなわち，メゾ空間にはμmスケールのプラズマ（マイクロプラズマ）が存在する。ここでは，従来の物理化学の枠組内のプラズマが主役であり，新しい科学の誕生の可能性は低い。しかしながら，特異物性などの工学的応用が期待される。実際，近年，産業的に大成功を収めたプラズマテレビ（PDP）への応用は広く知られている。今後，多方面への応用展開が期待される（図2参照）。

2.2　マイクロプラズマ発生

図3，4，5は，われわれの研究室で開発しているマイクロプラズマについて，その大きさ，ガス温度，そして，動作圧力について，それぞれのパラメータのスケールで整理したものである。各々の図からわかるように，現在までに，幅広い領域の大きさ，温度，圧力のプロセス条件でのマイクロプラズマの発生が実現されており，多種多様な材料デバイスプロセスへの応用が期待されている。例えば，図3の大きさに関しては，サブμmの極微細領域から，マイクロプラズマの集積化による，数十cmからm級に至る大規模領域までのプラズマの発生に成功しており，サブμmのマスクレス微細プロセシングから，m級の大規模プロセシングへの展開が進められている。また，図4のガス温度に関しては，数万度の熱プラズマ領域から，数百Kの低温プラズマ，さらには，室温以下，液体窒素温度に至る，クライオプラズマが実現されており，高温の金属やセラミクス材料の溶融プロセス，数百Kの半導体エッチングプロセスなどの数百Kの非平衡低温化学反応プロセス，さらには，室温から，氷点下領域を経て液体窒素領域に至る，有機

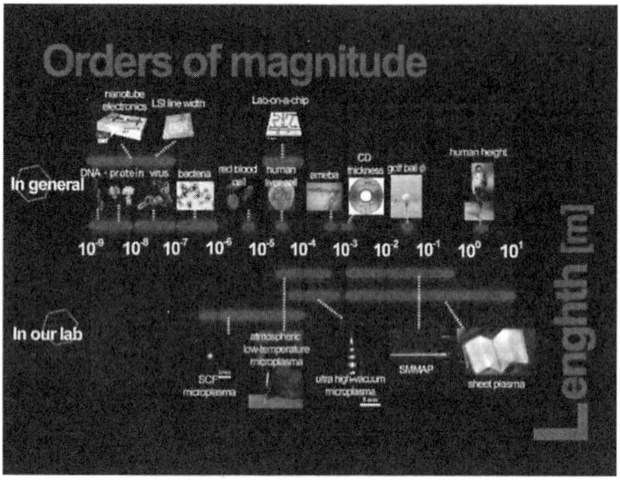

図３　各種のマイクロプラズマの大きさとそれに対応する種々の構造体の大きさ

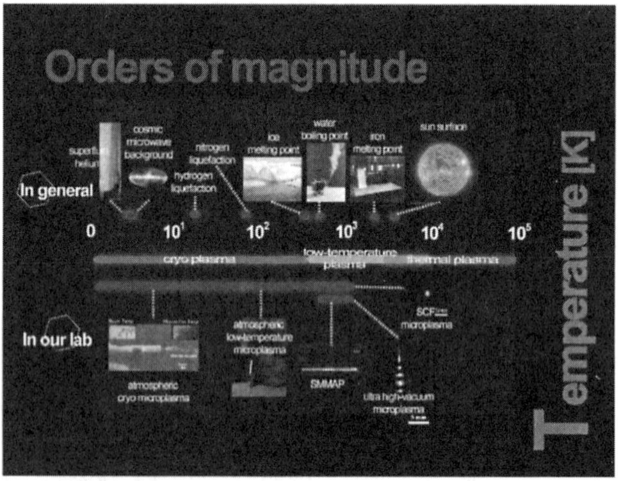

図４　各種のマイクロプラズマのガス温度とそれに対応する種々の物理・化学現象

物，バイオマテリアルプロセスなど多様なプロセスへの応用が可能となる。さらに，図５の圧力に関しては，10^{-4}Paの高真空領域から，中真空，低真空領域を経て，大気圧，大気以上の高気圧，さらには，数百気圧にも達する，超臨界流体領域，液体領域でのプラズマ（液中プラズマ）の発

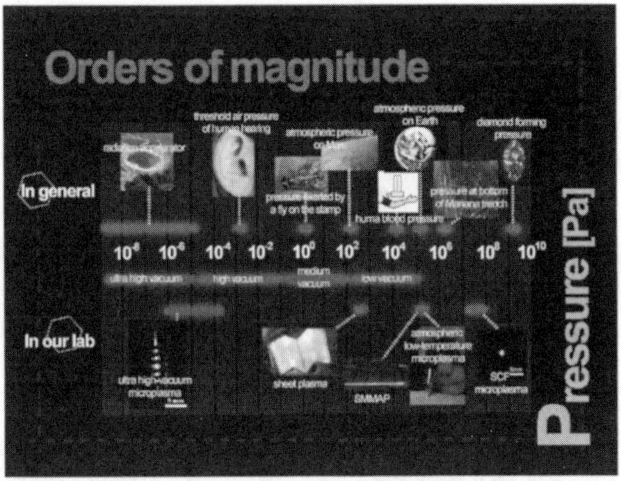

図5　各種のマイクロプラズマの作動環境圧力とそれに対応する種々の物理・化学現象

生が容易に実現され，各々の作動環境での材料デバイスプロセスの研究展開が進められている。

以下に，プラズマプロセス条件の多様性の一例として，プラズマ発生における電源の周波数を取り上げ，われわれの研究グループで開発している，直流，交流，高周波から，マイクロ波領域に至る広い周波数領域でのマイクロプラズマ源について紹介する。電源の周波数は，生成するプラズマの物性を制御する大きなプロセスパラメータのうちのひとつである。

(A)　直流マイクロプラズマ

マイクロプラズマの発生には一般に微細空間が必要とされる。通常の機械加工技術やリソグラフィ微細加工技術などを用い，プラズマ発生用の極微小空間を作製し，その微小空間内に電磁界を印加させマイクロプラズマの発生を行っている[2)]。さらにまた，マイクロプラズマは一般に極微細空間（マイクロ・ナノ領域）でのガス放電であるため，その生成には動作ガス圧力の高気圧化が必要となる。例えば直流プラズマ放電セルの特性長が100 μm～1 μmの領域では1気圧～100気圧のような高気圧下でのプラズマとなる。分光法，計算シミュレーションなどにより，本プラズマは，ガス温度，数万Kの熱プラズマから，ガス温度1000K以下，電子温度数～10eV，電子密度$10^{18\sim19}$cm^{-3}の高密度非平衡プラズマまで発生制御できる。

(B)　誘電体バリア放電マイクロプラズマ

さて，直流マイクロプラズマの場合，高プラズマ密度に起因する激しいプラズマからのダメージにより電極の損傷がマクロプラズマの場合以上にプラズマの安定維持に対して大きな問題とな

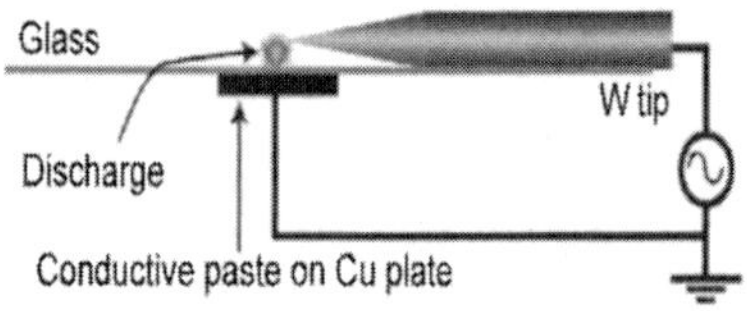

図６　誘電体バリア放電の電極の模式図

る。そのためプラズマ発生時間が数秒～数分といった短時間であり，長時間の安定的な発生は困難である。このような問題に対して，従来のマクロ領域のプラズマにおいて比較的低温のプラズマの発生を可能にしてきた誘電体バリア放電（dielectric barrier discharge；DBD）法のマイクロプラズマへの適応が試みられている。本方法は，少なくとも一方の電極を誘電体で覆い電極間に交流電圧を印加することで大電流のアークプラズマが発生する前にプラズマを一度消失させ低温プラズマをパルス的に発生させる手法である。一例として我々の研究室で超臨界流体中での物質合成実験に用いているDBDマイクロプラズマ電極の模式図を図6に示す[3)]。電極として，高圧極に電界研磨したタングステンワイヤ（直径250μm）を，アース極には銅板にカバーガラスを導電性ペーストで接着したものを用い，電極間隔50μm以下になるよう作製している。超臨界流体領域に入る高圧力雰囲気においても400 Kという低温のプラズマが発生していることが発光分光測定より導かれている。

(C)　ICP型高周波マイクロプラズマ

さらにまた，RF（Radio-frequency）～VHF（Very-high-frequency）～UHF（Ultra-high-frequency）領域の高周波，マイクロ波領域での，ICP（Inductively-coupled-plasma）型のジェット状の無電極放電も試みられている。“ガス流れを伴うマイクロプラズマジェット”は，プラズマ発生部分と反応プロセス進行部分とを空間的に切り分けることが容易であり，マイクロプラズマに付随する空間制御性の困難さの解消が期待され，また局所的な環境適応性に富むなどの特徴を持つためマイクロプラズマの実用化を急速に進めるものとして注目を集めている。しかしながら一般にマイクロプラズマはマクロプラズマと比較してプラズマ表面でのプラズマ不安定化が進み，その安定的な発生・維持には電離頻度の増加・電子温度の上昇が必要となり，通常のICP型のプラズマではプラズマ発生領域の内径が500μm程度以下になるとその生成は難しくなる。そのため一例としてPDP（Plasma Display Panel）に関して言えばMgOなどの二次電子放出係数の大きい電極材料の研究が行われている。一方，われわれの研究室ではプラズマ外部より熱電子を供給することでマイクロプラズマの維持を容易にする方法を考案し，現在までに半径20μmに至る微細径のUHF（450MHz）マイクロプラズマの安定維持を実現している。

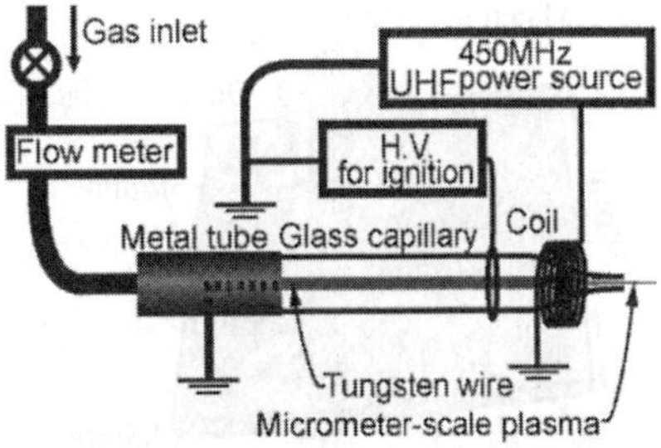

図7　UHF マイクロプラズマジェットの概念図

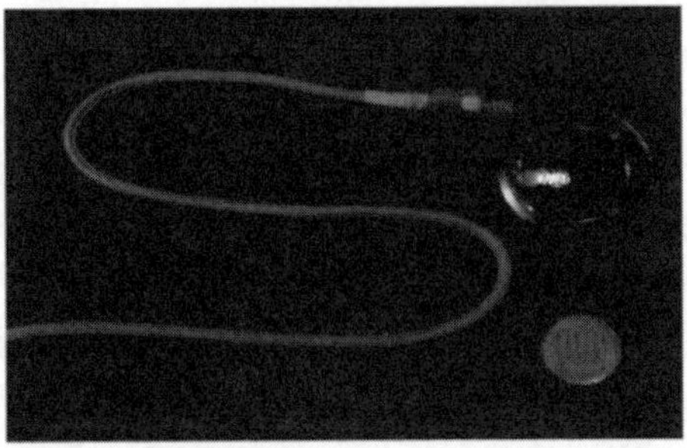
図8　プラズマファイバー

図7に本研究室で開発したUHF（450MHz）マイクロプラズマ発生方法の概念図を示す[4]。イグナイタ（15kV）を使用し，種火を挿入することによりプラズマを発生させ，誘導加熱されたタングステンから供給される熱電子と誘導結合型によるプラズマの維持といった形態を取ることにより，内径が500μm以下の微小チューブにおいても発生から維持までを容易に行う事が可能となった。流量とパワーを変化させることによりグロー型のプラズマからアーク型のプラズマ発生が可能である。さらにまた，このマイクロプラズマ発生部をフレキシブルチューブの先に具備したプラズマファイバーの開発も行っている（図8参照）[5]。このプラズマファイバーは光ファイバーを介したレーザープロセスのように場所を選ばない局所的なプラズマプロセスを可能とし，“必要な場所に，必要な時に，必要なプラズマ量だけを照射する”といったオンデマンドプラズマプロセスを実現するものと期待されている。

(D)　ストリップライン型マイクロ波マイクロプラズマ

さらに高周波であるマイクロ波（2.45GHz）を用いたマイクロプラズマの発生も試みられている。私たちのグループでは電極として通信技術分野で基盤技術として確立されたストリップライ

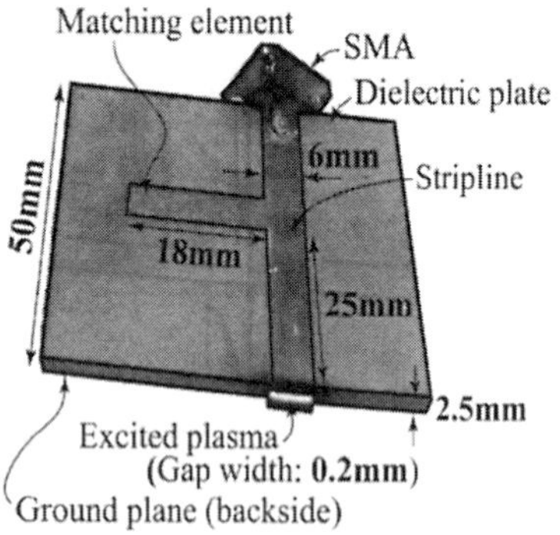

図９　ストリップライン型マイクロ波マイクロプラズマ

ン技術を用いた，ストリップライン型マイクロ波マイクロプラズマの開発も行っている（図９参照）[6]。周波数の高周波化により高密度，低温度，低プラズマポテンシャル（低プラズマ損傷）のプラズマ源としての期待が大きい。

その他，マイクロホローカソードプラズマなど多様なマイクロプラズマ発生法が試みられている。

2.3　マイクロプラズマの特性

以上のように発生したマイクロプラズマは次のような特徴を通じ，材料デバイスプロセスへの応用が展開されている。

(A)　超微小性

少なくとも１方向の大きさが，mm～μm の大きさであるマイクロプラズマは，通常のプロセスプラズマ（mm～cm）と比べて1000倍以上もの微小化したプラズマとなり，マスクレスの直接的な微細加工（成膜，エッチング，表面処理）への応用が期待され研究が進められている。

(B)　高密度性

前述したようにマイクロプラズマの多くは大気圧近傍の高気圧でのプラズマとなる。そのため，電離度が通常のマクロプラズマと同様な低い値のものでも，もともとのプラズマ媒質密度が高いため電子密度（プラズマ密度）は同様のマクロプラズマに比べて1000倍程度の高い値をとる。この特長により，プロセスの高速性が期待できる。

(C)　非平衡性

微小領域に発生されたマイクロプラズマでは，空間的なエネルギー注入に起因して大きな空間的な温度変化を伴うと同時に，時間的にもその変化が急激であり，プロセスの非平衡性が通常の1000倍程度以上のものになると期待される。非平衡物質合成プロセスや単分散性に富む微粒子合成などへの展開が進められている。

(D)　エキゾティズム

(B)と同様に，高圧力領域でのプラズマの発生を容易にするマイクロプラズマにおいて，従来のマクロプロセスプラズマでは用いられてこなかった，大気圧以上の高気圧ガス，超臨界流体，液体，固体などを媒質とするエキゾティック媒質プラズマ，イオン状態の生成が容易となり，新たなプロセスの開発が期待できる。

3　材料デバイスプロセスへの応用

材料合成，薄膜堆積，エッチング，表面処理などの材料デバイスプロセスへの応用は精力的に進められている。ここでは，我々のグループで進めている各種のガス圧力領域，媒質環境における材料デバイスプロセス応用を以下に紹介する。

(A)　高気圧環境～超臨界流体マイクロプラズマ応用

既に述べてきたようにマイクロプラズマの発生には，電極間距離の微小化によるプラズマ空間の粒子数の低下を補うべく，高圧力雰囲気が，通常，要求される。また逆にプラズマのマイクロ化により高圧気体雰囲気から超臨界流体（Supercritical Fluid；SCF）雰囲気という高圧力雰囲気下（図10参照）でのプラズマプロセスも可能となる。

SCFとは高密度でありながら低粘性であるという反応に優位な高い輸送特性を持ち，例えば，ハイアスペクト比のナノホールへの金属埋め込み，レジストのクリーニングへの応用が進められている。一方，微視的に見ると，多彩な大きさのクラスターから構成されており（クラスター流体），気相，液相とは異なる新たな反応種を用いたプロセスが期待できる。さらに，このクラスタリングと高密度に起因した高い溶解度を持つことからSCFを反応溶媒として利用した材料プロセスも行なわれている。そしてまた，臨界点付近ではクラスター構造の不安定な揺らぎが顕著となり，微小な温度，圧力の変化が密度や熱伝導度の劇的な変化を引き起こすため，温度・圧力の微小な制御により，溶解度を始めとする諸特性をコントロールすることが可能となる。このようなSCF雰囲気のプロセスへの優位性と，マイクロプラズマの持つ高反応性を掛け合わせることで，従来の手法とは異なる高効率な材料プロセスの創製が期待できる。我々のグループでは，超臨界流体プラズマを利用した物質合成プロセスにも着手しており，超臨界CO_2中での直流マイクロプラズマ，DBDマイクロプラズマなどにより，雰囲気CO_2からの図11のようなCNT（carbon nanotube）の合成に成功している[7]。CO_2を原料としたCNT合成法は，通常のガスプ

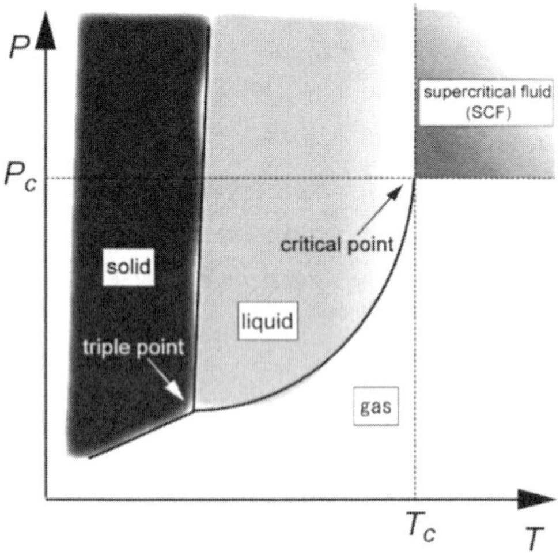

図 10　状態図

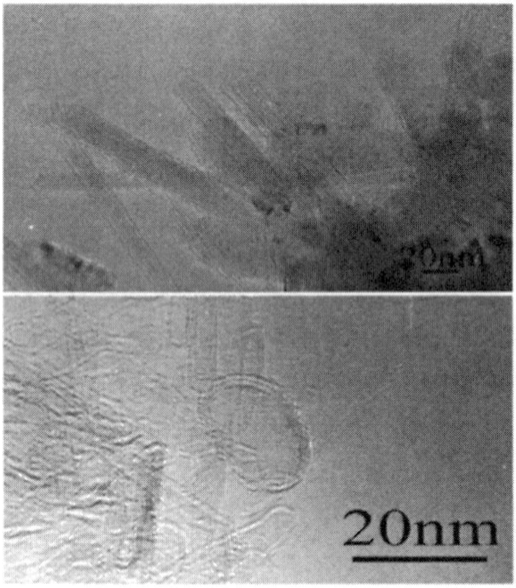

図 11　臨界点付近での生成物

ラズマでは報告例が殆どない。また通常のSCFプロセスでは1000℃近くの高温を必要とするプロセスであり，SCFのプラズマ化により大幅な反応温度の低温化を実現している。以上，通常の気体プラズマプロセス，および，SCFプロセスとは異なる反応による合成と考えられ，超臨界流体プラズマ特有の物質合成プロセスの可能性を示している。

さらにまた，SCFの高い溶解度を生かした有機金属（Cu, Ni系）を用いたプロセスによる金属系ナノ構造物質の合成，薄膜堆積プロセスへの応用も進めている。

(B) 大気圧マイクロプラズマ応用

既にご紹介したように，各種のマイクロプラズマ発生部をフレキシブルチューブの先に具備したプラズマファイバーの基本概念の提案をし，その開発を行っている。このデバイスは，光ファイバーを介したレーザープロセスのように，水中，土中，生体中，原子炉内，真空中など，環境（場所）を選ばない局所的なプラズマプロセスを可能とし，“必要な場所に，必要な時に，必要なプラズマ量だけを照射する”といったオンデマンドプラズマナノプロセスを実現するものと期待される。

一例としてDBD型マイクロ低温プラズマファイバーの開発も行っている。図12はDBDマイクロプラズマファイバーを内蔵させた“プラズマペン”とそれを用いた大気中ポリマー表面処理プロセスの様子を示したものである。

(C) 高真空環境マイクロプラズマ応用

すでに何度も述べてきたように一般的にはマイクロプラズマの生成には高い圧力が必要であるとされている。しかしながら，本来，マイクロプラズマは，その微小空間性に起因して高い環境

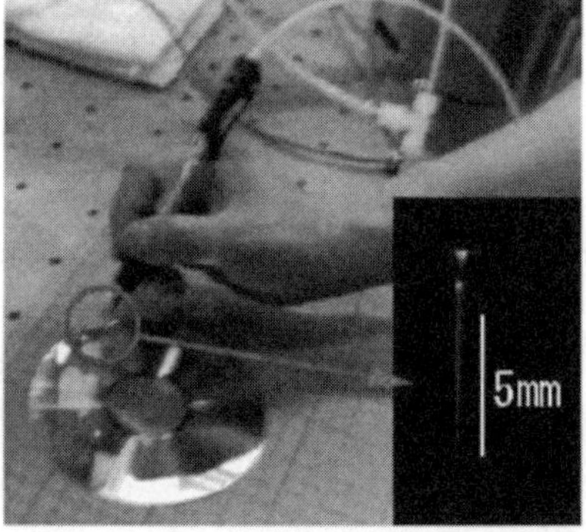

図12　プラズマペンとそれを用いた大気中有機物表面処理プロセスの様子

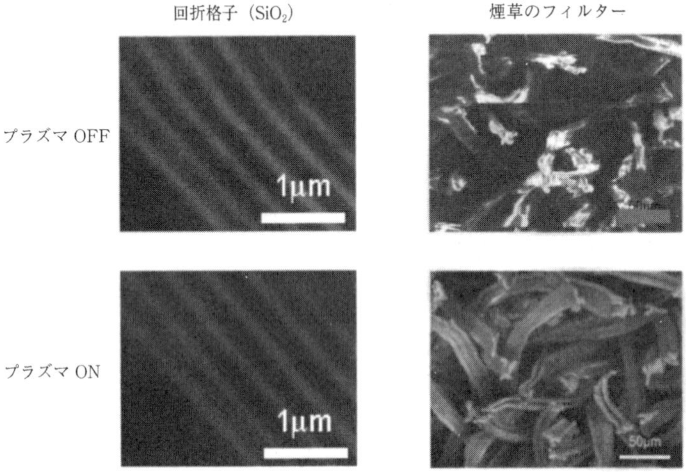

図 13　マイクロプラズマイオン電子顕微鏡による絶縁体試料観察
左は回折格子（SiO_2），右は煙草のフィルター
上はプラズマ無点火，下はプラズマ点火した状態

適応性を有する。磁場印可による“低気圧環境下”でのマイクロプラズマの発生が試みられるとともに，マイクロプラズマのもつ特性である“環境適応性”のひとつの例としての“作動排気の容易性を用いた高真空環境下でのマイクロプラズマの発生”も進められている。実際の材料工学への応用を考えた場合，その波及効果が極めて大きい高真空，超高真空環境下でのマイクロプラズマプロセスの材料プロセシング，材料表面分析法への適用が大いに期待される。我々はICP型のプラズマジェットを用いて10^{-5}Torr台に至る高真空環境下での安定的な低温プラズマジェットの発生・噴出に成功している（例えば，ガス温度1000K，電子温度4500K程度）。さらにまた，この高真空環境下でのマイクロプラズマをイオン源として用い，走査型電子顕微鏡の試料部近傍に具備し，絶縁体試料観察時における電子線のチャージアップを中和し絶縁体試料の観察を可能とするプラズマ電子顕微鏡の開発を進めている。図13は，本顕微鏡により絶縁体試料（ガラス，および，煙草のフィルター）をプラズマ（中和イオン源）をONした時と，OFFにした時の比較対照した電子顕微鏡像である。プラズマによる中和により絶縁性の材料に対して高倍率（10^5倍程度）観察に成功している。マイクロプラズマの持つオンデマンド性に起因する効率よい低電力でのプラズマ，イオンの発生により，電子ビームに対するノイズを容易に低減でき，このようなその場観察を可能にしている。

4　おわりに

マイクロプラズマの材料デバイスプロセスへの応用に関して私どもの研究を例にしてその一端を紹介させていただいた。本文を通じて多くの読者諸氏が本分野へご興味を抱かれることを願って結びとする。

文　　献

1)　T. Ito and K. Terashima: *Appl. Phys. Lett.*, **80**, p.2854 (2002)

2)　T.Ito, T. Izaki and K. Terashima: *Surf. Coat. Technol.*, **133-134**, p.497 (2000)

3)　T. Tomai, T. Ito and K. Terashima: *Thin Solid Films*, **506-507**, pp.409-413 (2006)

4)　T. Ito and K. Terashima: *Appl. Phys. Lett.*, **80**, p.2648 (2002)

5)　T. Ito, H. Nishiyama, K. Terashima, K. Sugimoto, H. Yoshikawa, H. Takahashi and T. Sakurai: *J. Phys. D.*, **37**, p.445 (2004)

6)　J. Kim and K. Terashima: *Appl. Phys. Lett.*, **86**, p.191504 (2005)

7)　T. Ito, K. Katahira, Y. Shimizu, T. Sasaki, N. Koshizaki and K. Terashima, *J Mater. Chem.*, **14**, p.1513 (2004)

第2章　ナノクラスター・粒子創成

野崎智洋*1，岡崎　健*2

1　はじめに

マイクロプラズマは，マイクロメートルからサブミリメートルの微小空間において形成される非熱平衡プラズマを指し，リアクターのサイズが小さくなるほど動作ガス圧力が大気圧気体あるいはそれ以上の高密度媒体（固体，液体，超臨界流体など）に移行する特徴がある。マイクロプラズマは，近年の大気圧非平衡プラズマプロセシングへの関心の高まりとも相まって大きな注目を集めており，マイクロプラズマの体系化や基礎学理の構築のみならず，マイクロマシニング，発光・電磁波制御デバイス，微量元素分析，材料合成など多方面で応用研究が展開している[1)]。

マイクロプラズマを生成するための要素技術として，プラズマリアクターのダウンサイジング，電源の高周波数化，極短パルス電圧化など上げられるが，いずれの場合でもマイクロ空間に効率よくエネルギーを注入して反応性非熱平衡プラズマを作り出すための工夫が必要になる。プラズマを単なる熱源として用いるのではなく，マイクロプラズマが本来有する「高密度性」，「高反応性」，「プラズマ媒体の高密度性」，「極短滞留時間」を組み合わせることで物理的・化学的に高度に非平衡化された反応場を作り出し，熱化学的には起こしえない化学反応を生起することが本質的に重要である。我々は，この新しいパラメータ領域で形成されるマイクロプラズマを用い，シリコンナノクラスター・粒子を連続合成するための技術開発を行っている。

シリコンナノ粒子の多くは，プラズマを使ったシランのケミカルクラスタリング[2~4)]，レーザーアブレーション[5)]，スパッタリングなど減圧プロセスを中心に合成されている。一方，マイクロプラズマを用いれば，高い反応活性を利用して無機シリコン原料を分解し，高密度雰囲気（大気圧）で三体衝突によりモノマーのクラスタリング，核生成を効率よく促進できる。一方，マイクロ空間の反応場では滞留時間が10-100μsと短いため，核生成と核成長を分離して粒径分布を精密にコントロールしながら微粒子を連続合成することが可能となる。他方，CdSe，Ag，Auナノ粒子の生成では実績があるコロイド成長法も提案されているが，その多くは有機シリコンを分解・還元するため，酸化物が多量に副生されたり，炭化物がナノ粒子に取り込まれるなど課題は

＊1　Tomohiro Nozaki　東京工業大学大学院　理工学研究科　機械制御システム専攻　助手
＊2　Ken Okazaki　東京工業大学大学院　理工学研究科　機械制御システム専攻　教授

多い。シリコンナノクラスター・粒子を基調とする量子物性材料は，生化学用蛍光標識，光電子デバイス，電池電極材料など，生体・医療からエネルギーまで幅広い応用が期待されている。また，毒性が無く環境負荷が小さいことも大きな特徴である。

2　シリコンナノ粒子の合成とマイクロプラズマリアクターの役割

高密度媒体で形成される非熱平衡プラズマの応用として，プラズマディスプレイやオゾン合成などの工業的な成功例を見るように，その多くが三体衝突反応を利用している。三体衝突反応は発熱反応であり，熱力学的にみて自発的に進行する効率の良い反応である。また，温度だけでなく圧力の上昇とともに反応速度が加速される特徴も兼ね備えている。

マイクロプラズマによるシリコンナノクラスター・粒子の気相合成は，原料ガスをプラズマ中でクラッキングしてモノマー（Si，Si^+など）を生成することから始まる。これら前駆体が第三体との衝突を経て冷却されクラスター化し，続いて結晶核の発生と核成長が生じる。反応の第一段階であるSiモノマーのクラスタリングについて，SiからSi_5までの生成過程をCHEMKIN IIにより解析した結果を図1(a)に示す。反応速度定数はKelkarらが提案するものを用い[6]，初期条件として100kPa，1500Kのアルゴン中に100ppmの原子状シリコンを与えた。この条件におけるSiモノマーの過飽和度は約2300である。

$$Si_{n-1} + Si + M \rightarrow Si_n + M \qquad n = 1-5 \qquad (1)$$

SiからSi_5の成長は逐次的に進行し，最も反応速度が遅いダイマー（Si_2）の生成が律速過程となる。よって，Si_2の濃度が極大値を示すあたりからSi_5の生成が顕著になりはじめる。圧力

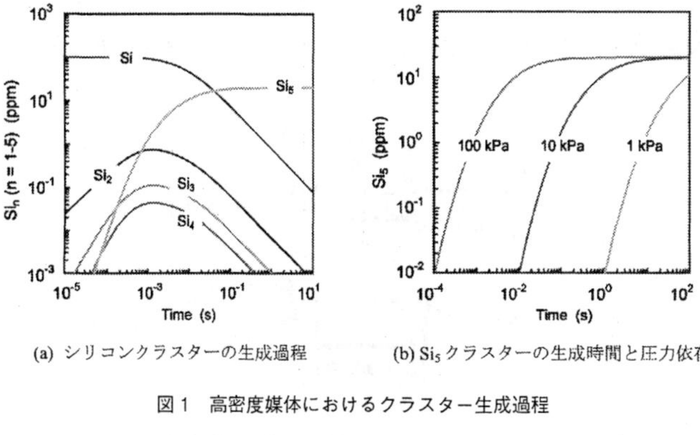

(a) シリコンクラスターの生成過程　　(b) Si_5クラスターの生成時間と圧力依存性

図1　高密度媒体におけるクラスター生成過程

100kPaでは約1.0msからSi_5の濃度が立ち上がりはじめ，Si_5濃度が定常の50%に達するまでに約10msを要する。圧力を変化させたときのSi_5クラスター濃度の時間変化を図1(b)に示す。反応の特性時間は圧力の約2乗に反比例して長くなり，1 kPaではSi_5が50%定常値に達するまでに86 sを要する。すなわち減圧環境では，気相で生成されたモノマーがクラスタリングする前に基板に到達し，基板表面で薄膜が堆積しやすいことを示唆している。一般的な減圧環境（0.05-1 kPa）におけるプラズマCVDやスパッタリングなどと比較して，大気圧環境におけるSiクラスターの生成速度は10000倍以上に達しており，高密度媒体におけるナノクラスター・粒子の気相合成が理に適ったプロセスであることがわかる[3, 7)]。一方，圧力が一定であればSiモノマーの濃度にほぼ反比例して反応時間は短くなる。

図1に示した解析結果によれば，原料ガスがマイクロプラズマを通過する時間（滞留時間）がモノマーのクラスタリング開始時間より充分短かければ，プラズマ中で微粒子は生成されない。モノマーはプラズマプルームの下流でクウェンチされ，急速にクラスタリングすることになり，前駆体生成—核発生—核成長を分離した理想的な微粒子合成プロセスを実現できる。一般に，微粒子は拡散律速により成長すると考えられるが，高密度媒体ではモノマーの拡散速度が遅く，粒子の過度な成長を抑制して粒径分布を精密に制御できる。

3 実験装置

マイクロプラズマリアクターの概略を図2に示す。電極からの不純物混入を避けるため，一対の金属電極はキャピラリーガラス（内径470μm，外径1100μm）の外側に設けており，これにより容量結合性のマイクロプラズマが形成される。金属電極は，整合器を通じて144MHzの電源に接続した。原料として，アルゴンに$SiCl_4$を100ppm，H_2を0-3%混合したガスを用い，$SiCl_4$をH_2で還元することで微粒子を生成した。水素はSiクラスター表面のダングリングボン

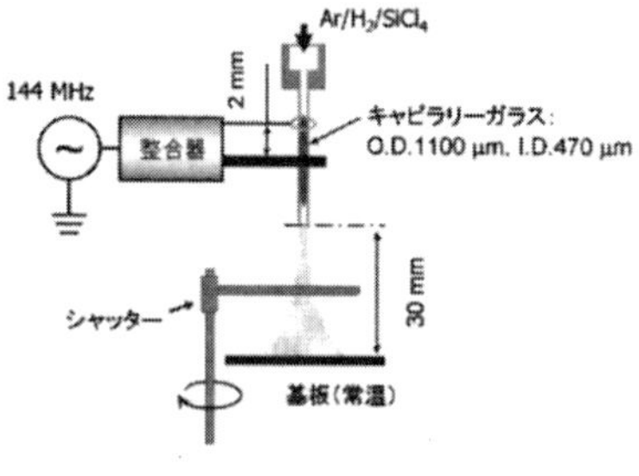

図2　マイクロプラズマリアクターの模式図

ドを終端させ，核生成速度を増大させる役割も果たす。実験では，マイクロプラズマを形成して5分間定常待ちした後，シャッターを開いてキャピラリー下端より30mm下流に設置した基板に3分間生成物を捕集した。FT-IR，走査型電子顕微鏡で生成物を分析する場合には，高抵抗シリコン基板に粒子を捕集した。ラマン分光分析，元素分析，フォトルミネッセンスの測定には，Crをスパッタリング（推定膜厚200nm）したコーニングガラスを基板として用いた。生成物は常温で捕集し，大気中常温で自然酸化させることでフォトルミネッセンスを計測した（後述）。一般的なシリコンナノ粒子を合成する方法とは異なり，高温でのアニーリングは一切必要としない。反応条件は特に断らない限り，アルゴン流量：200cm^3 min^{-1}，$SiCl_4$：100ppm，電力：35W，合成時間3分である。

4　マイクロプラズマの特性

プロセスを評価するうえで重要となるガス温度，電子密度などのプラズマパラメータは，発光分光法によって評価した。発光分光分析は，プラズマからの自発光を分光器で波長分解することで発光化学種を同定し，スペクトルの線幅，相対強度比などからガス温度，電子密度などの諸量を推定する方法である。計測値の定量評価にはクロチェックが不可欠であるものの，プラズマ診断において最も簡便で信頼できる方法として多用されている[8, 9]。図3はマイクロプラズマの拡大写真である。1対の金属電極に挟まれた部分（図中A点）の電子密度，Ar励起温度，ガス温度を計測した。ここで，電子密度はH_β線スペクトル（486.1nm）のシュタルク広がりから，Ar励起温度はArの4s-5p，4p-4pの遷移に伴う線スペクトル（415-428nm，696-751nm）の相対線強度比から求めた[10]。$Ar/H_2/SiCl_4$系ではガス温度を推定するのに適した回転スペクトルが得られなかったため，ガス温度を計測する場合に限りCH_4を添加してCH（432nm）の回転スペク

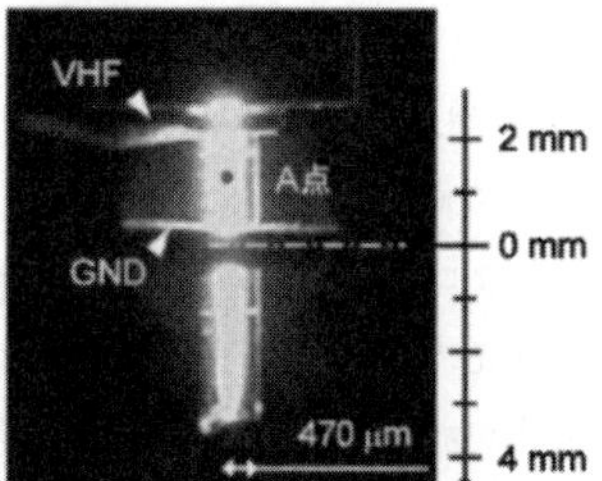

図3　マイクロプラズマの概観
電力：35 W，Ar：200 cm^3 min^{-1}，H_2：1%，
$SiCl_4$：100 ppm

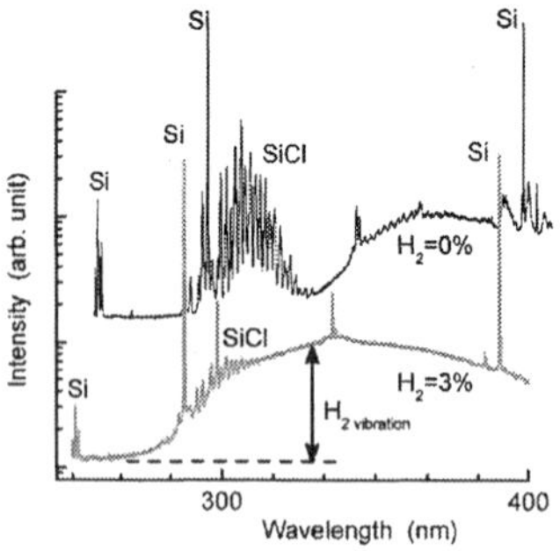

図4　発光スペクトル
H_2 = 0%，3%

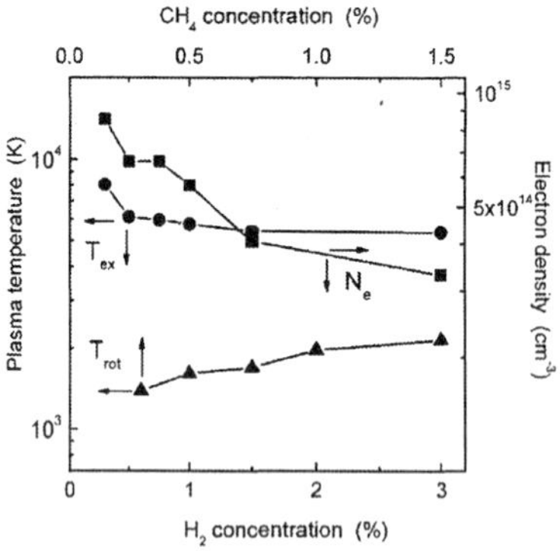

図5　水素添加によるプラズマパラメータの変化
T_{ex}：Ar 励起温度，T_{rot}：CH 回転温度，N_e：電子密度

トルを解析した[11)]。

図3A点で計測した発光スペクトルを図4に示す。スペクトルには，250.7-252.9nm，288.2nm，390.6nm に Si 原子の強い線スペクトルが観察される。H_2 = 0%の場合には SiCl のバンドスペクトルも観察されるが，水素を 1-3%添加すればほぼ消滅する。これは，電子衝突による $SiCl_4$ の直接的な分解のほか，水素ラジカルによる脱塩素反応が効率よく生じていることを示している。一般的な減圧プラズマでは電子密度が $10^{11\text{-}13}cm^{-3}$ 程度であるため，滞留時間を短くするほど原料の分解効率が低下する。しかし，マイクロプラズマは電子密度が $10^{15}cm^{3}$ を超える高密度プラズマであるため，10-100 μs の滞留時間でも効率よく $SiCl_4$ を分解して，Si モノマーを生成することができる。ここで，滞留時間（ガス流量）はモノマー生成，核発生，核成長を分離する観点から重要なパラメータであるが，滞留時間を変化させてもマイクロプラズマの電子密度，励起温度，ガス温度はほとんど変化しない。一方，水素濃度はプラズマの諸特性にも甚大な影響をおよぼす。図5は水素濃度に対してプラズマパラメータをプロットした結果である。水素濃度が充分低ければ，Ar 励起温度 8000K，CH 回転温度 1400K となるが，H_2 = 3%ではそれぞれ 5400K，2100K へと推移し，マイクロプラズマの非平衡性は低減する。同様に，電子密度も水素濃度とともに減少する。図4の発光スペクトルには，水素分子の振動励起に伴う連続スペクトルが顕著に増大しており，投入電力が水素分子の振動励起を経て熱エネルギーに変換される流れができている。後に述べるよう，水素はシリコンナノクラスター・粒子の合成に不可欠であるが，添加しすぎるとプラズマの反応性を低下させ，ついにはマイクロプラズマを形成・維持することが困難になる。

5　シリコンナノ粒子の合成

5.1　水素添加の効果

微粒子合成において最も重要なパラメータの一つである水素濃度を変化させて実験を行った。図6に H_2 = 0%，3%における生成物の電子顕微鏡写真（S-800，HITACHI）を示す。H_2 = 0%の場合，薄膜状の物質が合成されており，内部応力によると思われるクラックが生じている。薄膜の成長速度は遅く，3分間の合成で膜厚は約400nmである。一方，図7(a)に示した透過型電子顕微鏡（JEM-3010，JEOL）による観察では，薄膜は5 nm程度の微粒子で構成されていることがわかる。水素を添加しない場合，ほとんどの粒子はアモルファス（a-Si）または酸化物（SiOx）である。一般に $SiCl_4$ は熱分解しにくく，水素還元によって脱塩素反応を促進する。

$$SiCl_4 + 2H_2 + e \Leftrightarrow Si + 4HCl + e \quad (2)$$

一方，$SiCl_4$ の分解に伴って塩素濃度が高くなると逆反応も生じやすくなる。つまり，マイクロプラズマでいかに $SiCl_4$ を分解しても，Cl/H比が高ければ逆反応によってSiモノマーの濃度が低下するため，H_2 = 0%では生成物収量は大幅に低下する。一方，水素を3%添加すれば生成物の収量は格段に増大する。図6(b)によれば，パウダー状の物質が約3μm min^{-1} の速度で堆積している。またTEMによる観察では，粒径3 nm以下のシリコン微結晶が多く観察された。それぞれの粒子は明瞭な輪郭を示しており，これらの微粒子が基板上ではなく，気相で生成されてい

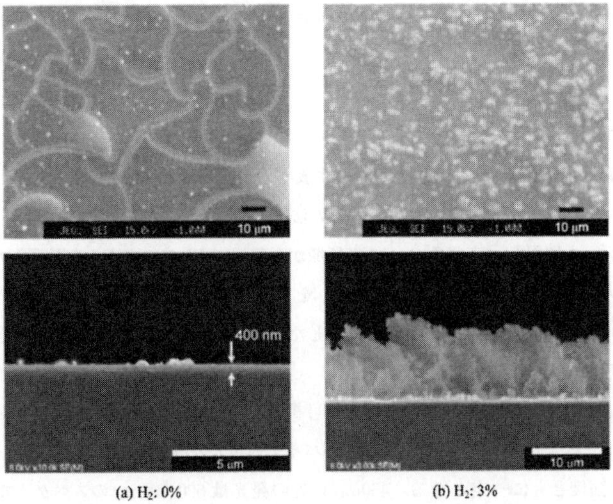

図6　生成物のSEM写真（上：平面写真，下：断面写真）

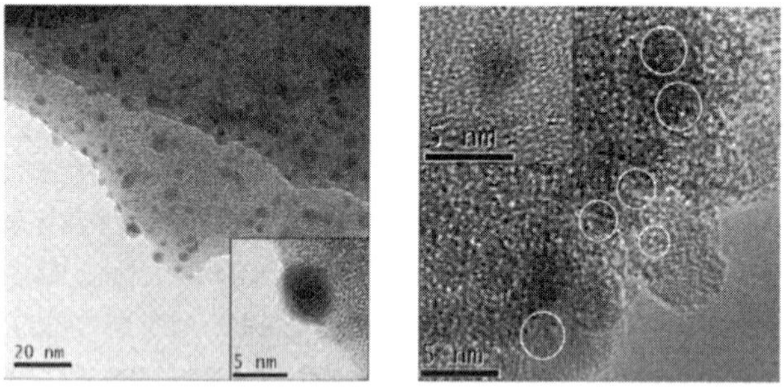

(a) H_2: 0%　　(b) H_2: 3%

図7　生成物のTEM写真

ることを示している。電子プローブマイクロアナライザー（JXA-8200, JEOL）による元素分析の結果，生成物の主成分は水素を除いてSiとOである。水素濃度に関わらず，塩素は検出限界以下であることは興味深い。FT-IRによる分析でも，$SiCl_xH_y$に起因する吸収スペクトルは観察されなかった[12]。水素の役割として，$SiCl_4$の脱塩素反応（式2）を促進する以外にも2つの効果が期待できる。1つは，水素濃度とともにプラズマのガス温度が上昇するため（図5），シリコン微粒子のアニーリングによって結晶化が進行する可能性がある。また，水素濃度が高くなりクラスターの表面が水素で終端されると，クラスターの表面エネルギーが低下し臨界核半径が減少する[13]。いずれの場合でも，水素を一定量添加することでシリコンナノ粒子が合成されやすくなることを示している。

5.2　シリコンナノクラスター・粒子のフォトルミネッセンス

図8は水素濃度を0-3%変化させた場合の生成物の可視発光スペクトルの変化を示す。フォトルミネッセンス（以下PL）の計測では，基板の法線方向から60°の入射角で励起光（He-Cdレーザー：325nm）を照射し，直径約2 mmの領域から室温でPLスペクトルを計測した[14]。励起光を除外するため385nmに閾値（透過率50%）をもつUVカットフィルターを用いた。図8(a)はサンプル合成直後（10分以内）にPLを計測した結果，(b)は大気中常温で24時間自然酸化させた後に計測した結果である。

図8(a)によれば，水素濃度を高めるほど，可視発光スペクトルは短波長へシフトする。H_2 = 1%では620nmと450nm付近にピークを持つバイモーダルな分布となり，H_2 = 1.5-3%ではピーク波長，PL強度ともに一定となる。450nm付近の発光は600-700nmのスペクトルと比較して約1桁強度が弱い。図8(b)に示したサンプルは合成後，大気中で24時間自然酸化させてから計

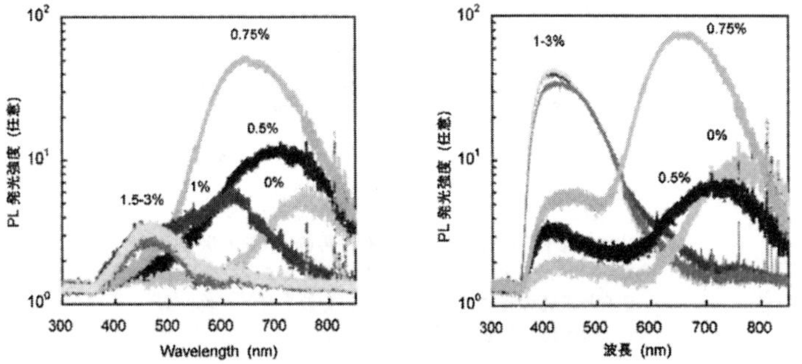

(a) 合成直後（10 分以内）　(b) 大気中で自然酸化処理（24 時間）

図８　室温で計測した可視発光スペクトル（励起光：He-Cd レーザー，325nm）

測した PL スペクトルである。H_2 < 0.75% で合成したサンプルの場合，600nm 以上の赤色発光スペクトルは酸化処理の前後でほとんど変化しないが，420nm 付近にも微弱ながら新たなピークが出現している。これは，酸化処理によって赤色発光とは異なるメカニズムで青色発光する微細構造が出現したためと考えられる。H_2 > 1% で合成したサンプルは PL スペクトルのピーク位置が 450nm から 420nm へ僅かにブルーシフトするほか，PL 発光強度が 1 桁以上強くなっていることが特徴である。いずれの場合でも，強い可視発光（赤色～青色）を目視でも確認することができた。なお，400nm より短波長で PL スペクトルが急激に減衰するのは UV カットフィルターの光学特性によるもので，サンプルの特性ではない。

ナノスケールのシリコン微細構造が可視発光するメカニズムとして，量子サイズ効果がよく知られている。微結晶のサイズが小さくなるほどバンドギャップは増大し，これに応じて可視発光スペクトルは短波長へ移行する（図 9(a)）。例えば，粒径 1.4nm のシリコンナノ粒子は，420nm（約 3 eV）の可視発光スペクトルを有する[15~17]。ただし，シリコンナノ粒子の表面は水素で完全にパッシベーションされていなければならず，純粋な量子サイズ効果だけで青色発光を実現するのは容易ではない。一方，表面のシリコン原子が 1 つでも酸素の二重結合によって終端されると，バンドギャップは 3 eV から 2.2eV へと大幅に低下する（図 9(b)）[15~17]。酸化物で囲まれたシリコンナノ粒子も量子サイズ効果を示すが，可視発光の起源はナノ粒子と酸化物の界面の状態に強く依存しているため，バンドギャップは微結晶のサイズによってほとんど変化しない。一般に，表面が酸化されたシリコンナノ粒子は 500nm より短波長の可視光を発することができない[17]。

TEM による観察では，粒径 3 nm 以下の結晶性ナノ粒子が多く生成されていることから，赤色発光（600-800nm）の起源は表面が酸化されたシリコンナノ粒子と考えるのが妥当である。水

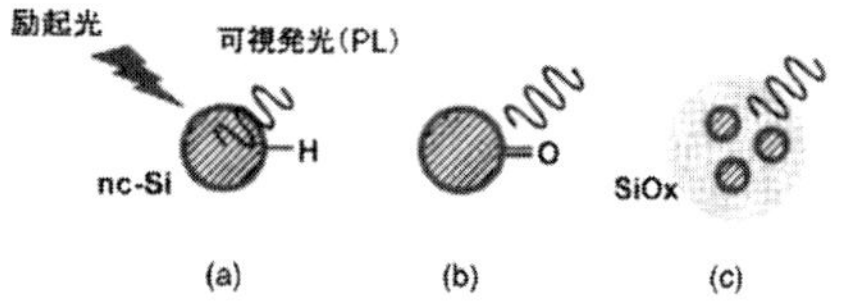

図９　シリコンナノ粒子の可視発光メカニズム
(a)ナノ粒子の内部で電子と正孔が再結合（量子サイズ効果），(b)ナノ粒子表面の酸化物準位にトラップされた電子と正孔の再結合，(c)酸化物に分散したナノクラスターに起因した電子と正孔の再結合

素濃度とともに可視発光スペクトルが僅かにブルーシフトするのは，ナノ粒子のダウンサイジングによる量子サイズ効果か，あるいは表面酸化物（Si = O：二重結合）の割合が減少することによるエネルギーギャップの増大と考えられる[17]。H_2 = 0 の場合，TEM による観察では微結晶を確認できなかったが，SiOx または a-Si の中に存在するシリコンナノ粒子が赤色発光の起源と考えられる。一方，420-450nm にピークを持つ青色発光は，自然酸化処理によって発光強度が著しく増大することから，量子サイズ効果による可能性は低い。一般に，SiOx を起源とした試料や熱酸化したポーラスシリコンは青色発光することが知られている。図 10 に H_2 = 0 %，0.75%，3 %で合成したサンプルの FT-IR（FT/IR-660，JASCO）吸収スペクトルを示す。スペクトル強度は最大値が一致するように規格化した。いずれのサンプルも，酸化処理前（as-grown）には Si-O-Si の非対称伸縮振動に起因した 2 つの吸収スペクトルが 1070cm^{-1}，1100cm^{-1} 付近に観察される。H_2 = 0 の場合（図 10 (a)），自然酸化の前後で赤外吸収スペクトルに大きな変化は見られないが，H_2 = 0.75 %，3 % の場合には，24 時間自然酸化させた後 1160cm^{-1} 付近に第 3 のピークが出現する。このような赤外吸収スペクトルの変化は，シリコンナノワイヤー[18]，青色発光するナノポーラスシリコン[19, 20] などで観察されており，SiOx とシリコン微結晶（nc-Si）の境界領域に発生する内部応力などに起因して Si-O 結合距離が変化するためと考えられている。赤外吸収スペクトルの変化は間接的に nc-Si の存在を示すと考えられるが，青色発光の起源が nc-Si と SiOx の界面によるものか，nc-Si そのものであるかは議論が分かれる。なお，SiO_2 ナノ粒子によって SiOx にナノ構造を導入しても，図 10 に示すような SiOx の構造変化は生じない[18]。

一般的なナノ粒子合成プロセスでは，微結晶シリコンを析出させたり，内部応力，格子欠陥，ダングリングボンドを安定化させるために，合成後 400-1000℃で熱処理することが多い。一方，本手法によれば，常温で捕集した生成物を大気中で自然酸化するだけで青色発光させることが可能である。自然酸化のメカニズムと青色発光の起源については現在調査中であるが，常温でナノ

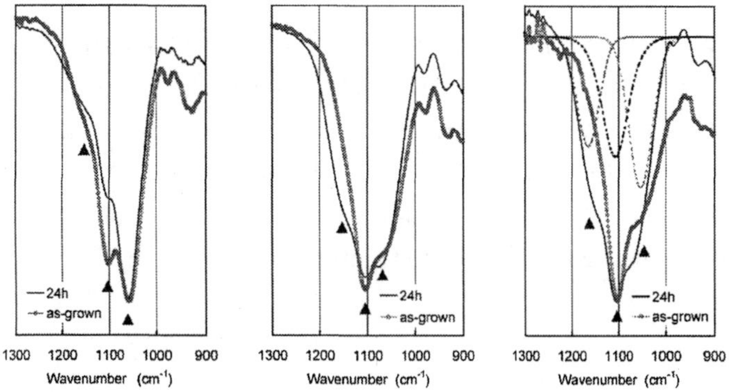

(a) $H_2 = 0\%$　(b) $H_2 = 0.75\%$　(c) $H_2 = 3\%$

図10　シリコンナノクラスター（結晶）による Si-O 伸縮振動の変化（1160 cm^{-1}）

クラスターの析出あるいは構造安定化が進行するならば，生成直後のサンプルは多くの格子欠陥やダングリングボンドを有した，高度に非平衡かつ不安定な化学構造を有していることが考えられる。ナノクラスター・粒子の合成とともにシリコンナノ構造体の安定化メカニズムを理解することも重要な課題である。

6　おわりに

高密度非熱平衡プラズマとマイクロ空間を組み合わせることで，シリコンナノクラスター・粒子を気相で連続合成できることを実証した。本手法によれば，ナノスケールでシリコンの微細構造を制御し，420nm から 800nm までチューナブルに可視発光させることができる。本手法の最大の魅力は，マイクロプラズマの高い非平衡性を利用して，熱化学的に合成することが困難なナノ構造体シリコンを一貫して常温常圧で合成できる点にある。ナノスケールのクラスターや微粒子を一個の独立した単位で取り扱うことは必ずしも容易ではないが，これらを高度に非平衡化されたナノ構造体として利用することが可能となれば，量子物性を有するバルク材料として種々の応用展開が期待できる。今日，量子物性を有する様々なナノ粒子が合成されているが，シリコンは安全性と応用の多様性から最も実用化が望まれている。マイクロプラズマはそれを単独で用いるだけでなく，既存の材料合成プロセスに集積化することによってさらに大きな波及効果を生み出すポテンシャルも有しており，今後の発展がますます期待される。

謝辞

本研究は，文部科学省特定領域研究「プラズマを用いたミクロ反応場の創成とその応用（マイクロプラズマ)」の助成を受けて行われた。京都大学・橘邦英先生，東京大学・寺嶋和夫先生よりご指導を賜りましたこと深く感謝いたします。本研究を遂行するにあたり，東京工業大学大学院理工学研究科修士過程，朝日大介君（現・新日本石油精製㈱)，佐々木健二君，荻野智久君の多大な協力を得た。TEM 分析は，東京工業大学総合分析支援センター・源関聡技術専門員による。関係各位には紙面を借りて心より御礼申し上げます。

文　献

1) 特定領域研究「マイクロプラズマ」URL, http://plasma.kuee.kyoto-u.ac.jp/~tokutei429/
2) L. Mangolini, E. Thimsen, U. Kortshagen, *NANO LETTERS*, **5** (4), 655-659 (2005)
3) L. Xuegeng, H. Yuanqing, S. S. Talukdar, M. T. Swihart, *Langmuir*, **19**, 8490-8496 (2003)
4) T. Kakeya, K. Koga, M. Shiratani, Y. Watanabe, M. Kondo, *Thin Solid Films*, **506-507**, 288-291 (2006)
5) T. Makimura, T. Mizuta and K. Murakami, *Jpn. J. Appl. Phys.*, **41**, L144-L146 (2002)
6) M. Kelkar, N. P. Rao, S. L. Girshick, Proc. 14th Intl. Conf. Nucleation and Atmospheric Aerosols, Helsinki, Finland, Aug. 26-30, 117-120 (1996)
7) R. M. Sankaran, D. Holunga, R. C. Flagan, K. P. Giapis, *NANO LETTERS*, **5** (3), 537-541 (2005)
8) 山本学，村山精一，プラズマの分光計測—日本分光学会シリーズ 29，学会出版センター (1995)
9) 第 17 回プラズマエレクトロニクス講習会テキスト，応用物理学会プラズマエレクトロニクス分科会，pp. 1-18，No. 062341，2006 年 10 月
10) T. Ichiki, R Taura, Y. Horiike, *J. Appl. Phys.*, **95** (1), 35 (2004)
11) T. Nozaki, Y. Unno and K. Okazaki, *Plasma Sources Sci. Technol.* **11**, 431 (2002)
12) H. Shirai, *Thin Solid Films*, **457**, 90-96 (2004)
13) 奥山喜久夫ら，微粒子工学，オーム社，第 1 版 6 刷（2004)
14) I. Kato, T. Matsumoto, O. P. Agnihotri, *Jpn. J. Appl. Phys.*, **40**, 6862-6867 (2001)
15) M. V. Wolkinm, J. Jorne, P. M. Fauchet, *Phys. Rev. Lett.*, **82** (1), 197-200 (1999)
16) A. Puzder, A. J. Williamson, J. C. Grossman, G. Galli, *Phys. Rev. Lett.*, **88** (9), 097401/1-4 (2002)
17) M. Luppi, S. Ossicini, *J. Appl. Phys.*, **94**, 2130-2132 (2003)
18) Q. Hu, H. Suzuki, H. Gao, H. Araki, W. Yang, T. Noda, *Chem. Phys. Lett.*, **378**, 299-304 (2003)

19) W. C. Choi, T. G. Kim, J-S. Kim, *Nanotechnology*, **17**, 1150-1153 (2006)
20) D-Q. Yang, M. Meunier, E. Sacher, J. *Appl. Phys.*, **98**, 114310/1-6 (2005)

第3章　大気圧マイクロプラズマジェットの薄膜プロセス応用
―非晶質Si薄膜の短時間結晶化―

白井　肇*

1　はじめに

薄膜太陽電池，液晶駆動用薄膜トランジスター（TFT-LCD）を代表とする大面積電子デバイス用基盤材料として微結晶，多結晶Si薄膜が注目され，製膜・プロセス・デバイス化技術に関してこれまで勢力的に研究開発が進められてきた。特にガラス基板上の低温結晶Si薄膜形成技術においては，主にSiH_4などの気相プラズマCVD法等による低温直接形成法，エキシマレーザー，金属誘起およびランプ加熱法による非晶質Si薄膜の結晶化を中心に結晶粒の大粒径化に対する研究が進められている[1~3]。しかしSiH_4の低圧プラズマCVD法による低温直接形成法では，堆積前駆体SiH_3等の拡散能により基板表面上での結晶粒径が決定されるため数10nm程度に制限され，結晶粒のより一層の拡大には限界が予想される。一方，エキシマレーザーアニールによる非晶質Si薄膜の結晶化では，1～5μmに及ぶ結晶粒の拡大が可能で，電界移動度も600cm^2/Vsを超える性能が報告されている。しかし大規模高出力レーザー源およびその維持，プラズマ後処理等が要求されることから，今後より簡単な装置構成で非晶質Si薄膜の短時間結晶化技術の開発が要求される。これらの課題に対して最近では，非晶質Si薄膜の通電加熱法による結晶粒の拡大，液相からの前駆体の形成，高圧水蒸気処理による欠陥密度の低減・キャリア輸送特性の改善等に対する検討が報告されている[4~6]。また筆者らの研究室では，大気圧熱プラズマジェットによる非晶質Siの短時間結晶化を検討している。

一般に熱プラズマの材料プロセスへの応用は，これまで溶接，溶射，溶解等大規模，高出力化に対する検討が主体で，今日基盤産業技術として確立されている。一方最近では，プラズマサイズを小さくする（S/V比：大）ことにより電力密度を集中させ，容易に電子密度：$10^{15}cm^{-3}$以上の超高密度プラズマの生成が可能で，局所領域での機能材料合成，高速エピタキシャル成長等への応用が報告されている[7]。我々は，大気圧熱マイクロプラズマジェットによる金属コートシリコン上への針状シリコンナノ結晶（SNC：Silicon nanocones），カーボンナノチューブ（CNT）合成およびその形成過程に関する考察を進める段階で，非晶質Si薄膜にアルゴン大気圧マイク

＊　Hajime Shirai　埼玉大学大学院　理工学研究科　物質科学部門　助教授

ロプラズマ照射を行った際にプラズマ照射領域が結晶化していることを見出した[8~10]。本章では，大気圧熱マイクロプラズマジェットによる非晶質Si薄膜の結晶化を高周波電力，Arガス流速，石英チューブ内径および可動基板ステージ速度を変数として行い，膜質評価およびTFT，薄膜Si太陽電池を試作した結果について報告する[11, 12]。

2　大気圧熱マイクロプラズマジェットの生成とa-Si膜の短時間結晶化

大気圧マイクロプラズマの生成は，内径2 mmΦの石英パイプに2～3ターンのコイルを設け整合回路を通してVHF（144MHz2）誘導結合方式で行った（図1）。これらのプラズマ状態を発光分光（OES）法により評価した。図2は，異なるガス流量条件下における石英パイプ先端からのArI発光強度の空間分布を示す。Ar流量の増大とともに2 slmで発光強度は1.5～2 cmに達するが，それ以上の流量では滞在時間が短くなるため発光強度は減少し，基板表面温度は減少した。またプラズマの電子密度，励起温度，ガス温度のArガス流量に対する変化およびプラズマ照射領域の表面温度変化を中心に評価した。電子密度：n_eはStark broadeningによるH_β（486.1nm）の半値幅から決定した。またArIから励起温度T_{ex}，Arプラズマに少量のCH_4を添加することでCH（431nm）強度から回転温度（～ガス温度）T_{rot}を決定した。電子密度は$2-5\times10^{15}cm^{-3}$で，励起温度：T_{ex}は，Ar励起状態がCH_4に解離促進に寄与しているため減少傾向を示した[13, 14]。一方T_{rot}は，CH_4流量の増大とともに1100Kから1600Kまで増大した。また基板上のプラズマ照射領域の温度は，CH_4流量の増大とともにガス温度の上昇とともに上昇することから，基板表面温度は主にガス温度に対応していることがわかる。図3にVHFプラズマにお

図1　内径2mmΦの石英パイプを用いたVHF（144MHz）誘導結合方式による大気圧Arマイクロプラズマジェットの発光

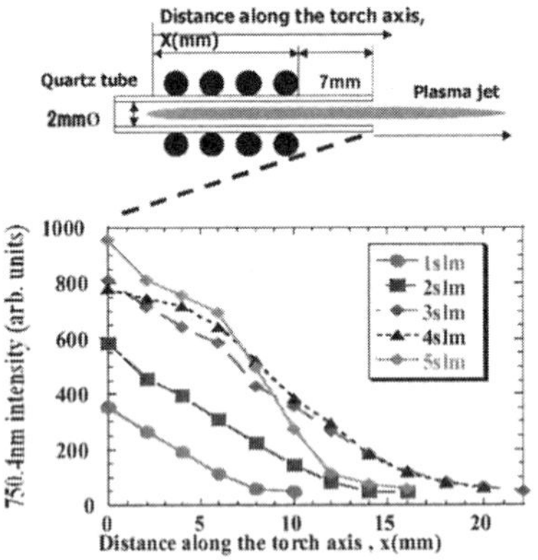

図2　異なるArガス流量条件におけるVHF誘導結合方式によるプラズマジェットのArI（750.4nm）発光強度の軸方向分布

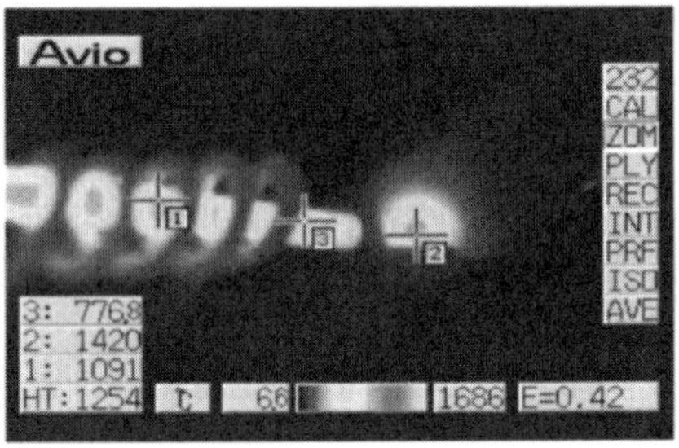

図3　高分解サーモグラフによる内径700μmΦのプラズマジェットの生成における石英内部および基板表面温度分布の一例

ける石英パイプおよび基板表面温度の温度分布の一例を示す。3 mm直下のSi基板においてプラズマ照射領域の中心近傍の表面温度は1420℃以上に達し，非晶質Siの結晶化に十分な温度に達していることがわかった。

非晶質Si膜の短時間結晶化は，ガラス基板上に低圧プラズマCVD法により基板温度：250℃で堆積したa-Si膜に対して，放電電力，基板ステージ速度，Arガス流量および膜厚を変数として行った。またシリコン・炭素系ナノ構造の作製は，Arプラズマジェットの定常流にCH_4を独立に供給し，Feコート結晶Si（Fe/c-Si）基板上に放電電力，CH_4・Ar流量，電極―基板間距離，基板温度を変数として大気開放状態で行った。生成物は，SEM，TEM，ラマン分光，赤外反射吸収分光法（FTIR-RAS），XRDおよび分光エリプソメトリー（SE）により評価した。組成分析はEDXにより行った。またプラズマ照射領域の結晶化過程は，SE，可視光反射率（He-Neレーザー）・コンダクタンスの実時間その場計測により行った。

3　再結晶化Si膜の微細構造評価とTFTおよび太陽電池素子への応用

図4は，膜厚300nmの非晶質Si膜に対してVHF電力300 Wの条件で基板ステージ速度を変数として結晶化したSi膜のラマンスペクトルおよびFTIRスペクトルを示す。ここでIRスペクトルは，プラズマアニール前後の差スペクトルとして示す。広い基板ステージ速度条件で，結晶SiのTO（光学的横揺れ振動）フォノンモードに起因する518cm^{-1}の鋭いラマンピークが支配的となり，結晶化が十分促進していることが分かる。またIRスペクトルから，1900-2100cm^{-1}のSiHに起因する吸収が上向きに出現し，1000cm^{-1}付近のSiO振動に起因する吸収が下向きに出現していることがわかる。特にプラズマアニールによってバルクのSiHのみならずSiH_x複合体に起因する1850-2000cm^{-1}の吸収が減少する。以上の結果は，プラズマアニールによる非晶質Si膜の結晶化が膜中からの水素の離脱と表面酸化を伴って促進していることを示唆する。さらにESRによるプラズマ照射前後の欠陥密度は，1秒以上のプラズマ照射条件で，初期の10^{16}cm^{-3}から4×10^{17}cm^{-3}まで増大したが，基板ステージ速度に応じた欠陥密度の大幅な増大は見られなかった。以上の結果は，従来のレーザーアニールによる欠陥密度の$10^{19\text{-}20}$cm^{-3}に比較して大幅に抑制されていることが分かった。

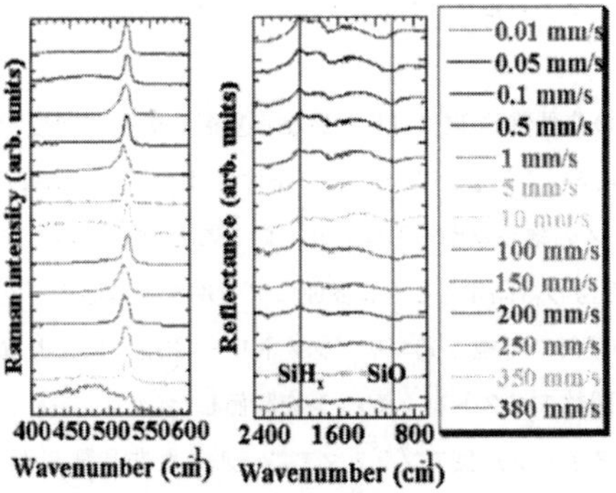

図4　異なる基板ステージ速度で結晶化したSi膜のラマンおよびFTIRスペクトル

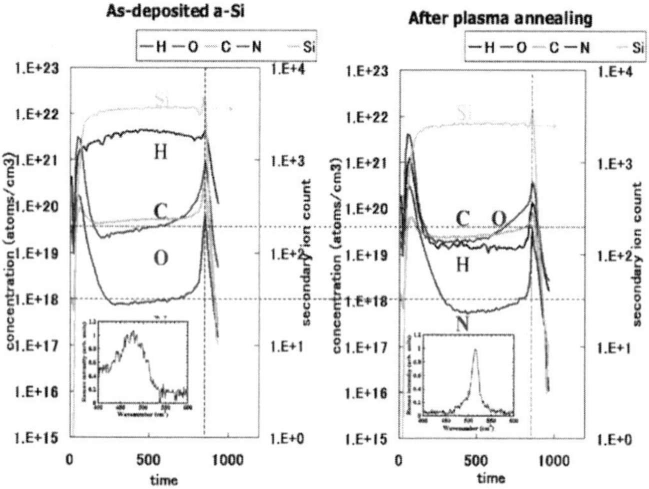

図5　プラズマアニール前後の結晶化Si膜のH，O，N，C濃度のSIMSの深さ方向プロファイル

図5は，上記の結晶化Si膜に対して，プラズマアニール前後のSIMSによる膜中H, O，N，C不純物元素濃度の深さ方向プロファイルを示す。図4のFTIRの結果同様，膜中水素濃度は$10^{21}cm^{-3}$から$10^{19}cm^{-3}$まで2～3桁減少し，かつ膜中酸素，窒素，炭素濃度はバルク領域およびガラス基板界面で多少低減していることがわかる。一方表面近傍では，残留酸素，窒素濃度が1.2倍程度増大していることから，図4の結果は，表面酸化による影響であることがわかる。以上の結果から熱プラズマアニールによるバルク中への新たな不純物の混入は無視できることが分かった。

図6は，厚さ1μmの非晶質Si膜に対して異なる基板ステージ速度で再結晶化した膜の断面TEM像を示す。基板ステージ速度が5mm/秒の条件では，ガラス基板との界面まで十分結晶化が促進し，100nmサイズの結晶粒から形成されていることが分かる。一方基板ステージ速度が50mm/秒では，基板近傍の結晶化とともに表面にアモルファス層の存在が見られた。そこでこの原因を考察するため紫外・可視分光エリプソメトリー（SE）により異なる基板ステージ速度で結晶化した膜の誘電関数スペクトル：$<\varepsilon_2>$を評価した。

図7に，異なる基板ステージ速度でプラズマアニールした非晶質Si膜の$<\varepsilon_2>$スペクトルを示す。ラマンスペクトル同様結晶SiのE$_1$，E$_2$光学バンド遷移に基づいた微細構造が，それぞれ3.4eV，4.3eVに明瞭に観測される[15)]。これらのスペクトルを以下のBruggeman有効媒質近似

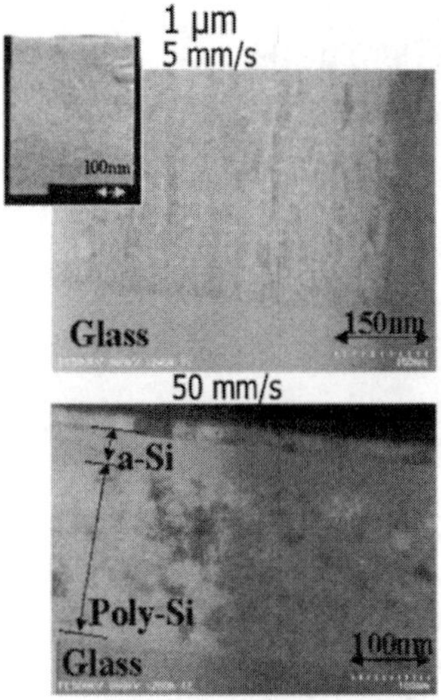

図6　異なる基板ステージ速度で結晶化したSi膜の断面TEM像

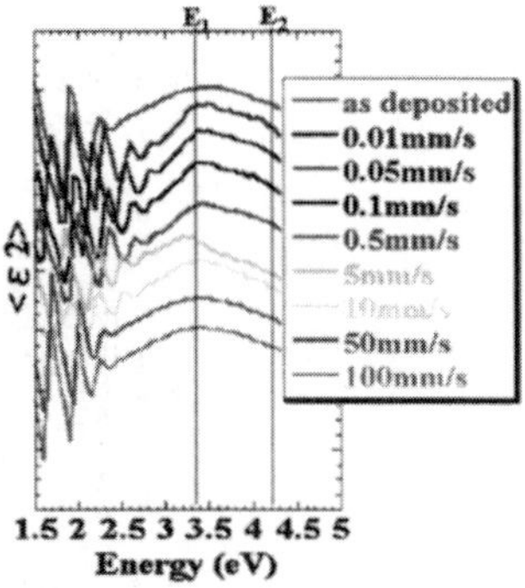

図7　異なる基板ステージ速度で結晶化したSi膜の誘電関数の虚数部分：$<\varepsilon_2>$スペクトル

(EMA)[16] により図8(a)〜(c)に示す光学モデルを用いて解析をした。

$$\sum_i f_i \frac{\langle \varepsilon_i \rangle - \langle \varepsilon \rangle}{\langle \varepsilon_i \rangle + 2\langle \varepsilon \rangle} = 0,\ \sum f_i = 1$$

ここでf_iおよび$<\varepsilon_i>$は，それぞれi成分の体積分率，擬似誘電関数を表す。また$<\varepsilon>$は膜の擬似誘電関数を表す。計算は，次式に示す標準偏差が最小になるまで計算を行った[17]。

$$X^2 = \frac{1}{2N-M} \sum_{i=1}^{N} \left[(\tan\psi_i^c - \tan\psi_i^m)^2 - (\cos\Delta_i^c - \cos\Delta_i^m)^2 \right]$$

各種光学モデルの中で基板側に結晶Si ($f_{c\text{-}Si}$ = 100%) 層および中間層に非晶質と結晶の混合層および表面ラフネス・酸化層の3層光学モデルが最も測定結果とベストフィットすることから以下図8(b)の光学モデルを用いて解析を行った。図9は，各層の$f_{c\text{-}Si}$，$f_{a\text{-}Si}$，バルク層の膜厚，表面酸化層の厚さを基板ステージ速度の関数として表す。第1層の100%結晶相の厚さは基板側から増大し，かつ第2層のアモルファスと結晶の混在層の寄与が基板ステージ速度の減少とともに減少した。以上の結果は，プラズマアニールによる結晶化が，ガラス基板側から促進しているこ

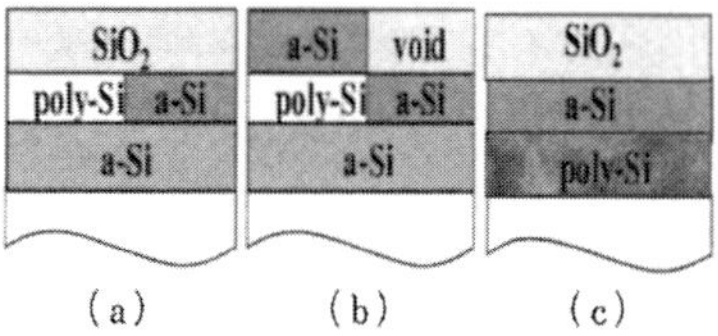

図8　<ε_i>スペクトルの解析に用いた光学モデル

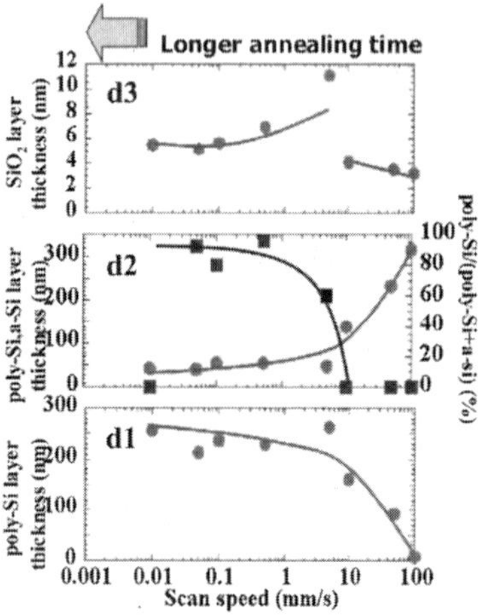

図9　解析から決定した結晶 Si（第1層），結晶 Si および非晶質 Si 混合層の体積分率（第2層），酸化膜層の厚さ（第3層）の基板ステージ速度に対する依存性

とを示唆する。そこで上記の再結晶化 Si 膜を TFT および薄膜太陽電池への応用を検討した。

図10は，異なる基板ステージ速度で再結晶化した Si 膜を用いて作製したボトムゲート型 TFT の I_{sd}-V_g 特性および I_{sd}-V_{sd} 特性の一例を示す。少なくともプラズマアニール前の a-SiTFT 性能に比較して，電界移動度の向上が認められた。現状で TFT 移動度：30-55cm^2/Vs，閾値電圧：3-6 V を得た。これらの熱酸化 SiO_2 界面のキャリア輸送特性改善の要因を明らかにするため，熱酸化 SiO_2 上の結晶化 Si 膜の界面状態を断面 TEM 観察より評価した。図11は，熱酸化膜上に厚さ：1000 Å の再結晶化 Si 膜の断面 TEM 像を示す。熱酸化 SiO_2 基板上では，結晶粒サイズは熱酸化 SiO_2 界面から 3000 Å 程度まで拡大し，また SIMS の評価から基板から膜中への顕

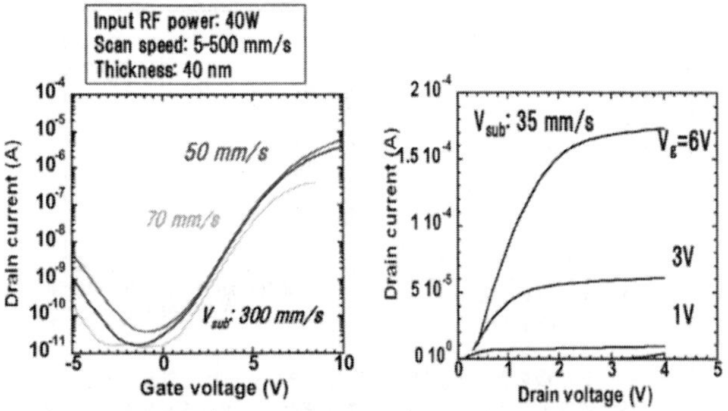

図10　異なる基板ステージ速度で形成した結晶化Si膜によるボトムゲート型TFTの(a)トランスファー特性および(b)出力特性の一例
ソース／ドレイン電極間隔：100/100μm

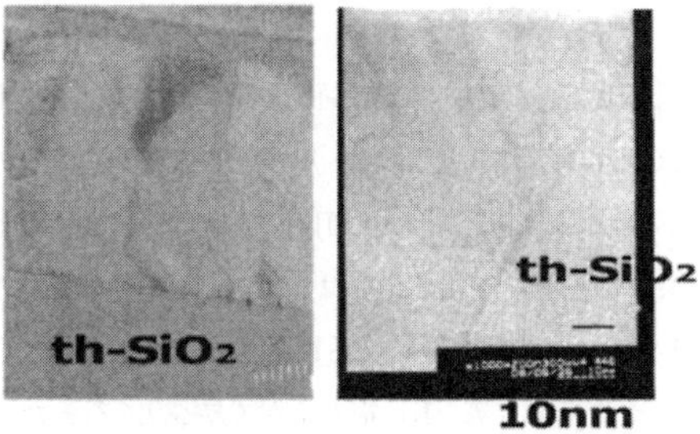

図11　熱酸化SiO_2上の厚さ：1000Åの結晶化Si膜の断面TEM像

著な酸素，窒素等の不純物の拡散は確認されなかった。これらの結果は，熱酸化SiO_2界面において結晶粒の面内方向への拡大が可能であることを示唆する。

さらに1.5μm厚のプラズマ結晶化Si膜のp-i-n構造薄膜太陽電池素子の作製に適用した。図12は，異なる基板ステージ速度でプラズマアニールした結晶化Si膜で作製した薄膜太陽電池の100mW/cm^{2}白色光照射下における光電流一電圧特性およびキャリア収集効率を示す。現状では，電極面積は1mm^{2}であるが結晶化Si膜では，アニール前の結果に比較して短絡電流，開放電圧は増大し，変換効率：5.5%，曲線因子（FF）：0.45-0.5を得た。これらの結果は，結晶化の促進による800nm以上の長波長感度の向上およびp層まで十分結晶化が促進し，シリーズ抵抗成分が十分低下したことで短絡電流の向上が実現されたと考えられる。以上大気圧プラズマア

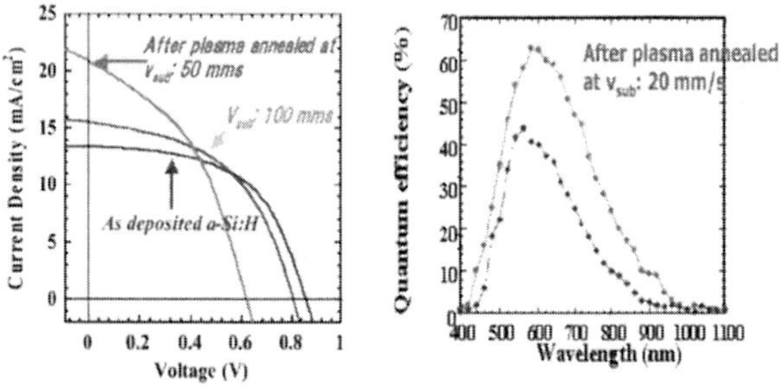

図 12　異なる基板ステージ速度でプラズマアニールした Si 膜で作製した薄膜太陽電池の 100mW/cm^2 白色光照射下における(a)光電流ー電圧特性（I_p-V）および(b)キャリア収集効率

ニールによる再結晶化 a-Si 膜は，TFT，薄膜太陽電池素子形成技術として適用可能であることを実証した。現在プラズマ照射条件と TCO および p 層中の B の拡散等による拡散の影響についての検討が求められる。

図 13 は，n，p 型非晶質 Si 膜のプラズマ再結晶化 Si 膜のラマンスペクトルおよび電気伝導度および伝導度の温度変化から決定した活性化エネルギー：ΔE（eV）の PH_3，B_2H_6 混合濃度に対する変化を示す。n 型非晶質 Si の場合には，PH_3 添加条件で結晶化の促進が見られた。一方 B_2H_6 添加 p 型非晶質 Si 膜では，ラマン結晶化度は n 型に比較して結晶化度が低い。この要因には，価電子 3 の B 原子が 4 配位に置換する際の活性化エネルギーが価電子 5 の P 原子に比較して高いことが考えられる。そこでより高 VHF 電力条件で結晶化を行った。真性非晶質 Si 膜ではアニール前の電気伝導度 σ_d：10^{-11} S/cm から Ar プラズマアニール後 10^{-6}S/cm まで伝導度が増大した。また n 型，p 型非晶質 Si 膜についても結晶化のみならず伝導度が 1-10S/cm に向上し，プラズマアニール後 4 - 5 桁向上した。特にプラズマアニール後の膜に対してポスト水素プラズマ処理等の処理は行っていない。以上の結果は非晶質 Si 膜の再結晶化の促進のみならず P，B 不純物原子の活性化が促進できることを示唆する。

図 14 は，異なる Ar 流量条件でプラズマアニールした非晶質 Si 合金系薄膜：a-SiGe，a-SiOH（SiH_4+CO_2）のラマンスペクトルを示す。真性非晶質 Si 膜のプラズマ結晶化条件に比較して，より広いプラズマ条件で結晶化が促進した。以上の結果は，プラズマ条件のみならず前駆体の微細構造も結晶化度に依存することを示唆する。

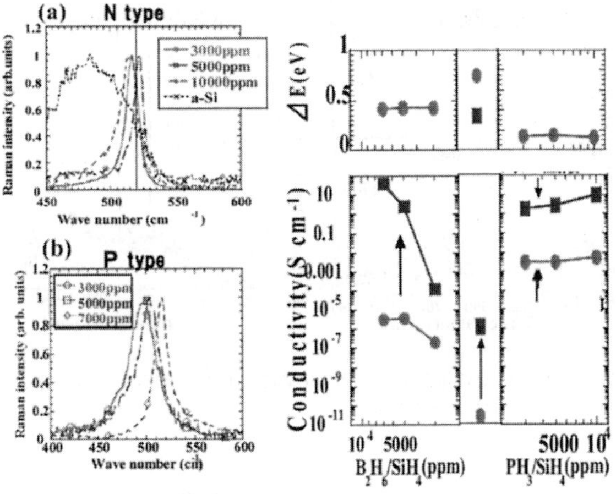

図13　(a)異なるAr流量条件で結晶化したn，p型a-Si膜のラマンスペクトル(b)それらの膜の電気伝導度および伝導度の温度変化から決定した活性化エネルギー：⊿E（eV）の不純物（PH_3，B_2H_6）添加濃度依存性

4　非晶質Si結晶化機構の診断

非晶質Si結晶化機構の解明を目的として，プラズマ照射条件に対する膜表面の形態およびHe-Neレーザーによる反射率，コンダクタンスの実時間その場計測を通してプラズマ照射領域の診断を行った。特に熱プラズマジェットの基板照射直後の溶融過程およびその冷却過程に着目した。図15は，異なる基板ステージ速度条件で結晶化した膜の表面粗さ計で評価した表面の凹凸および異なる位置でのラマンスペクトルを示す。十分に結晶化した膜では，プラズマ照射領域が周辺の領域に対して起伏が生じ，その高さおよびサイズは，結晶化度と直接的な相関はなく，むしろプラズマ照射領域と相関性が見られる。またラマンスペクトルから突起部の上部と下部での結晶化度はほぼ同程度であった。さらに10ms以上のプラズマ照射では，スパッタリングによりプラズマ照射領域に相当する径のホール（穴）が形成された。以上の結果は，大気圧マイクロ熱プラズマジェットによるa-Si再結晶化過程は，プラズマ照射による短時間局所過熱および溶融状態からの冷却過程に至る粘性流がその後の核形成，微細構造形成過程を支配していることを示唆する。一般に固体材料の溶融結晶化では，融点において体積の減少をともなって結晶化する。したがって溶融状態からの冷却速度が構造制御因子となる。一方Siでは，他の結晶化過程と異なり体積膨張を伴う。上記のプラズマ照射領域における突起物の形成は，上記の過程に依存した

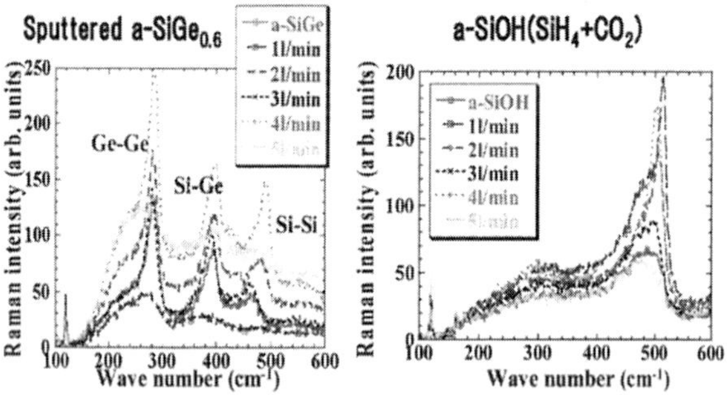

図 14　異なる Ar 流量条件でプラズマ結晶化した(a) a-SiGe，(b) a-SiOH 薄膜のラマンスペクトル

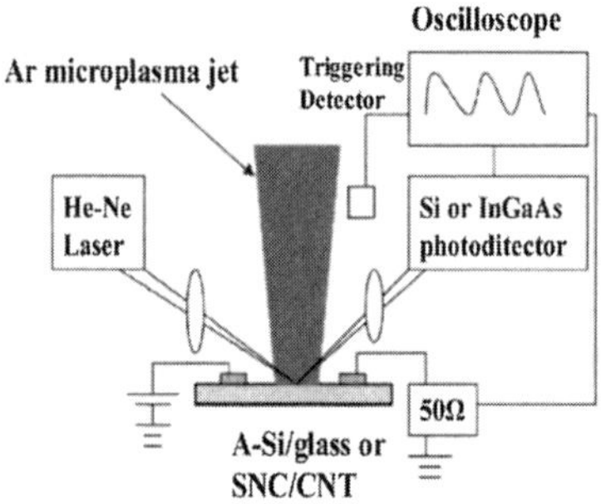

図 15　プラズマ照射時のレーザー反射率およびコンダクタンスの実時間計測システム

体積膨張に起因していると考えられる。そこでプラズマ照射直後の表面温度上昇，冷却過程の実時間診断を行った。

図 16 は，プラズマジェットの基板照射時の可視光反射率およびコンダクタンスの実時間その場計測系の概略を示す[18)]。コンダクタンスの実時間計測は，非晶質 Si 膜上に設けたクロム電極間に直流電圧を印加し，プラズマ照射による伝導度の変化を反射率と同時計測した。ここで反射率，コンダクタンスの変化は，表面温度，表面ラフネス，溶融化・冷却過程および結晶への相転移にともなう屈折率，電気伝導度に関する知見を含む。

図 17 は，異なる VHF 放電電力時間（150W）に対するレーザー反射率の時間変化およびそれらの膜のラマンスペクトルを示す。ここで反射率の信号は，表面温度上昇，表面ラフネスおよび

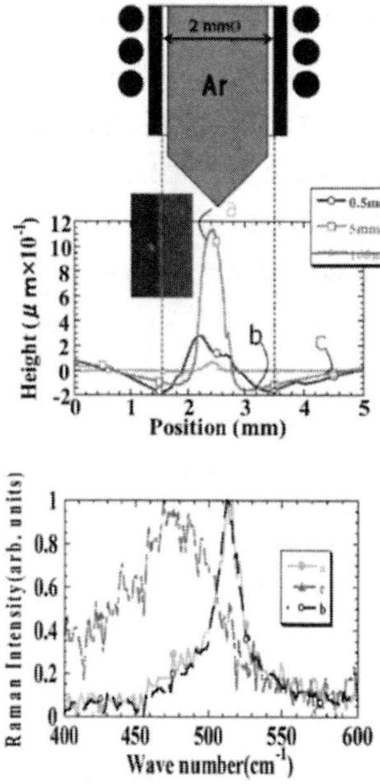

図16 異なる基板ステージ速度で結晶化したSi膜の表面粗さおよび異なる位置(a), (b), (c)でのラマンスペクトル

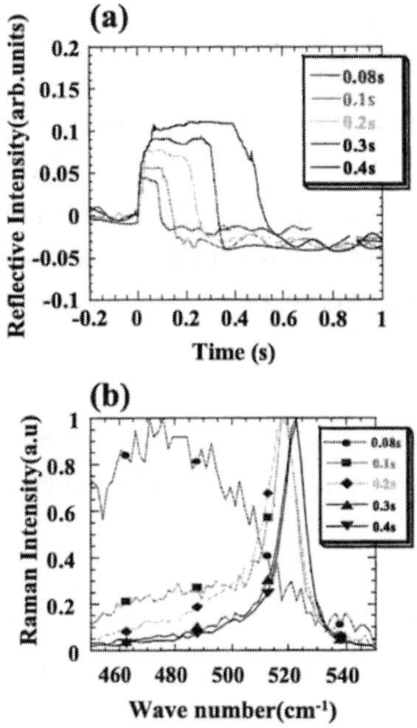

図17 異なるプラズマ照射時間に対する(a) He-Neレーザー反射率の時間変化および(b)それぞれの条件で結晶化したSi膜のラマンスペクトル

固体から液相への相変化による情報を反映する。反射率およびコンダクタンスの立ち上がりの時定数は，それぞれ2-5ms，30-50msであった。またたち下がりの時定数は，~40msでプラズマ照射時間に対する依存性は見られなかった。これらの時定数は，従来のエキシマレーザーアニールによる非晶質Siの結晶化の時定数（~100ns）に比較して5-6桁長い[19, 20]。以上の結果は，基板表面に比較してガラス基板界面での熱の蓄積が結晶化を促進し，Siの粘性流により体積膨張をもたらした結果として理解される。

5 おわりに

大気圧VHFマイクロ熱プラズマジェットを生成し，非晶質Si薄膜の短時間結晶化に応用した。プラズマ条件，基板ステージ速度の制御により高結晶化度を有するSi膜の形成を実現し，

TFT 移動度：30-55cm^2/Vs を得た。また太陽電池素子へ適用し，電極面積は 1 mmΦであるが，FF：0.45，変換効率：5.5％を得た。以上大気圧マイクロ熱プラズマアニールにより形成した結晶化 Si 膜が TFT，薄膜太陽電池素子へ応用可能であることを実証した。さらに非晶質 Si の短時間結晶化のみならず P，B 不純物原子の活性化の向上，非晶質 Si 系合金薄膜の結晶化が可能であることがわかった。以上の結晶化過程は，プラズマ局所加熱により粘性流が生成し，冷却過程において体積膨張を誘起したことで固相成長が促進することによる。今後プラズマ温度の制御，基板ステージ速度の高速化により，レーザー再結晶化に替わる非晶質 Si のみならず各種薄膜の短時間結晶化技術としての展開が期待される。

謝辞

本研究の一部は，文部科学省科学研究費補助金（特定領域研究「マイクロプラズマ」）により実施されたものであり，関係者各位に感謝申し上げます。

文　　献

1) A. Matsuda, *J. Non-Cryst. Solids*, **338-340**, 1 (2004)
2) C. A. Armiento and F. C. Prince, *Appl. Phys. Lett.*, **48**, 1623 (1986)
3) T. Sameshima, M. Hara and S. Usui, *Jpn. J. Appl. Phys.*, **28**, 789 (1989)
4) N. Ando and T. Sameshima, *Jpn. J. Appl. Phys.*, **37**, 3175 (1998)
5) T. Shimoda, Y. Matsuki, M. Furusawa, T. Aoki, I. Yudasaka, H. Tanaka, H. Iwasawa, D. Wang, M. Miyasaka and Y. Takeuchi, *Nature*, **440**, 783 (2006)
6) H. Wakatake, M. Suzuki and T. Sameshima, *Solid State Phenomena*, **93**, 37 (2004)
7) Y. K. Chae, H. Ohno, K. Eguchi and T. Yoshida, *J. Appl. Phys.*, **89**, 8311 (2001)
8) H. Shirai, T. Kobayashi, Y. Hasegawa and Y. Kikuchi, *Appl. Phys. Lett.*, **87**, 143112 (2005)
9) Y. Kikuchi, Y. Hasegawa and H. Shirai, *J. Phys. D: Appl. Phys.*, **37**, 1537-1543 (2004)
10) Z. Tang, T. Kikuchi, Y. Hatou, T. Kobayashi and H. Shirai, *Jpn. Appl. Phys.*, **44**, 4122-4127 (2005)
11) Y. Sakurai, M. Ryo, H. Shirai, T. Kobayashi and Y. Hasegawa, *J. Non-Cryst., Solids*, **352**, 989 (2006)
12) M. Ryo, Y. Sakurai, T. Kobayashi and H. Shirai, *Jpn. J. Appl. Phys.*, **45**, 8484 (2006)
13) T. Nozaki, Y. Miyazaki, Y. Unno and K. Okazaki, *J. Phys. D: Appl. Phys.*, **34**, 3383 (2001)
14) S. Y. Moon, W. Choe, H. S. Uhm, Y. S. Hwang and J. J. Choi, *Phy. of Plasmas*, **9**, 4045 (2002)
15) P. Launtenschlagen, M. Carriga, and M. Cardona, *Phys. Rev. B*, **36**, 4821 (1987)
16) G. E. Jellison, Jr. and F. A. Modine, *Appl. Phys. Lett.*, **69**, 2137 (1996)

17) G. E. Jellison, Jr., *Opt. Mater.*, **1**, 41 (1992)
18) S. Chen and C. P. Grigoropoulos, *Appl. Phys. Lett.*, **71**, 3191 (1997)
19) S. R. Stiffler, M. O. Thmpson and P. S. Peercy, *Phy. Rev. Lett.*, **60**, 2519 (1988)
20) S. R. Stiffler, M. O. Thmpson and P. S. Peercy, *Phy. Rev.*, **B43**, 9851 (1991)

第4章　低圧環境下でのマイクロプラズマの生成と製膜への応用

藤山　寛*

1　はじめに

放電プラズマは，パッシェンの法則に従って気圧 P と電極間距離 d の積がほぼ一定値 Pd～1－10Torr･cm になるような条件で生成されている。それは，電界により獲得した電子のエネルギーが，この条件のときに最も効率よく原子・分子の衝突電離に使われるからである。マイクロプラズマにおいても例外ではなく，短ギャップ長でのマイクロプラズマの生成は高気圧下での放電を利用するのが一般的な常識となっており，この法則から外れる低気圧短ギャップ長領域におけるプラズマ生成は，これまでほとんど報告されていない[1)]。

この低気圧マイクロプラズマ源は，例えば細管内壁コーティング用のスパッタ用などの新たな領域のプラズマ源として様々な分野に応用することが可能であると考えられる。しかしながら，パッシェンの法則から外れるに従って，プラズマの生成が困難になり，特に低気圧，短ギャップ長条件下でプラズマを生成するためには何らかの補助的な方法が必要となる。

この問題を解決するために，筆者らは低気圧マイクロプラズマ源の開発を目的として，磁界中高周波放電の開始理論によるプラズマ生成条件の検討[2, 3)]を行い，セカンドハーモニック ECR 条件下で気圧 0.01Torr ギャップ長 500 μm でのプラズマ生成が可能であることを予測した[4)]。さらに，Ar ガス中でギャップ長 700 μm，最低気圧 0.02Torr，また，Xe ガス中でギャップ長 500 μm，最低気圧 0.01Torr でのマイクロプラズマ生成を実証した[5)]。これは，パッシェンの法則から4桁も逸脱した条件下でのプラズマ生成である。

このような低圧環境下でのマイクロプラズマの特徴は，プラズマの容積に対しプラズマ生成容器内壁の面積の割合が大きい，つまりプラズマの生成と維持において「壁の影響」が無視できない「閉空間プラズマ」であることである。固体壁に囲まれた狭い空間において低気圧下で高密度のプラズマを生成するには，壁でのプラズマの再結合損失レートを上回る高速で高効率な電離や電極材料が必要である。このような観点から，同軸円筒電極でのマイクロ波放電において，電子の軸方向閉じ込めを良くするためにミラー磁界配位を用い[6)]，また，内部円筒電極側面に高二次

*　Hiroshi Fujiyama　長崎大学大学院　生産科学研究科　教授

電子放出係数を有するMgOをコーティングした電極を利用した磁界中マイクロ波プラズマの生成実験を行った[7]。電子密度や電子温度はラングミュアプローブ法を用いて計測し，発光分光法を用いてクロスチェックを行った。このような「閉空間」での“低気圧”マイクロプラズマでは，荷電粒子の壁との相互作用が重要であり，その特異な性質を示す興味深い実験結果が得られた[8]。ここではこれらのプラズマ生成理論および実験結果ならびに高二次電子放出係数を有する電極を使用してプラズマを生成した場合のPIC-MCシミュレーションの結果[9]について詳述する。さらに，このような低圧環境下でのマイクロプラズマの応用例として，スパッタリングによる極細管内壁への機能性薄膜形成技術を紹介する。

2　磁界中マイクロ波放電理論[3, 4, 10, 16]

ここでは，放電開始条件，電子捕捉条件，電離エネルギー条件の3つの条件から，低気圧マイクロプラズマが生成可能となる領域を理論的に導出し，最短ギャップ長や放電開始電圧を数値的に導出した結果について述べる。

(a)　放電開始条件

ここではまず放電開始前の1個の初期電子が直交磁界中の高周波電界（角周波数ω）から得るエネルギーについて計算する。計算モデルとして極細同軸管を考え，この同軸管の微小な部分を平行平板電極と近似する。簡単のため直交座標系を用い，x軸方向に高周波電界$E\ \exp\ (j\omega t)$，z軸方向に定常電界Bが存在すると仮定すると，電子と中性粒子との間の衝突（衝突周波数ν）の効果も含めた電子の運動方程式より，電子がマイクロ波電界からなされる仕事W（単位時間あたりに電子が得るエネルギー）は，

$$W=\frac{eE\mathrm{Re}(v_x)}{2}$$

$$=\frac{(eE)^2\nu}{4m}\left\{\frac{1}{(\omega+\omega_c)^2+\nu^2}+\frac{1}{(\omega-\omega_c)^2+\nu^2}\right\} \tag{1}$$

となる。ここで，ω_cは電子のサイクロトロン角周波数を表す。

直交磁界中の高周波放電開始電界（Breakdown Electric Field）は(1)式と電離による電子の発生と損失の釣り合いの式を用いて次式のように求められる[4]。

$$E_{st}=\left[(2m\omega^2V_i)\left(\frac{\nu_{ez}}{e\nu}\right)\left\{\left(\frac{\nu}{\omega}\right)^2+\left(1+\frac{\omega_c}{\omega}\right)^2\right\}\left\{\left(\frac{\nu}{\omega}\right)^2+\left(1-\frac{\omega_c}{\omega}\right)^2\right\}\right.$$

$$\left.\times\left\{\frac{1}{2L}+\frac{\frac{2}{b-a}}{\left\{1+\left(\frac{\omega_c}{\nu}\right)^2\right\}^{\frac{1}{2}}}\right\}\left\{\frac{1}{1+\left(\frac{\omega_c}{\omega}\right)^2+\left(\frac{\nu}{\omega}\right)^2}\right\}\right]^{\frac{1}{2}} \qquad (2)$$

ここで，同軸管の長さ L，内外導体の半径をそれぞれ a，b とした。放電開始には，同軸管内部のマイクロ波電界の波高値 E が(2)式の放電開始電界以上となることが必要である。これは，電子の単位時間あたりの生成数が電極において消滅する電子数より多くなる条件である。

Ar ガス中における(2)式の放電開始電界の計算例を図 1 に示す。気圧が 1Torr では電子衝突が多くて ECR 効果がほとんど見られず，通常のマイクロ波プラズマとなっている。気圧が 0.1Torr よりも低くなると，$\omega_c/\omega=1$ の ECR 条件で放電開始電界の急激な低下が見られる。ただし，この ECR 効果は壁への電子損失が無視できる容積の大きなプラズマにおいて見られることに注意してほしい。閉空間マイクロプラズマでは ECR 加速は電子損失を増やすため放電にとって仇になる。

(b) 電子捕捉条件

ここでは，電極間に電子を捕捉する条件を直交電磁界中の電子軌道を用いて説明する。図 2 に運動方程式を解いて得られた電子軌道を示す。これらの図はすべて横軸を x[m]，縦軸を y[m] とし，(a)$\omega_c/\omega=0.5$，(b)$\omega_c/\omega=0.9$，(c)$\omega_c/\omega=1$ の場合の電子軌道を示している。

初期電子は放電開始の際に，マイクロ波電界と磁界の影響を受け，非常に複雑な運動を行って

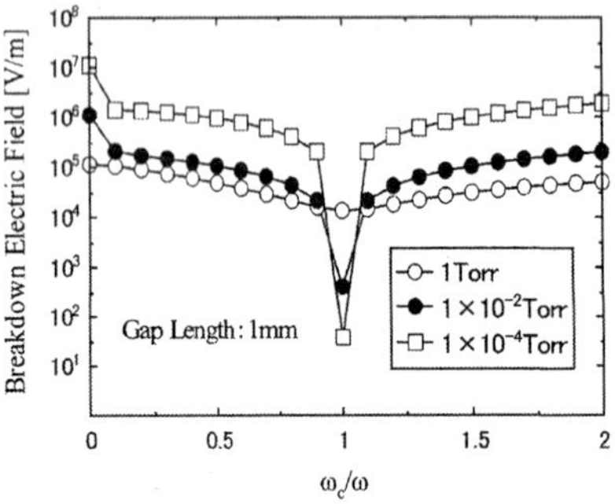

図 1　Ar ガス中の放電開始電界の計算例

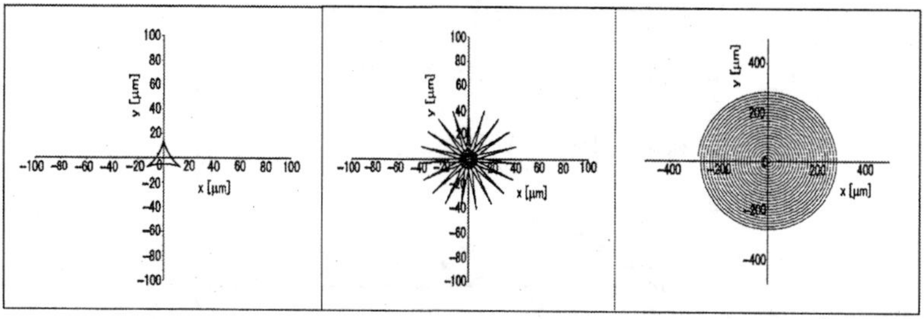

(a) $\omega_c / \omega = 0.5$　　(b) $\omega_c / \omega = 0.9$　　(c) $\omega_c / \omega = 1$

図2　直交磁界の存在する2.45GHzマイクロ波電界中の電子軌道

いる。(c)$\omega_c/\omega=1$ のECR条件では，電子は磁力線に巻きつくようにサイクロトロン運動しながらマイクロ波電界による共鳴加速を受け，きれいな螺旋を描きながらそのエネルギーを増幅させ加速されていることがわかる。中性粒子と衝突する前に，これらの電子軌道の最大振幅（x_{max}）が同軸電極のギャップ長より小さければ，電子は電極間に捕捉されていると仮定する。電界が強くなると電子軌道の振幅が大きくなるため，電子を放電空間内に捕捉できなくなる。この最小の電界を，ここでは非捕捉電界（Non-trapping Electric Field）と称する。

電子を捕捉する条件としては，電極間のギャップ長を d とすれば，

$$x_{max} \leq \frac{d}{2} \tag{3}$$

である。したがって，非捕捉電界 E_f は求めた電子軌道の最大振幅より，

$$E_f = \frac{5000d}{2A} \tag{4}$$

と求められる。ここで，電界5000［V/m］を与えたときの最大振幅を A としている。

図3にArガス中の放電開始電界と非捕捉電界の磁界依存性の計算例を示す。放電開始電界より非捕捉電界の方が大きい条件で放電が可能となる。

(c)　電離条件

直交磁界の存在する空間での高周波電界中の電子は，ECR条件のときのみ螺旋を描くが，その他の磁界では回転しながら往復運動を行っている。その往復運動中に電子がマイクロ波から獲得するエネルギーが，使用する原子の電離エネルギーを超えなければいくら衝突しても電離は生じない。電子のエネルギー $E(t)$ は，その質量を m，速度を v とすると，

$$E(t) = \frac{1}{2} mv^2 \tag{5}$$

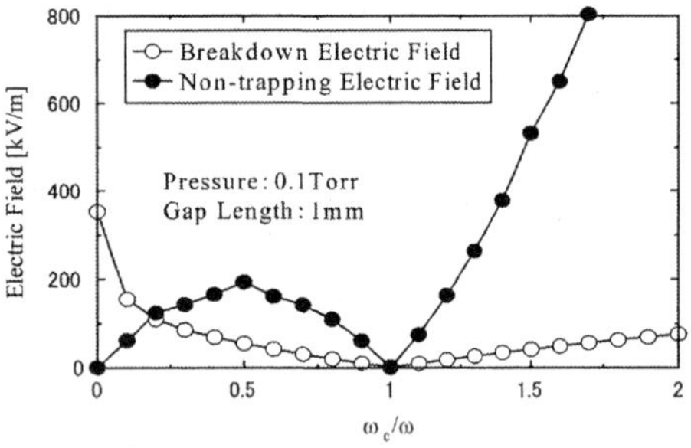

図3　放電開始電界と非捕捉電界の磁界依存性の計算例

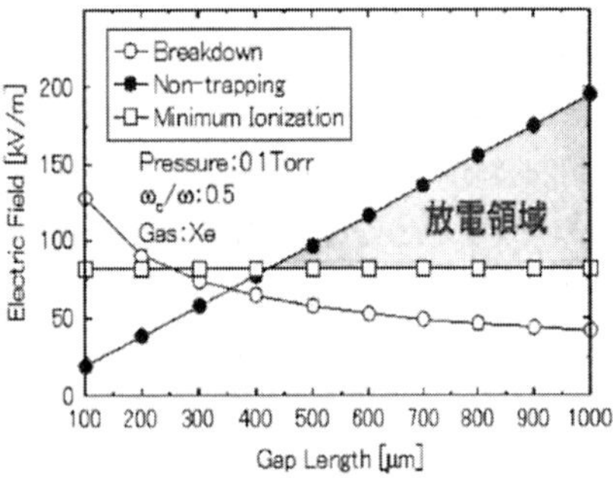

図4　Xe ガス使用時の放電可能領域（P=0.1Torr，ω_{ce}/ω=0.5）
最小ギャップ長：425 μm，放電開始電圧：35.2V

であり，このエネルギーの最大値が電離エネルギーと一致するときの電界を，最低電離電界（Minimum Ionization Energy）E_i［V/m］と称する。すなわち，この計算では，電子1個あたりの消費する電力全てが電離に用いられていると仮定している。

プラズマ生成が可能となる条件として，まず放電開始電界，非捕捉電界，最低電離電界の3つの条件について求めた。図4は上記理論に基づいて計算したXeガス使用時に放電が可能となるプラズマ生成領域を示す。放電可能となる領域は，放電開始電界と非捕捉電界の交点が最低電離電界よりも大きい場合，放電開始電界と非捕捉電界に囲まれた領域であり，その際の最短ギャップ長は放電開始電界と非捕捉電界の交点である。また，放電開始電界と非捕捉電界の交点が最低電離電界よりも小さい場合，非捕捉電界と最低電離電界に囲まれた領域で放電が可能となり，その際の最短ギャップ長は，非捕捉電界と最低電離電界の交点である。この理論的結果は，Xe ガ

ス気圧 $P=0.1$Torr で第2高調波共鳴条件，$\omega_{ce}/\omega=0.5$，で，ギャップ長 500 μm の細管内でのプラズマ生成がわずか 35.2V の低電圧で可能であることを示している。

3　実験装置および方法

実験装置の概略図を図5に示す。真空容器は直径 340mm，長さ 605mm のステンレス製である。実験では，まず油回転ポンプと複合分子ポンプによって 2×10^{-6}Torr 以下まで排気し，その後サンプルガスを真空容器内に導入して気圧を調整した。実験に使用したガスは Ar，Ne，Xe である。マイクロ波の周波数と電力は，それぞれ 2.45GHz，10〜30W である。マイクロ波は，遮断波長が存在しない TEM モードで同軸ケーブルを用いて供給された。入射波は，パワーモニタによって観測され，反射波は，自動整合器で最小化された。磁界はソレノイドコイルに電流を流すことにより，最大 2080Gauss まで発生させることができる。

磁界発生用ソレノイドコイルの幅は 140mm であり，コイルの中心（z = 70mm）の位置で外部磁界が最大となる。2.45GHz のマイクロ波の電子サイクロトロン共鳴磁界は 875Gauss であり，プラズマ生成領域としては，磁束密度の空間的不均一が約 1.3% と小さい z = 57.5〜82.5mm の領域を用いた。プラズマ生成部分以外にはセラミックを挿入し，プラズマが生成できないデッドスペースとした。実験では，ミラー磁界を印加するために2つのソレノイドコイルを用いた実験も行い，均一磁界の場合と比較した。また，本実験の心臓部である同軸電極の内部電極に SUS を用いた。

プラズマ診断に用いたラングミュアプローブは，$0.3\mathrm{mm}^{\phi}$ のタングステンロッドで，外側電極に穴を開け，放電空間内に挿入した。また，磁力線に対して平行な成分のみを測定することに

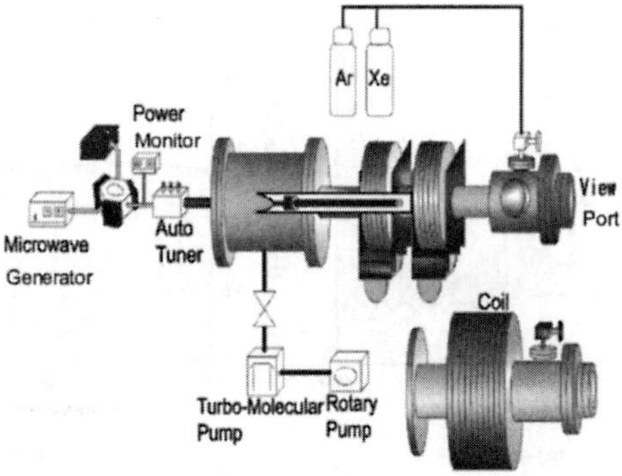

図5　実験装置の構成

よって磁界による影響をなくするために，プローブ電極の先端はトールシールで絶縁している。

4　実験結果

4.1　磁界中マイクロ波による同軸型低気圧マイクロプラズマの放電開始特性

図6に，(a)ギャップ長700 μmでArガスを使用した場合と(b)ギャップ長500 μmでXeガスを使用した場合の放電開始磁界と最大捕捉磁界の気圧依存性を示す。白丸は放電開始磁界，黒丸は最大捕捉磁界を示す。実験結果より，プラズマは主にECR条件（$\omega_{ce}/\omega=1.0$）の約半分の磁界である2nd Harmonic ECR条件（$\omega_{ce}/\omega=0.5$）で効率良く生成されることが実験的に確認された（写真1）。

2nd Harmonic ECR条件では電子軌道が共鳴的に収縮するという計算結果を得ている。これより，2nd Harmonic ECR条件付近でプラズマが生成されたのは，電子軌道の収縮により，電子の閉じ込めがよく衝突電離機会が増加したと考えられる（この効果を以後“共鳴的閉じ込め効果”と称する）。

図7はArガス使用時における，放電開始磁界と最大捕捉磁界の気圧依存性の測定結果である。測定は投入マイクロ波パワーを10W一定にし，ギャップ長10mm，3.5mm，0.7mmに設定して行った。図中，白丸は放電開始磁界，黒丸は最大捕捉磁界を示しており，放電開始磁界と最大捕捉磁界に囲まれた領域が放電可能領域となる。実験結果のグラフ中で丸印は同測定を3回行い平均した値を示しており，エラーバーは最高値と最低値を示している。

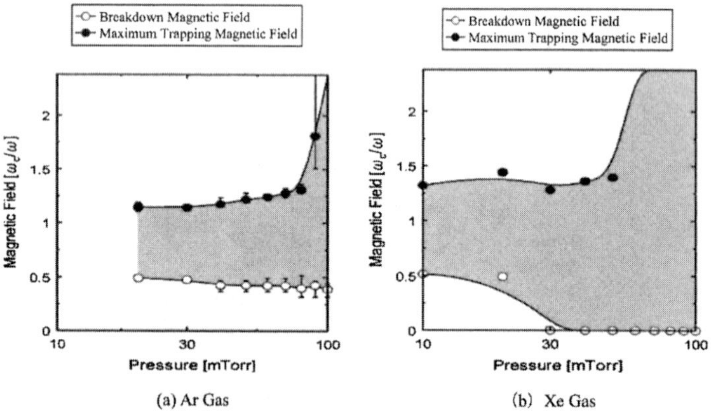

図6　プラズマ生成領域（実験結果）

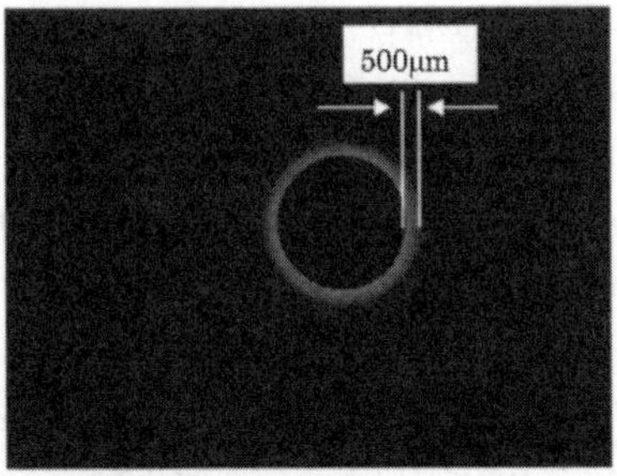

写真1　低気圧マイクロプラズマ（500 μm, Xe）

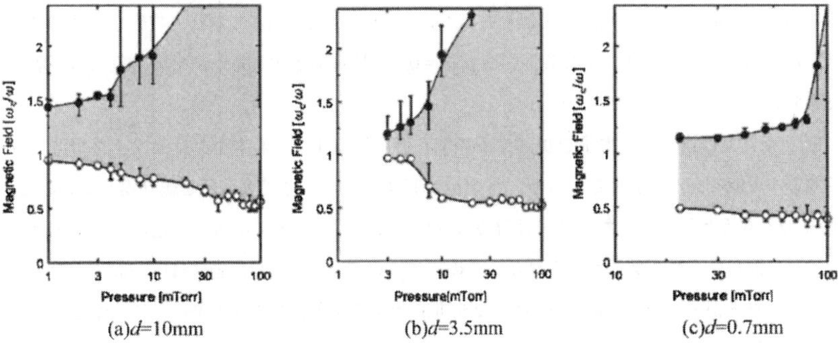

図7　種々のギャップ長における Ar マイクロプラズマの生成領域

本実験から，Ar ガス使用時は，ギャップ長 10mm の場合は最低気圧 1mTorr，ギャップ長 3.5mm の場合は最低気圧 3mTorr，ギャップ長 0.7mm の場合は最低気圧 2mTorr までのプラズマ生成を確認した。

実験結果を詳細に検討すると，ギャップ長が 10mm の場合，気圧を増加させるにつれて放電の開始，維持がともに容易になり，放電領域が広がっていることがわかる。気圧を 20mTorr 以上に設定すると，印加できる最大磁界の 2080Gauss まで磁界を増加させてもプラズマは維持されている。放電開始磁界に注目すると，1mTorr 付近では ECR 条件付近の磁界を印加しなければ放電は開始しないが，30mTorr から 100mTorr の間では，$\omega_{ce}/\omega=0.5$ 付近の磁界を印加すれば放電が開始していることがわかる。このように気圧を 30mTorr から 70mTorr に増加させても放電開始磁界が $\omega_{ce}/\omega=0.5$ 付近から低下せず，一定となっていることは，$\omega_{ce}/\omega=0.5$ の磁界において何らかの原因でマイクロ波の吸収効率が良くなっていることを示している。

磁界中マイクロ波放電において，$\omega_{ce}/\omega=0.5$ において放電が開始するという同様の現象は以前にも筆者らによって大容量プラズマ内で報告されている[2)]。この現象が起こる原因としては，$\omega_{ce}/\omega=0.5$ のとき軌道の最大振幅が減少することによって壁への損失が抑制され，放電開始電界を低下させる効果があるといった定性的説明がされてきた。放電開始磁界をギャップ長ごとに見ると，ギャップ長が 3.5mm の場合，気圧 3 mTorr から 5 mTorr の間では ECR によるプラズマ生成が行われているが，20mTorr 付近からはそれ以上気圧を増加しても放電開始磁界は $\omega_{ce}/\omega=0.5$ 付近でほぼ一定となっている。さらに，ギャップ長が 0.7mm の場合は気圧が 20mTorr から 100mTorr の領域すべてにおいて $\omega_{ce}/\omega=0.5$ 付近で放電開始している。

この 3 つの結果から，プラズマを小口径化した場合には $\omega_{ce}/\omega=0.5$ 付近で放電が開始していることがわかる。これは，$\omega_{ce}/\omega=0.5$ での電子軌道の収縮により，短ギャップ長放電においても初期電子の損失を抑制できている結果ではないかと考えられる。しかし，詳細な物理的メカニズムが不明であり，どのような条件で $\omega_{ce}/\omega=0.5$ で放電開始する効果が顕著に現れるか明確にできていない。

ECR 条件では連続的に電子を加速するので，低圧環境下でもわずかな投入マイクロ波パワーで放電が可能であると予測されるが，$\omega_{ce}/\omega=0.5$ のときは，加速と減速を繰り返しているため，ECR のときほど十分なエネルギーは得られないので，放電開始にはある一定以上の気圧と投入マイクロ波パワーが必要と考えられる。この点について，重水らは，動作気圧が高く，投入マイクロ波パワーが高い場合に $\omega_{ce}/\omega=0.5$ で放電開始する現象は起こりやすく，気圧が低く，投入マイクロ波パワーが低い場合は $\omega_{ce}/\omega=0.5$ ではなく $\omega_{ce}/\omega=1$ の ECR 共鳴による放電開始が起こりやすいという報告をしている[3, 4)]。さらに，Aanesland らは，ECR および second harmonic ECR の特性について述べた論文で，$\omega_{ce}/\omega=0.5$ の second harmonic ECR 条件では放電開始するためにはある一定以上の気圧と投入マイクロ波パワーが必要であり，閾値が存在すると報告している[10)]。本実験ではマイクロ波パワーを 10W 印加した状態で既に $\omega_{ce}/\omega=0.5$ で放電開始する傾向が現れ始めており，プラズマの小口径化にともなう入射電力密度の増加が $\omega_{ce}/\omega=0.5$ で放電開始する現象を引き起こしているのではないかと考えられる。

$\omega_{ce}/\omega=0.5$ で放電開始する現象がどの程度の圧力および電力密度で現れ始めるかを明確にするためには，10W 以下のマイクロ波パワーを精密制御できる低電力マイクロ波源が必要で，プラズマ生成部分の気圧，放電開始電圧を正確に測定しながら同じ実験を行う必要がある。

4.2　ミラー磁界中マイクロ波による同軸型低気圧マイクロプラズマの診断[6)]

次に，低気圧マイクロプラズマのパラメータを調べるため，ラングミュアプローブ法による診断を試みた。プローブ挿入による擾乱を避けるため，ギャップ長が 3.5mm の比較的“大きな”

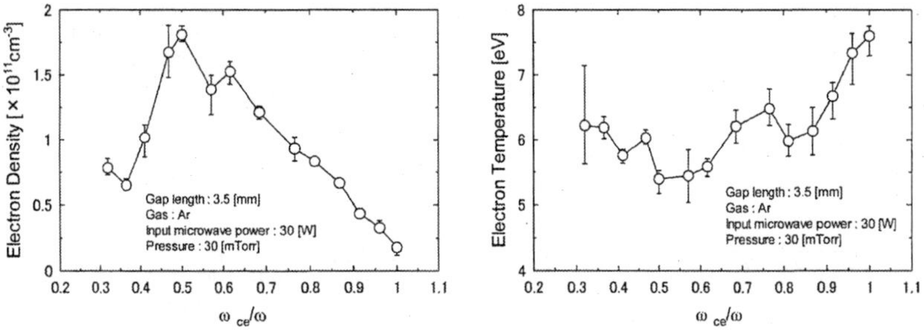

(a) 電子密度　　(b) 電子温度

図８　プラズマパラメータの磁界依存性（均一磁界）

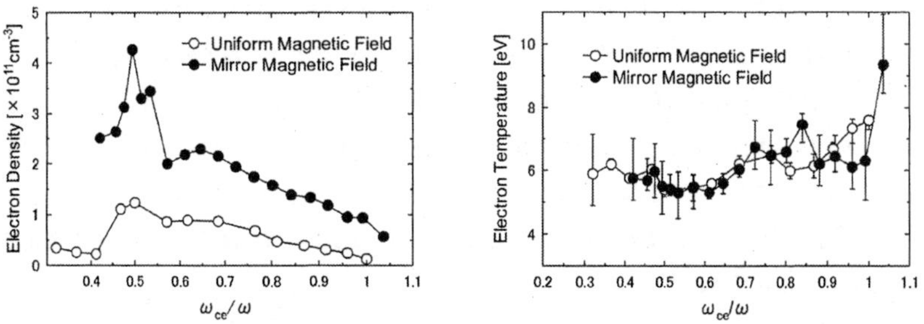

(a) 電子密度　　(b) 電子温度

図９　ミラー磁界中のプラズマパラメータ（均一磁界との比較）

サイズでのプラズマの測定を行った。図８に一様磁界配位で生成した低気圧マイクロプラズマの電子密度と電子温度の磁界依存性を示す。実験条件は，Ar 気圧 0.03Torr，投入マイクロ波パワー 30W である。これらの実験結果より，2nd Harmonic ECR 条件付近で電子密度が増加するとともに電子温度が低下し，ECR 条件下では，電子密度が減少し，電子温度が上昇するという傾向が見出された。この現象は，前述した，2nd Harmonic ECR 条件での電子軌道の収縮に伴う電子損失の減少に起因するものと考えられる。一方，ECR 条件付近では，電子の軌道は，“共鳴的加速”によって螺旋を描きながら軌道が広がるために，電極への損失が増えた結果電子密度が減少したと考えられる。これらは“閉空間マイクロプラズマ”ならではの現象であり，従来のプラズマとは逆の性質を示す興味深い結果である。

図９にミラー磁界（ミラー比：1.42）配位で生成したプラズマの電子密度，電子温度の磁界依

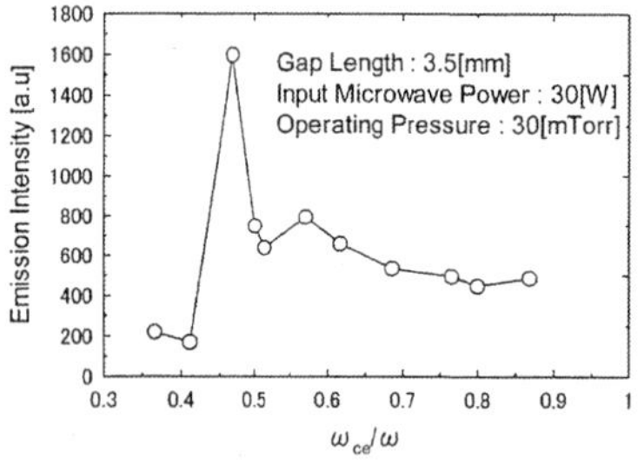

(a) 均一磁界配位

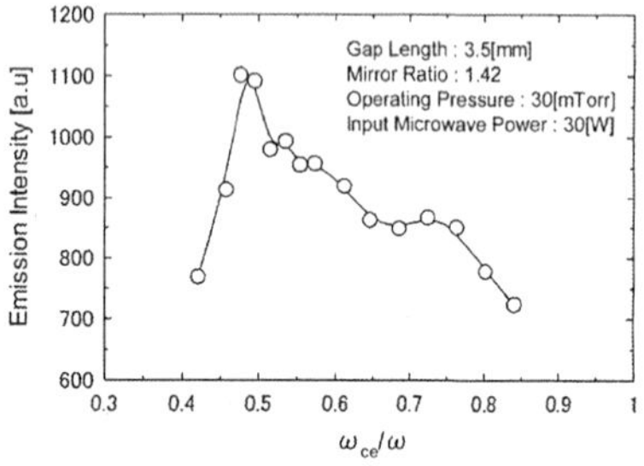

(b) ミラー磁界配位

図10　プラズマ発光強度の磁界依存性（均一磁界）

存性を示す（黒丸）。比較のために均一磁界中での結果を同図中に白丸で示す。実験条件は，動作気圧0.03Torr，投入マイクロ波パワー30Wである。この図より，電子密度，電子温度ともにミラー磁界配位での磁界依存性は一様磁界中での結果と似ていることが確認された。しかしながら，ミラー磁界配位での電子密度の絶対値は，一様磁界配位と比べて増加しており，最大で約4倍増加していることが確認された。この理由としては，ミラー磁界の閉じ込め効果によって，電子の軸方向損失が減少したためであると考えられる。このとき，電子温度には，大きな変化は見られないことが確認された。

閉空間でのプラズマと壁の相互作用を調べる際に，壁に匹敵する面積をもつ金属プローブをプラズマに挿入することはプラズマの擾乱を招くことが懸念される。このため，プラズマに対して非接触的な発光分光測定を行い，上記の結果のクロスチェックを試みた。図10に一様磁界配位およびミラー磁界配位で生成したプラズマの発光強度の磁界依存性を示す。実験条件は，プローブ測定時と同様である。実験結果より，一様磁界配位およびミラー磁界配位の場合ともに，発光強度は，2nd Harmonic ECR条件付近で強くなることが確認された。これより，プローブ測定の結果との定性的な一致が確認された。

上述したプローブおよびプラズマ発光の実験結果より，電子密度は$\omega_{ce}/\omega=0.5$付近で最も高くなり，高密度プラズマの生成が期待できると予測したECR条件では逆に電子密度が低くなっていることがわかる。また，電子温度は$\omega_{ce}/\omega=0.5$付近で低下していることがわかる。これらの結果から，閉空間マイクロプラズマの世界では，ECR条件で高密度プラズマが生成されるという常識が通用しないことが示された。この原因として，$\omega_{ce}/\omega=0.5$付近では電子軌道が収縮するために，閉空間で壁への電子損失が抑制されるが，ECR条件では急激に加速された電子が壁に衝突して損失するためと考えられる。さらに，気圧を変化させた実験では，気圧の増加にともないマイクロ波パワーの吸収効率が増加し，全体的に電子密度が増加し，電子温度が低下した。また，$\omega_{ce}/\omega=0.5$付近の電子密度の増加は顕著でなくなった。

$\omega_c/\omega=0.5$付近で電子密度が増加するという報告は大容量プラズマ中で過去にいくつかあり[10, 11]，この現象は電子サイクロトロン周波数ω_{ce}に関連した波動が仲介して起こるのではないかと考察されている。また，Campsらは$\omega_{ce}/\omega=0.5$付近でマイクロ波の吸収効率が増加し，この時のプラズマがカットオフ密度以上のプラズマであることを報告した[12]。Campsらは，このプラズマ源を用いてT-304ステンレススチールの表面改質を行った[13, 14]。

さらに，PopovらはＥＣＲのOverdenseプラズマとUnderdenseプラズマの特性について発表した論文で，外部磁界が435〜440Gaussで，UnderdenseプラズマからOverdenseプラズマへの遷移が起こると考え，この現象をsecond gyratron harmonic resonanceの特性と報告した[15]。

このように，$\omega_{ce}/\omega=0.5$で電子密度が増加する現象は多数の報告があるにも関わらず，詳細なメカニズムの解明には未だ至っておらず，どのような条件で顕著な効果が現れるか明確ではない。本研究でも現段階では，プラズマの生成，診断を行ったのみで，プラズマ中にどのような波動が伝搬し，吸収されているか明確ではない。この現象のメカニズムを解明する方法として，今後は干渉法などを用いて波動計測を行い，マイクロ波の吸収過程を調査する必要がある。

5　PIC-MCシミュレーション[9]

この節では，筆者らとJ.-K. Leeら（POSTECH）の共同研究によるPIC-MCシミュレーションの結果について簡単に述べる。彼らは二次電子放出係数（SEEC：Secondary Electron Emission Coefficient）を変化させて，ECR条件と2nd Harmonic ECR条件に限定して，シミュレーションを行った。ここでは，イオン衝撃による二次電子放出係数γ_iの値として0.2と0.5を選んで計算した。シミュレーションコードは，Berkeley codeのxpdc1 codeという円筒型電極モデルを用いた。内部電極の半径を2.5mm，外部電極の半径を4.5mmと設定することでギャップ長を2mmとした。ガスはArとし，気圧は50mTorrとしている。さらに，周波数が2.45GHz，振幅が30Vのマイクロ波を内部電極に印加し，外部電極は接地しているものとしている。

図11に(a)$\gamma_i=0.2$と(b)$\gamma_i=0.5$の場合の電子密度の空間分布に関するシミュレーション結果を示す。今回のシミュレーションでは，電子密度に関して$\omega_{ce}/\omega=0.5$（B＝438G）の2nd Harmonic ECR条件において，内側電極がSUSの場合でもMgO電極の場合でも最も高くなっていることが分かる。一方，電子サイクロトロン共鳴現象により高密度プラズマが得られるとされるECR条件においては，最も電子密度が低くなった。しかし，二次電子放出係数の違いによる電子密度

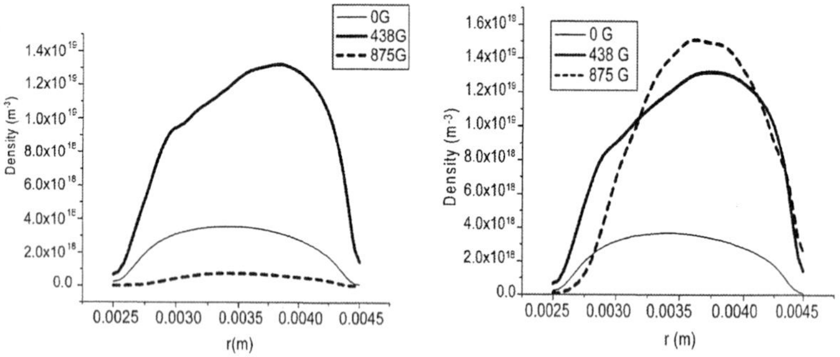

(a) 二次電子放出係数γ_i=0.2　　(b) 二次電子放出係数γ_i=0.5

図 11　PIC-MC シミュレーションによる電子密度分布

の変化率に関しては，ECR 条件付近において大幅な密度増加を確認することができた。さらに，図 11 (b)の高二次電子放出係数である SEEC＝0.5 を仮定した結果において，電子密度の増加が著しかった ECR 条件は 2nd Harmonic ECR 条件と比較して，電子の分布が電極間中心に集中している。今後，これらの物理的メカニズムに関する更なる実験的研究が必要である。

以上のシミュレーション結果から，プローブ法及び発光分光法を用いたプラズマパラメータ診断の実験結果とシミュレーションが定性的な一致を示していることが確認された。

6　低気圧マイクロプラズマによる細管内壁スパッタコーティング

細管内壁への機能性コーティングのニーズは，機械分野，医療分野，半導体分野など多岐に亘る。その中でも医療，バイオ分野への応用が大きく期待されている。例として，血液適合性を向上させるためのポリマーコーティングに代表されるような，数 mm 径を有するカテーテル内壁面への各種バリアコーティング，または 1 mm$^{\phi}$ 以下の管内壁面への貴金属成膜による新たなバイオセンサへの応用等が考えられる。しかし，これらのチューブ類は金属製だけでなく低温でのコーティングが要求される低融点のポリマーなどの絶縁物細管であり，さらにコーティングの密着性が生命にかかわる重要な要件となる。

筆者らは，開発した低気圧マイクロプラズマを用いて，これら絶縁物細管内壁面への密着性スパッタコーティングを試みている。ここでは，1 mm 内径の絶縁物極細管内壁面に Au，Ag などの貴金属薄膜をコーティングした結果について述べる。

長い管への内壁コーティング法については，走査ミラー磁界型同軸 ECR プラズマ源として参考文献[16]に詳述しているので，本稿では省く。

6.1　実験装置

図12に同軸円筒型スパッタリングによるコーティング法の原理図を示す。内側電極にはTEM波モードマイクロ波及び負のパルスバイアスが印加されており，外側電極はアースされている。また，内側電極と外側電極の間にセカンドハーモニックECRプラズマを生成することにより，内側電極（ターゲット）が負バイアスによって加速されたイオンでスパッタされ，外側電極内壁にある管状基板内壁に成膜されるという原理になっている。このとき，ターゲットにはコーティング材料であるAg及びAuのワイヤーを使用した。そのとき，ワイヤーが熱や重力の影響でたわむのを防ぐためにバネにより張力を与える構造となっている。

6.2　実験結果及び考察

ターゲットに負の直流バイアスを印加した際，イオンシースの拡大によりプラズマ状態が維持できず，結果としてプラズマが消滅するという現象が起こる。図13に負バイアスを印加した際のイオンシースの厚さ（Child-Langmuir Sheath）とプラズマ密度の関係を示す。図には内径5.7mmとなる円筒基板を使用した場合における最大のギャップ長1.85mmと，内径1mmとなる円筒基板を使用した場合における最小のギャップ長400μmのラインを引いている。この図から，高い負バイアスによりイオンシース厚が増加して放電空間内からプラズマを排斥することになるが，高密度プラズマではシース厚を低減することができることがわかる。そこで，負の繰り返しパルスバイアスをターゲットに印加することで，プラズマをギャップ間で維持しつつ成膜速度を上昇させることを試みた。パルスバイアスの特徴として，パルスON時に過渡的に形成されるイオンマトリックスシースや，その後に形成される定常的なシースであるチャイルド則シースの存在がある。繰り返しパルスバイアスでは，これらのシースの形成が断続的に起こり，DCバ

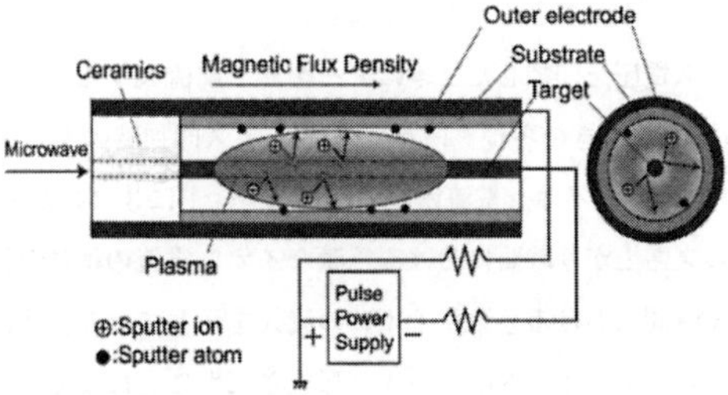

図12　細管内壁スパッタコーティング法の原理

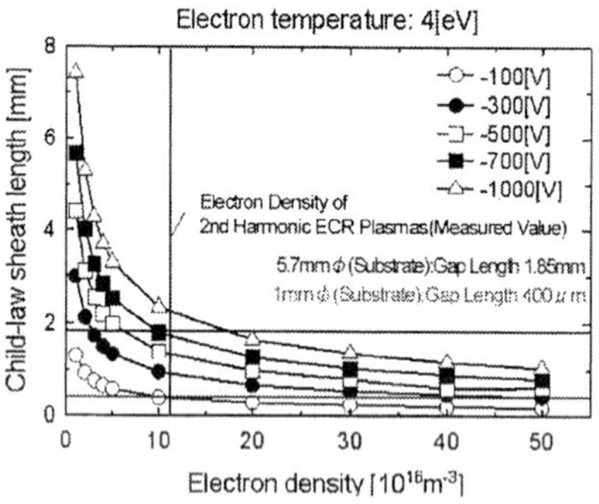

図 13　イオンシース厚の計算結果

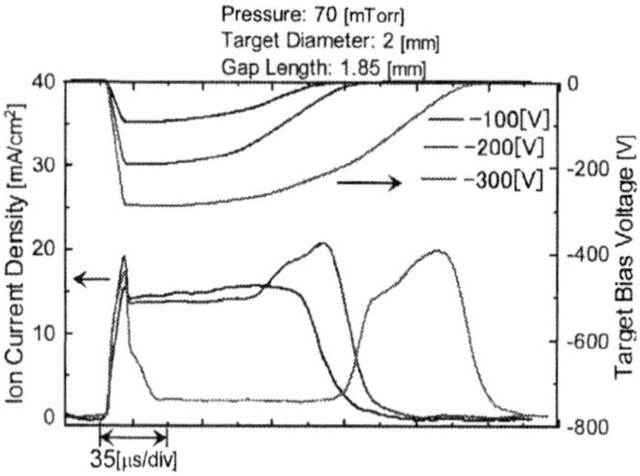

図 14　パルス負バイアス印加時のターゲットイオン電流波形

イアス印加時のシースの連続的形成を解消することができる。加えてイオン電流，すなわちイオンフラックスがプラズマ密度の復元を繰り返しながら流入を繰り返すために，DC バイアスに比べて高い成膜速度を得ることができると考えられる。

次に，パルスバイアス電圧を印加したときにターゲットに流入するイオン電流を実測した。図 14 に，均一磁界を印加したときの各種ターゲットバイアス印加時のターゲットに流入するイオン電流密度の時間変化を示す。イオン電流密度の波形より，主に 3 つの変化があることがわかる。まずパルスバイアスの立ち上がり時間における急激なイオン電流の増加が見られる。これはマトリックスシースの形成時間における急激なイオンの流入を示している。次にイオン電流密度の飽和傾向が見られる。これはチャイルド則シースが形成されたことにより空間電荷制限電流に伴う飽和と考えられる。この時パルスバイアスが増加するにつれ，イオン電流密度の値が減少傾向に

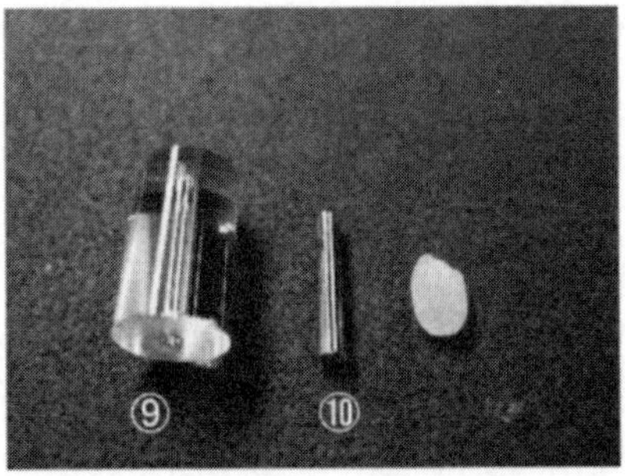

写真２　１mm 細管内壁コーティングの実例（一番右は米粒）

あることがわかる。この原因としてギャップ長とチャイルド則シースとがほぼ同じ長さになったためと考えられる。一般のマクロプラズマでは，ギャップ長を L_{Gap} とした時に $L_{Gap} \gg s_{Child}$ という条件で実験が行われるが，閉空間マイクロプラズマでは $L_{Gap} \fallingdotseq s_{Child}$ となるため，電圧が増加するにつれて管内のプラズマ密度が減少し，その結果としてイオン電流密度が減少したのではないかと考えられる。さらに３つ目の変化として，パルスバイアス立下り時におけるイオン電流密度の増加がある。図より，印加電圧の増加に伴い，パルスバイアス立下り時間におけるイオン電流密度の増加が顕著に確認できる。これは，パルスバイアスの減少によりプラズマ密度の復元が始まり，イオンシース内のイオン密度が上昇した結果，イオン電流密度が増加したためと考えられる。

磁界を一様磁界からミラー磁界（コイル間距離４cm でミラー比 1.09）にした場合，一様磁界の場合に比べてイオン電流密度が増加した。これは，ミラー磁界による電子閉じ込め効果で軸方向への電子の拡散が抑制された結果，プラズマ密度が増加したと考えられる。つまり，プラズマ密度が増加することで，空間電荷制限電流の値も増加し，チャイルド則シースが形成された時に流入するイオン電流が増加したと考えられる。さらに，プラズマ密度が増加したことにより，チャイルド則シース厚が短くなり，プラズマが維持されやすい状況が作られたと考えられる。

以上の結果を踏まえ，Ar と Xe ガスを用いて成膜実験を行った。投入マイクロ波電力は 20W 以下，パルスバイアス電圧は－300V 一定とし，パルス周波数は２kHz とした。Ar ガスでは最小で軸方向長さ 10mm，内径 1.5mm$^{\phi}$ のパイレックスガラス基板の成膜に成功したが，１mm$^{\phi}$ 基板ではプラズマ生成自体が出来なかった。そこで Ar より電離電圧が低く電離衝突周波数の高い Xe ガスを使用することにより同様に成膜実験を行った。このとき，マイクロ波電力は 15W，10W，５W と変化させ実験を行ったが，投入マイクロ波電力が高い場合には基板が熱変形を起こした。投入マイクロ波電力を３W の低電力に設定して同様の実験を行ったところ，１mm$^{\phi}$ 内径を有するガラス基板内壁への金コーティングに成功した（写真2)。

7 まとめ

本稿では，低気圧，短ギャップ条件下における新たなマイクロプラズマ源の開発およびその応用について紹介した。固体壁に囲まれた小さな閉空間マイクロプラズマでは，放電そのものが固体壁の影響を強く受けるのみならず，壁の状態がプラズマパラメータにフィードバックされる。

磁界中マイクロ波放電の開始理論によれば，$\omega_{ce}/\omega=0.5$ の 2nd Harmonic ECR条件で，初期電子のサイクロトロン運動と電界の高速反転による往復運動の重畳効果に起因すると思われる“共鳴閉じ込め効果”による電子軌道の収縮が起こる。実際，プローブや発光によるプラズマ診断結果は，2nd Harmonic ECR条件付近での電子密度，発光強度の増加と電子温度の低下が明らかになり，逆にECR条件で電子密度が低下し電子温度は上昇した。壁が無視できる大容量のマクロプラズマでは，ECRによる共鳴電子加速が効率のよいプラズマ生成を演出したが，閉空間マイクロプラズマでは電子加速は壁への損失を招くためプラズマ生成に不利になる。つまり，電離による電子の生成を増やすより壁への電子の損失を減らすことが，閉空間マイクロプラズマにとって重要である。なお，ここでは紙面の制限のため紹介しなかったが，二次電子放出係数の高いMgO電極壁を有する閉空間マイクロプラズマでは，2nd Harmonic ECR条件で電子密度が最大，ECR条件で電子密度が最小となる結果が得られた。これはSUS電極と定性的に同じ結果である。しかしながら，壁との相互作用が激しいRCR条件でのマイクロプラズマは，壁の影響を強く受けて電子密度の増加率が最大となるという興味ある結果が得られた。この考察を裏付けるように，電子の閉じ込めの良い 2nd Harmonic ECR条件付近では，SUS電極をMgO電極に代えても電子密度がほとんど変化しない結果となっている。

さらに，磁界配位を一様磁界からミラー磁界へと変更することにより，電子密度の増加が確認された。これは電子の軸方向の閉じ込め効果が効いているものと考えられる。

また，二次電子放出係数を変化させて行われたPIC-MCシミュレーションの結果から，プローブ法及び発光分光法を用いたプラズマパラメータ診断の実験結果とシミュレーション結果が定性的に一致していることが確認された。

本研究では，閉空間マイクロプラズマの固体壁の影響，つまり電子と壁との相互作用が放電特性やプラズマパラメータに及ぼす影響を浮き彫りにさせる結果が得られ，マイクロプラズマの応用を考えると，今後ますますこのような“閉空間マイクロプラズマ”ならではの現象を調べる研究が重要になると思われる。

閉空間マイクロプラズマの応用として本稿で述べた同軸スパッタリングによるインナーコー

ティングでは，1 mm$^{\phi}$内径を有するガラス基板内壁への金コーティングに成功した。実用化のためには，より長軸均一密着コーティングが不可欠であるが，その他にも，基板の温度上昇による密着性の劣化やコーティング膜の変質，コーティング管の曲げに対する剥離，曲管への直接コーティング，実用材料への試験的成膜と膜質の耐久性，長時間動作の安定性，強磁性体管内壁へのコーティングなどの研究が今後さらに必要である。しかしながら，耐熱，耐摩耗，耐腐食の観点から見てさほど要求が厳しくない管状部品を手始めに，コーティング製品ならびにコーティング装置を供給することは十分可能な段階となっている。

文　献

1) 橘邦英，「マイクロプラズマ 基礎から応用まで」，プラズマ・核融合学会誌，**76**, 435 (2000)
2) T. Shigemizu, N. Ohno and H. Fujiyama, *Materials Science and Engineering*, **A139**, 312 (1991)
3) 重水哲郎，大野哲靖，藤山寛，短ギャップマイクロ波放電開始条件に及ぼす磁界の影響，電気学会論文誌，Vol.111-A, pp.101-106 (1991)
4) M. Matsushita, Y. Matsuda, H. Fujiyama, *Thin Solid Films*, **435**, 285-287 (2003)
5) H. Fujiyama, H. Inoue, D. Kurogi, Y. Furue, M. Shinohara and Y. Matsuda, Proc. of the 17th International Symposium on Plasma Chemistry (ISPC-17), Toronto (2005)
6) Y. Furue, D. Kurogi, H. Inoue and H. Fujiyama, Low-Pressure Micro Plasma Generation using Microwave in a Magnetic Field, Proc. 5th Asian-European Int. Conf. on Plasma Surface Engineering, Qingdao City (China), WeBc1, p.73 (2005)
7) 黒木大輔，古江陽光，藤山寛，プラズマ・核融合学会 九州・沖縄・山口支部第9回支部大会研究発表論文集，P-40，p.113 (2005. 12)
8) M. Kumamoto, H. Inoue, M. Matsushita and H Fujiyama, *Thin Solid Films*, **475**, 124 (2005)
9) D. Kurogi1, Y. Matsuda, H. Fujiyama, S. J. Kim and J. K. Lee, Proc. 5th Asian-European Int. Conf. on Plasma Surface Engineering, Qingdao City (China), WeP410, p.344 (2005. 9)
10) A. Aanesland and A. Fredriksen, *Review of Scientific Instruments*, **74** (10), 4336-4341 (2003)
11) M. Saigo, N. Ohno and H. Fujiyama, *Materials Science and Engineering*, **A139**, 307 (1991)
12) E. Camps, Oscar Olea, Gutierrez-Tapia, *Sci. Instrum.* **66** (5), 3219-3227 (1995)
13) E. Camps, Stephen Muhl and Saul Romero, *Vaccum*, **51**, 385-392 (1998)
14) E. Camps, F. Becerril, S. Muhl, O. Al. Fregoso, M. Villagran, *Thin Solid Films*, **373,** 293-298 (2000)
15) O. A. Popov, S. Y. Shapoval and M. D. Yoder Jr., *Plasma Sources Sci. Technol.*, **1**, 7-12 (1992)

16) 電気学会マイクロプラズマ調査専門委員会編，マイクロプラズマの技術，170-181 (2003)

第5章　マイクロプラズマリアクターを利用した材料・化学合成

関口秀俊*

1　はじめに

2000年前後から化学工業界では，マイクロリアクターやマイクロ化学システムという新しい反応器や反応システムが注目され，NEDOのプロジェクトを始め，多方面で関連する研究が進められている。マイクロリアクターの特徴は，その莫大な比表面積にあることは言うまでもない。このため伝熱面積が広く，熱交換速度を飛躍的に増大させるため，精密な温度制御や爆発反応のような発熱の激しい反応の制御が可能と考えられる。また比表面積が大きいことは，すなわち壁面や界面での接触面積が大きいことであり，不均一触媒反応や抽出操作において，平衡に達するまでの時間の大幅な短縮やそれらの操作の簡略化が期待される。さらに反応器の体積が小さいことは滞留時間が非常に短くなり，またその時間を精密に制御できることが可能となる。そこで，例えばA→B→Cで代表される逐次反応において，中間生成物であるBの収率を容易に最適化できると考えられる。

マイクロプラズマリアクターとは，上記のような特徴を有するマイクロリアクター内でプラズマを発生させ，材料合成や化学合成を行う反応器といえる。マイクロ空間内でのプラズマは，壁面が負の影響をもたらしプラズマが生成しにくい環境にあるが，それでも様々な方法でプラズマを発生させることが可能である。これらのプラズマの発生法については別章での解説に譲り，ここでは材料や化学合成を目的としたマイクロプラズマリアクターについて，いくつかの研究例を紹介する。

2　オゾン合成

オゾンは強力な酸化力を持つ一方で，分解すると酸素に戻るクリーンな酸化剤として注目されており，現在では高度水処理システムには欠かせないものとなっているほか，殺菌や消毒などにも広く利用されている。このオゾンは化学的に発生させることは非常に困難で，放電，すなわち

---

*　Hidetoshi Sekiguchi　東京工業大学大学院　理工学研究科　化学工学専攻　助教授

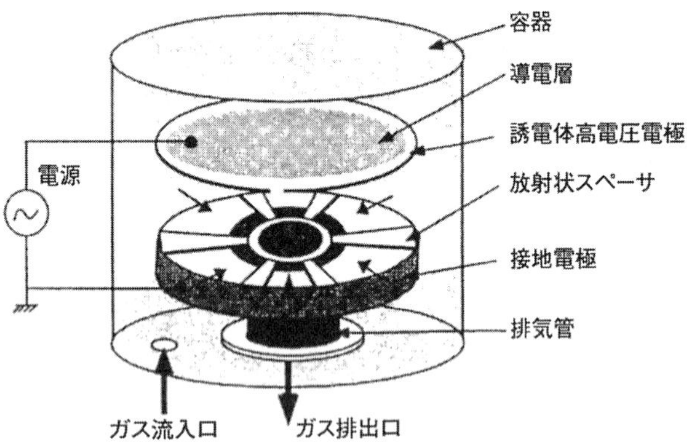

図1　オゾン合成反応器[1]

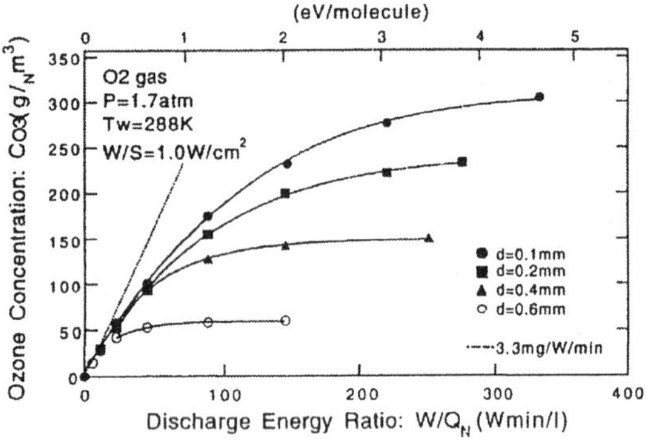

図2　オゾン生成特性[1]

プラズマを利用して製造されている。葛本ら[1]は，このオゾン生成の高効率化，小型化，高濃度化を目指し，100 μm オーダーの極短ギャップ下での無声放電を利用してオゾン合成を試みている。これは，オゾンの分解がガス温度に敏感なためであり，短ギャップ長による放電空間の冷却効果，すなわちマイクロリアクターの伝熱効果を期待したものである。ただし，この当時では，マイクロプラズマリアクターという表現は用いていない。図1に装置図を示す。上部の誘電体高圧電極と，水冷した接地金属電極間に 100 μm オーダーの放射状スペーサーを挟み込むことで，スペーサーの無い部分が放電空間となりオゾンが合成される。原料ガスはこの放電空間を通過後，電極中央の排出用の穴から容器外へ排出される。

図2は放電電力密度（W/S＝投入電力／放電面積）を一定としたときの生成オゾン濃度に対するギャップ長の影響を示したものである。横軸は投入エネルギー密度を示す。図より，高濃度オゾン生成領域では，ギャップ長が短くなるほど得られるオゾン濃度が高い。また論文では生成効率も上昇することが示されている。これは短ギャップ長がもたらす冷却効果だけでなく，酸素分子の解離に関する理論解析[2)]から，短ギャップ長による強電界放電場ではオゾンの電子衝突解離が抑制されるためと推測されている。また，短ギャップ長の別な効果として放電維持電圧の低下が観察され，これは低電圧で高出力が得られることとなり，短ギャップ化によるオゾン合成装置の小型化が期待されている。

3　アンモニア合成

アンモニアは肥料をはじめ多くの化学製品の合成に使われる貴重な化学原料である。これまでプラズマを利用したアンモニア合成の研究は数多く報告されているが，Bai[3)] らは強電界の印加，すなわちマイクロギャップを有する誘電体バリア放電を用いて，アンモニア合成を試みている。反応器を図3に示す。長方形のSUS基板上に約0.25mmの薄いアルミナ相を溶射したものを誘電体電極とし，ギャップ長を0.47mmとした電極間に周波数6-12kHz，電圧1800-2100Vのパルス電圧を印加させ，アンモニア合成への影響を調べている。原料ガスはN_2とH_2であり，その組成や流量の影響も調べている。図4には放電電力密度（＝投入電力／放電面積）に対する生成アンモニア濃度を示す。放電電力密度に対し，直線的に濃度が上昇している。これは濃度が低い領域でのオゾン合成と同様な傾向を示しており，高い投入電力が原料ガスの解離を促すためと解釈できる。オゾン合成の場合には，高温による生成オゾンの分解を抑制するために冷却する必要があったが，図5に示すようにアンモニア合成では，ガス温度が上昇するとアンモニア濃度も上昇している。これは，この温度領域では，原料ガスの解離を促進するだけでなく，アンモニアが熱分解されにくいためと推測される。

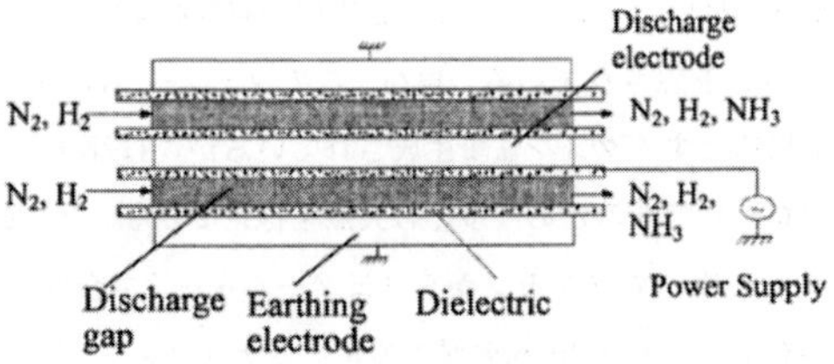

図3　アンモニア合成反応器[3)]

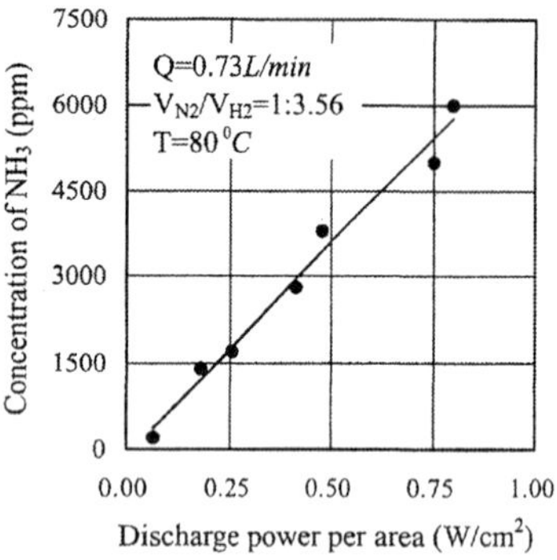

図4　アンモニア生成特性[3)]

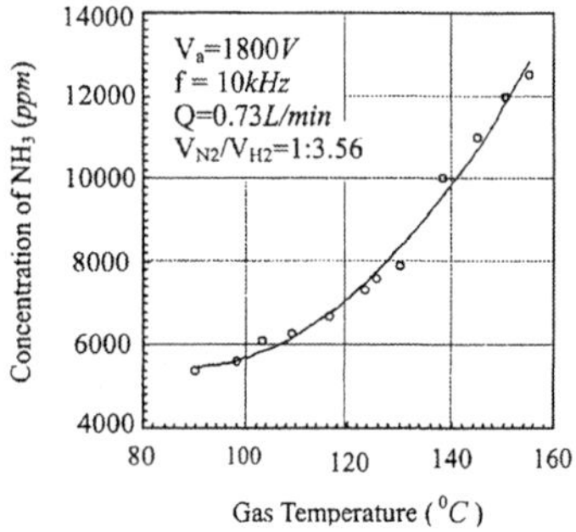

図5　生成アンモニア濃度へのガス温度の影響[3)]

4　芳香族化合物の部分酸化

含酸素有機化合物は，化学産業における主要化学品として様々な用途に用いられている。中でも，ベンゼン環に水酸基が付いたフェノールは，合成樹脂原料をはじめ広く利用されており，その生産量は年々増加すると予想されている。現在，このフェノールは，その90％以上がベンゼンとプロピレンを出発原料とするクメン法で生成されているが，3段階のステップで構成されたエネルギー多消費型プロセスであるため，多くの欠点を抱えている。そこで，関口ら[4, 5)]はマイクロプラズマリアクターを用いてベンゼンからフェノールを一段で合成する方法を検討している。図6はその反応器を示す。0.2～3mmの厚さの異なるテフロンシートを利用して電極ギャップ長を調整し，マイクロプラズマリアクターを構成している。プラズマの生成には，ここでも誘

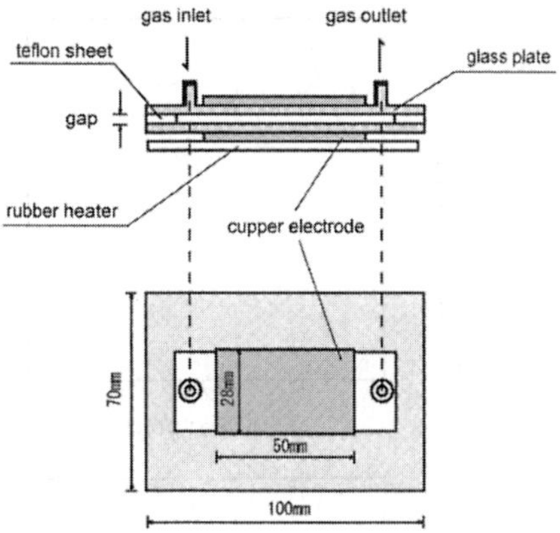

図6　フェノール合成反応器[5)]

表1　反応生成物

Oxidation of benzene	Oxidation of toluene
Phenol	o, m, p-Cresol
C_4-Compounds	Benzaldehyde, Benzylalcohol,
CO，CO_2，H_2	C_4-Compounds,
	Benzene，Phenol
	CO，CO_2，H_2

電体バリア放電が用いられている。反応は120℃で行われ，ギャップ長，放電電圧，滞留時間などの影響を調べている。また比較のため，ベンゼン環にメチル基の付いたトルエンでも実験を行っている。

表1には，ベンゼンとトルエンを用いた場合に同定された生成物を示す。ベンゼンを試料ガスとした場合には，目的の部分酸化物であるフェノールの他，ブタジエンを主成分と思われるC_4化合物やCO，CO_2，H_2の生成が確認されている。トルエンの場合では，部分酸化物としてメチル基が酸化されたベンズアルデヒド，ベンジルアルコール，芳香環に水酸基が付加した(o,m,p)-クレゾールが同定されている。その一方で，ベンゼンやフェノール，C_4化合物，CO，CO_2，H_2も確認されている。また両者の場合とも，同定できない炭素数C_4未満の化合物の生成も予測されている。

図7（a-c）はギャップ長1 mm，ベンゼン／酸素比0.38，印加電圧15.9kVの場合の，滞留時間に対するベンゼンの分解率，フェノールの選択率および収率への影響を示したものである。滞留時間の増加に伴い，ベンゼン分解率は上昇しているが（図7(a)），部分酸化物であるフェノー

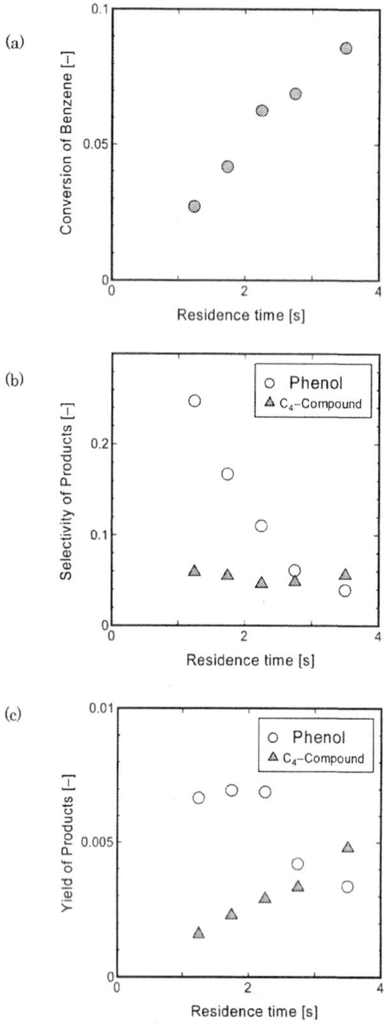

図７　滞留時間に対する(a)ベンゼン転化率，(b)フェノール選択率，(c)フェノール収率

ルの選択率は単調減少しており（図７(b)），その結果，フェノールの収率は約２秒程度で最適値を取っていることがわかる（図７(c)）。これらの様子から，滞留時間が増加するとベンゼンの酸化が進み転化率は高くなるが，生成したフェノールもさらに酸化が進むため，収率はある滞留時

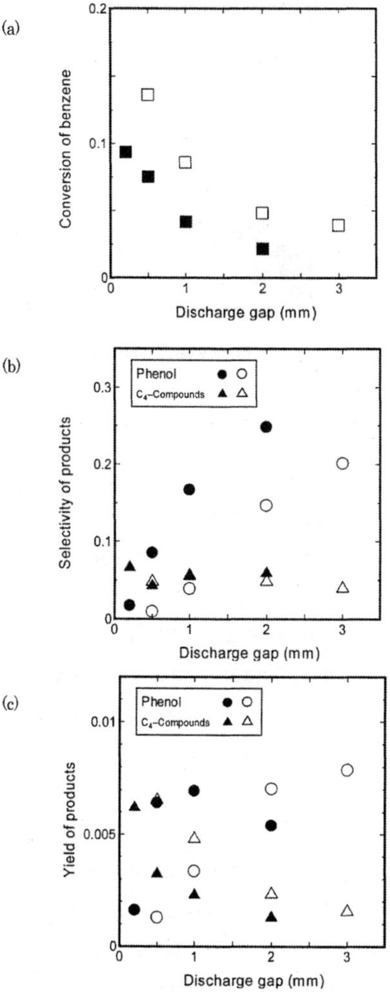

図8　ギャップ長に対する(a)ベンゼン転化率，
(b)フェノール選択率，(c)フェノール収率[5]
黒点：1.75秒，白点：3.5秒

間で最適値をとり，いわゆる逐次反応における中間生成物の挙動を示したと考えられる。一方，C_4化合物の選択率はほぼ一定の値を保ち（図7(b)），その結果，収率は滞留時間の増加とともに増加する傾向を示している（図7(c))。つまりC_4化合物は，ベンゼンの分解により生成されるが，

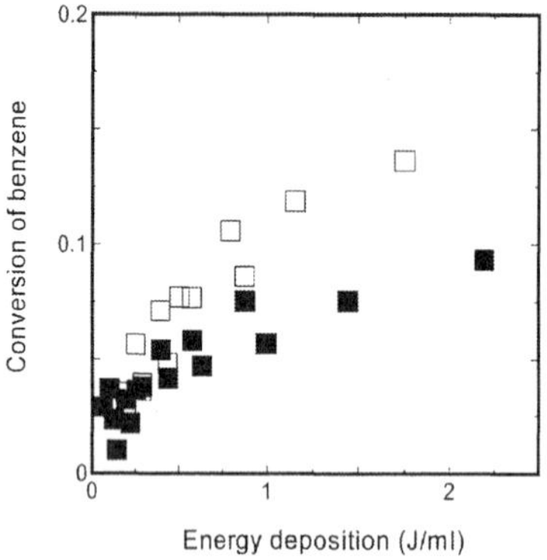

図9 ベンゼン分解特性[5)]
黒点：1.75秒，白点：3.5秒

生成後はフェノールと異なり，反応や分解が進行しにくいものと推測される。

滞留時間を1.75秒と3.5秒の2種類で，その他の条件を変えずにギャップ長に対して影響を見たものが図8（a～c）である。ベンゼンの転化率は，ギャップ長が広くなるほど低下する傾向にあり（図8a），一方，フェノールの選択率は広いほど高い値を持つ。図7で見られたように滞留時間の長い方が選択率が落ちるため（図8b），フェノールの収率は，滞留時間が1.75秒ではギャップ長約1mm付近に最大値を持つが，滞留時間が3.5秒ではギャップ長に対し単調に増加する結果となっている（図8c）。これらの挙動は，印加電圧を一定としているため，ギャップ長が短くなると電界強度が増し，活性な酸化化学種の生成が増えることに起因すると考えられる。ただ図9に示すように，ベンゼンの分解はギャップ長に依らず投入エネルギー密度（＝投入電力／ガス流量）に対し，滞留時間ごとの大まかな相関も見られており，電界強度と投入エネルギー密度のどちらがより重要なパラメータかは，さらに詳細な検討が必要と思われる。なお，トルエンの部分酸化の結果も，ベンゼンの結果と同様に解釈できると推測されている。

鈴木ら[6)]は，ベンゼンの部分酸化に関するマイクロプラズマリアクターの特性解析のため，素反応シミュレーションを行っている。このシミュレーションは，反応器をプラグフローリアクターと仮定し，電子を含む78の化学種と349の素反応を考慮した，いわゆる0次元モデルでの解析である。計算結果は，実験結果との定量的な一致は見られていないが，定性的な傾向の一致を踏まえ，反応スキームとして図10を提案している。ベンゼンの反応は，主に電子との衝突によるフェニルラジカル（C_6H_5）への解離と，酸素と電子の衝突から生じるOラジカルとの反応によるフェノールの生成である。このシミュレーションでは考慮していないが，前者の反応が

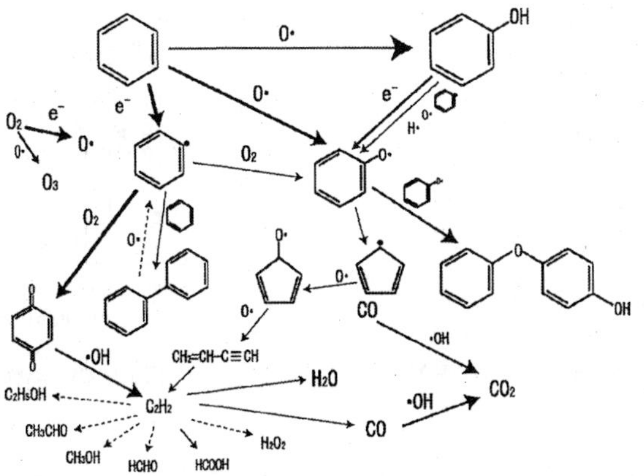

図10　フェノール合成機構[6)]

C_4 化合物の生成に起因するものと考えられる。フェノールは，ベンゼンとOラジカルから生成されるものが主である一方で，電子や生成した活性種との反応で分解される。ただこのシミュレーションでは計算簡略化のための仮定が多くなされており，これらの仮定の妥当性を十分に検討した上でモデルを修正しシミュレーションを行うことが，マイクロプラズマリアクターの特性をより明らかにすると思われる。

5　マイクロチャネル内CVD

これまではマイクロプラズマリアクターを用いたバルクの化学合成について紹介してきたが，ここでは材料合成の研究例として，マイクロチャネル内のプラズマCVDについて述べる。上述した特徴であるマイクロプラズマリアクターの広い比表面積は，プラズマ中で解離した活性種が壁面に到達しやすく，そのような場でCVDを行えば，極めて効率良く成膜が可能と考えられる。そこで門脇ら[7)]はマイクロチャネル内に白金膜の生成を試みている。用いたCVD反応器を図11に示す。プラズマは，キャピラリー外部に設けられた電極間に数kHzの交流高電圧を印加して生成させている。圧力は7.6Torr，白金プリカーサーであるPt $(C_5H_7O_2)_2$ をキャリアガスの酸素によりキャピラリー内に導入している。結果を図12に示す。図中，Run1は放電電力25mW，堆積時間30秒，Run2は59mW，150秒，Run3は130mW，375秒である。また灰色部分は電極位置を示している。図より電極間で成膜が行われていること，堆積時間が長く，放電電力が高いほど成膜量が多いことがわかる。また，経時変化の観察から，膜の堆積はプラズマの上流部より

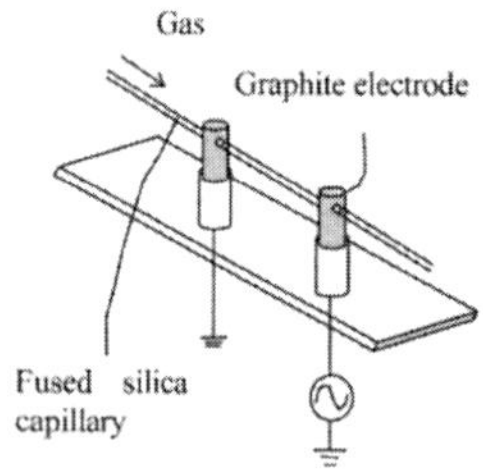

図 11　マイクロチャネル CVD 装置 [7)]

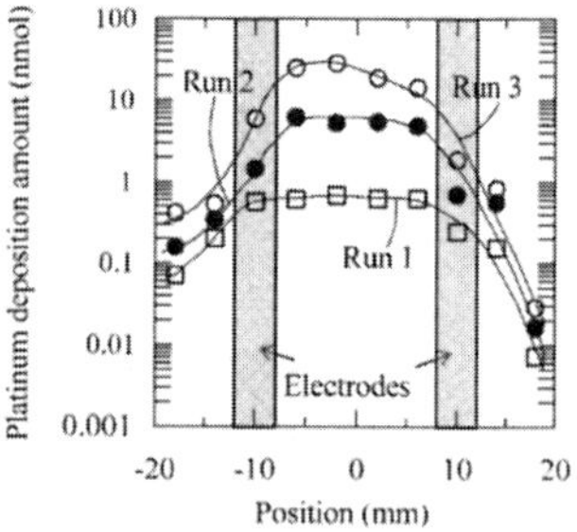

図 12　CVD 特性 [7)]

始まり，膜が形成されると膜の導電性のため放電が下流に移動し，下流方向に膜が堆積し始める。最終的には電極間全面が堆積すると放電が止まり，すなわち CVD が終了し，結果的に比較的均一な膜生成が達成されている。ここで提案されている CVD 方法は，外部電極方式を取るためマイクロチャネル内の任意の場所に CVD をすることが可能であり，MEMS デバイス等の製作に有力なツールとなり得ると考えられている。

6　マイクロプラズマリアクターの集積化

マイクロリアクターの研究が盛んなドイツでは，図 13 に示すように電極が微細加工されたマイクロプラズマリアクターの集積化が行われ，これを利用した排ガス処理の研究[8)]が進められている。マイクロ化学システムの特徴にナンバリングアップがあり，これは反応器ひとつの処理能

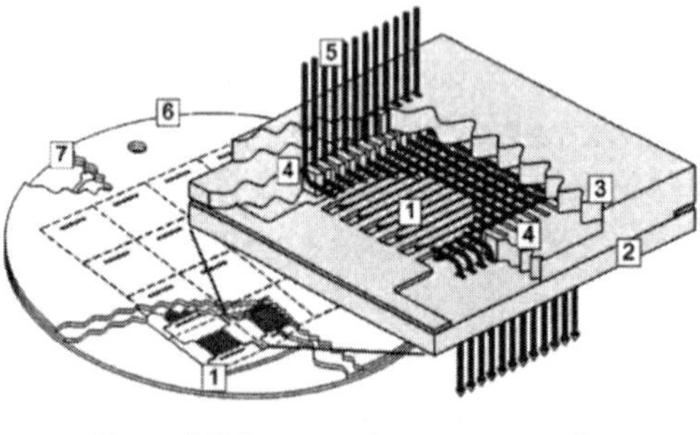

図 13　集積化マイクロプラズマリアクター[8)]
1：プラズマ発生部，2：セラミック基板，3：反応チャンバー
4：整流板，5：ガス流れ，6：集積化基板，7：RF 入力部

力は小さいが，多層化などで反応器の数を増やすことだけで，通常難しいスケールアップが可能となるというものである。この研究例は，これをマイクロプラズマリアクターで検証したものであり，マイクロプラズマリアクターを材料合成や化学合成に利用するためには必要な技術であると言える。

7　おわりに

マイクロプラズマリアクターを用いた材料・化学合成について研究例を紹介した。どの研究も，大きな表面積の効果や強電界強度がもたらす効果が見られているものの，生成しているマイクロプラズマのパラメータと実験結果との相関は十分に説明できているとは言えない。今後は，これらの解析がマイクロプラズマリアクターの材料・化学合成分野でのさらなる応用へつながることであろう。数年来，環境問題への対応と国際競争力増強のため，化学プロセスの革新的効率化が求められており，シンプルケミストリー，つまり化学プロセスの簡略合理化が提唱されている。マイクロプラズマリアクターシステムも，このシンプルケミストリー実現のための一技術として発展していくことを期待したい。

文　　献

1)　葛本ほか，電気学会論文集，**A116**, 121 (1996)
2)　J. Kitayama and M. Kuzumoto, *J. Phys. D: Appl. Phys.*, **30**, 2453 (1997)
3)　M. Bai, *IEEE Trans. Plasma Sci.*, **31**, 1285 (2003)
4)　関口ほか，化学工学論文集，**30**, 183 (2004)
5)　H. Sekiguchi *et al.*, *J. Phys. D: Appl. Phys.*, **38**, 1722 (2005)
6)　S. Suzuki *et al.*, *Proc. 6th Int. Conf. Reactive Plasma*, 339 (2006)
7)　M. Kadowaki *et al.*, *Thin Solid Films*, **506-507**, 123 (2006)
8)　P. Sichler *et al.*, *Chem. Eng. J.*, **101**, 465 (2004)

第6章　マイクロプラズマデバイスの創製

酒井　道[*1]，橘　邦英[*2]

1　はじめに

マイクロプラズマの応用を考えたとき，従来の低圧のプラズマと比べ，プラズマのサイズを小さくすることでツールとしての精密化が図れることは，直感的にもすぐ理解できる。また，局所的なプラズマ生成に伴い，プラズマパラメーターとしても従来にない領域に属することも示され，学術的フロンティアとしての探求も意義深い。さらに，別の観点として，プラズマサイズが小さいことから，プラズマそのものを（できれば集積化可能な）デバイスとしてみなし，高い機能を付加することも可能となると考えられ，このような視点からここでの説明を行いたい。

まず，マイクロプラズマのデバイスとは，どのようなものを想定しているかを説明する。一般に，“デバイス”とは構成要素の形状や複数要素の組み合わせにより，材料単体のバルク特性では発現しえない高い機能を有する部品といえる。たとえば，MOS型トランジスタとは，半導体層・絶縁層・3つの電極という構成要素よりなり，相互配置が最適化されることで，電気信号の増幅・スイッチング作用という機能を果たす。では，プラズマをデバイスの一構成要素として用いたときに，他の材料と比較してどのような利点が生じるであろうか。まず，プラズマは存在そのものが生成用外部電力で制御できる。また，プラズマのパラメーター（電子密度・電子温度といった基本パラメーターおよび中性粒子の電子励起に伴う発光量といった従属的パラメーター）も同様に外部電力で制御でき，かつマイクロプラズマ化することで電子密度は10^{11}～10^{16}cm^{-3}と高密度化して，たとえば半導体内の電子密度に近づく。また，プラズマの電気的特性をみたとき，電磁波の周波数に対して誘電率が変化し，さらにいわゆるプラズマ周波数以下では導電性を示す。このような固体材料ではみられない特性を活用することで，従前のデバイス機能にとらわれない新規のデバイスの創出が可能であると考えられる。

これまでにプラズマをデバイスの構成要素として応用した例は，プラズマディスプレイパネル（PDP）のマイクロプラズマ部があげられる。これは放電維持電極・データ電極・放電用ガス・蛍光体よりなり，プラズマのオン・オフを外部電力と境界条件で制御することで可視発光量の時

＊1　Osamu Sakai　京都大学大学院　工学研究科　電子工学専攻　講師
＊2　Kunihide Tachibana　京都大学　工学研究科　電子工学専攻　教授

間平均値による階調表示を実現し，まさしく発光デバイスとして機能している。また，スパークギャップスイッチやサイラトロンも大電力のスイッチングデバイスとして用いられてきた。すなわち，これらはプラズマからの発光をデバイス化したもの，あるいは導電性を利用してスイッチングデバイスとしたものである。マイクロプラズマを用いることでこれらの応用にとどまることなく，たとえばEdenらは10μm×10μmというごく微小な集積化マイクロプラズマを得ており，発光デバイスとして光の波長近傍スケールでの配列としての機能性をもたせることが可能なレベルとなってきている[1)]。また，逆にマイクロプラズマを受光デバイス内で用いることで，これまでの固体素子を凌駕する高効率受光デバイスの実現も確認されている[1)]。

本稿では，マイクロプラズマを用いることで実現するデバイスとして，プラズマのもつ導電性および誘電性を利用しかつプラズマの有無でオン・オフできる動的デバイスについて，われわれが行ってきた検討を中心に紹介する。特に，電磁波制御デバイスをめざしたときに，多様なデバイス形態が創製可能なことを紹介する。

2　マイクロプラズマによる3端子デバイス

半導体のデバイスといえば，その代表格はトランジスタという名前で総称され増幅・スイッチング機能を示す3端子素子である。ここからヒントを得て，プラズマの生成には通常2つの電極しか必要ないが，さらに3つ目の電極を導入することで高機能化が図れないだろうか？　ここでは，このような観点のもと，プラズマの導電性を利用することで，トランジスタと同様の3端子デバイス機能を実現する方法について説明する。また，同じくプラズマを用いた3端子素子で実現されるアナログストレージ（データ保存）デバイスについても触れる。

プラズマが導電性をもつことは，プラズマが電子と正イオンからなることから容易に理解できる。この導電性のためプラズマ内に挿入された2電極間のインピーダンスは十分に低くなるが，もしこれらの間に流れる電流が第3の電極で制御できるとしたら，それは能動デバイスとして働きうる。そして，その第3電極が高インピーダンスに保たれるとすれば，電界効果型トランジスタと同等の機能を示しうる。

図1に，そのような機能を示す3つの電極配置を示す[2)]。これら3電極は2次元面内に配置され，またMOS型トランジスタのゲート絶縁膜のような積層構造は必要ないので，電極形成はきわめて簡単である。

以下に，その動作原理を説明する。第3電極であるC電極に電位を印加すると，それにより生じる電界によってカソード（K）・アノード（A）電極間の電気力線がゆがめられる。この電極配置のポイントはK・A間の距離とK・C間の距離を大きく変化させることにあり，放電開始

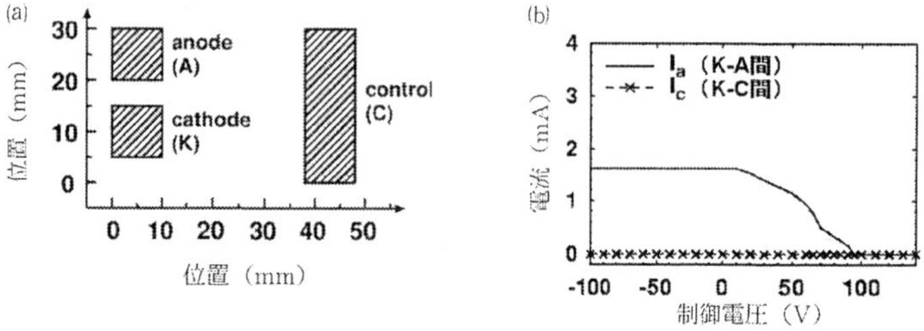

図1　電界効果型トランジスタ様の特性を示す3端子デバイス[2)]
(a)電極の2次元配置，(b)放電電流の第3電極(C)に印加する制御電圧依存性

条件を示すいわゆるパッシェン特性線上で動作点を変化させることにつながる。すなわち，ガス圧と電極間距離を調整することで，K・C間放電開始電圧よりK・A間の放電開始電圧を大幅に低い条件に設定可能で，そのようなとき，C電極に印加するある電圧範囲内でK・A間の放電電流はほぼ線形に制御できるがC電極には放電電流が流れ込まない状態を実現できる。すなわち，C電極は高インピーダンス状態を保ったままK・A間の放電電流を制御することになる。この実験ではまだマイクロサイズでの動作確認には至っていないが，後で述べるマイクロストリップ線路上の電磁波制御デバイスの項で，小型化した場合の関連の検討結果を示す。この構造は平易な電極パターニングのみで実現できるため，特殊用途のスイッチング用パワートランジスタとして応用可能であろうと考えている。

また，マイクロプラズマを用いた3端子素子で実現されるアナログストレージ（データ保存）デバイスは，たとえば図2のような構造をしている。この構造は，最初にBuzakらにより提案されたもので[3)]，データはマイクロプラズマ部と上部の第3電極の間にある誘電体表面に荷電粒子として蓄えられる。誘電体の一部を液晶層に置き換えれば蓄積荷電粒子により液晶層に電界が印加され，図2の構造はプラズマアドレス液晶ディスプレイの1画素分となる。

このデバイスの動作原理を，数値シミュレーション結果[4)]をもとにして以下に説明する。放電空間に露出した2電極間に電圧パルスを印加してマイクロプラズマを生成する。このとき，誘電体表面の電位は少なくともアノードシース分基準電位からずれている（図2(b)）。その後，電圧パルスがオフされるとこの電位のずれがほぼなくなり，このアフターグロー時に第3電極に印加されている電圧分に対応した量の電荷が誘電体表面に蓄積し，誘電体表面電位が基準電位とほぼ等しくなる。そしてプラズマが消滅したのち，第3電極の電圧をオフし，蓄積荷電粒子はそのまま誘電体表面に保持される。図2(c)に，誘電体表面に蓄積された電荷の時間変化を示す。電荷書き込み動作の終了時には，誘電体面上でほぼ均一な電荷が保持されていることがわかる。すなわ

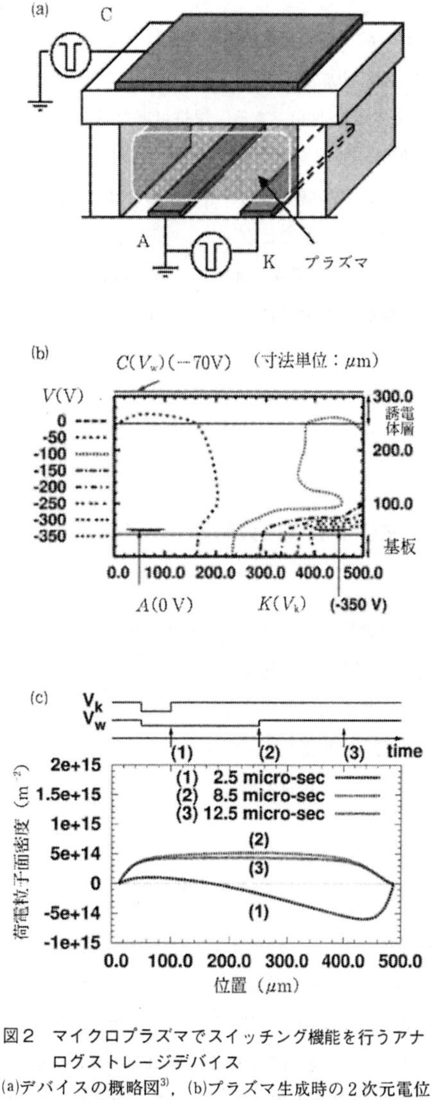

図2　マイクロプラズマでスイッチング機能を行うアナログストレージデバイス
(a)デバイスの概略図[3]，(b)プラズマ生成時の2次元電位分布の数値計算結果[4]，(c)誘電体面上に蓄積される荷電粒子分布の時間変化[4]

ち，マイクロプラズマ空間が導電性のスイッチの役割を果たしており，マイクロプラズマが存在する間壁面はアフターグロー時に他の露出導体の電位に近づくことになる。

このようにして，第3電極に印加する電圧をアナログ的に変化させることで，その信号に比例した量の電荷を蓄積・保持することができる。保持可能な時間は表面の導電率に依存するが，ディスプレイの表示素子として利用する場合求められる保持時間は1/60秒程度であり，データの保持は難しくはない。実際に液晶層の駆動に用いる場合は，正負の電界を交互に印加する必要があるため，アナログ信号は正負の値をとる。

また，PDP内のマイクロプラズマ部が発光デバイスとみなせることは先に述べたが，この場合も3つの電極による放電駆動が有機的に作用しており，プラズマを構成要素とした3端子素子の先がけともいえる。この場合，さらに電極を追加することで発光効率の向上などの効果があることがわかっており[5, 6]，この現象も広義に電極の追加によるプラズマデバイスの高機能化を示している。

3　マイクロプラズマによる電磁波制御デバイス

3.1　電磁波制御の概要

プラズマを電磁波の制御に使用しようという提案は最初にVidmarによりなされた[7]。その後，モノポールアンテナとしての提案[8]・周波数変換器としての提案[9]などがなされてきた。これらは従来の大きな寸法のプラズマを使用することを想定していたが，以下ではわれわれが検討してきたマイクロプラズマでの電磁波制御について述べる。

一般にプラズマは電磁波に対して誘電性および導電性を示すが，それは比誘電率εが以下のドルーデ型の式で表されることによる。

$$\varepsilon = 1 - \left(\frac{\omega_{pe}}{\omega}\right)^2,\ \omega_{pe}^2 = \frac{e^2 n_e}{\varepsilon_0 m_e} \tag{1}$$

ここで，$\omega/2\pi$が電磁波の周波数，$\omega_{pe}/2\pi$がプラズマ周波数，eが電荷素量，ε_0が真空中の誘電率，n_eが電子密度，m_eが電子の質量であり，簡略化のため電子の弾性衝突周波数を十分に小さいと仮定した。(1)式より，$\omega > \omega_{pe}$のときにプラズマは比誘電率εが0から1の誘電体としてふるまうことがわかるが，$\varepsilon = 1$の真空状態から離れるのは$\omega \sim \omega_{pe}$のときであり，$\omega \gg \omega_{pe}$のときは$\varepsilon \sim 1$となって真空状態と大差はない。また，$\omega < \omega_{pe}$のときにプラズマは$\varepsilon < 1$となって金属と等価にふるまう。すなわち，どちらの場合においても，プラズマ周波数$\omega_{pe}/2\pi$が電磁波の制御に対して重要となる。

先に述べたように，プラズマの寸法が小さくなることで電子密度が上昇し，$n_e = 10^{11}$～

10^{16}cm^{-3}となる。これに対応するプラズマ周波数$\omega_{pe}/2\pi$は，約3GHzから約1THzに広がる。すなわち，これはマイクロ波からサブミリ波・テラヘルツ波の領域であり，これらの領域は電波工学と光学の境界にあって学術的にも未踏の領域が多く，制御用の高機能デバイスの実現が待望される。そこで，マイクロプラズマによる電磁波制御デバイスが活躍する余地があると考えられる。

さて，電磁波の制御を行うためには，上記のような電磁波の周波数とプラズマ周波数との比較も重要であるが，さらに寸法的な制約を克服しなければならない。たとえば，代表的なマイクロプラズマであるPDP内プラズマ部の電子密度n_eは10^{13}cm^{-3}と測定されており，(1)式よりこれに対応するプラズマ周波数$\omega_{pe}/2\pi$は約28GHzであることがわかる。この電磁波の自由空間での波長は約1cmであるが，これはPDP内プラズマ部の寸法（電極間距離で約100μm）より約2桁長い。電磁波の制御に有効となるためには，大きさとして少なくとも1/4波長程度必要であり，PDP内と同様のマイクロプラズマ単独では制御は困難である。これは，プラズマの生成を2電極間の絶縁破壊で行うと考えた場合，放電開始条件がパッシェンの法則に従う，という本質的な理由に由来している。

そこで，われわれは以下に述べる具体的な2例に対し，この困難を克服するべく2つの工夫を凝らしている。一つは，2節で述べた3端子型の電極構造でパッシェンの法則を逸脱した安定放電を得る方法（3.2項）であり，もう一つは小さいながらも多数のプラズマを集積化して用いる方法（3.3項）である。これらについて，次項以降に詳述する。

3.2　マイクロストリップ線路における動的T分岐デバイスの作製

まず，マイクロストリップ線路におけるマイクロ波の伝播制御をマイクロプラズマで行った例について説明する。一般的に，マイクロストリップ線路は，数百MHzから数十GHz帯のマイクロ波の伝播線路として用いられ，背面が全面接地電位の導体板となっており，前面部に線路や素子を導体の2次元パターンとして形成する。そこで，われわれは，この素子を構成するパターンの一部をマイクロプラズマで置き換えることで，素子の特性や存在そのものを動的に制御しようとした。すなわち，この場合，$\omega < \omega_{pe}$のときに現れるマイクロプラズマの導電性を利用しようという試みである。具体的には，最も基本的な素子の一つであるT分岐素子について，その一分岐をプラズマチャネルで置き換え，マイクロ波の伝播特性の変化を調べた[10)]。

図3(a)および(b)に，ストリップ線路上への動的T分岐素子の形成の様子の一例と，マイクロ波（8～12GHz）の入射・検出部，およびプラズマ生成用電源回路を示す。まず，プラズマは線路から離れたK・Aの2電極間で直流パルス電圧印加により生成される。ここで，K・A間の距離（200μm）は設定ガス圧力での最適な放電開始電圧条件に近い。次に，正極性電極であるA

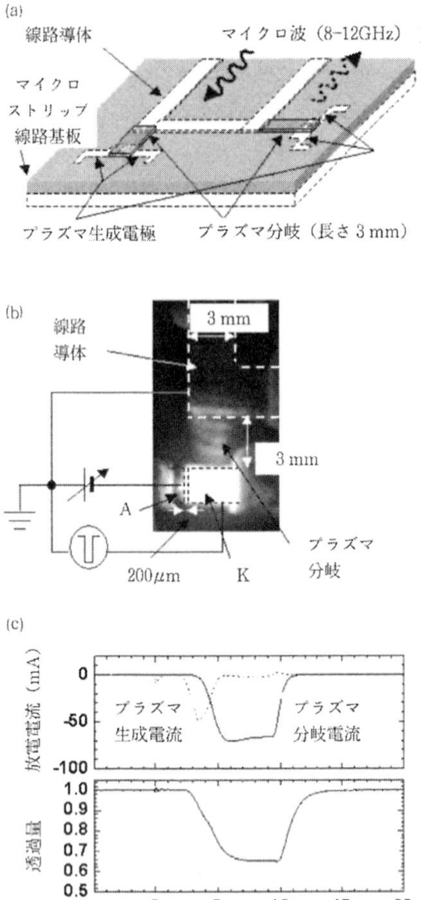

図３　マイクロストリップ線路上への動的Ｔ分岐素子の形成[10]
(a)概略図，(b)プラズマ分岐部の可視発光の様子，(c)放電信号とマイクロ波透過量の時間発展

電極と線路との間に適切なバイアス電圧（－30～－60V）を印加すると，生成されたプラズマが線路に向かって延伸し，プラズマチャネルが生成される（図３(b)）。すなわち，２節と類似の３電極配置を用いることで，パッシェンの法則における最適放電開始条件から約１桁外れたところ

での安定したプラズマチャネルの生成に成功した。このプラズマチャネルと線路とでT分岐素子が形成される。プラズマチャネルの長さは電極間距離として3mmであり，使用マイクロ波の線路上の波長の約1/4の長さに相当する。

図3(c)に，放電信号の時間変化とそれに伴うマイクロ波の透過強度の変化を示す。K・A電極間にプラズマ生成電流がまず流れ，その後K（A）・C電極間にプラズマチャネル部のプラズマ分岐電流が流れている。このチャネル部の形成と同時に，検出されるマイクロ波の透過強度が約1/3減少していることがわかる。このプラズマチャネル部の電子密度n_eは，導電率の測定および電磁界の数値計算との比較より，$1 \sim 3 \times 10^{12}\mathrm{cm}^{-3}$と見積もられた。すなわち，使用したマイクロ波の周波数に対し，プラズマ周波数は同程度かやや高い条件であると推定される。

以上のように，この動的T分岐素子は，マイクロ波電力を有意に変調する能力のあることがわかった。電力の“分岐”の測定は効果の検証が複雑となるため今回は行っておらず，したがって透過強度の減少分のうち電力の分岐分とプラズマチャネルでの減衰分を分離できていないが，少なくとも動的電力変調器あるいは可変整合器としての機能は発揮可能であることがわかる。マイクロストリップ線路上の機能性パターンはほぼ無限にあり，今後はさらにこのようなプラズマ生成が有効な他のパターンへの応用が期待される。

3.3　マイクロプラズマ柱の2次元結晶状配置によるミリ波制御

次に，多数のマイクロプラズマで電磁波の制御を行った例について説明する。近年，光の波長領域における誘電率の2次元・3次元周期構造（フォトニック結晶）を用いた光波の制御が盛んに研究されているが，これと同様のコンセプトでミリ波帯の電磁波の制御をめざしてマイクロプラズマの周期構造を作製した。すなわち，これは“プラズマフォトニック結晶”と呼ぶことができる構造である。たとえばバルク単体のプラズマでは，電磁波の遮断は金属と等価となる$\omega < \omega_{pe}$の周波数帯でしか実現しないが，結晶構造状にマイクロプラズマアレイを作製することで，$\omega > \omega_{pe}$の領域であってもその誘電率の周期性から禁制帯が生じて電磁波の遮断が起こりえる。また，2次元周期構造とすることで，2次元波数面における等周波数線構造が変化して，さまざまな異常分散現象が起こりえる。すなわち，マイクロプラズマの個々の大きさは電磁波の波長に比べて十分小さいとしても，その集合体によって生じる誘電率の空間変化の周期が波長内外に設定されると電磁波の制御デバイスとして機能するし，また固体の誘電体でなくプラズマにより周期構造が形づくられることで，構造のオン・オフだけではなく空間周期の長さそのものが時間的に制御可能となり，特性周波数が可変のフィルターが実現できると期待される。

まず，プラズマ柱の2次元周期構造を図4(a)のように作製した[11, 12]。絶縁層で被覆された2枚のメッシュ状電極に交流パルス電圧を印加すると，その貫通孔部にマイクロプラズマが生成さ

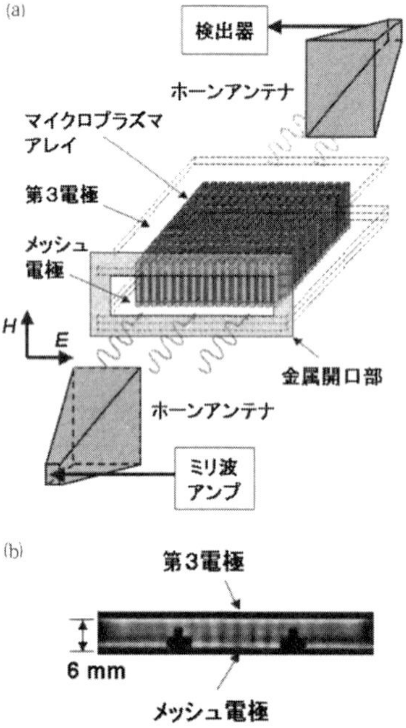

図4　(a)“プラズマフォトニック結晶”の原理検証実験の概略図，(b)側面からの可視発光像からみた，マイクロプラズマアレイの整列の様子[11)]

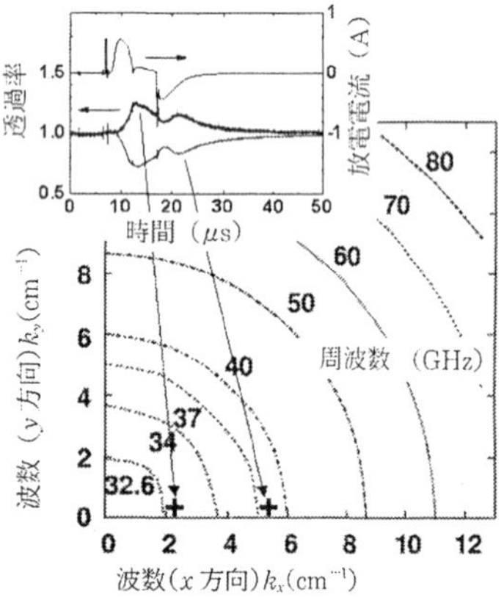

図5　マイクロプラズマアレイのプラズマ周波数付近に現れる異常分散現象を示す，2次元波数面内の等周波数線分布[11)]
挿入図は，観測されたミリ波透過率の時間変化

れる。次いでメッシュ状電極に平行に設置された第3電極にバイアス電圧パルスを印加すると，第3電極にプラズマが延伸し，マイクロプラズマ柱が2次元結晶状に整列した（図4(b))。

このマイクロプラズマアレイ領域に，理論的に推定されるプラズマ周波数前後のミリ波を入射し，透過するミリ波強度を測定した[11)]。このとき，ミリ波の放射を方形ホーンアンテナで行っているので，入射電磁波のモード（2次元面に平行に電界ベクトルが存在するTEモード，あるいは2次元面に平行に磁界ベクトルが存在するTMモード）が選択可能であり，ここではTE波を入射した。すると，図5の挿入図に示すように，ある周波数（38GHz）においてはプラズマ生成時に観測されるミリ波の透過強度が減少するのに対し，ある周波数（33GHz）においては逆に増大することがわかった。この現象を解釈するため行った，2次元波数面上での等周波数線の理論計算結果を図5に示す。実験結果より，格子列方向（x方向）の場合の伝播について，通常はプラズマ中での減衰を受けて検出透過波強度は減少するが，周波数が33GHz（電子密度1.4 ×

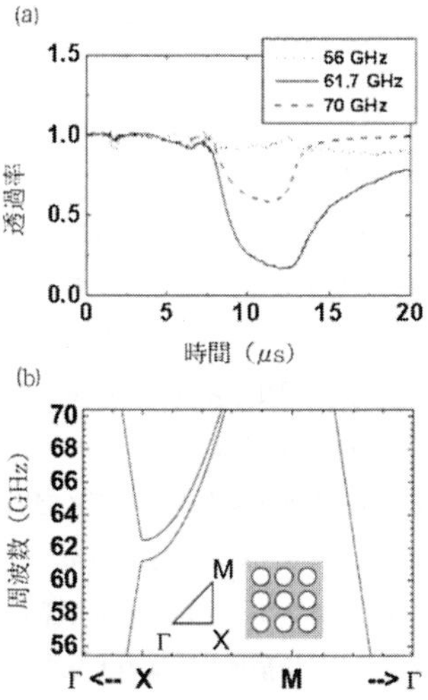

図6　(a)マイクロプラズマアレイによる禁制帯におけるミリ波透過率の時間変化，(b)平面波展開法により求めたバンド図の，禁制帯付近の拡大図

10^{13}cm^{-3}の場合のプラズマ周波数に相当）に近づくと強度が増加する。これは，等周波数線が等方性伝搬を示さず，電磁波がk_x軸方向（x方向）の単一指向性となり，放射の抑制現象が生じているものと解釈できる。

次に，通常の誘電体の2次元周期構造の解析に利用される平面波展開法を用いてプラズマの場合のバンド図を計算し[12]，そこで予想された禁制帯の周波数周辺のミリ波をx方向（Γ－X方向）に入射した。ただし，ここでは図4(a)と同様の正方格子状であるが，集積型キャピラリー型電極によりマイクロプラズマアレイを生成し，それを使用した。観測されたミリ波の透過強度波形を図6(a)に示す。このように，特定の周波数で80%以上の透過強度の減衰が観測された。この周波数は，図6(b)に示すように，理論より予測されるΓ－X方向の禁制帯位置に一致する。同様にして，格子定数を変化させたとき，同様の透過強度の著しい減衰が理論で予測される禁制帯位置と一致して観測され，マイクロプラズマアレイの間隔を変化させることで禁制帯が生じる周波数を制御できることが実験的に明らかとなった。

4 今後の展望

以上について，われわれが行っている研究結果を中心に，マイクロプラズマを用いたデバイスの実現について説明した。これらの検討は，これまでにすでに開発されている固体材料の置き換えから発想しているが，それが本当のデバイスとして機能するためには，固体素子の機能を大きく向上させるか，あるいは固体素子では実現不可能なまったく新規のデバイスにまで開発を進める必要がある。

最後にマイクロプラズマデバイスを実用化するうえでの障害となりうる，プラズマ生成用ガス充填について触れる。幸い，PDP あるいは液晶プロジェクション用ランプの分野で，小空間へのガス封入の技術は確立されており，プラズマ生成用のガス充填法および脱離不純物ガスの吸着法はそれほど困難な技術ではなくなってきている。もちろん，ガス封入の必要がないマイクロプラズマデバイスが理想であり，マイクロプラズマの圧力動作帯が大気圧近傍であることを考慮すると，デバイスによっては電極形成だけで後は雰囲気の大気を利用できる条件も設定可能であろう。

今後，新たな発想のもと，さらに新規のデバイス創製へ向けた検討が進み，実用化への道が開かれることが期待される。

文　献

1) J. G. Eden *et al., PlasmaPhys. Contr. Fusion*, **47**, B83 (2005)
2) O. Sakai *et al., Appl. Phys.Lett.*, **82**, 2392 (2003)
3) T. S. Buzak, SID 90 Digest, p420 (1990)
4) O. Sakai *et al., J. Phys. D: Appl. Phys.*, **36**, 2891 (2003)
5) J. C. Ahn *et al., Appl. Phys. Lett.*, **82**, 3844 (2003)
6) K. Tachibana *et al., J. Phys. D: Appl. Phys.*, **38**, 1739 (2003)
7) R. J. Vidmar, *IEEE Trans. Plasma Sci.*, **18**, 733 (1990)
8) G. G. Borg *et al., Phys. Plasmas*, **7**, 2202 (2000)
9) J. Faith *et al., Phys. Plasmas*, **55**, 1843 (1997)
10) O. Sakai *et al., IEEE Trans. Plasma Sci.*, **34**, 80 (2006)
11) O. Sakai *et al., Plasma Phys. Contr. Fusion*, **7**, B617 (2005)
12) O. Sakai *et al., Appl. Phys. Lett.*, **87**, 241505 (2005)

第7章　マイクロプラズマスラスタ
―MEMSへの応用例―

斧　高一*

1　はじめに

宇宙開発において，人工衛星など宇宙機やその搭載機器・デバイスの小型・軽量，高機能，低消費電力，高信頼性化，および宇宙機材料の高機能・高信頼性化は永遠の課題であり，経済性の追求と多種多様なミッション遂行にとって決定的に重要である。搭載機器ひいては宇宙機の小型・高性能化には米国が早くから着目し，1980年代前半より基礎的な研究開発が始まり，最近，米国と欧州を中心に世界中で関心が高い。

このような，宇宙機や搭載機器の小型・高性能化の動きは，昨今のいわゆるマイクロ・ナノ工学の急速な発展と無縁ではない。日本では，航空宇宙産業の規模が小さいため（～1兆円／年，米国や欧州連合／EUはその10数倍）馴染みが薄いが，宇宙工学とマイクロ・ナノ工学は極めて親和性のよい有用な組み合わせであり，米国・欧州では，宇宙開発を対象としたマイクロ・ナノ工学／技術の研究開発競争が熾烈である[1～3]。宇宙マイクロ・ナノ工学は，図1に示すように，材料，デバイス，マイクロシステムの3つの分野に大別され，その急速な進展・展開にともない，最近では国際会議も始まっている[3]。これらの内容／項目は，宇宙機の航行，宇宙での観測，および宇宙での人間の生活／安全，にかかわるものであるが，多くは宇宙固有のものではない。しかし，宇宙の特殊な環境（放射線，原子状酸素／反応性大気，真空，高温，低温，打上げ時の振動・衝撃）に対する耐性，修理困難な宇宙で使用のため高い信頼性や自己修復機能，および電力源が限られるため低消費電力であること，が求められ，やはり個々には，地上民生用ではほとんど考えられない極限環境に対応する新しい技術の研究開発である。研究開発の成果は，地上で用いる高機能・低消費電力・高信頼性マイクロ・ナノ技術への速やかなフィードバックが期待され，特にマイクロ電気機械（MEMS）に関する米国・欧州の研究開発は宇宙から始まる，といって過言ではない。

本稿では，マイクロプラズマの応用として，宇宙機の推進または姿勢制御・軌道制御系のアクチュエータ，いわゆる推進機（スラスタ）への応用について，今日の研究動向・課題とともに，

*　Kouichi Ono　京都大学大学院　工学研究科　航空宇宙工学専攻　教授

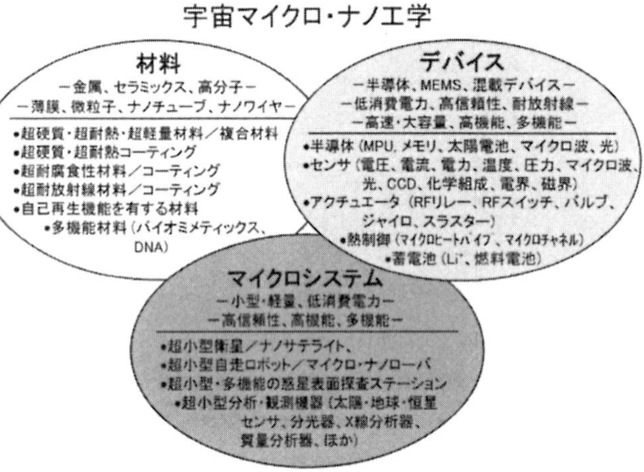
宇宙マイクロ・ナノ工学
材料
ー金属、セラミックス、高分子ー
ー薄膜、微粒子、ナノチューブ、ナノワイヤー
•超硬質・超耐熱・超軽量材料／複合材料
•超硬質・超耐熱コーティング
•超耐腐食性材料／コーティング
•超耐放射線材料／コーティング
•自己再生機能を有する材料
•多機能材料（バイオミメティックス、DNA）
デバイス
ー半導体、MEMS、混載デバイスー
ー低消費電力、高信頼性、耐放射線ー
ー高速・大容量、高機能、多機能ー
•半導体（MPU, メモリ、太陽電池、マイクロ波、光）
•センサ（電圧、電流、電力、温度、圧力、マイクロ波、光、CCD、化学組成、電界、磁界）
•アクチュエータ（RFリレー、RFスイッチ、バルブ、ジャイロ、スラスター）
•熱制御（マイクロヒートパイプ、マイクロチャネル）
•蓄電池（Li⁺、燃料電池）
マイクロシステム
ー小型・軽量、低消費電力ー
ー高信頼性、高機能、多機能ー
•超小型衛星／ナノサテライト、
•超小型自走ロボット／マイクロ・ナノローバ
•超小型・多機能の惑星表面探査ステーション
•超小型分析・観測機器（太陽・地球・恒星センサ、分光器、X線分析器、質量分析器、ほか）

図１　宇宙マイクロ・ナノ工学の概要

筆者らの最近の研究について述べる。スラスタは，今のところ地上では用いることのない宇宙工学に固有の技術である。小型衛星のスラスタには，小さな推力（$<$ mN）を高精度に制御すること，また従来型のスラスタより～数桁小さい重量，体積，消費電力が求められ，従来型スラスタを相似的に小型化して用いることは難しく，新しいコンセプトに基づくマイクロスラスタの研究開発が必要である。マイクロプラズマスラスタの技術的課題や，その物理的・化学的基礎は，ほかの分野のマイクロプラズマ応用と大部分共通する。

2　超小型衛星／シリコンナノサテライト

ナノサテライトは，小型衛星の新しい概念である。小型衛星の厳密な定義や区分けはないが，最近では，「スモール（重さ500kg以下）」，「マイクロ（100kg以下）」，「ナノ（10kg以下）」のような使い分けがされ，さらに小型のものを特に「ピコ（1kg以下）」とすることもあり，総称して小型衛星とされる[1]。例えば「ナノ」級の小型衛星は，ナノスペースクラフト，ナノサテライト，ナノサットとも呼ばれる。小型衛星は大型衛星ができるミッション全てが遂行できるわけではなく，基本的には役割分担が必要である。有人，エネルギー，材料等の製造，大型の通信関連など，大きな規模が必要なミッションは小型衛星には不可能ないし不向きである。一方，小型衛星でも可能なミッションは，主に情報関連（観測，通信，測位，小規模実験・技術実証，など）であるが，複数の小型衛星による分散・協調システムを構築することにより，大型衛星と同じレベルあるいはそれ以上の機能を実現することも可能である。さらに，必要なときに必要な機能を有する小型衛星を追加してシステムの機能向上あるいは機能変更がはかれる，故障した機能を有する小型衛星のみを取り替えることによりシステム機能の回復・維持が容易である，などの利点も有する。

大型の多目的衛星から複数衛星システムへの移行は，既に，全地球測位システム（GPS）や，衛星電話（イリジウム）などにも見られる。また，衛星群を使った大規模干渉分光法による宇宙観測システムの構築も検討されている。さらに，スペースシャトル，宇宙ステーション，火星有人宇宙船のように小型衛星に無縁のように見える大型宇宙システムでも，システムの監視（故障・異常発生などを本体から離れて小型衛星で監視する），近辺の小規模観測（本体から必要な小型衛星を発進させて観測する），などの目的で小型衛星に対する関心が高い。

小型衛星の実現には，次の２つの方法がある。①地上民生用の既存の先端技術により製造される小型電子機器・部品，小型センサ，小型機械部品などを組み合わせて高密度実装し，搭載機器を小型・高機能化する（トップダウン方式とも呼ばれる）。②未来型先端技術を駆使して，電子的・機械的な機能のほとんど全てを１～２枚のシリコン基板上に集積化して作り込み，小型・高機能衛星を構成する（ボットムアップ方式とも呼ばれる）。近年の「スモール」級，「マイクロ」級の小型衛星の隆盛は前者①によるもので，特にマイクロエレクトロニクス（半導体集積回路デバイス／LSI）技術の発展による部分が大きい。小型・高機能・低消費電力・高効率の半導体デバイス，高変換効率の太陽電池，高効率のバッテリ，小型・低消費電力の種々のセンサ・アクチュエータ，およびMEMSセンサ，３次元実装などの高密度実装，などである。今後もこの方向の発展が期待され，10kg以下の「ナノ」級の小型衛星もそれらの技術的延長に見えてくる。

一方後者②は，1990年代半ばに米国で構想が発表され[4)]，2010～2015年頃の実用化に向けて現在研究開発が行われている。1kg以下の「ナノ」級（「ピコ」級とも呼べる）の超小型衛星をめざしたもので，特に，シリコンナノサテライト，あるいはワンチップサテライトとも呼ぶこともある。シリコンはアルミニウムと同等かそれ以上の強度，比重，熱伝導を有し，半導体材料としてだけではなく，衛星の構成材料としても優れているといわれ，さらに最近ではMEMSの主要材料としても用いられる。従って，マイクロエレクトロニクスとMEMSの混載デバイスともいえる次世代の超小型・高機能衛星にとって，シリコンは主要材料の有力候補である。従来のシリコン半導体プロセスを駆使できることも利点である。図２にシリコンナノサテライトの構成概念図を示す。現実には，一般的に衛星に必要な電子的・機械的機能のほとんど全て，すなわち，通信，計測，信号処理，推進，姿勢制御，熱制御，発電，蓄電などの機能を1～2枚のシリコン基板上に集積化して実装し[1, 4, 5)]，衛星周囲は太陽電池基板で構成される。これらのサブシステムの多くは宇宙固有のものではないが，先に述べたように，宇宙の特殊な極限環境（放射線，反

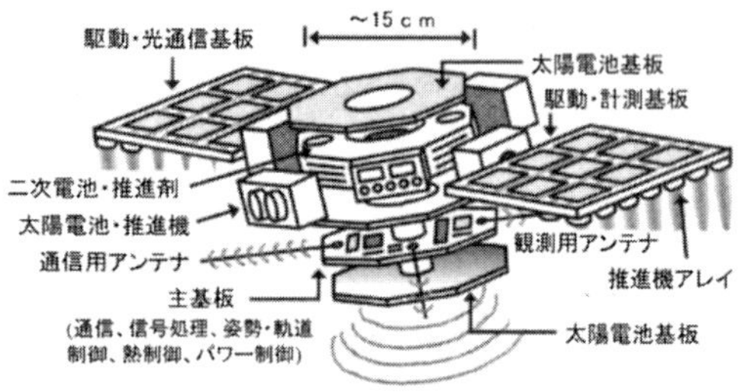

図２　シリコンナノサテライトの構成概念図

応性大気，真空，高温，低音，打上げ時の振動・衝撃）に対する耐性，修理困難な宇宙で使用のため高い信頼性や自己修復機能，および電力源が限られるため低消費電力であること，が求められる。

シリコンナノサテライトの研究開発は，近年米国で研究開発が始まったばかりであり，それぞれの機能の要素技術や集積化に関する研究が行われているが，日本国内の取り組みは乏しい。宇宙の特殊な環境を念頭においた衛星の各機能の小型化・集積化に関する要素研究と，それらを組み合わせたシステムの研究とともに，特に，放射線耐性が高く低消費電力の半導体デバイス，高効率マイクロ二次電池，高精度マイクロスラスタなどに関する基礎研究も不可欠である。なお，このような超小型衛星の研究開発は，宇宙だけでなく，地上民生用のマイクロデバイス市場で予測される技術動向とも相容れるものであり（LSI→システム LSI→LSI と MEMS の混載デバイス），シリコンナノサテライトは，宇宙のみならず地上でも有用な先端技術開発の先駆けとなることが期待できる。

3　マイクロプラズマスラスタ

宇宙推進は，化学推進と非化学推進に大別でき，後者はさらに原子力推進と電気推進に分類できる[6, 7]。図３に示すように，一般に，化学推進は高い推力 F_t（あるいは推力密度 F_t/A，ここで A は推進機の開口部面積）を生じるが，比推力 I_{sp} は低い。ここで，比推力は，$I_{sp}=F_t/\dot{m}g$ で定義され（$\dot{m}$ は推進剤の質量流量，g は重力加速度），推進剤の単位重量流量当たりの推力，いいかえれば，単位重量の推進剤で単位推力（1 N）を発生し続けられる秒数，を表す。従って，化学推進は，地上からのロケット打ち上げをはじめとした高推力を必要とする場合に不可欠であるが，長時間の準継続的使用には適さない。

一方，電気推進は，主にプラズマを用いた推進であり，推力は低いものの比推力は高く，低レ

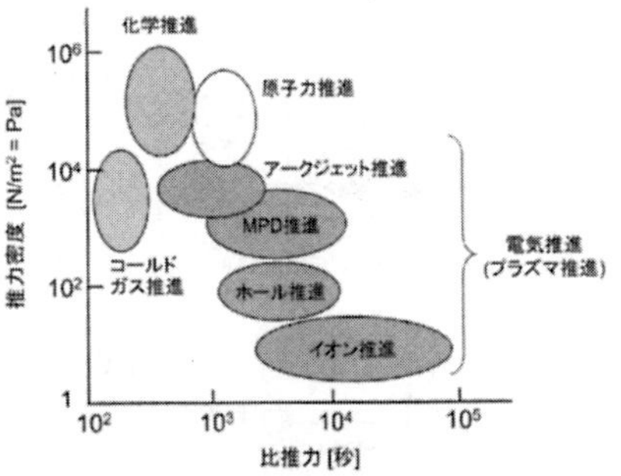

図３　各種宇宙推進機の推進特性の概要

ベルの推力を長時間準継続的に発生することができ，例えば，地球軌道上で長期間運用する衛星の姿勢制御や軌道制御，彗星や外惑星まで到達する（さらに地球まで帰還する）長期間航行に適している。電気推進は，プラズマ粒子の加速機構の違いにより，(1)電熱型／空力加速型（直流アークジェット推進機），電磁加速型（電磁プラズマ推進機／MPD アークジェット推進機，パルスプラズマ推進機／PPT），(3)静電加速型（イオン推進機，ホール推進機），に分類され，図からわかるように，それぞれ推力・比推力の範囲が異なる。このような電気推進は，技術の進歩とともに近年ようやく適用例が増え，高比推力の特徴を生かして，今後さらに増えるものと予想される。なお，ガスだけを噴出して用いるコールドガス推進機は，機器構造が簡単であり，宇宙開発の初期段階から，特に姿勢制御に多用される。

超小型衛星（「ナノ」級以下，＜10kg）に用いる推進機は，マイクロ推進機あるいはマイクロスラスタとよばれ[1, 8~10]，実用技術としての成功例はまだないが，コールドガス推進，化学推進とともに，電気推進技術の研究も近年盛んになっている。マイクロ電気推進では，まず，従来のイオンスラスタやホールスラスタの小型化の研究が行われているが，そのサイズは現状～数 cm 程度にとどまっている。(i)プラズマ源（放電室）の表面積と体積との比が大きく，壁でのプラズマの損失が高い状況下で，プラズマの生成・維持効率が低い，(ii)小型化によって壁への粒子フラックスが大きく，それに伴う壁の加熱や摩耗が著しい，(iii)いずれも外部磁場が必要であり，磁石・磁気回路の小型化に限界がある，さらに，(iv)いずれも静電加速型であり，衛星の帯電防止（電荷保存）のための電荷中和器が必要である，などの理由による。特に(i)，(ii)はマイクロプラズマに共通の課題であろう。

これに対し，図４に，～mm あるいはそれ以下のサイズのマイクロ電気推進技術の例を，示す[1, 8, 10]。図中(a)～(c)は，電熱型／空力加速型の直流放電励起マイクロアークジェットスラスタ

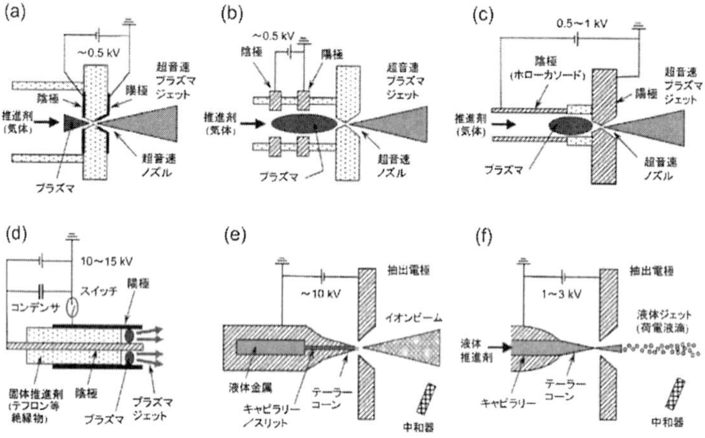

図4　各種マイクロ電気推進機（mm～sub mm サイズ）の構成概念図

であり，放電室の一端にマイクロノズル（スロート直径<0.5mm）が設置され，Ar，N_2，H_2 ガスなどを推進剤として用いる。一方(d)は，電磁推進型のマイクロパルスプラズマスラスタ／マイクロ PPT であり，コンデンサのパルス大電流放電によりテフロンなどの固体推進剤表面（直径< 10mm）に高密度プラズマを形成し，プラズマ電流 j と自己磁場 B に起因する電磁力 j×B によりプラズマを加速して推進力を得る。固体推進剤のため推進剤容積／貯蔵システムの小型化が容易でマイクロ推進機として魅力あるシステムとされるが，推進剤表面の変化に起因する放電特性ひいては推力の時間変動，およびパルス大電流放電による衛星機器へのノイズ，大きくて重い高電圧システム，などが現在問題視されている。

マイクロ電気推進で実用化に最も近いとされる技術が，静電加速型の(e)電界放出電気推進（FEEP）と(f)コロイドスラスタであるが，いずれも放電プラズマを用いない。前者 FEEP は，Cs，Rb，In などの低融点金属を用いた液体金属イオン源であり，通常～0.2mm 程度のキャピラリーあるいはスリットの先端部から電界放出によって直接イオンを抽出し，静電場で加速して推進力を得る。欧州宇宙開発機構（ESA）が力を入れている技術であり，10 個程度のスラスタアレイシステムの開発も行われているが，ヒータ電力・高電圧供給システム，排気プルームによる金属汚染，また Cs の場合は有毒金属の取り扱い，などが現在問題視されている。一方，後者コロイドスラスタは，基本的には静電スプレイ装置であり，動作は FEEP と似通っている。やはり直径～0.2mm 程度のキャピラリーに，液体推進剤（液体の導電率を増加させるため NaI を添加したグリセロールなど）を圧送し，キャピラリー先端部から噴出する液体ジェット（荷電液滴）

を，静電場で加速して推進力を得る。米国航空宇宙局（NASA）が力を入れている技術であり，数10個のスラスタアレイシステムの開発も行われているが，高電圧供給システム，比推力の低さ（化学推進と同じレベル），などが問題視されている。なお，これら静電加速型の電気推進システムに必要な電荷中和器についても，カーボンナノチューブを用いた超小型電子源を搭載する中和器の研究開発が，併行して進められている。

4　マイクロ波励起マイクロプラズマ源を用いたマイクロプラズマスラスタ

本節では，筆者らが研究開発を行っている超小型プラズマ推進機（マイクロプラズマスラスタ）について[11~15]，そのモデル解析と作製，およびプラズマ特性と推進性能について述べる。本研究では，超小型衛星（ナノサテライト，＜10kg）への適用を念頭に，半導体マイクロ波素子を励起源に用いた，マイクロ波励起のマイクロプラズマスラスタを提案し具現化をめざす。図5にマイクロプラズマスラスタの概念図を示す。スラスタはマイクロプラズマ源とマイクロノズルからなる電熱加速型である。プラズマ源は半径1 mm，長さ10mm程度の円筒型誘電体容器とそれを覆う金属円筒の同軸構造をなし，容器内部の10～100kPa程度の圧力の作動ガスに，同軸ケーブルを介してマイクロ波（＜10W）を供給することでプラズマ生成に至る。ここで，マイクロ波電力の制限は，超小型衛星における太陽電池パネルの発電能力に依る。生成された高温・高圧のプラズマは，ノズルで空力的に超音速に加速され推力を得る。

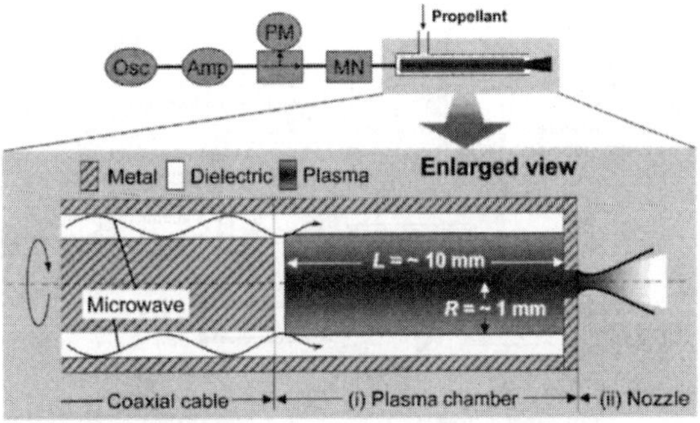

図5　マイクロ波励起マイクロプラズマスラスタの構成図（マイクロプラズマ源とマイクロノズル）

4.1　モデル解析

マイクロプラズマ源とマイクロノズルの2つの領域に関して（図5），Arプラズマを対象に，図6に示すような数値モデル解析を行い，プラズマ特性，ノズル流れ特性，および推進性能を見積もった[11, 12]。プラズマ源には，プラズマの生成・維持に関する体積平均モデル（Global model）と，プラズマ中のマイクロ波伝播に関する電磁界モデル（FDTD：finite-difference time-domain approximation）を，また，ノズル流れには，2温度モデルに基づく流体方程式（Navier-Stokes equations）と状態方程式を用いる。解析ではさらに次の仮定を用いた。①プラズマは連続体で準中性，②気相反応は電子衝突電離とイオン－電子3体衝突再結合を考慮，③電子温度と重粒子（イオン，中性粒子）温度は異なる（2温度モデル），④プラズマ源において電子密度・温度等は空間一様であり，電磁界は2次元軸対称構造をなす，⑤プラズマ源への投入電力は電子に吸収され，弾性衝突により重粒子にエネルギー移行する，⑥ノズル流れは2次元軸対称の層流とし，全ての粒子種の対流速度は等しい。

図7に，プラズマ源の圧力が0.1MPa一定の場合において，電子密度n_e，電子温度T_e，および重粒子温度T_hのプラズマに吸収される電力密度Q_{abs}に対する依存性を示す。図より，吸収電力の増加とともに電子密度が増加，また重粒子温度が上昇して電子温度と熱平衡状態になる様子がわかる。図8に，マイクロ波周波数f=24.5GHz，誘電体の比誘電率$\varepsilon_d=10$，吸収電力密度$Q_{abs}=2.0\times10^7$W/m^3（P_{abs}=0.6W）における，プラズマ中のマイクロ波の軸方向電界E_zの空間分布を示す。図より，波の振幅が誘電体とプラズマの境界から径方向に指数関数的に減衰し，いわゆる表面波（surface waves）が生じて伝播している様子がわかる。また，図9に，プラズマ

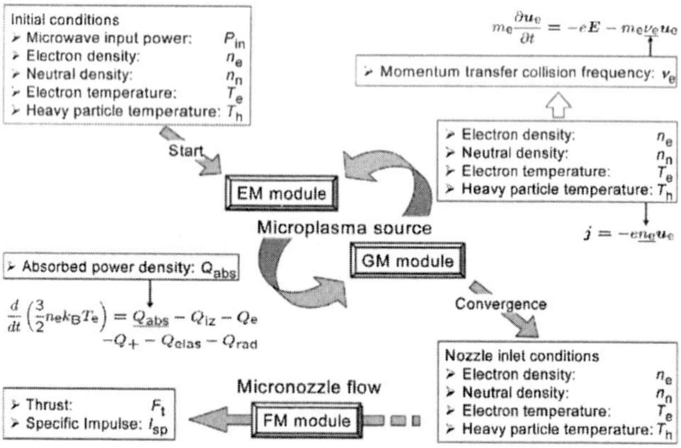

図6　マイクロプラズマスラスタの数値解析モデル

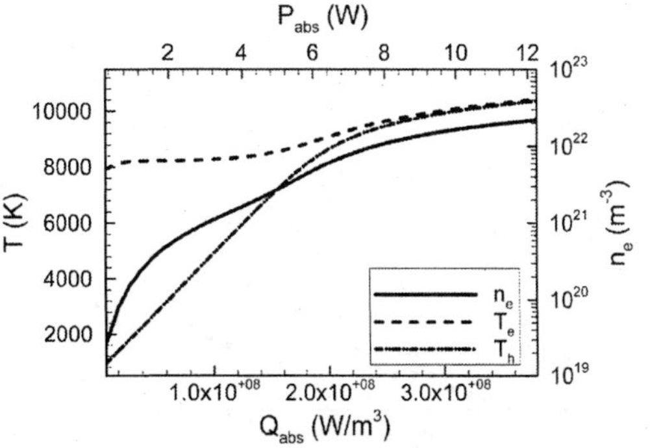

図7　マイクロプラズマ源のプラズマパラメータ（電子密度 n_e，電子温度 T_e，重粒子温度 T_h）のマイクロ波吸収電力（電力密度 Q_{abs}）依存性

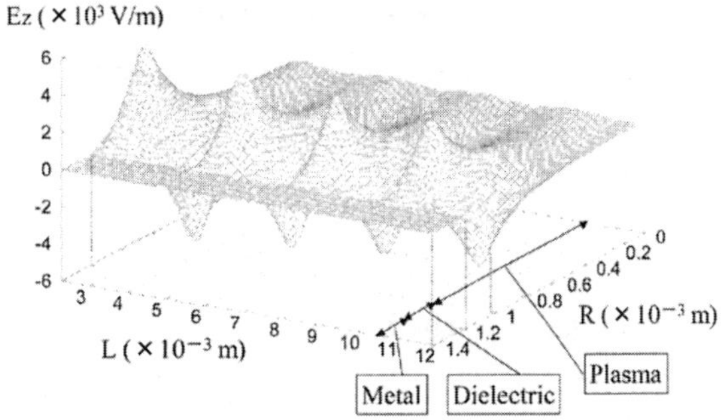

図8　マイクロプラズマ源におけるマイクロ波電界 E_z の空間分布

源へのマイクロ波投入電力を $P_{in}=10$W として，プラズマに吸収される電力 P_{abs} のマイクロ波周波数 f および誘電体比誘電率 ε_d への依存性を示す。図より，周波数および比誘電率が高いほど，プラズマ生成が効率的であることがわかる（プラズマ源の構造に起因するマイクロ波電力のマッチングに関連して，周波数，比誘電率に対する依存性は単調ではない）。

さらに，図10に，プラズマ源の吸収電力密度が $Q_{abs}=4.0\times10^7$，1.6×10^8W/m^3 におけるノズル内のプラズマ流れのマッハ数の空間分布を示す。ここで，マイクロノズルの入口半径，スロート半径，出口半径，広がり角は，それぞれ $r_{in}=0.3$mm，$r_t=0.1$mm，$r_{ex}=0.4$mm，$\theta=20°$ である。ノズル流れの計算では，質量流量を $\dot{m}=2.0$mg/s に固定し，ノズル入口の境界条件にプラズマ源の解析結果を用い，また，ノズル壁面において，速度ゼロとする滑りなし条件および輻射平衡条

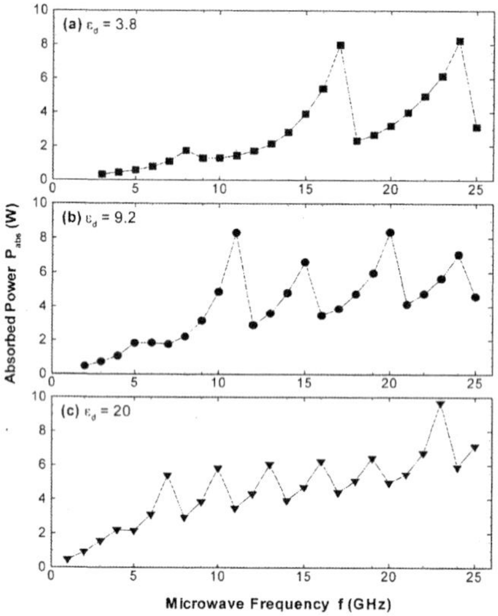

図９　マイクロプラズマ源におけるマイクロ波吸収電力 P_{abs} のマイクロ波周波数 f と誘電体比誘電率 ε_d への依存性（マイクロ波投入電力 P_{in}＝10W）

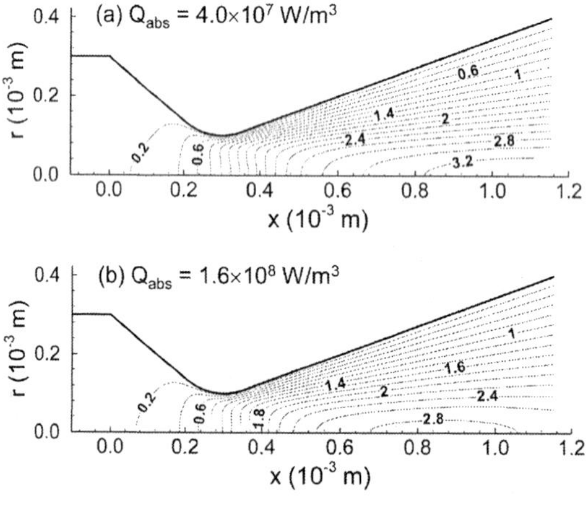

図10　マイクロノズルにおけるプラズマ流のマッハ数の空間分布

件を仮定した。図より，電力が大きくなるとマッハ数の最大値がノズル内部に存在し，ノズル広がり部→出口においてはむしろ速度が減速されている様子がわかる（推進性能が低下し推進機としては不都合）。これは，電力増加による重粒子温度上昇の結果，境界層における粘性散逸が増大するためである。マイクロノズル流れでは，境界層の厚みとノズル断面の特性長が同程度であり，マイクロプラズマ源と同様，固体表面でのプラズマやガスの振る舞い（ノズル壁面での流れ）の理解と制御が重要となることがわかる。

これらの解析に基づき，マイクロスラスタとしての推進性能を見積もると，マイクロ波電力 $P_{in}<10W$ で，推力 $F_t=2.5\sim3.5mN$，比推力 $I_{sp}=130\sim180s$ 程度の値が得られた。

4.2　マイクロプラズマ源とプラズマ特性

図11にマイクロプラズマ源の詳細構造を示す[11, 13, 14]。マイクロ波供給のセミリジッド同軸ケーブルの外部導体と内部絶縁体を，先端から10mm程度取り除き，該内部導体をセラミックス管で覆い，さらに外部導体を石英管で覆う。ここで，ムライト（$3Al_2O_3 \cdot 2SiO_2$，比誘電率 $\varepsilon_d=6$）とジルコニア（ZrO_2，$\varepsilon_d=12\sim25$）の2種類のセラミックス管を用いた。そして，このセラミックス管で覆われたケーブル先端を，長さ10mmの石英管（プラズマ容器，内径1.5mm，外径3.0mm）に挿入する。マイクロプラズマ源の端（石英管の端）には，オリフィス（直径 $\phi=0.2$，0.4mm）が形成されている。また，石英管は，電磁界シールドのため金属導体で覆われる。ここで，金属導体はプラズマ観測用にスリットを有するが，スリットがスロットアンテナにならないよう，さらに金属メッシュで覆われる。なお，スラスタとしての実験に際しては，石英管の

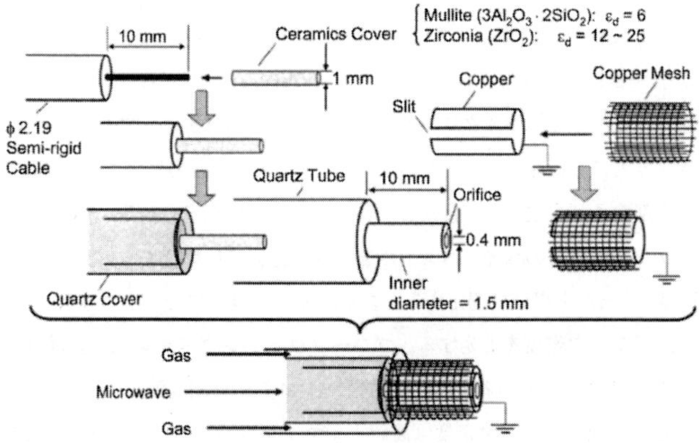

図11　マイクロプラズマ源の詳細構造

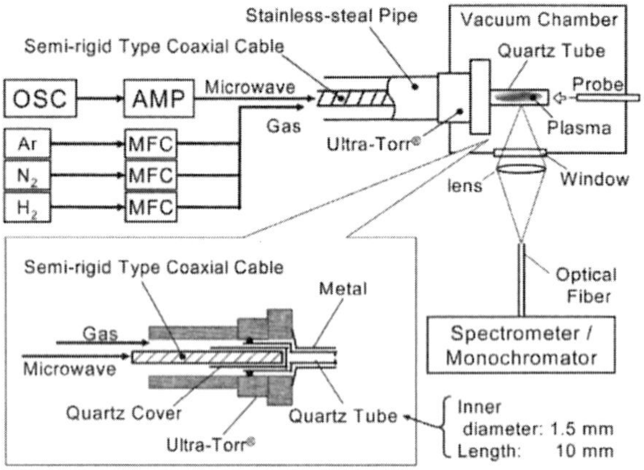

図 12 マイクロプラズマスラスタの実験装置図

端に，オリフィスのかわりに後述のマイクロノズルが装着され，石英管の周囲はスリット無しの金属導体で覆われた。

図 12 に実験の概要を示す。実験装置は，マイクロ波供給系，推進剤（ガス）供給系，マイクロプラズマ源，および真空排気系からなる。マイクロ波信号発生器（周波数可変）からの出力が，半導体増幅器（周波数固定，4 個の高周波 FET 素子から構成）により約 1 万倍に増幅され，増幅されたマイクロ波は，セミリジッド同軸ケーブル（あるいは低損失のフレキシブル同軸ケーブル）を介してマイクロプラズマ源へと供給されて，プラズマが生成・維持される。本実験では，周波数 f = 2 GHz と 4 GHz に対応する 2 種類の増幅器を用い，マイクロ波電力の整合はケーブル長を調整することで行った。また，プラズマ源には SUS 管（あるいはフレキシブルなシリコンチューブ）が接続され，推進剤である Ar ガスおよび添加 N_2（あるいは H_2）ガスが流量制御器を通して供給される。なお，マイクロプラズマ源は，ターボ分子ポンプとドライポンプにより排気される真空容器内に設置され，プラズマ源の圧力（投入ガス圧力）および容器圧力（背圧）は，プラズマ源上流部および真空容器に接続した真空計によって測定される。

実験では，プラズマからの発光スペクトルを，真空容器の側壁窓から，光ファイバを介して分光器（焦点距離 25cm）を用いて測定する。また，静電プローブをプラズマ容器のオリフィス下流に設置して，プラズマ密度を測定する。プローブは，タングステン線（直径 0.05mm）を用いた円筒型シングルプローブである。測定の結果，(i)マイクロ波周波数 f と誘電体比誘電率 ε_d が高いほど発光強度は強くプラズマ密度は高い，(ii)マイクロ波電力 P_{in} = 2 ～10W において，オリフィス下流のプラズマ自由噴流におけるプラズマ密度は $n_e = 10^{11}$～10^{13}cm^{-3} 程度（プラズマ源では1桁程度高いと推測)，(iii)窒素添加により見積もった N_2 分子の回転温度は $T_{rot}=1100\sim1500K$ 程度，であることがわかった[13, 14]。さらに，回転温度をガス温度とみなして解析すると，マイクロスラスタとして得られる推力は $F_t\approx1.2mN$，比推力は $I_{sp}\approx70s$ 程度と推定された。

4.3 マイクロノズルと推進性能

図13に，微細加工により製作したマイクロノズルの正面，側面，およびスロート部の顕微鏡写真を示す[14, 15]。マイクロノズルは，厚さ1mmの石英板に，ダイヤモンドドリルを用いた精密機械加工により製作され，ノズル形状は，前述のモデル解析（図10）と同じである（ノズル入口，スロート，および出口の直径がそれぞれ0.6，0.2，0.8mm，長さ1.0mm)。

図14に，このマイクロノズルをプラズマ源に接続して得られた，Arプラズマの真空中への超音速自由膨張（マイクロプラズマジエット）の様子を示す[14, 15]。ここで，マイクロプラズマ源の石英管の周囲は，前述のとおり接地金属板で覆われ（図11)，観測のためのスリットは設けられていない。放電条件は，マイクロ波周波数 $f=4GHz$（$P_{in}=1.0\sim5.0W$)，誘電体 ZrO_2（$\varepsilon_d=12$

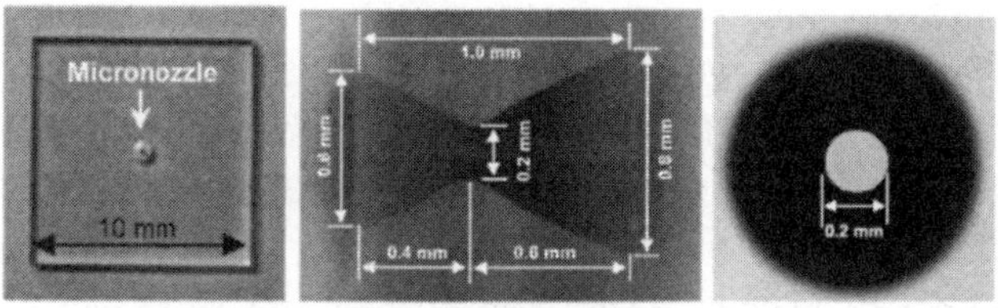

図13 マイクロノズルの顕微鏡写真

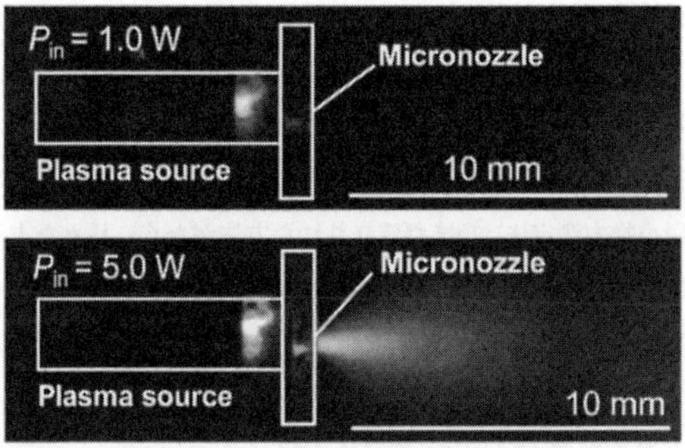

図14 マイクロノズルから真空中に噴出するArプラズマジェットの様子

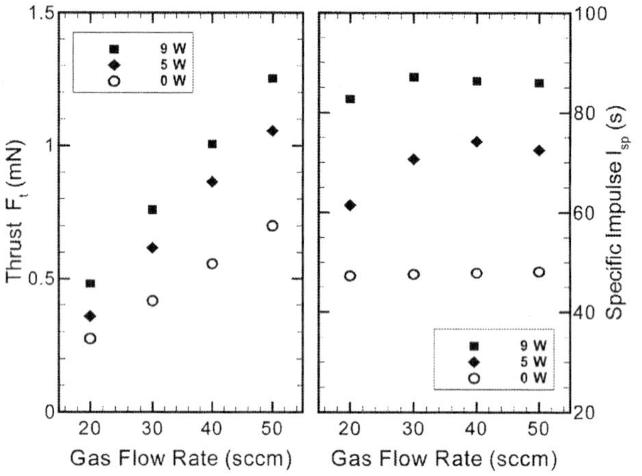

図 15　マイクロプラズマスラスタの推進性能（推力 F_t，比推力 I_{sp}）のマイクロ波投入電力 P_{in} と Ar ガス流量への依存性

～25)，Ar ガス流量 10～50sccm である。精密形状のマイクロノズルの接続により，マイクロプラズマ源のオリフィスのみの場合と比較して，マイクロプラズマジェットのより長い／大きい自由膨張プルームが得られ，マイクロ波入射電力 P_{in} およびガス流量の増大とともに，プルームがより伸びることがわかった。さらに，ジェットプルームを取り巻くように樽型衝撃波（barrel shock），およびノズル出口下流（図中 P_{in} = 5.0W では z～ 7 mm あたり）にもう 1 つの衝撃波であるマッハディスク（Mach disk）の形成が見られ，プラズマの真空中への超音速自由膨張が確認された。

さらに，レーザ変位計を用いた微小推力測定法を新たに構築して，マイクロプラズマスラスタの推進性能を測定した[15]。推力は，一般に，推力測定スタンド（スラストスタンド）にスラスタを載置して，動作時のスラスタの変位から求める。しかし，微小推力（＜1 mN）のマイクロスラスタでは，変位量も小さく（＜0.1mm），スラスタの変位を生じる推力以外の要因の抑制がキーとなる。従って，微小推力測定法はいまだ確立された方法がなく，様々な方法が提案され試されている。本研究では，振子式スラスト測定法とターゲット式スラスト測定法を組み合わせ，変位測定にレーザ変位計（測定精度 $\Delta x \approx 1\,\mu$m）を用いた微少推力測定法を構築した。図 15 に，コールドガスとプラズマ生成時における推進性能について，マイクロ波電力 P_{in} とガス流量への依存性を示す（マイクロ波周波数 f = 4 GHz，誘電体 ZrO_2／ ε_d = 12～25)。ここで，P_{in} = 0 W がコールドガスの場合である。プラズマ生成により推進性能が向上し，P_{in} = 9 W，Ar ガス流量 50sccm

において，推力F_t≈1.2mN，比推力I_{sp}≈85s，推進効率η_t≈4.1%が得られ，超小型衛星（<10kg）の軌道・姿勢制御に適用できることが実証できた。なお，これらの測定値は，前述の，モデル解析による推定値，およびプラズマ特性の実測値とモデル解析をもとに評価した推定値と矛盾しない。

5　おわりに

マイクロ波励起電熱加速型のマイクロプラズマスラスタを提案し，モデル解析とモデル試作により，次世代超小型衛星（<10kg）の軌道・姿勢制御に適用できることを原理実証した。今後，実用に至るには，より詳細なプラズマ計測・診断により，微小閉鎖領域のマイクロ波励起プラズマ，およびマイクロノズル流れの特徴を明らかにしていくとともに，微細加工（MEMS加工）による製作の範囲を拡げ，高効率・高信頼性で超小型・軽量のマイクロスラスタとしてのシステム構築が不可欠である。特に，プラズマ生成や推進効率の向上とともに，超小型・軽量プラズマ励起電源，さらに推進剤の開発も重要である。本実験では，Arガスを使用したが，推進効率向上および超小型衛星搭載の重量制限のため，固体・液体推進剤の可能性も含めての研究が必要であろう。なお，静電加速型のマイクロ電気推進機については，先に述べたように（図4），放電プラズマを用いない方式がこれまで主流であるが，最近，プラズマ方式の研究も始まっている[16)]。マイクロプラズマスラスタの技術的課題や，その物理的・化学的基礎は，ほかの分野のマイクロプラズマ応用と大部分共通する。従って，マイクロプラズマスラスタの研究開発は，マイクロプラズマの新応用展開のみならず，その新しい物性の発掘と物理的・化学的基礎の体系化にも大きく貢献すると期待できる。

文　　献

1) "Microengineering Aerospace Systems", edited by H. Helvajian, AIAA, Reston, Virginia (1999)
2) "MEMS and Microstructures in Aerospace Applications", edited by R. Osiander, M. A. G.. Darrin, and J. L. Champion, CRC Press, Boca Raton, Florida (2005)
3) CANEUS 2006 Conference on Micro-Nano-Technologies for Aerospace Applications: from Concepts to Systems, Toulouse, France, Aug. 2006; CANEUS 2008 to be scheduled

in Tsukuba, Japan, Aug. 2008
4) E. Y. Robinson, H. Helvajian, and S. W. Janson, *Aerospace America*, Oct 1996, pp.38-43 (1996)
5) 斧高一，福田武司，高温学会誌，**31**, No. 5, pp.252-259 (2005)
6) R. W. Humble, G. N. Henry, and W. J. Larson, "Space Propulsion Analysis and Design", McGraw-Hill, New York (1995)
7) G. P. Sutton and O. Biblarz, "Rocket Propulsion Elements, 7th ed", Wiley, New York (2001)
8) "Micropropulsion for Small Spacecraft", edited by M. M. Micci and A. D. Ketsdever, AIAA, Reston, Virginia (2000)
9) J. R. Wilson, *Aerospace America*, Feb 2003, pp.34-38 (2003)
10) 特集「マイクロ推進機」，日本航空宇宙学会誌，**52**, No. 10, pp.261-275 (2004); **52**, No. 11, pp.283-302 (2004)
11) 鷹尾祥典，斧高一，高温学会誌，**31**, No. 5, pp.283-290 (2005)
12) Y. Takao and K. Ono, *Plasma Sources Sci. Technol.*, **15**, No. 2, pp.211-227 (2006)
13) Y. Takao, K. Ono, K. Takahashi, and Y. Setsuhara, *Thin Solid Films*, **506-507**, pp.592-596 (2006)
14) Y. Takao, K. Ono, K. Takahashi, and K. Eriguchi, *Jpn. J. Appl. Phys.*, **45**, No.10, pp.8235-8240 (2006)
15) Y. Takao and K. Ono, "Proc. 42nd Joint Propulsion Conf., Sacramento, California, July 2006", AIAA-2006-4492, AIAA, Reston, Virginia (2006)
16) A. Dunaevsky, Y. Raitses, and N. J. Fisch, *Appl. Phys. Lett.*, **88**, No. 25, pp.251502-1-3 (2006)

第8章　次世代リソグラフィー用短波長光源

東口武史*1，窪寺昌一*2

1　はじめに

レーザー生成マイクロプラズマを用いた高輝度光源に関する研究が盛んに行われている。この研究は高強度レーザーの開発に依るところが大きく，現在では，時間領域はフェムト秒領域，ピーク強度はペタワット領域のレーザーが実現されている。高強度レーザーにより生成されたマイクロプラズマは，高温・高密度であることが特徴である。このようなマイクロプラズマを用いると，マイクロ波，テラヘルツ波などの長波長領域から，真空紫外光，極端紫外光（Extreme ultraviolet light. 以下，EUV光），エックス線，ガンマ線などの短波長領域までの幅広い波長範囲の電磁波を発生できる。

レーザー生成マイクロプラズマを用いて特定のスペクトル領域の電磁波を発生させるためには，マイクロプラズマのパラメータ制御が必要であり，レーザーパラメータやターゲット媒質に強く依存する。例えば，光学的に厚いプラズマを用いて波長10nm領域のEUV光を発生させる場合，黒体輻射から見積もられる必要な電子温度は約30eVである[1)]。ターゲット材料を適切に選択することにより，波長10nmのEUV光を効率良く発生させることも可能である。低原子番号物質の場合，リチウムの2価イオンのライマンα線や酸素の5価イオンからの線放射，キセノンやスズのような高原子番号物質の場合，$4d$-$4f$遷移などからの多重遷移放射によるバンド放射を利用できる。

現在，波長13.5nm近傍のEUV光源は次世代半導体リソグラフィー露光用光源として注目されている。半導体集積回路の集積度は3年で4倍と進展しており，この高集積化の進展は光リソグラフィー技術に支えられてきた。国際半導体技術ロードマップ（ITRS）によると，2010年には，回路線幅32nmハーフピッチの解像を可能にする量産用リソグラフィー装置が要求されている。

＊1　Takeshi Higashiguchi　宇都宮大学大学院　工学研究科　エネルギー環境科学専攻　助手
＊2　Shoichi Kubodera　宮崎大学　工学部　電気電子工学科　教授

2 EUV 光源への要求出力

EUV 露光技術の要素技術の中で最大の課題の一つが高出力 EUV 光源の開発である。EUV 光源には，中心波長 13.5nm（2％帯域幅），繰り返し周波数 7～10kHz，中間集光点出力 115W 以上が要求されている[2)]。この出力は，露光システムの Mo/Si 多層膜鏡，レチクルおよび EUV 光の最終到達点であるウエハー上のレジスト感度に依存している。

EUV 光の波長（13.5nm）領域では透過光学材料が存在しないため，EUV 光の伝送は反射光学系でのみ可能である。モリブデンとシリコンの多層膜鏡（以下，Mo/Si 多層膜鏡）は波長 13.5nm 近傍で約 65％の反射率を有する。次世代半導体リソグラフィー露光システムは，この多層膜鏡を用いて光リソグラフィーを実現しようとするものである[1)]。

このように，波長 13.5nm の EUV 光源は，現在の ArF エキシマレーザーに続く最有力の次世代リソグラフィー用光源である。EUV リソグラフィー技術については，プラズマ・核融合学会誌の解説論文[3)] やレーザー研究の解説論文[4)] があるので参照されたい。

3 レーザー生成マイクロプラズマ光源

高出力の EUV 光を発生する有力な方式の一つは，ナノ秒程度の短パルス高出力レーザーを高密度ターゲットに集光照射し，生成されるプラズマからの輻射光を利用する方式である。高出力 EUV 光を発生させるためには，①高繰り返し高出力レーザーの開発，②ターゲット材料の連続供給法の開発，③デブリ抑制技術の開発および④高変換効率を達成するためのプラズマ物理の研究が重要である。このようなレーザー生成マイクロプラズマ方式 EUV 光源の他に，放電生成マイクロプラズマ方式 EUV 光源もある。放電生成マイクロプラズマ方式については，プラズマ・核融合学会誌に解説論文[5)] が掲載されているので参照されたい。

レーザー生成マイクロプラズマ方式では，入力レーザーエネルギーから EUV 光エネルギーへの変換効率が非常に低いため，変換効率を 1％程度の場合，要求仕様を満たすためには 10kW 程度の平均出力を持つレーザーが必要となり，レーザー開発への負担が大きい。従って，EUV 光源の高出力化やレーザー開発への負担の軽減のためには，高い変換効率を達成することが重要である。

炭酸ガスレーザー[6)] や Nd：YAG レーザー[7)] がプラズマ生成用レーザーとして有望視されており，ターゲット媒質との組み合わせによる EUV 光発生効率の向上が図られている。

4 液体ジェットまたは液滴ターゲットを用いたレーザー生成マイクロプラズマ

高繰り返し動作を考慮に入れたレーザー生成マイクロプラズマ光源用ターゲット供給は重要な要素技術である。ターゲット供給には，クラスター，液体，固体などを用いる方法が各研究機関で検討されており，ターゲット媒質の相によって，EUV発光特性やデブリの発生特性も変化する。

この中でも液体ターゲットは，利点の多い供給方法である。ターゲットの物質の形態に固体，液体，気体等がある中で，液体ターゲットは固体ターゲットと同様に高密度媒質であり，気体ターゲット同様に高速供給が容易であるため，高繰り返し動作を可能にする。従って，液体ターゲットはEUV光の高平均出力が期待できる有望なターゲット方式である。加えて，レーザー光は容易に集光できるため，点光源を容易に形成できる。

液体ターゲット方式には，液滴方式[8, 9]とジェット方式[10]の二つの方式がある。液滴方式は質量制限ターゲットとも呼ばれる。図１のようにレーザーと相互作用するターゲットの質量の上限を自由空間内に制限することができることから，デブリフリー光源としても期待されている。しかし，レーザーパルスとの時間的空間的な同期が困難である。

一方，ジェット方式ではターゲット径方向は空間的に制限することができることに加えて，連続的にターゲットを供給できるため，レーザーパルスとの時間的な同期を考慮する必要がない。

このような液体ターゲットは以下のような利点を有する。

① 質量制限（mass-limited）ターゲットであるため，ターゲット内の原子・分子数を特定でき，最適入力エネルギーを決めることができる。

② 高速供給による高繰り返し動作が可能である。

③ 固体密度程度の高密度ターゲットであるため，粒子源や電磁波源としての変換効率の向上が大きい。

④ 水溶液方式にすることにより，所望の荷電粒子，波長域の電磁波を発生できる。

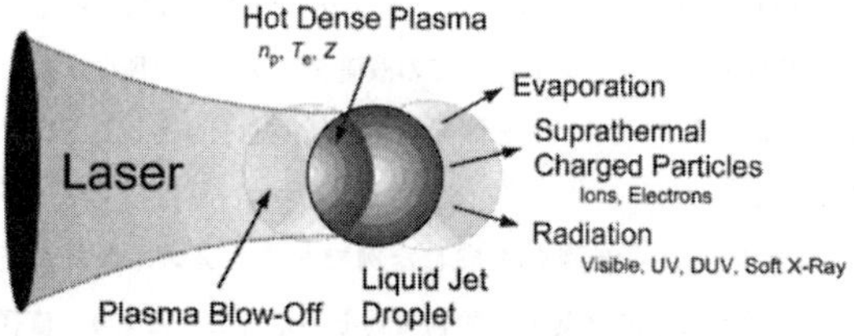

図１　液滴ターゲットによるレーザー生成マイクロプラズマ

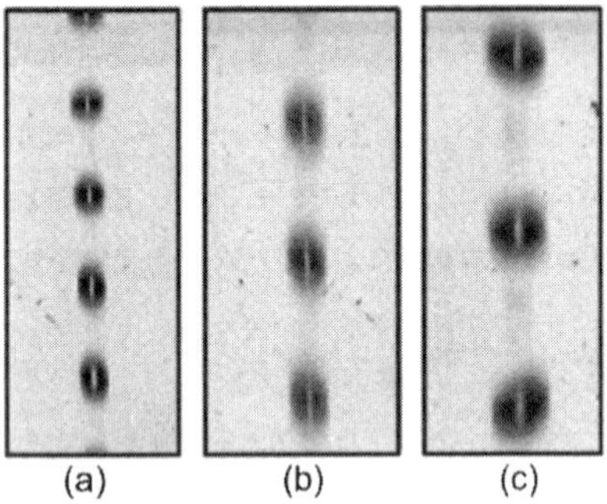

図２　液滴ターゲットの生成
(a)直径 80 μm, (b) 116 μm, (c) 180 μm

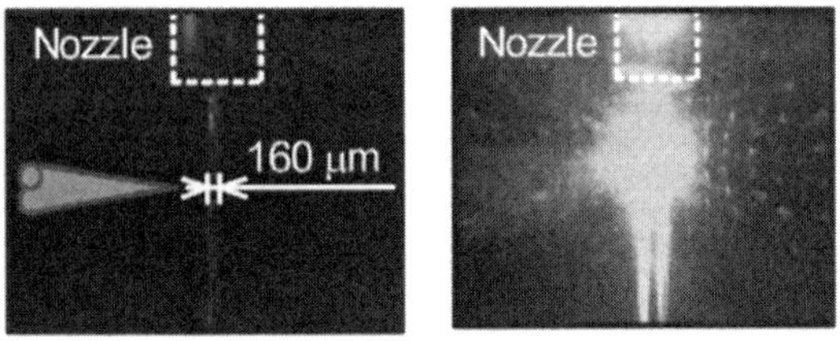

図３　(a)スズ液体ターゲットの生成，(b)レーザー照射時のマイクロプラズマからの可視光発光

レーザー生成マイクロプラズマ方式 EUV 光源用のターゲットには高速かつ連続供給であることが求められるため，レーザー生成マイクロプラズマ方式では液体ターゲットが採用されている[7)]。以下では，液滴ターゲットおよび金属ターゲットの開発状況を紹介する。

液体ジェットターゲットは半径方向に空間制限され，レーザー光を集光照射すると，集光点部のみに高温・高密度のマイクロプラズマが生成されるため，疑似質量制限ターゲットとして振る舞い，EUV 光は等方的に放射する[11)]。しかし，デブリの発生を抑制するために，ターゲットの最小供給の観点から質量制限ターゲットとしての液滴ターゲットを開発することは意義深い。そこで，著者らは液体ジェットターゲットを開発し，強制振動を与えることにより，液滴化されるターゲットを開発した。

図２は液体媒質に水を用い，液滴を生成した例である。ノズルから直径 10～100 μm の水ジェットを生成し，ノズルにピエゾ素子で強制振動を与えることにより，直径 80～180 μm の液滴を生成した。液滴とレーザーパルスの同期も比較的容易である。

一方で，金属液体ターゲットも開発している。高効率EUV光発生の金属材料は，次節で述べるようにリチウムまたはスズである。そこで，著者らは水ジェットを生成した方式と同様にして，スズ液体ジェットを真空中に生成した。図3は直径160μmのスズジェット(a)およびレーザー生成プラズマの輻射可視光の様子(b)である。このように高密度媒質を用いたレーザーによるマイクロプラズマの生成が可能となった。

5　ターゲット媒質の選択

所望の波長のEUV光を発生させるための媒質の選択も重要である。キセノン（Xe）[6, 7, 12~15]，リチウム（Li）[16~18]，スズ（Sn）[19~23]がターゲット媒質として有力視されている。図4は宮崎大学でのレーザー生成マイクロプラズマからの輻射EUV光の典型的なスペクトルである。

キセノンを用いたレーザー生成マイクロプラズマ方式では，液体キセノンジェットターゲットなどにNd：YAGレーザーの基本波を集光照射することによって，高温・高密度プラズマを生成する。レーザー生成マイクロプラズマ光源のEUV光スペクトルは，放電生成マイクロプラズマ方式EUV光源のEUV光スペクトルとは異なり，波長11nm付近に強い発光を持ち，波長13.5nmの発光は波長11nmの発光強度と比較すると相対的に低い[5, 12, 15]。しかし，常温で気体であるため，ターゲット媒質からのデブリの発生量は，放電生成マイクロプラズマ方式よりも少

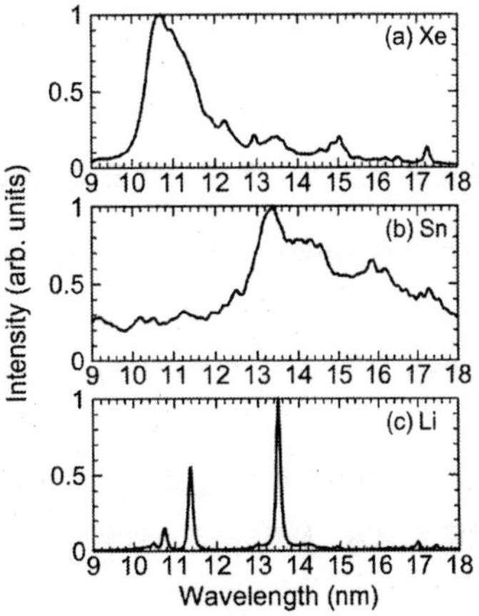

図4　典型的なEUV光スペクトル
(a)キセノン，(b)スズ，(c)リチウム

ないと考えられている[14]。また，点光源を容易に形成できることもレーザー生成マイクロプラズマ方式の利点である。一方，キセノンはスズやリチウムと比べると，デブリによる光学素子への負担は小さいが，EUV 光変換効率は最大で約 1 %程度に留まっている[13, 14]。

リチウムは低原子番号物質であることから，線スペクトルが支配的となり，Mo/Si 多層膜鏡の不要な加熱を軽減できる。イオン化は最大でも 3 価であることから，電離エネルギーや励起エネルギーに対する遷移エネルギーの割合が高く，高効率発光が期待できる。

キセノンやリチウムに対して，スズは波長 13.5nm 近傍で高い発光を持つ。例えば，図 3 のようにスズ液体ジェットターゲットに Q スイッチ Nd：YAG レーザーの基本波を照射した場合，レーザー強度が 2×10^{11}W/cm^2 のときに最大変換効率は約 2 %（中心波長 13.5nm，帯域幅 2 %，立体角 2π sr）であった[24, 25]。

金属ターゲットにレーザーを直接照射すると，EUV 光を効率良く発生できるものの，デブリが多く発生し，集光 Mo/Si 多層膜鏡に損傷を与え，反射率の低下を招く。デブリ抑制の観点から，著者らは金属媒質を低濃度で供給する一つの方法として，水溶液方式の可能性を探っている。具体的には，EUV 光を高効率で発生できるリチウムやスズを低濃度で供給するために，塩化リチウム水溶液[17, 18] またはスズ粒子混入水溶液[25, 26] を用い，液体ジェット方式により EUV 光の特性を調べている。

繰り返し実験が可能となる液体ジェットおよび液滴ターゲットを用い，デブリ抑制と高変換効率を同時に満たす条件を探るべく，主に液体ターゲットと二重パルス法によるプラズマの能動的制御の研究を行っている。次節では，液体ターゲットの開発状況やレーザー生成マイクロプラズマからの EUV 光の特性および二重パルス法による変換効率の高効率化について述べる。

6　塩化リチウム水溶液ターゲットを用いた EUV 光の特性

図 5 は実験装置である。真空容器の中央部に紙面に垂直に液体ジェットターゲットを生成した。プラズマ加熱用レーザーとしてのメインパルスは，Q スイッチ Nd：YAG レーザーの基本波（波長 1064nm，パルス幅 10ns（FWHM），集光径 175 μm（FWHM））であり，ターゲットに垂直に照射した。

プリパルスが無い場合の単一レーザーパルス照射時の EUV 光変換効率は，リチウムの混入質量濃度に比例した。混入質量濃度 44%，最適レーザー強度（2 ～ 3）$\times 10^{11}$W/cm^2 での最大変換効率は 0.15%であった。

プラズマの能動的制御のために，プラズマ生成用レーザーとして，プリパルスを用いた。プリパルスは，Q スイッチ Nd：YAG レーザーの 2 倍高調波（波長 532nm，パルス幅 8 ns

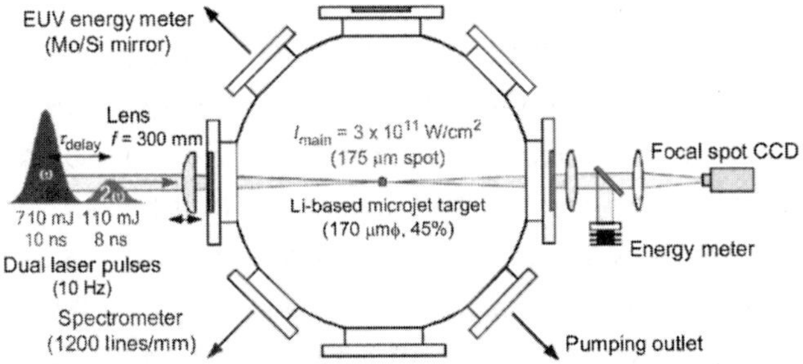

図 5　実験装置

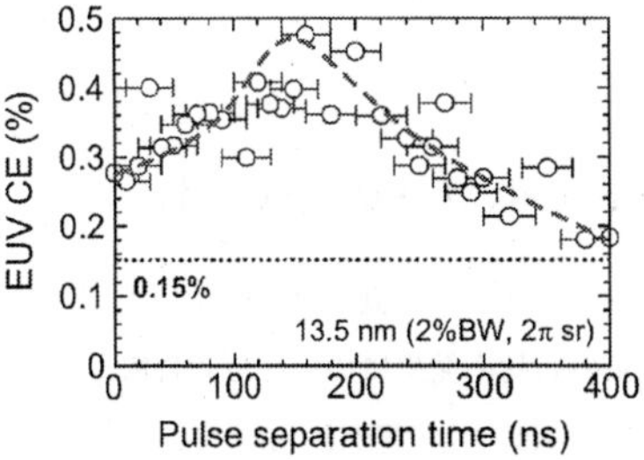

図 6　EUV 光変換効率の遅延時間依存性

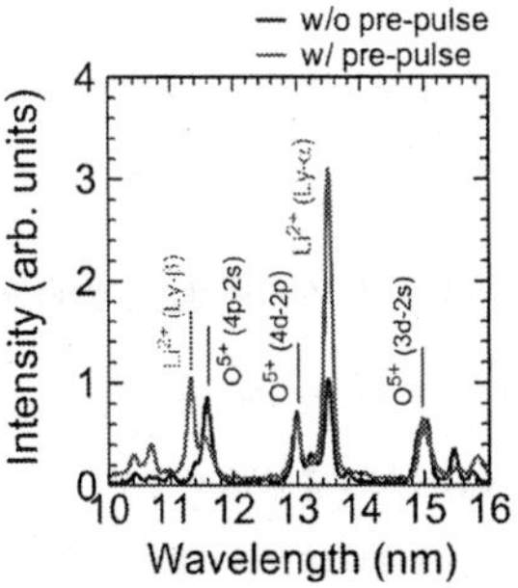

図 7　プリパルス有無における EUV 光スペクトル

(FWHM)）であり，ダイクロイックミラーによりメインパルスと同軸にし，電気パルストリガーによりパルス間隔時間を変化させた。プリプラズマから EUV 光が発生しないように，レーザー強度は 2×10^{10}W/cm^2 以下とした。二重パルス照射時のメインパルスのレーザー強度は 3×10^{11}W/cm^2 とした。メインパルスのレーザー強度は，プリパルスが無い場合の最適レーザー強度である。

EUV 光スペクトルは斜入射分光器，EUV 光エネルギーは較正された Mo/Si 多層膜鏡付エネルギーメーターにより観測された。これらの計測器はレーザー軸に対してそれぞれ 45° 方向に配置した。

図 6 は変換効率のパルス間隔依存性である。パルス間隔の増加と共に変換効率は増加し，パルス間隔が 100～150ns 時に，変換効率は最大 0.48% であった。最適パルス間隔よりもパルス間隔が大きい場合，変換効率は減少した。プリパルスが無い場合の変換効率 0.15% と比べると，最適

パルス間隔近傍では約3倍増加した。

最適パルス間隔はプラズマ膨張時間で決まる。実験パラメータから評価されるプラズマ膨張時間は約80nsであり，実験値と同じオーダーであった。変換効率が増加したのは，プリパルスにより固体密度のターゲットがプラズマ生成および膨張により，メインパルスの臨界密度程度に減少し，メインパルスとプラズマのエネルギー結合が増加したことに起因する。

図7は最適パルス間隔100ns時におけるプリパルスの有無におけるEUV光スペクトルの比較である。プリパルスを組み合わせることにより，波長13.5nmのライマンα線が選択的に増加した。このことから，プラズマとのエネルギー結合の増加に加えてスペクトル制御も可能であることが明らかになった[17]。

水溶液方式により低濃度金属ターゲットの供給が可能であることが分かったものの，塩化リチウム水溶液ターゲットでは変換効率は1％に達しなかったため，混入材料としてより高効率発光が期待できるスズを選んだ。

7　スズナノ粒子混入水溶液ターゲットを用いたEUV光の特性

実験装置は図5と同じであるが，液体ジェットターゲットの直径は50μmとした。既にスズ混入水溶液による液滴ターゲットからのEUV光の高効率発生については報告例[19]があるものの，この場合にはデブリが多く発生している。著者らは，粒子径が数nmのスズナノ粒子を水媒質に一様分散されたターゲットを用いることにより，直径がμm程度の中性粒子デブリの抑制に加えて，二重パルス法により変換効率の増加を図っている。

図8は混入質量濃度6％および17％のときの典型的なEUV光スペクトルである。波長

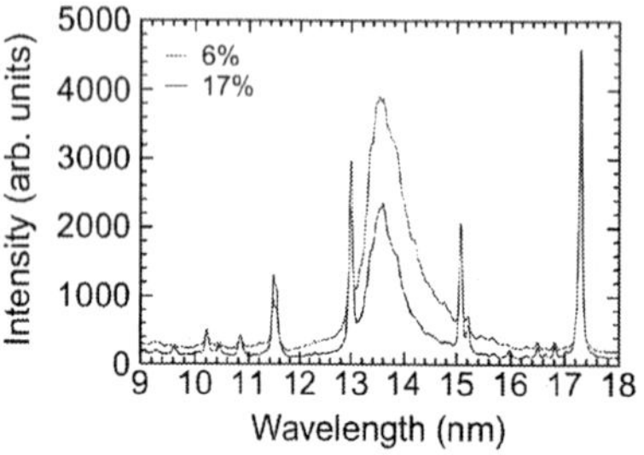

図8　スズナノ粒子混入水溶液ターゲットを用いたマイクロプラズマからの典型的なEUV光スペクトル

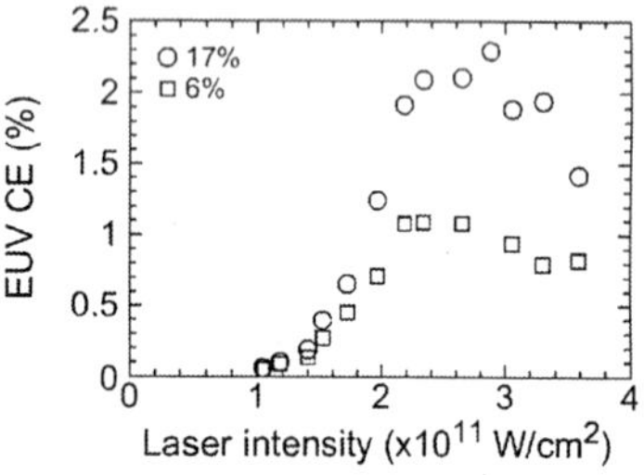

図9　プリパルスを用いたときのEUV光変換効率のメインパルスレーザー強度依存性（パルス間隔は100ns）

13.5nm 領域にスズの多価イオンからのバンド発光が観測された。このスペクトル幅は約1nm（半値全幅）であった。このスペクトル幅は，固体平板スズターゲットを用いたときのEUV光スペクトルよりも狭帯域化した。この場合，水溶液ターゲットであるので，水の構成元素である酸素の5価イオンからの発光も重畳されている。

EUV光変換効率はスズの混入質量濃度に比例した。最適レーザー強度（2～3）×10^{11}W/cm^2 の時，混入質量濃度6％での最大変換効率は0.35％，混入質量濃度17％での最大変換効率は0.75％であった。

デブリを低減するためには，低混入・低濃度であることが望ましい。しかしながら，低濃度では変換効率を1％以上確保できなかった。そこでこの低変換効率を補償する観点から，プリパルスを用いた二重パルス法によるEUV光の変換効率の増加を図った。

二重パルス照射法は既に述べた通りである。実験では，最適パルス間隔は100nsであった。この最適パルス間隔100ns時における変換効率のレーザー強度，混入質量濃度依存性を図9に示す。最適レーザー強度（2～3）×10^{11}W/cm^2 のとき，混入質量濃度6％での最大変換効率は1.1～1.2％，混入質量濃度17％での最大変換効率は2.1～2.3％に増加した。これらの変換効率はいずれもプリパルスが無い場合に比べて，約3倍増加した。この変換効率の増加は，前述のように，プリプラズマの膨張に伴うエネルギー結合の増加に起因しているものと考えている[17, 25, 26]。二重パルス法により変換効率を1％以上に増加させることができた。

EUV光および高速イオンの放射角度分布を図10に示す。液体ターゲットは直径50μmで円の中心に紙面に垂直に生成されている。二重パルス照射時のパルス間隔は，最適パルス間隔の100nsである。EUV光は単一パルス照射時，二重パルス照射時共に等方的に放射している。二重パルス照射時のエネルギーの増加率は，変換効率の増加率に対応している。

高速イオンデブリは，単一パルス照射時にはレーザー光軸方向に発生しており，イオン電流密度は$\cos\theta$の角度分布であった。二重パルス照射時にはイオン電流密度は$\cos^5\theta$の角度分布になった。二重パルスを照射することにより，デブリとしての高速イオンの電流密度を減少させ，局所化できることが分かった。このことから，液体ターゲットを用いた場合，高速イオンデブリの発生は免れることはできないものの，空間的にEUV光と高速イオンデブリを分離できるターゲット形態であることが分かった[11, 25]。

この高速イオンはデブリの一つであるから，低エネルギー化および発生量の低減化は，電磁場などによる高速イオンデブリ対策にとっては重要な知見である。既に，ダブルパルス照射により，高速イオンのエネルギー及び発生量を減少できることがファラデーカップを用いた計測により明らかになっている[17, 18]。そこで，高速イオンの価数分離実験を試みた。図11は，高速イオンの価数分離実験結果である。図11(a)はシングルパルス照射時，図11(b)はダブルパルス照射時のエ

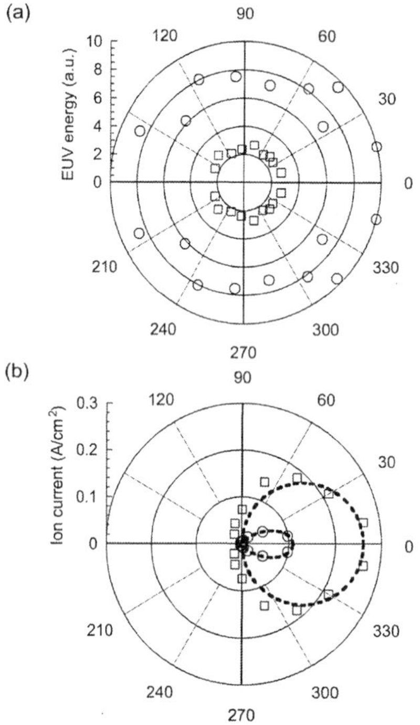

図 10　(a) EUV 光，(b)高速イオン電流の角度分布
□はプリパルス無し，○はプリパルス有り（パルス間隔は 100ns）

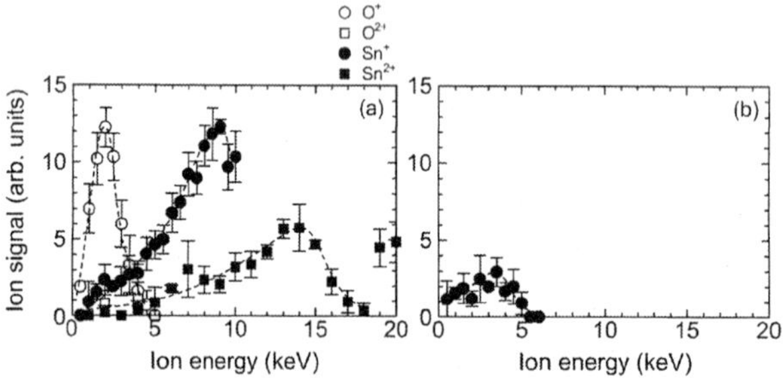

図 11　高速イオンのエネルギースペクトル
(a)プリパルス無し，(b)プリパルス有り（遅延時間は 100ns）

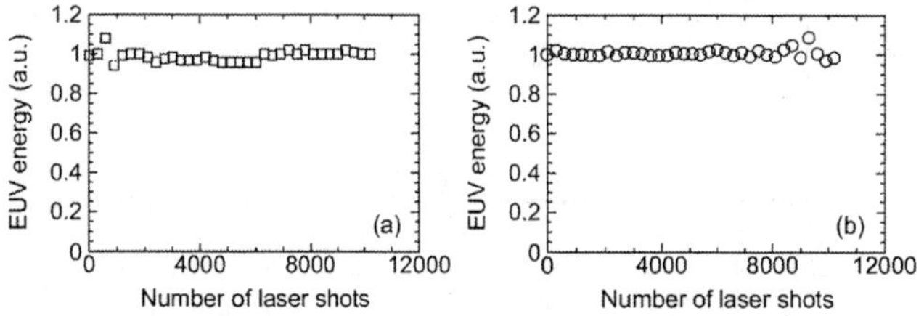

図12　Mo/Si多層膜鏡の相対反射率のレーザー照射数依存性
(a)混入質量濃度6%，(b)17%。両者とも二重パルス照射（パルス間隔は100ns）

ネルギー分布関数である。ダブルパルス照射時の条件は，図9と同様にEUV光変換効率が最大となったときの最適遅延時間および最適レーザー強度である[26]。シングルパルス照射時の高速イオンは主にO^+，Sn^+，Sn^{2+}イオンから構成されており，最大イオン信号となるエネルギーはそれぞれ2，9，14keVであった。一方，ダブルパルス照射時には，高速イオンのイオン種，価数，エネルギー，イオン信号が減少し，Sn^+イオンのみが観測された。最大イオン信号となるエネルギーは3.5keV，イオン信号は1/4に減少した。これは，プリパルスの照射によりターゲットが低密度化し，プラズマ中に発生する加速電場が小さくなることに起因している[27]。このように，ダブルパルスを照射することにより，変換効率の補償，増加だけでなく，高速イオンの低減も同時に行えることが明らかとなった。

本節での特徴は，金属ターゲットを用いた際に発生する直径がμm程度の中性粒子デブリを抑制することにある[20, 28]。中性粒子デブリを評価するために，レーザー入射軸から45°方向かつ光源から30cm離してMo/Si多層膜鏡を配置し，10000ショット曝露している間のEUV光の相対反射率を観測した。図12はプラズマ光源に曝露したMo/Si多層膜鏡で反射されたEUVエネルギーのレーザーショット数依存性である。二重パルスの遅延時間は100ns，メインパルスのレーザー強度は3×10^{11}W/cm^{2}である。10000ショットの曝露後も反射エネルギーは減少しなかったことから，このショット数の範囲内ではデブリ付着によるマクロな表面の変化は起こっていないことが分かった。

次に，同じ場所にシリコンウィットネスプレートを配置し，10000ショット照射した後，曝露されたシリコンウィットネスプレートの表面をSEMおよびXPSにより分析した。

図13はシリコン基板上のスズ（Sn(3d)）のXPSスペクトルの比較である。混入質量濃度が6%ではスズの信号は観測されなかったが，混入質量濃度が17%ではスズの信号が観測された。一方，混入質量濃度17%でのSEMによる表面観察では，直径がμm程度の金属中性粒子デブリは観測されていない。以上から，混入質量濃度が6%の場合には，ミクロレベルでも中性デブ

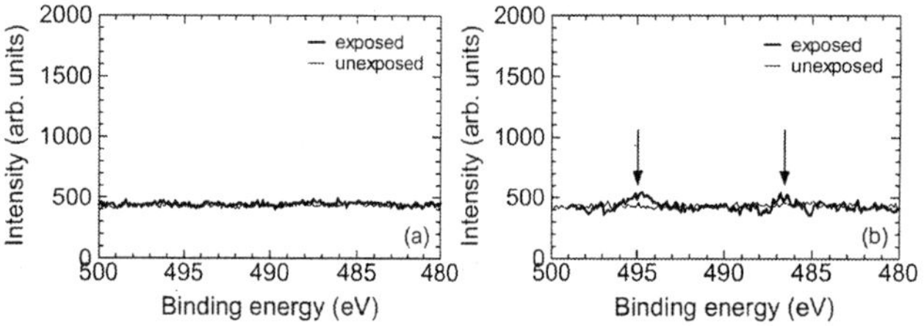

図13 レーザー照射数10000ショット後の曝露されたシリコンウィットネスプレートのXPSスペクトル
(a)混入質量濃度6％，(b)17%。両者とも二重パルス照射（パルス間隔は100ns)

リ発生を抑制できることが分かった。

このように，スズナノ粒子が一様分散された水溶液ターゲットを用いることにより，金属デブリの大幅な低減が可能となった。また，二重パルス法を併用することにより，変換効率も約3倍増加することが明らかになった。10000ショットでの評価ではあるが，混入質量濃度6％の水溶液の場合，スズの中性粒子デブリの付着の抑制と同時に，二重パルス法により変換効率を1％以上にすることが可能となった。このことから，本方式によりデブリ低減高効率EUV光源の実現の可能性が示されたと考えている[25, 26]。

8 おわりに

レーザー生成マイクロプラズマを用いた次世代半導体リソグラフィー露光用極端紫外光源の開発状況について概観した。レーザー生成マイクロプラズマ方式極端紫外光源は，実用光源として有望視されているだけでなく，いかに小さな高効率光源を実現するかが求められている。そのためにはターゲット媒質の選定や高繰り返し動作可能な方式でなければならず，必然的に空間質量制限ターゲットであるマイクロ液体ターゲットがその有力候補である。レーザーエネルギーを注入することにより，制御された高温・高密度プラズマの生成が鍵である。本稿では，宮崎大学で行われているレーザー生成マイクロプラズマ方式極端紫外光源に使用している液体ターゲットの開発状況に加えて，金属液体ターゲットや金属混入水溶液ターゲットからの極端紫外光の諸特性について述べた。スズナノ粒子が一様分散された水溶液ターゲットを用いることにより，金属ターゲットを用いたときに特に問題視されている直径がμm程度の中性粒子デブリの発生を抑制できることを示した。二重パルス生成マイクロプラズマを能動的制御することによって，EUV光変換効率も1％以上に高効率化できることを示した。以上から，スズナノ粒子混入水溶液ターゲットを用いたレーザー生成マイクロプラズマ極端紫外光源は，デブリフリーかつ高効率光源として有力な方式になると考えている。

謝辞

執筆の機会を与えて下さった京都大学の橘邦英先生，東京大学の寺嶋和夫先生に感謝申し上げます。有益な議論を頂いた佐々木亘名誉教授，黒澤宏教授，横谷篤至教授，甲藤正人助教授（宮崎大学）に深い感謝の意を申し上げます。ターゲット開発やEUV光源の物理は，技術研究組合極端紫外線露光システム技術開発機構（EUVA）平塚研究開発センターの遠藤彰氏，高林有一氏，有我達也氏，植野能史氏，ゲオルグスマン氏，小森浩氏，阿部保氏，星野秀往氏，中野真生氏にご助言頂きました。宮崎大学工学部教育研究支援技術センターの貝掛勝也氏，森圭史朗氏，三宅琢磨氏，後藤隆史氏，真木大介氏には技術補助を頂きました。関係各位に感謝申し上げます。実験に協力頂いたラジヤグルチラグ氏（現ドイツXtreme社），平田貴大氏，古賀方土氏，川崎圭太氏，道場直人氏，浜田雅也氏に感謝申し上げます。また，宮崎大学工学部の仙波佑介君，末竹純裕君，谷口雄太君，佐藤勇介君に感謝申し上げます。本研究は，文部科学省リーディングプロジェクト「極端紫外（EUV）光源開発等の先進半導体製造技術の実用化」，科学研究費補助金特定領域研究，若手研究および財団法人実吉奨学会の研究助成を得て実施されました。

文　　献

1) D. T. Attwood, "Soft X-Rays and Extreme Ultraviolet Radiation", Chap. 6, Cambridge University Press, Cambridge (2000)
2) V. Banine, EUV Source Workshop (San Diego, November, 2005)
3) 小特集「リソグラフィ用EUV（極端紫外）光源研究の現状と将来展望」，プラズマ・核融合学会誌，**79**，No. 3 (2003)
4) 特集「極端紫外リソグラフィー光源開発の最前線」，レーザー研究，**32**，No. 12 (2004)
5) 勝木淳，佐久川貴志，浪平隆男，秋山秀典，プラズマ・核融合学会誌，**81**，231 (2003)
6) H. Tanaka, K. Akinaga, A. Takahashi, and T. Okada, *Jpn. J. Appl. Phys.*, **43**, L585 (2004)
7) H. Komori, T. Abe, T. Suganuma, Y. Imai, Y. Sugimoto, H. Someya, H. Hoshino, G. Soumagne, Y. Takabayasi, H. Mizoguchi, A. Endo, K. Toyoda, and Y. Horiike, *J. Vac. Sci. Technol. B*, **21**, 2843 (2003)
8) L. Rymell and H. M. Hertz, *Opt. Commun.*, **103**, 105 (1993)
9) M. Richardson, D. Torres, C. DePriest, F. Jin, and G. Shimkaveg, *Opt. Commun.*, **145**, 109 (1998)

10) L. Malmqvist, L. Rymell, M. Berglund, and H. M. Hertz, *Rev. Sci. Instrum.*, **67**, 4150 (1996)
11) C. Rajyaguru, T. Higashiguchi, M. Koga, W. Sasaki, and S. Kubodera, *Appl. Phys. B*, **79**, 669 (2004)
12) A. Shimoura, S. Amano, S. Miyamoto, and T. Mochizuki, *Appl. Phys. Lett.*, **72**, 164 (1998)
13) B. A. M. Hansson, O. Hemberg, and H. M. Hertz, M. Berglund, H.-J. Choi, B. Jacobsson, E. Janin, S. Mosesson, L. Rymell, J. Thoresen, and M. Wilner, *Rev. Sci. Instrum.*, **75**, 2122 (2004)
14) H. Komori, G. Soumagne, T. Abe, T. Suganuma, Y. Imai, H. Someya, Y. Takabayashi, A. Endo, and K. Toyoda, *Jpn. J. Appl. Phys.*, **43**, 3707 (2004)
15) A. Sasaki, K. Nishihara, M. Murakami, F. Koike, T. Kagawa, T. Nishikawa, K. Fujima, T. Kawamura, and H. Furukawa, *Appl. Phys. Lett.*, **85**, 5857 (2004)
16) G. Schriever, S. Mager, A. Naweed, A. Engel, K. Bergmann, and R. Lebert, *Appl. Opt.*, **37**, 1243 (1998)
17) C. Rajyaguru, T. Higashiguchi, M. Koga, K. Kawasaki, M. Hamada, N. Dojyo, W. Sasaki, and S. Kubodera, *Appl. Phys. B*, **80**, 409 (2005)
18) T. Higashiguchi, C. Rajyaguru, S. Kubodera, W. Sasaki, N. Yugami, T. Kikuchi, S. Kawata, and A. Andreev, *Appl. Phys. Lett.*, **86**, 231502 (2005)
19) M. Richardson, C.-S. Koay, K. Takenoshita, C. Keyser, and M. Al-Rabban, *J. Vac. Sci. Technol. B*, **22**, 785 (2004)
20) P. A. C. Jansson, B. A. M. Hansson, O. Hemberg, M. Otendal, A. Holmberg, J. de Groot, and H. M. Hertz, *Appl. Phys. Lett.*, **84**, 2256 (2004)
21) T. Aota and T. Tomie, *Phys. Rev. Lett.*, **94**, 015004 (2005)
22) Y. Shimada, H. Nishimura, M. Nakai, K. Hashimoto, M. Yamaura, Y. Tao, K. Shigemori, T. Okuno, K. Nishihara, T. Kawamura, A. Sunahara, T. Nishikawa, A. Sasaki, K. Nagai, T. Norimatsu, S. Fujioka, S. Uchida, N. Miyanaga, Y. Izawa, C. Yamanaka, *Appl. Phys. Lett.*, **86**, 051501 (2005)
23) 西原功修，西村博明，望月孝晏，佐々木 明，レーザー研究，**32**, 330 (2004)
24) N. Dojyo, M. Hamada, T. Higashiguchi, W. Sasaki, and S. Kubodera, Proceedings of the 4th International EUVL Symposium, 2-SO-48 (2005)
25) T. Higashiguchi, N. Dojyo, M. Hamada, K. Kawasaki, W. Sasaki, and S. Kubodera, *Proceedings of SPIE*, **6151**, 615145 (2006)
26) T. Higashiguchi, N. Dojyo, M. Hamada, W. Sasaki, and S. Kubodera, *Appl. Phys. Lett.* **88**, 201503 (2006)
27) M. Murakami, Y.-G. Kang, K. Nishihara, S. Fujioka, and H. Nishimura, *Phys. Plasmas* **12**, 062706 (2005)
28) T. Higashiguchi, C. Rajyaguru, N. Dojyo, K. Sakita, Y. Taniguchi, W. Sasaki, and S. Kubodera, *Rev. Sci. Instrum.*, **76**, 126102 (2005)

第9章　オンデマンド材料プロセシングのための大気圧マイクロプラズマデポジション技術

清水禎樹*1，佐々木毅*2，寺嶋和夫*3，越崎直人*4

1　はじめに

“低環境負荷”が求められる現在の産業技術において，数年前から「オンデマンド・プロセシング」という新たな製造技術のコンセプトが提案されている。これは，常温，大気圧という温和な条件の下，少量の原料から必要な量だけ材料を調製し，必要な箇所に配置させるための技術であり，製造プロセスにおける「時間，原料，エネルギー消費量」を極力抑えることを目的とした技術である。

マイクロプラズマは，大気圧下，低投入電力，微小ガス流量での安定発生が可能であり，装置がコンパクト故に操作性が良く，マスクレスで微小領域のみへの材料プロセシングを短時間で行うことが可能である。これらオンデマンド・プロセシングのためのニーズを満たす特徴に加えて，マイクロプラズマは，高活性，高反応性というプラズマならではの特徴も有しており，原料投入・材料合成・デポジションというプロセスをワンステップで実現できる可能性を秘めている。したがって，マイクロプラズマはオンデマンド材料プロセシングのためのユニークなツールの一つとして考えることができる。

マイクロプラズマを利用したデポジション技術に関しては，これまで主にガス原料を用いたCVDプロセスに関するものが報告されている[1~3]。われわれの研究グループでも，ノズル型高周波マイクロプラズマ発生器[4]をベースに開発したデポジションシステムを利用し，当初はガス原料からのCVDプロセスの開発を行っていた[5, 6]。このように原料としてガスのみが利用されて

＊1　Yoshiki Shimizu　㈱産業技術総合研究所　界面ナノアーキテクトニクス研究センター　高密度界面ナノ構造チーム　研究員

＊2　Takeshi Sasaki　㈱産業技術総合研究所　界面ナノアーキテクトニクス研究センター　高密度界面ナノ構造チーム　主任研究員

＊3　Kazuo Terashima　東京大学　大学院新領域創成科学研究科　物質系専攻　助教授

＊4　Naoto Koshizaki　㈱産業技術総合研究所　界面ナノアーキテクトニクス研究センター　副研究センター長；(併) 高密度界面ナノ構造チーム　チーム長

きた理由について，われわれの研究開発における経験に基づいた意見を述べさせていただくと，マイクロプラズマの安定発生を阻害しない程の微量な原料供給が求められるデポジションプロセスにおいて，供給量を数 ccm 以下の流量で正確にコントロールできるガス原料は最も利用しやすい原料形態であるためと思われる。しかしながら大気中でのプロセスを考えた場合，安全面の問題から有害なガスは使用できない。したがって，例えば金属系材料のデポジションに利用される有機金属ガスなどは使用できないため，必然的にデポジション可能な材料種が限られてしまう。大気圧マイクロプラズマ材料プロセシングが有用なオンデマンド材料プロセシングとして産業現場で実用化されるためには，デポジション可能な材料種の拡大は必須開発項目の一つと思われる。

このような背景から，われわれの研究グループではガス種以外の原料を利用した大気中でのマイクロプラズマデポジション技術の開発を目指し，①金属ワイヤーを原料として利用する方法の開発[7~9]，②マイクロプラズマ用液体原料供給システムの開発[10]を行ってきた。有害なガス原料を使用することなく金属や金属化合物などの様々な材料のデポジションを大気中で行えるようになれば，マイクロプラズマは近い将来工業的な利用に結びつくことが期待できる。

本稿では，われわれがオンデマンド材料プロセシングのために開発したマイクロプラズマデポジション装置を簡単に紹介し，金属ワイヤーを原料として利用する方法とマイクロプラズマ用液体原料供給システムについて，その詳細とデポジションの実施例を紹介する。

2 マイクロプラズマデポジション装置～オンデマンド材料プロセシングのための装置仕様

われわれがデポジションに利用しているノズル型高周波マイクロプラズマの発生の様子を図1(a)に示す。発生器は，石英キャピラリー（ノズル）周囲に高周波コイル（銅製）を巻いただけの極めてシンプルな構造であり，大気中でノズル内に Ar や He などの不活性ガスを流しながらコイルに 450MHz の高周波を印加するのみでマイクロプラズマを安定に発生させることが可能である。ノズルは，その先端を加熱引張加工することで噴出口径を所望のサイズに調整することが可能である。噴出口径はデポジション領域サイズと深く関係し，口径を小さくするにしたがいデポジション領域サイズの縮小化が期待できるが，ノズル縮小化に伴う管壁薄化は，プラズマからの熱ダメージによるノズル寿命の短化をもたらす。現在のわれわれの技術では，口径が最小約 20μm のノズルでのマイクロプラズマ連続発生が限界である（図1(b)）。他のオンデマンド材料プロセシング（例えばインクジェット法など）では，最小のデポジション領域サイズが 10μm 以下，最近ではサブミクロンの領域に達していることを考えると，マイクロプラズマプロセスにおけるデポジション領域サイズの縮小化は今後の重要な開発事項の一つと言える。

しかしながら数十μmの領域へのデポジション技術であっても，用途によっては多くのニーズがあると思われ，例えば肉眼もしくは光学顕微鏡などで見つけることが可能なサイズの微小欠損部修復などは，本プロセシングの適用が期待できる一例と考えられる。この用途に求められるプロセスは，①非処理材料の修復箇所を光学顕微鏡等で決定し，②その箇所にマイクロプラズマ発生ノズルを近付け，③マイクロプラズマを発生・プロセシングを行うという，まさにオンデマンド・プロセシングである。このプロセスの実現が可能なプロトタイプのマイクロプラズマデポジションシステム[5]の外観写真を図1(c)に示す。既述のように，本マイクロプラズマは大気中での連続安定発生が可能であるが，高周波の外部漏洩防止や，デポジション装置として一体化されたシステムの使い勝手の良さから，図1(a)に示した発生器は，デスクトップサイズのチャンバー内に設置してある。チャンバーには，被処理材料の位置を正確に制御するための基板三次元移動機構と内視鏡が設置してある。内視鏡はモニターに接続されており，被処理箇所の正確な位置をモニタリングしながら決定し，デポジションプロセスをリアルタイムで観察することが可能である（図1(d)）。

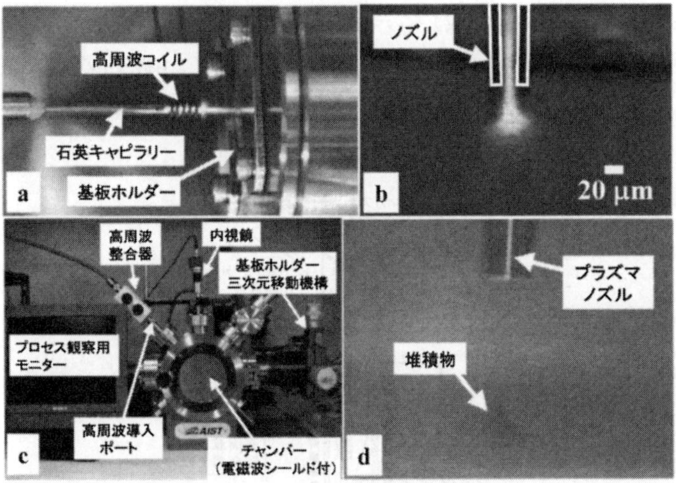

図1　大気圧マイクロプラズマデポジションシステム
(a)大気圧下で発生させたノズル型高周波マイクロプラズマ
(b)内径約20μmのノズルから噴出するマイクロプラズマ[11]
(c)オンデマンド材料プロセシングのためのマイクロプラズマデポジション装置
(d)モニター上でデポジションプロセスのリアルタイム観察が可能

3　金属ワイヤーを原料として利用するデポジション法[7~9]

本デポジション法の模式図を図2に示す。石英ノズル内に予め挿入した金属ワイヤーを，高周波による誘導加熱および発生させたマイクロプラズマからの熱伝導により溶融もしくは蒸発させ，生成した液滴ないし活性種をノズル下流に設置した基板上に凝固または凝縮させる方法である。特別な原料供給システムなどを全く必要とせずに金属化合物などのデポジションが可能な，シンプルで有用な手法である。われわれは，この手法でタングステンやモリブデンの酸化物が容易にデポジション出来ることを見出している。

ここでは，①酸化タングステンのデポジションを例に，基板上へのマイクロデポジションの実施例，②酸化モリブデンのデポジションを例に，ガス流量が生成微粒子の特徴に与える影響と微粒子の生成メカニズムについて紹介する。

3.1　酸化タングステンのマイクロデポジション[7]

本プロセスでは，直径50-200μmのタングステンワイヤーを挿入した石英ノズル（上流部内径：300-700μm，出口内径：約50-100μm）内に5-30sccmの純Arガス（プラズマガス）を供給し，10-20Wの高周波（450MHz）入力で大気圧マイクロプラズマを発生させる。以下に，融点が約280℃のガラスエポキシ基板上へのマイクロデポジション実施例を示す。

図3(a)は，本手法で得られた典型的な酸化タングステン・マイクロ構造体の走査型電子顕微鏡（SEM）写真である。この構造体は，直径が10-100nmのナノ粒子（図3(b)）が緻密に堆積した

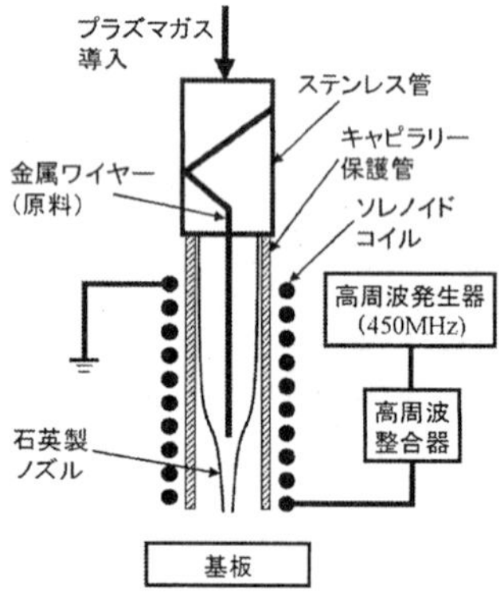

図2　金属ワイヤーを原料に利用したデポジション法の模式図

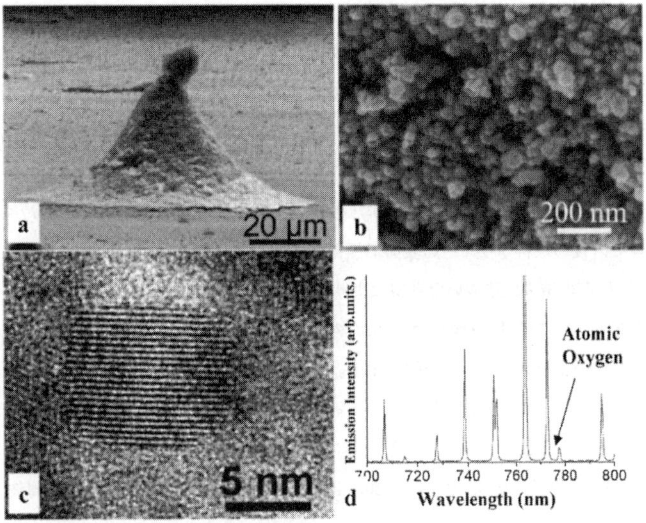

図3　大気圧マイクロプラズマでデポジションされた酸化タングステン
(a)基板上に堆積された酸化タングステンのマイクロ構造体（走査型電子顕微鏡（SEM）で側面から観察）[7]
(b)マイクロ構造体表面の高倍率SEM像[7]
(c)(b)で観察された粒子の透過型電子顕微鏡像[7]…全て結晶化しており，電子線回折解析では，これらが酸化タングステン（WO_3）であることが示唆されている。
(d)本プロセスから得られた発光スペクトル[11]…酸素の原子スペクトルが現れている。

ものである。これらの粒子は，図3(c)に示した高分解能透過型電子顕微鏡（HR-TEM）写真に見られるような結晶であり，電子線回折（TED）解析では，ほとんどの粒子が酸化物（WO_3）であることが明らかになっている[7]。

このような微粒子の酸化過程に関して当初は，蒸発成分ないしは液滴がノズルから噴出後に大気中で酸化されたものと考察された。しかしながらその後行った，プロセス後のノズル内壁や挿入ワイヤー表面の詳細な解析，またプロセスの発光分光分析（図3(d)）の結果から，石英ノズル内壁からエッチングされた酸素が影響していることが明らかになった[11]。タングステンやモリブデンは，酸化されると融点や沸点が降下することが良く知られているが，本プロセスではマイクロプラズマ内に混入した酸素でワイヤー表面が酸化され，ワイヤーの蒸発や溶融が促進されたものと想定される。微粒子の生成メカニズムは，マイクロプラズマ発生条件と密に関係しているようであり，その詳細は次節で述べる。

3.2 酸化物微粒子の生成メカニズム～酸化モリブデン微粒子生成を例に

最近では，数%の酸素（O_2）とArとの混合ガスをプラズマガスとし，酸化物微粒子の合成・マイクロデポジションの高精度化を図っている。他のプラズマプロセス同様，生成する微粒子のサイズ，形態，組成（ここでは酸化状態）は，マイクロプラズマ発生条件と密に関係する。プロセスメカニズムの理解を深める意味で，最近1%O_2/Ar混合ガスの流量をパラメータとした酸化モリブデン微粒子（単斜晶MoO_2やMoO_3）の合成を行い，各流量で生成した微粒子の形状やサイズ，プロセス後の原料ワイヤーの表面形態や酸化状態の解析，またプロセスの発光分光などを行った[9]。これらの結果に基づいた考察により，本プロセスでの微粒子生成メカニズムが明らかになりつつある。ここでは，そのメカニズムの傍証となる代表的な解析結果を示しながら，本プロセスでの微粒子生成メカニズムを紹介する。

本実験で使用したノズルの先端部周囲の詳細図を図4に示す。挿入モリブデンワイヤーの直径は100μmであり，石英ノズルの上流部内径は700μm，出口内径は60-70μmである。ノズル内に1%O_2/Ar混合ガスを5，10，20，30，40ccmの流量で供給し，20Wの高周波入力で発生させた。

図5に，10ccmと30ccmのガス流量で得られた典型的な微粒子のTEM像を示す。10ccmでは径が80~100nmの球状または多角形微粒子が得られたのに対して（図5(a)），30ccmでは直径20nm程の球状微粒子が得られた（図5(b)）。

図6は，プロセス終了後のモリブデンワイヤー表面のSEM像である。10ccmでは，その表面が激しく荒らされたような形状を有している（図6(a)）。一方30ccmでは板状物質が形成されており，それらの表面は波状のモルフォロジーを有しているのが分かる（図6(b)）。このような波状のモルフォロジーは，溶融状態にあった金属が急冷凝固される過程で表面に形成されるケースが報告されており[12]，本プロセスでも，溶融状態にあったワイヤー表面がプラズマOFF後に冷

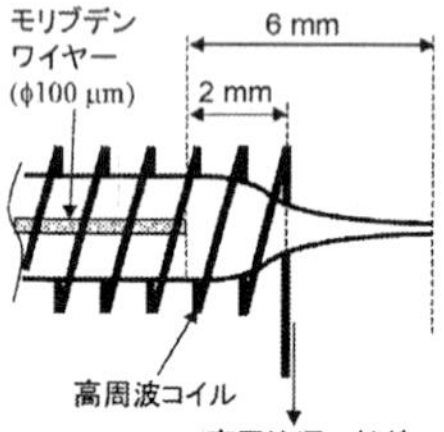

図4　酸化モリブデンのマイクロデポジションに利用したノズルの先端部詳細図[9]

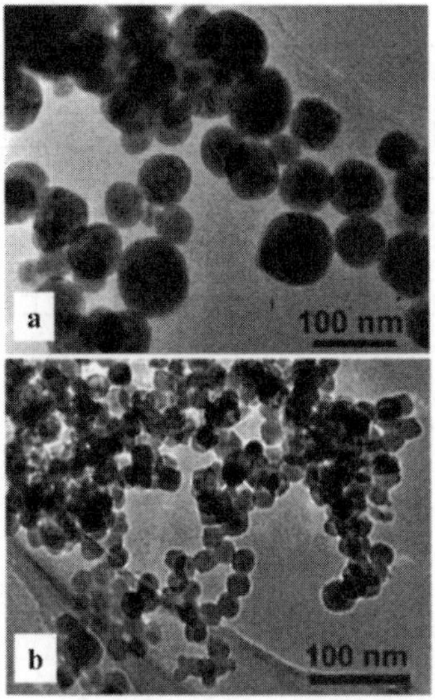

図5　生成した酸化モリブデン微粒子のガス流量依存性（透過型電子顕微鏡写真）[9]
(a) 10ccm, (b) 30ccm

図6　各ガス流量でのプロセス終了後のモリブデンワイヤー表面（走査型電子顕微鏡写真）[9]
(a) 10ccm, (b) 30ccm

却される過程で波状のモルフォロジーが形成された可能性が考えられる。

上記のプロセス中に得られた発光スペクトルを図7に示す。10ccmではモリブデンの原子スペクトル線が明確に現れているのに対し，30ccmで見られるスペクトルは非常に微弱である。この結果を簡潔に解釈すれば，10ccmではモリブデンワイヤーの蒸発が促進され，30ccmでは蒸発がそれほど促進されなかったこととなる。

以上，10ccmと30ccmの結果を例に示してきたが，これらの結果を含めた各流量の結果を表1にまとめてみた。プラズマガス温度は（表1の最下欄に記載），現時点では数値としての報告はできないが，ノズル下流に設置した低融点材料（例えばプラスチック基板など）の熱流束による損傷度の比較検討を行い，ガス流量変化に伴うプラズマガス温度変化の傾向を検討した。本実験ではプラズマガス流量の増加（ガス流速も増加する）とともにガス温度が減少したことが示された。表1をみると，ガス流量20ccmの前後を境に（表内，太線で表示），各結果にみられる傾向が変化しているのが分かる。この変化は，金属ワイヤーを原料として利用するマイクロプラズマプロセスでのガス流量（ガス流速）変化に伴う微粒子生成メカニズムの遷移によるものと考えられ，低流量（低流速）域（5 ccm〜20ccm前後）と高流量（高流速）域（20ccm前後〜40ccm）

表１　酸化モリブデン微粒子生成プロセスのガス流量依存性

プラズマガス流量（ccm）	5	10	20	30	40
粒子形状	多角形	多角形＋球状	球状		不定形
粒径	40-120nm	30-110nm	12-35nm		−
プロセス後のワイヤー表面の形状	← 粗 →			← 波状 →	
原子状モリブデンからの発光スペクトル強度	← 強 →			← 弱 →	
マイクロプラズマガス温度	高 ←→ 低				

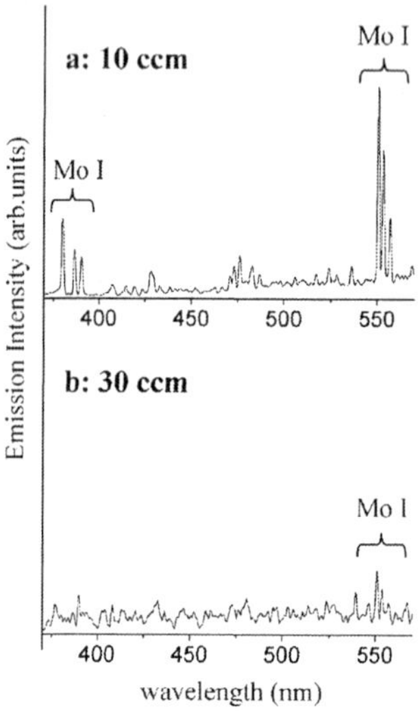

図７　各ガス流量でのマイクロプラズマから得られた発光スペクトル[9]
(a) 10ccm，(b) 30ccm

における次のようなプロセスメカニズムが考えられている。

低流量域ではプラズマのガス温度が高いため，酸化されたモリブデンワイヤーの表面は蒸発し，プラズマ中で一旦原子状態まで解離する。これは発光スペクトルの結果からも明らかであり（図７(a)），その後，気相中で活性種同士が反応，凝縮する過程で微粒子（図５(a)）が生成・成長するメカニズムを想定している。

ガス温度が低下する高流量域では，ワイヤー表面の蒸発は促進されず，ワイヤー表面の溶融状態が介在するメカニズムが主であると想定される。溶融状態にあるワイヤー表面は高速のプラズマガスとの接触によりアトマイジングされ液滴が生成する。生成した液滴は下流に輸送される過程で表面張力により球状化し，図5(b)にみられるような微粒子が生成すると考えられる。表1中，40ccmの項目に不定形と示した粒子形状は，溶射プロセスで見られるスプラットのようなものであり，これはガス流速の増加により，液滴が高速で基板に衝突した際に形成されたものと考えることができる。

両特徴が混在する20ccmは，上記2つのプロセスメカニズムの遷移領域と考えられ，最近の研究では，球状や多角形以外のユニークな形状の微粒子もこの流量域で生成することが見出されている。

このような酸化物微粒子生成メカニズムの理解は，本プロセスを実用する際の適切な条件選択の上では欠かせないものである。例えば，非加熱基板上に酸化物微粒子を密着性良く堆積させるためには微粒子を溶着できるプロセスが適しており，そのためには溶射に近いプロセスと考えられる高流量域での条件が好都合である。なお上記の微粒子生成メカニズムは，図4に示したノズルを使用したケースのものであり，ワイヤー挿入位置やノズルの細かなディメンジョンが変わればメカニズムも変化することを注記しておく。これはノズルのディメンジョンやワイヤー位置の僅かな変化がノズル内部のガス流れに大きく影響するからと考えられ，例えば乱流の誘発やノズルスロート部の有効断面積減少による抵抗増加は（ガス圧縮に繋がる），マイクロプラズマの性質に大きく影響する。原料ワイヤーをノズルスロート部深くまで挿入したケースでは流量増加に伴いガス温度が上昇し，生成微粒子の特徴や発光スペクトル解析の結果も，低流量域と高流量域とで表1にみられる結果とは全く反転してしまうことが最近の研究で明らかになっている[8]。

このように，本手法ではマイクロプラズマ中でのタングステンやモリブデンの酸化反応による融点，沸点降下を利用し，有害な有機金属ガス等を使用することなく大気中で金属酸化物のマイクロデポジションを行うことが可能である。酸化タングステンや酸化モリブデンなどは，アンモニアガスや酸化窒素ガスのセンサ素子として有用であり，デポジションした材料がその機能を発現しさえすれば，本プロセスが小型ガスセンサシステム等のオンデマンド作製技術として有用なプロセスとなり得るかもしれない。ここで示した結果は酸化物に関するもののみであったが，使用する金属ワイヤー種とマイクロプラズマ中に微量導入するガス種（例えば窒素ガス等の安全なガス）との組み合わせを選択すれば様々な金属化合物（窒化物など）の合成，マイクロデポジションが可能になると思われ，その可能性を今後示していきたく思う。

4　液体原料供給ネブライザーの開発

通常のプラズマプロセスと同様，マイクロプラズマ中にデポジションしたい材料の懸濁液や溶

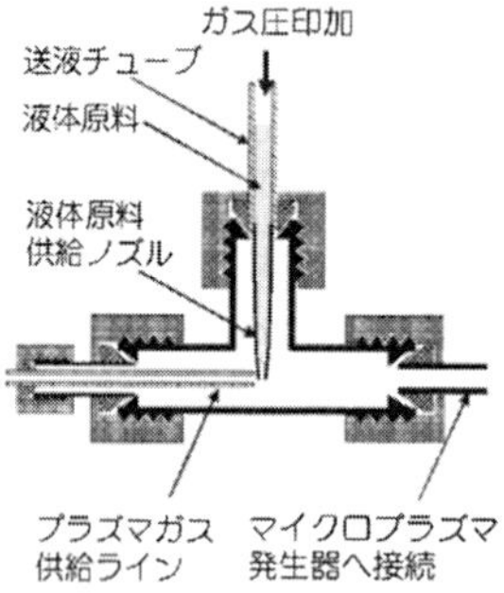

図8　マイクロプラズマ用液体原料供給システムの模式図[10)]

液を供給できれば，より多種類の材料をデポジションすることが可能になる。我々は，マイクロプラズマの安定発生を阻害しない量（数十μL／分）の液体原料を供給できる噴霧器（ネブライザー）を開発し，デポジションへの応用を試みている[10)]。

開発したネブライザーの模式図を図8に示す。液体原料を供給するためのガラス製ノズル（先端内径：約10μm）は，図のように市販のT型ユニオン内に固定してあり，送液チューブに接続されている。送液チューブ内の液体原料は，送液チューブ背後から印加されたガス圧によりノズル先端から漏出する。その先端に直行方向からプラズマガスを吹付けることで，漏出原料は霧化され，下流のマイクロプラズマ発生器へと供給される仕組みである。

最近われわれは，このネブライザーを利用してマイクロプラズマ中にエタノール原料を供給し，玉葱形状ナノカーボン（ナノオニオン）を効率良く合成，オンサイトデポジションさせることに成功したので[10)]，そのプロセスと結果について簡単に紹介する。

図2とほぼ同様のシステムを利用して発生させたマイクロプラズマ中に（発生条件，Ar流量：30ccm，UHF出力：20W，プラズマノズル噴出口径：約50μm），エタノールを1秒間（供給量＝0.2μL）供給すると，100μm下流にセットした基板上の直径約50μm程の領域のみに黒色物質が堆積する（図9(a)）。この堆積物は図9(b)のTEM写真に見られるようなナノオニオンが堆積したものであり，アモルファスカーボンなどの副産物の生成がほとんど見られない。これは，熱CVD法でのエタノールからのナノカーボン合成で報告されているように[13)]，ダングリングボンドを有するアモルファスカーボンがエタノールから解離したOH基と反応し，COガスとして離脱，除去されたからと推定される。このメカニズムは，プロセスの発光分光診断でOHとCOのスペクトルが検出されたことからも示唆されており（図10），マイクロプラズマの有する高活性，高反応性がこの反応を促進したものと考えられる。

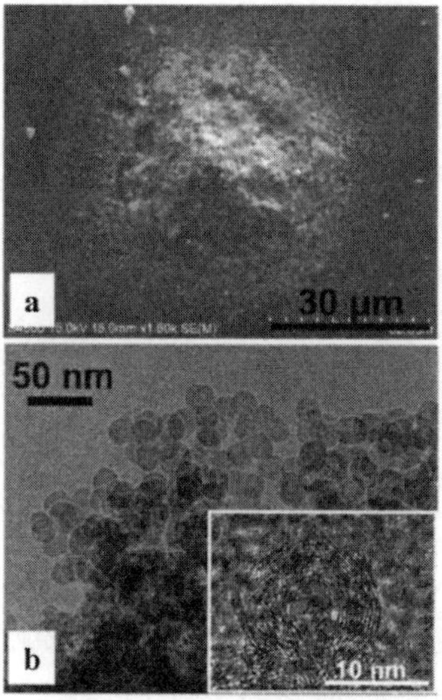

図９　大気圧マイクロプラズマ中にエタノールを１秒（0.2μl）供給して得られた堆積物[10)]

(a)直径約 50μm の領域にのみ黒色物質が堆積

(b)堆積物の透過型電子顕微鏡観察像。玉葱形状ナノカーボンが高収率で得られる。

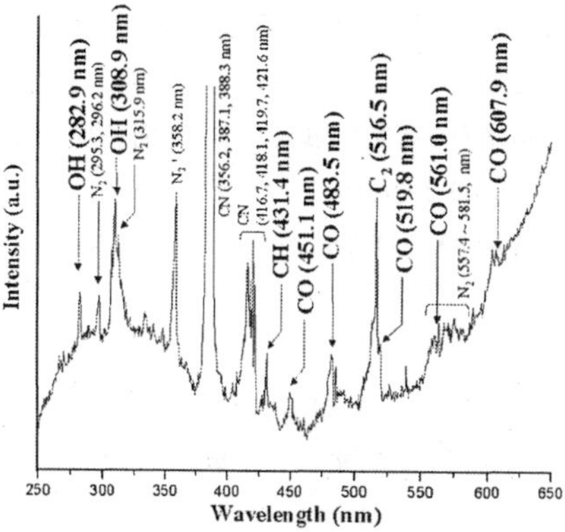

図10　エタノール供給プロセスからの発光スペクトル[10)]

以上の様に，液体原料供給システムを開発したことで，通常の熱CVD法などで行われているエタノールからのナノカーボン高純度合成というプロセスをマイクロプラズマプロセスにも適用することが可能となった。カーボンナノチューブの成長触媒である鉄／エタノール溶液を供給したケースでは，部分的にではあるが多層カーボンナノチューブの合成も確認されており，現在はその収率向上およびオンサイト性の向上を目指した研究開発を行っている。加えて，ナノ微粒子の懸濁液を供給するプロセスの開発も進めている。

5 おわりに

以上，オンデマンド材料プロセシングという技術コンセプトの基にわれわれが開発してきた大気圧マイクロプラズマデポジション技術について，その装置と，固体および液体原料を利用したプロセスを中心に紹介した。有害なガス原料を使用せずに大気中で様々な材料のデポジションが可能となれば，本技術が近い将来工業的な利用に結びつくことが期待できる。そのためにも今後，純金属材料や様々な金属化合物のデポジションの可能性を実証し，さらにはデポジションされた材料の機能評価も行っていかねばならない。所望の機能を発現する材料を必要な場所にデポジションするための技術開発が本研究の目的であることを忘れずに，今後も精力的に研究開発を進めていきたく思う。

謝辞

本研究の遂行にあたり，本研究の共同研究者である産業技術総合研究所，界面ナノアーキテクトニクス研究センター，Arumugam Chandra Bose 博士，David Mariotti 博士には多大なる御支援をいただきました。また東京大学大学院新領域創成科学研究科・寺嶋研究室の学生の方々には貴重なご助言をいただきました。

本研究の一部は，文部科学省科学研究費補助金・若手研究（B）ならびに特定領域研究「プラズマを用いたミクロ反応場の創成とその応用（マイクロプラズマ）」の助成を受けて行われました。以上，関係者の方々に感謝申し上げます。

文　献

1） R. M. Sankaran, K. P. Giapis., *J. Appl. Phys.*, **92**, 2406 (2002)

2) A. Hollander, L. Abhinandan., *Surf. Coat. Technol.*, **174-175**, 1175 (2003)
3) T. Kikuchi, Y. Hasegawa, H. Shirai., *J. Phys. D: Appl. Phys.*, **37**, 1537 (2004)
4) T. Ito, K. Terashima., *Appl. Phys. Lett.*, **80**, 2648 (2002)
5) Y. Shimizu, T. Sasaki, T. Ito, K. Terashima, N. Koshizaki., *J. Phys. D: Appl. Phys.*, **36**, 2940 (2003)
6) Y. Shimizu, T. Sasaki, C. H. Liang, A. Chandra Bose, T. Ito, K. Terashima, N. Koshizaki., *Chem. Vap. Deposition.*, **11**, 244 (2005)
7) Y. Shimizu, T. Sasaki, A. Chandra Bose, K. Terashima, N. Koshizaki., *Surf. Coat. Technol.* **200**, 4251 (2006)
8) Y. Shimizu, A. Chandra Bose, D. Mariotti, T. Sasaki, K. Kirihara, T. Suzuki, K. Terashima, N. Koshizaki, *Jpn. J. Appl. Phys.*, **45-10B**, 8228 (2006)
9) A. Chandra Bose, Y. Shimizu, D. Mariotti, T. Sasaki, K. Terashima, N. Koshizaki, *Nanotechnology*, **17**, 5976 (2006)
10) Y. Shimizu, A. Chandra Bose, T. Sasaki, D. Mariotti, K. Kirihara, T. Kodaira, K. Terashima, N. Koshizaki., *Tran. Mat. Res. Soc. Jpn.*, **31**, 463 (2006)
11) Y. Shimizu, T. Sasaki, K. Terashima, N. Koshizaki, *J. Photopolym. Sci. Technol.*, **19**, 231 (2006)
12) J. Peters, F. Yin, C. F. M. Borges, J. Heberlein, C. Hackett, *J. Phys. D: Appl. Phys.* **38**, 1781 (2005)
13) S. Maruyama, R. Kojima, Y. Miyauchi, S. Chiashi, M. Kohno., *Chem. Phys. Lett.*, **360**, 229 (2002)

第10章　プラズマナノプロセス用マイクロプラズマ分光診断

堀　勝*

1　はじめに

プラズマプロセスは，超微細加工や微結晶シリコン，ナノ結晶ダイヤモンド，カーボンナノチューブなどの機能性材料の低温合成およびそれらの大面積形成などを実現する基幹技術である。このプロセス技術を駆使することによって，超大規模集積回路（ULSI），太陽電池，薄膜トランジスタなどのデバイスが製造されている。特に，現在のULSI製造プロセス工程の60％以上でプラズマが使用されていることを鑑みると今後のナノメーター寸法レベルでの高精度なデバイス製造技術においてプラズマプロセスの果たす役割は非常に大きいと期待される。

プラズマプロセスによる“ものづくり”は，これまでは，プラズマプロセス装置に起因するパラメーター：外部パラメーター（圧力，パワー，ガス流量，ガス混合比など）を変化させることによって進められてきたが，ナノメーターレベルでプロセスを高精度に制御するためには，外部パラメーターからプロセス中での反応を直接決定している内部パラメーター（粒子の密度，種類，エネルギーなど）を計測し，プラズマの内部を原子，分子レベルで科学的に解析し，時空間でプラズマを制御する技術が必要不可欠になってきている[1)]。また，プラズマプロセスを次世代の量産ナノプロセス技術として産業に導入するためには，プラズマ中の粒子をモニタリングし，その情報を基にして高精度に反応を時空間で制御してナノプロセスを実現する新しい製造装置の創成が重要である。その一つの試みとしてプロセス条件を常に最適になるようにリアルタイムで自己判断，自己修正，自己制御する自律型ナノ製造システム[2)]や半導体量産のための複雑なプラズマプロセスに対してフィードフォワードならびにフィードバック制御を行うことで各プロセスでのドリフトを最小限に抑えてプロセス全体の整合を図り，生産効率を向上させようとするプロセス制御技術（APC：Advanced Process Control Technology）[3)]の開発が行われている。

このようなプラズマによるものづくりからの要望を受け，プラズマ中のラジカルを計測するための技術開発も進んでいる。その方法としては，発光分光法，吸収分光法，レーザー誘起蛍光分光法，質量分析法等があげられるが，詳細は文献4）を参照いただきたい。特に，吸収分光法は

＊ Masaru Hori　名古屋大学大学院　工学研究科　電子情報システム専攻　教授

光の相対強度の測定から活性種の絶対密度を求めることができ，かつ，プラズマを乱さない光学的な手法であるため実用的な量産装置の構造を大きく変化させることなく，活性種の密度計測が可能であり，有用性が極めて高い。これまでに，中赤外領域（3〜30 μm）にある分子の遷移を赤外半導体レーザーを光源として計測する赤外半導体レーザー吸収分光法が開発され，プロセスプラズマ中の SiH_3，CH_3，CF_x（x＝1〜3）ラジカルの計測が実現されている[4]。

しかし，水素，窒素，酸素，炭素等の原子状ラジカルもプロセスに重要な作用をしており計測手段を確立することが望まれていた。これらの原子状ラジカルを吸収分光法によって計測するためには，真空紫外領域（200nm 以下）での計測が必要であり，レーザーを用いた計測は，装置が大規模且つ複雑なものとなり実用的なプロセスプラズマへの展開が不可能である。

本章では，プラズマナノプロセス中の原子状ラジカルを簡便且つ高精度に計測することが可能なマイクロプラズマを光源に用いた真空紫外吸収分光システムの開発と，プラズマナノプロセス中の原子状ラジカルの絶対密度計測について述べる。

2　真空紫外吸収分光法の原理

線スペクトルを用いた吸収分光法の原理を説明する。周波数 v，強度 $I_0(v)$ の単色光が厚さ L の気体層を通過した時，透過光強度 $I(v)$ は次式で与えられる。

$$I(v) = I_0(v)\exp[-k(v)L] \tag{1}$$

ここで，$k(v)$ は吸収係数と呼ばれ，$k(v)$ を吸収スペクトル線のプロファイルにわたって積分した量を用いて吸収遷移の下準位にある原子の密度 N を次式により求めることができる[5]。

$$N = \frac{8\pi v_0^2}{c^2}\frac{g_1}{g_2}\frac{1}{A}\int k(v)\,dv \tag{2}$$

ここで，v_0 は遷移線の中心周波数，c は光速，g_2，g_1 は遷移線の上下準位の統計重率，A はアインシュタインの A 係数である。尚，上準位からの誘導放出は無視できるとしている。

プラズマ等の放電から発生する発光スペクトル線を光源として用いる場合，発光スペクトルは周波数に対して拡がりを持ち，測定される吸収率 α は入射光強度を I_{in}，透過光強度を I_{out} とすると，次式で与えられる。

$$\begin{aligned}\alpha &= 1 - \frac{I_{out}}{I_{in}} \\ &= 1 - \frac{\int f_1(v)\exp[-k_0 f_2(v) L]\,dv}{\int f_1(v)\,dv}\end{aligned} \tag{3}$$

ここで，$f_1(v)$ は，光源の発光ラインプロファイル関数，$f_2(v)$ は吸収体の吸収ラインプロファイル関数，k_0 は中心周波数における吸収係数である。なお，$f_2(v)$ は中心周波数で1となるよう規格化されている。測定された吸収率 α から原子密度 N を求めるためには，各関数 $f_1(v)$，$f_2(v)$ を設定する必要がある。両関数を設定すれば，(3)式より吸収係数 k_0 が求まり，$k(v) = k_0 f_2(v)$ であるから(2)式より原子密度 N が求まる。計測対象がプラズマプロセスのような低圧プラズマであれば，吸収プロファイル $f_2(v)$ を適当な温度のドップラー拡がりのガウスプロファイルを仮定してやればよいが，光源の発光プロファイル $f_1(v)$ はドップラー拡がり以外の要因を含む可能性があるため，設定には注意を要する場合がある。正確な吸収分光計測を行うためには，発光プロファイルを正しく把握しておくことが必要である。

なお，真空紫外吸収分光法と呼ばれるのは，前述したが計測に用いる波長が200nm以下の光であるためである。

3 マイクロプラズマを利用した真空紫外吸収分光計測用光源[6, 7]

真空紫外吸収分光法による原子状ラジカル計測を目的として開発されたマイクロプラズマ光源（マイクロホローカソード光源：Microdischarge Hollow Cathode Lamp：MHCL）の概略断面図を図1に示す。MHCLの寸法は，70mm ϕ × 160mmであり，陰極は，厚さ0.5mmの銅板に直径100 μ mの小孔をあけたものであり，陽極は，タングステンの細線を小孔に近接して設置している。例えば，水素原子を計測する場合は，少量の水素（H_2）ガスを含んだヘリウム（He）ガスを用いて，大気圧程度（約88kPa）にて放電を行う。MHCLは，下記のような利点を有している。

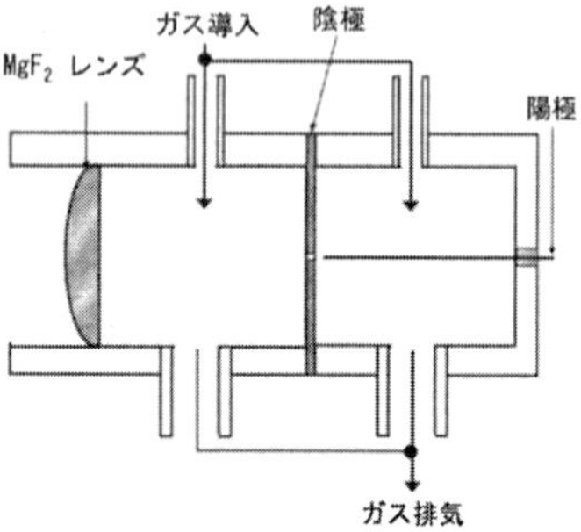

図1　マイクロプラズマ光源（MHCL）の概略断面図

①高輝度，点光源である。

微小な空間で放電が形成されるため，点光源に近く，結像光学系を用いることによって，受光系へ高効率で光を伝達することが可能である。また，微小な空間に大きなパワーが注入されてプラズマが閉じこめられるために，高輝度の発光が得られる。したがって，吸収分光においては，計測対象プラズマの発光の影響を受けにくく，高いS/N比を実現することができる。

②高速原子による大きなドップラーシフトを含まない発光線が得られる。

水素原子密度を計測する場合は，MHCL中において，水素原子が励起されてLyman α（L_α，波長121.6nm）を発光する過程

$$H + e \rightarrow H^* + e \rightarrow H + e + h\nu \tag{4}$$

と水素分子（H_2）が励起されて解離発光する過程

$$H_2 + e \rightarrow H_2{}^* + e \rightarrow H^* + H + e \rightarrow H + H + e + h\nu \tag{5}$$

が生じる。(5)式の過程で発生するH^*は，大きな運動エネルギーを持ち，この発光によりスペクトルは大きなドップラー拡がりを有する。この場合，上記2つの過程の重ね合わせで発光プロファイルが決定されるので，そのプロファイルの推定が困難となる。

大気圧で放電するMHCLでは，(5)式から発生するH^*は，その平均寿命内にバッファーガス（He）と多数回衝突して減速されるため，光源からの発光プロファイルは単一温度の原子からの発光に近くなる。

③高解離率である。

MHCL内においては，微小空間に大きなパワーが注入されるために高密度プラズマとなり，分子の解離が大きくなる。したがって，バックグランドの分子が減少し，純粋な原子スペクトルが得られる。

4　真空紫外吸収分光システム[6, 7]

図2にMHCLを用いた真空紫外吸収分光システムの概略図を示す。以下，水素原子計測に関し，記述する。MHCLは，10Hzでパルス放電させている。発光線L_αは，MgF_2のレンズによって平行ビームを形成し，真空容器に導入後，プラズマ中の水素原子によって吸収を受けたビームは，分光器の前に設定されたMgF_2レンズによって集光されて真空紫外分光器へ導かれる。分光後は，サリチル酸コート窓によって可視光に変換され，光電子増倍管（photomultiplier tube：PMT）にて電気信号に変換，信号処理される。

光源は，H_2をHeで高希釈した混合ガスを用いて放電を発生させている。Heにより希釈したのは，高い電離電圧によって高電子温度を得て，H_2を高効率にて解離させることができること

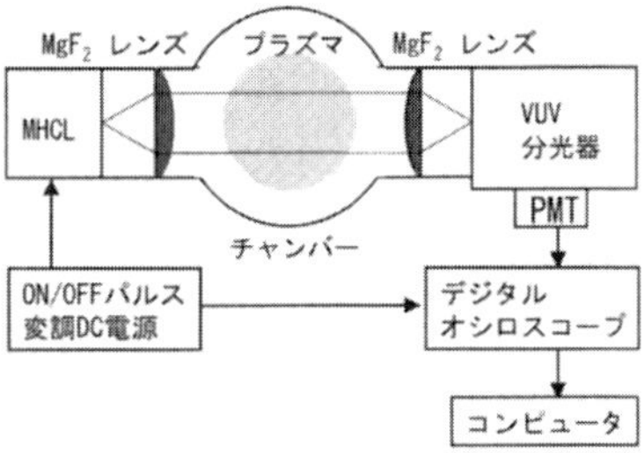

図２　MHCL を用いた真空紫外吸収分光システムの概略図

及び質量数が水素原子に近く，発生した高速水素原子との衝突によって水素原子を減速させる効率がよいためである。

全圧力 88kPa，水素分圧 0.35kPa，放電電流 10mA で水素分子発光のない L_α 線のみの純粋な原子スペクトルが得られる。尚，計測に用いる真空紫外分光器の分解能は，0.4nm である。

5　マイクロプラズマ光源 MHCL のスペクトル同定[6, 7]

(3)式に示したように，吸収分光法にて原子密度を算出するためには，光源の発光プロファイル $f_1(v)$ を設定しなければならない。

特に，高圧の放電を光源に使用した場合は，光源プラズマ内で発生した L_α 線が光源から放たれる前に他の水素原子で吸収されることによって，発光プロファイルが歪むという自己吸収現象が生じる。水素原子の計測を行うためには，光源の自己吸収を計測に影響のないレベルまで低減することが必要である。自己吸収特性を調べるために，MHCL 放電を形成した後，誘導結合型水素プラズマによって水素原子を発生させて，MHCL から発生した L_α 線を誘導結合プラズマ中を通過させ，その吸収率を計測する。

図３に MHCL 内の H_2 ガスを He ガスで希釈したときの吸収率の変化を示す。図３より，MHCL の H_2 ガス分圧を下げるにしたがって，吸収率は増加することが分かる。即ち，この結果は，He 希釈によって自己吸収が減少し，MHCL の発光プロファイルが鋭くなり，吸収されやすい線中心部の強度が相対的に増加することを意味している。H_2 分圧が７Pa 以下において，吸収率は飽和する。すなわち，この水素分圧において，自己吸収の影響を無視できることが分かった。0.1Pa 以下において，再び吸収強度が減少するのは，MHCL 中に存在する窒素原子に起因する不純物の影響によると考えられる。

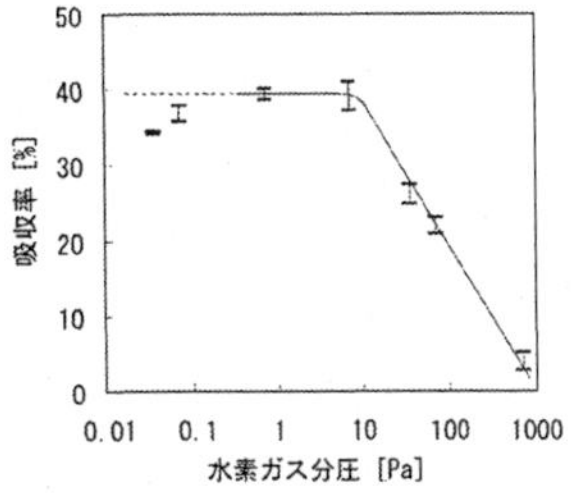

図3　誘導結合型水素プラズマにおける吸収率の
MHCL内水素ガス分圧依存性

次に，MHCLの発光プロファイルの同定について説明する。MHCLは高圧放電であるため，発光プロファイルは単純なドップラー拡がりだけでなく，衝突拡がりの効果が大きくなり，発光プロファイルはガウス型とローレンツ型の線拡がりのたたみ込み積分であるフォークト関数で与えられる[5)]。

$$f_2 = \frac{a}{\pi} \int \frac{\exp(-x^2)}{a^2 + (\omega - x)^2} dx \tag{6}$$

ここで

$$a = \sqrt{\ln 2}\ \Delta v_L / \Delta v_D \tag{7}$$

$$\omega = 2\sqrt{\ln 2}\ (v - v_0)\ \Delta v_D \tag{8}$$

であり，Δv_D，Δv_L はそれぞれドップラー拡がりとローレンツ拡がりの半値全幅である。計測対象プラズマの吸収プロファイル $f_2(v)$ をガウス型として，吸収線中心における光学厚み kL と吸収率 α の関係を(3)式から計算すると，図4となる。尚，ドップラー拡がりは，水素原子温度を300Kとした。図4から分かるように，$\Delta v_L / \Delta v_D$ の値が大きくなるにしたがい，光源の発光プロファイルの裾部分が吸収されにくくなるため，吸収率 α は次第に小さくなり，kL が大きくなっても吸収率は100%に達しない。

MHCLの L_α 線における $\Delta v_L / \Delta v_D$ を見積もるため，計測対象プラズマである誘導結合型水素プラズマの電力を変化させた時の吸収率測定を行っている。光源は，前述した自己吸収の影響が少ない放電条件である。この時，測定対象プラズマに少量のArガスを添加し，Ar発光強度（波長750.4nm）も計測する。Arの発光強度変化が電子密度変化に比例し，かつプラズマの光学厚み kL 即ち水素原子密度に比例すると仮定し，Ar発光強度（kL の相対値）と吸収率の関係をプロットしたのが図4である。測定結果は，$\Delta v_L / \Delta v_D = 2$ の理論曲線と良く一致しており，MHCLにおける L_α 線の発光プロファイルは水素原子温度300Kのドップラー拡がりとドップ

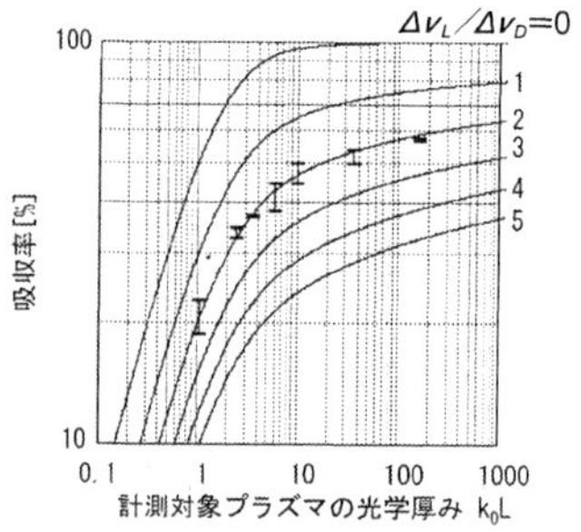

図4　種々の$\Delta\nu_L/\Delta\nu_D$における吸収率の計測対象プラズマ内光学厚みk_0L依存性の計算結果と計測結果

ラー拡がりの2倍のローレンツ拡がりからなるフォークト型であることが見積もられた。

6　窒素，酸素原子計測

プロセスプラズマ中の窒素原子，酸素原子の絶対密度計測も同様のマイクロプラズマ光源を用いた真空紫外吸収分光法で可能である。窒素原子計測に用いる共鳴線は，$2p^23s^4P-2p^{34}S^{\circ}_{3/2}$であり，波長は120nmである。酸素原子の場合は，共鳴線$2p^33s^3S^{\circ}-2P^{43}P$，波長130.4nmである。両共鳴線とも，MHCL内へ水素ガスのかわりに，窒素ガスもしくは酸素ガスを導入することで得ることができる。また，窒素原子計測用MHCLにおける自己吸収フリーの窒素ガス分圧は，9.0Pa以下，$\Delta\nu_L/\Delta\nu_D$は1.1と同定されている。酸素原子計測においては，酸素ガス分圧5.0Pa以下で自己吸収の影響がなくなり，$\Delta\nu_L/\Delta\nu_D=1.1$と同定されている。詳細及び計測例は，文献8)，9）を参考されたい。

7　プラズマナノプロセス中の原子状ラジカル絶対密度計測

マイクロプラズマ光源を用いた真空紫外吸収分光システムを用いたプラズマナノプロセス中の原子状ラジカル絶対密度計測について紹介する。

誘導結合型水素プラズマにおける水素原子絶対密度計測に適用した結果を示す[7,10]。直径40cm，高さ30cmのステンレス製真空チャンバ上部に石英板を界して直径30cmのワンターンコイルが設置されている。このコイルに13.56MHzの高周波を印加することでプラズマを生成する。図5に水素原子絶対密度およびBalmer α（H_α，波長656.3nm）の圧力依存性の計測結果

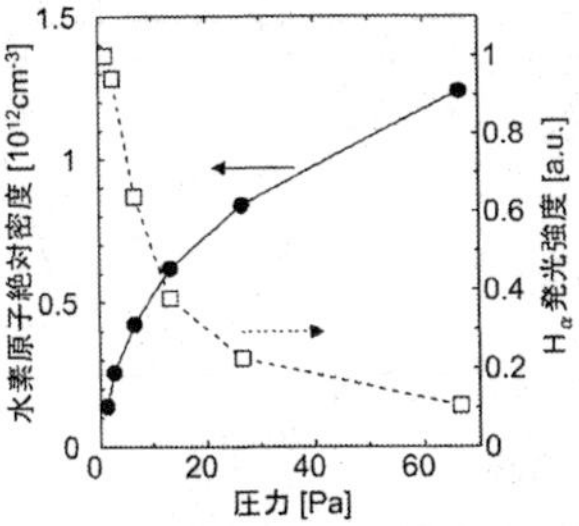

図5　水素原子絶対密度度および Balmer α (H_α，波長656.3nm) 発光強度の圧力依存性

を示す。高周波パワーは100W，水素ガス流量は100sccmである。水素原子密度は，圧力1.33Paから66.5Paの増加に伴い，$1.4\times10^{11}cm^{-3}$から$1.2\times10^{12}cm^{-3}$へと増加する。その挙動は，従来水素原子密度の相対的挙動の指標であったH_α線の発光強度の振る舞いとは異なることが明らかである。この結果は，プラズマ状態によって発光分光計測ではラジカル量を把握することができないことを示す興味深いものである。この振る舞いの違いは，次の様に考えられる。H_α線の発光機構は，基底水素原子への電子衝突による直接励起と基底水素分子への電子衝突による解離励起がある。直接励起の反応定数をk_a，解離励起の反応定数をk_mとする。計測対象プラズマの電子温度を2eV，電子エネルギー密度分布をマクセル分布と仮定すると，直接励起[11]，解離励起[12]の反応断面積のデータより，k_a，k_mは，それぞれ$4.1\times10^{-12}cm^3/s$，$7.4\times10^{-14}cm^3/s$と見積もられる。図5に示した水素原子密度と両反応定数より，今回の実験条件におけるH_α線の発光は，解離励起が支配的である。解離励起の閾値は，16.6eVである[12]。また，基底水素原子の生成機構である基底水素分子への電子衝突による解離の閾値は，8.8eVである[13]。従って，水素原子が増加したのは，圧力増加により親ガスである水素分子が増加したためと考えられ，H_α線の発光が減少したのは，解離励起に寄与する高エネルギー電子の密度が圧力増加により急激に減少したためと考えられる。

マイクロプラズマ光源を用いた真空紫外吸収分光システムを堆積系のプラズマナノプロセスに適用した結果を図6に示す[14]。プラズマ装置は，プラズマ励起周波数に500MHzを用いたSiH_4/H_2プラズマであり，液晶ディスプレイ等の薄膜トランジスタ（Thin Film Transistor：TFT）に用いられている微結晶シリコン薄膜の直接形成技術として盛んに研究がなされている。微結晶シリコン薄膜の形成過程において，水素原子が重要な役割を果たすことは知られており，その絶対密度がはじめて明らかにされたデータである。堆積系のプラズマに真空紫外吸収分光システムを適用する場合，光学窓への堆積物が問題になる。この問題に対しては，堆積物を防ぐプレート

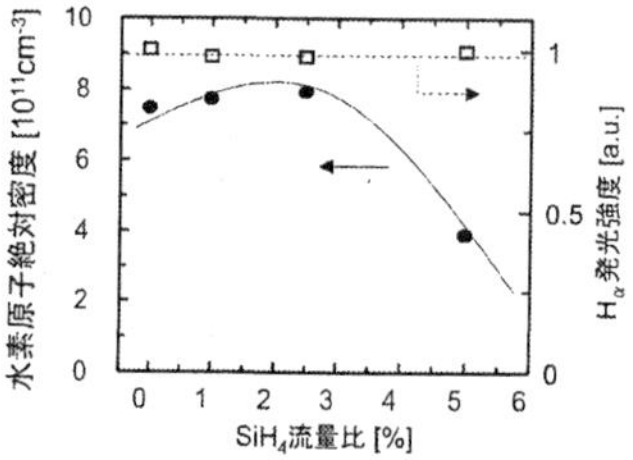

図6　水素原子絶対密度およびBalmer α (H_α, 波長656.3nm) 発光強度の圧力依存性

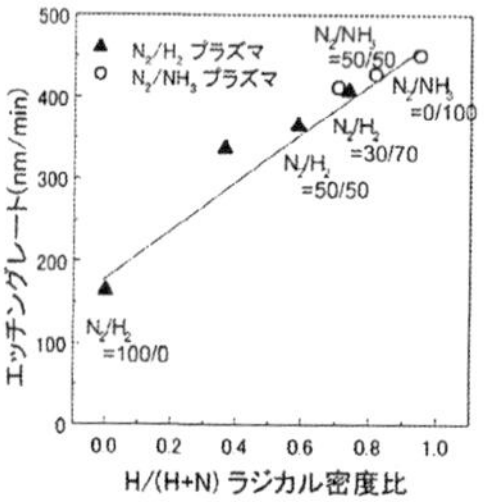

図7　低誘電率有機膜のエッチング速度のH/(H＋N)ラジカル密度比依存性

の設置と差動排気を駆使することで解決されている。図6のプラズマ放電条件は，圧力20Pa，ガス全流量200sccmである。SiH_4流量比5%で，水素原子密度が減少するのは，SiH_4分子と水素原子の反応消滅が増加したためである。

図7は，電子密度が一定条件下での低誘電率有機薄膜のエッチング速度を水素および窒素の原子状ラジカル密度比で整理した結果である[15]。両原子状ラジカル密度は，マイクロプラズマ光源を用いた真空紫外吸収分光システムで計測している。低誘電率有機薄膜は次世代のULSI層間絶縁膜であり，その微細加工技術の確立が盛んに行われている。低誘電率有機薄膜のエッチングには，水素（H_2），窒素（N_2），アンモニア（NH_3）ガスを適度な割合で混合したプラズマ化学を用いて微細加工が行われている。これまで，エッチング速度や形状は，ガスの混合比（例えば，H_2/N_2比またはN_2/NH_3比など）という外部パラメーターを変量として整理されていた。しかし，図7はエッチング速度が，H_2/N_2比またはN_2/NH_3比などの原料ガスの種類に関係することなく，水素と窒素ラジカル密度で一意に決まることを示している。

8　真空紫外吸収分光システムの高機能化

マイクロプラズマ光源の小型化も進められている。直径9mmのパイプからなるMHCLである。9mmMHCLの写真を図8に示す。パイプ先端にマイクロプラズマがあり，そこから上述と同様の原子発光を得ることができる。光源の小型化は，プラズマ中に光源を挿入して計測する場合に計測対象プラズマの擾乱を小さくできるという利点がある。

更に，吸収分光計測においては，プラズマチャンバーに光源と検出器を設置するための対向するポートが必要であった。一般的なプラズマチャンバー，特に量産用プラズマプロセスチャンバーに対向する2つのポートを準備することは難しい。そこで，開発されたのが1ポート型の真空紫外吸収分光システムである。図9に1ポート型真空紫外吸収分光システムの写真を示す。このシステムの光源としてマイクロプラズマ光源を用いている。プラズマ内に挿入する絶縁パイプは直径2.7mmである。また，絶縁パイプ先端にプラズマの吸収を計測する部位がある。このシステムを例えばプラズマチャンバーの直径方向に移動しつつ，ラジカル密度計測をすることで，ラジカルの空間分布も計測することが可能である。

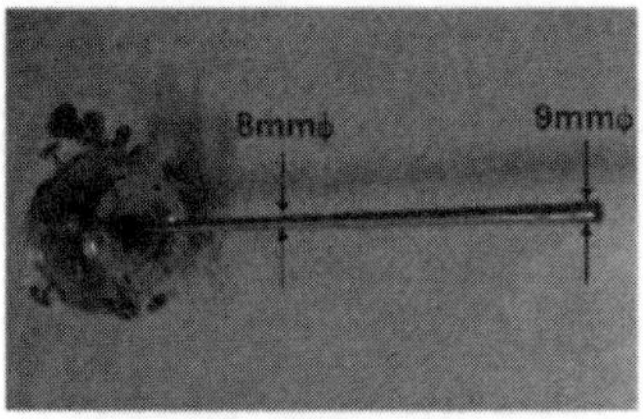

図8　9mm型MHCL

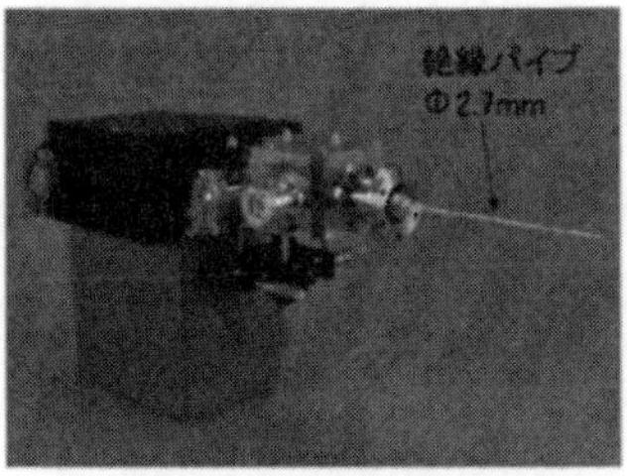

図9　1ポート型真空紫外吸収分光システム

文　　献

1) 堀　勝，応用物理，**74**，p.1328 (2005)

2) 堀　勝，化学工業，**56**，p.435 (2005)

3) L. Pfitzner and P. Kucher: *Material Science in Semiconductor Processing*, **5**, p.321 (2003)

4) M. Hori and T. Goto: *Plasma Sources Sci. Technol.*, **15**, S74 (2006)

5) A. C. G. Michell and M. W. Zemansky: *Resonance Radiation and Excited Atoms* (Cambrige Univ. Press, 1961)

6) S. Takashima, M. Hori, T. Goto, A. Kono, M. Ito and K. Yoneda, *Appl. Phys. Lett.*, **75**, p.3929 (1999)

7) 高島成剛，堀　勝，後藤俊夫，真空，**44**，p.802 (2001)

8) S. Takashima, S. Arai, M. Hori, T. Goto, A. Kono, M. Ito and K. Yoneda, *J. Vac. Sci. & Technol.*, **A 19**, p.599 (2001)

9) H. Nagai, M. Hiramatsu, M. Hori and T. Goto, *Rev. Sci. Instrum.*, **74**, p.3453 (2003)

10) S. Takashima, M. Hori, T. Goto, A. Kono and K. Yoneda, *J. Appl. Phys.*, **90**, p.5497 (2001)

11) J. D. Walker Jr. and R. M. St. John, *J. Chem. Phys.*, **61**, p.2394 (1974)

12) G. R. Möhlmann, F. J. De Heer, and J. Los, *Chem. Phys.*, **25**, p.103 (1977)

13) S. J. Corrigan: *J. Chem. Phys.*, **43**, p.4381 (1965)

14) S. Takashima, M. Hori, T. Goto and K. Yoneda, *J. Appl. Phys.*, **89**, p.4727 (2001)

15) H. Nagai, M. Hiramatsu, M. Hori and T. Goto, *J. Appl. Phys.*, **94**, p.1362 (2003)

第　三　編

医療・バイオテクノロジーへの応用

第1章　DNA超分子システム創成への応用

畠山力三*1，岡田　健*2，金子俊郎*3

1　はじめに

プラズマ理工学はカーボンナノチューブ（CNTs）に代表される炭素系ナノ物質研究において重要な役割を果たすと考えられる。CNTs合成に関してはプラズマによって解離した活性種を利用するプラズマCVD法が有用であり[1, 2]，イオン・ラジカルのフラックス制御や，シース電場による配向成長が可能である[3]。一方で，CNTsの物理的・化学的修飾によるCNTsの機能化もプラズマ的手法によって可能である。CNTsの修飾による機能化は2つに大別することができる。1つはCNTsの外壁への修飾であり，フッ素系活性種を含むプラズマにCNTsを曝すことで，CNTsの電子放出特性が改善されること等が報告されている。2つ目としては，CNTsの内部空間を利用する方法である。ここでプラズマの果たす役割はイオン挙動の制御である。アルカリ金属正イオンとフラーレン負イオンから成るプラズマを生成し[4, 5]，プラズマ中に導入した単層カーボンナノチューブ（SWNTs）塗布基板に印加するバイアスの極性・大きさを変化させることで，アルカリ金属[6, 7]やフラーレン[8, 9]を内包したSWNTsを形成することが可能である。例えば，正バイアスを印加した場合には，フラーレン負イオンのみがSWNTs基板に照射される。このとき，SWNTsはフラーレン負イオンの衝突エネルギーによって構造変形を起こし，その開端部からフラーレンが内包すると考えられている。一方，基板へのバイアスを負にすれば，正イオンであるアルカリ金属がSWNTsに照射・内包される。このようにアルカリ－フラーレンプラズマを用いてイオン照射を行うことで異種原子・分子が内包したSWNTsを得ることができる。この方法は基板バイアス法と呼ばれ，SWNTsに内包させたい原子・分子をプラズマ化（イオン化）することで内包SWNTsを形成することが可能である。

一方，医学生理学的側面だけでなく電子工学的側面からも研究が展開されている，炭素を基本構成元素とするDNAは直径2 nmの1次元ナノ物質であり，一般的なSWNTsの直径とほぼ同等である。DNAはリン酸基と4種の塩基（A：アデニン，G：グアニン，T：チミン，C：シト

＊1　Rikizo Hatakeyama　東北大学　大学院工学研究科　電子工学専攻　教授
＊2　Takeru Okada　東北大学　大学院工学研究科　電子工学専攻
＊3　Toshiro Kaneko　東北大学　大学院工学研究科　電子工学専攻　助教授

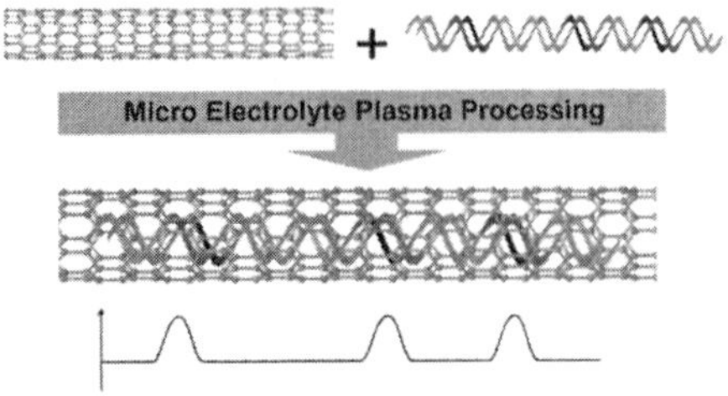

図1　DNA と CNT を融合させた DNA 内包 SWNT 創製の模式図

シン）から構成され，各塩基はそれぞれ異なる電気特性を示すことが分かっている[10]。従って図1に示すように，塩基配列を制御した DNA を CNTs 内へ内包すれば，CNTs の電気特性を局所的に変化させることが可能であり斬新的な応用が期待される。

そこで本稿では，上記の気相プラズマ中における基板バイアス法を DNA 等の生体高分子を扱える液相（溶液）マイクロプラズマに適用し，DNA 超分子システム創成の基盤となる SWNTs を用いる新機能性物質・材料創製について述べる。

2　気体プラズマと電解質プラズマ

上述のように SWNTs 内部空間へ異種原子・分子を内包させるためには，プラズマ化（イオン化）することが必要であった。しかし，多くの機能を備えることが可能な分子性物質（高分子等）は一般に気相中でイオン化することが困難であるが，一方で溶液中においては容易にイオンとして存在する。中でも DNA は，溶液中において分子内に存在するリン酸基のため多価負イオンとして振舞う。このようなイオンを含む溶液は一般に電解質溶液と呼ばれ，1920 年代に電解質溶液のイオン挙動に関してデバイとヒュッケルによって理論が構築され[11]，気体プラズマ理論へ発展した歴史的経緯がある。表1に気体プラズマと電解質プラズマの各種パラメータを示す。T，n，λ_D，Γ はそれぞれ電子（イオン）温度，電子（イオン）密度，デバイ長，結合係数である。気体プラズマと電解質プラズマは共に荷電粒子と中性粒子から構成され準中性である。このことから両者を同様に扱うことができると考えられる。また，電解質プラズマは液体であるため密度が高く，イオン温度が非常に低い。そのため，従来の気体プラズマとは異なる物理・化学反応が期待でき，新物質創製に大きな可能性を秘めていると考えることができる。

気体プラズマと電解質プラズマのデバイ長は式(1)及び，式(2)でそれぞれ表すことができる。ここで，k_B，N_A，ε_0，ε_r，I，c，z，j はそれぞれボルツマン定数，アボガドロ数，真空の誘電率，

表1　気体プラズマと電解質プラズマのパラメータ比較

	気体プラズマ[a]	電解質プラズマ[b]
構成種	電子，正イオン，中性粒子	正負イオン，中性粒子
電荷	準中性	準中性
T	$\sim$3.0 eV	0.025 eV（300K）
n	$\sim 10^{10}\,\mathrm{cm}^{-3}$	$\sim 10^{15}\,\mathrm{cm}^{-3}$
λ_D	$\sim$0.13 mm	$\sim$11 nm
Γ	$<<1$	$\sim$2.5

a　典型的な直流放電プラズマ。
b　A_{15} の DNA が 7×10^{-6}mol/l の濃度と仮定する。なお，緩衝溶液の効果については考慮していない。

比誘電率，イオン強度，電解質濃度，イオンの価数，電解質プラズマ中のイオン種である。式(2)中 I はイオン濃度と価数を含むので，$N_A I$ は式(1)中 n よりも大きな値をとり，DNA のような多価イオンから成る電解質プラズマにおいてはデバイ長が非常に短くなる。つまり，電解質プラズマ中に電極を導入した際，電極前面におけるシース電場強度は非常に強い。また，式(3)で表される結合係数Γは d をイオン間平均距離としたとき，およそ2.5となる。結合係数は，最近接イオン間のクーロン力と熱エネルギーの比であり，1～100の値は液体となることが一般に知られているため，2.5は電解質溶液を液体プラズマとして用いることの妥当性を示すものである[12, 13]。

以上のように，電解質溶液中のイオンは，気体プラズマと同様に扱うことができる。具体的には電場を印加することでその挙動を制御することが可能であり，効果的に電場を印加するためには電解質プラズマを微小領域に分割する，ないしは閉じ込めることが有効だと考えている。そこで，本研究ではDNA超分子システム創成に向けて，DNAを含む溶液を電解質マイクロプラズマと捉え，溶液中における基板バイアス法を用いてDNAイオン照射を行い，DNAを内包したSWNTsの創製を目的とした実験を行った。

$$\lambda_\mathrm{D} = \left(\frac{\varepsilon_0 k_B T}{n e^2} \right)^{1/2} \tag{1}$$

$$\lambda_\mathrm{D} = \left(\frac{\varepsilon_0 \varepsilon_r k_B T}{2 N_A I e^2} \right)^{1/2}, \quad I = \frac{1}{2} \sum_j c_j z_j^2 \tag{2}$$

$$\Gamma = \frac{e^2 Z_j^2 / 4\pi\varepsilon_0 d}{k_B T} \tag{3}$$

3　実験配位

図2に電解質プラズマ実験装置図を示す。5 cm^{-3} の DNA 水溶液中に5 mm×40mm のアルミ

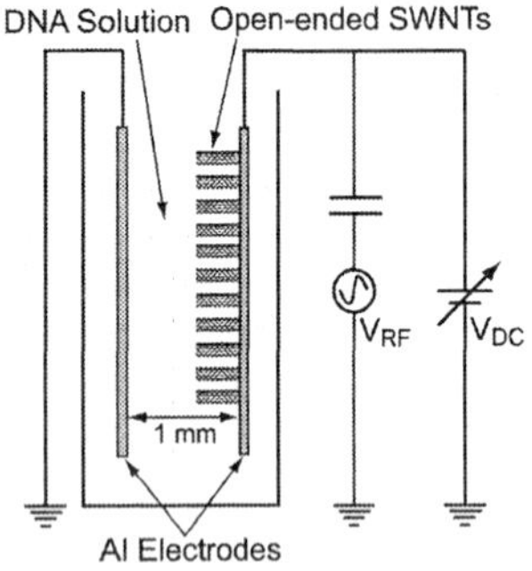

図2　電解質プラズマ中 DNA 負イオン照射装置図
電場を印加することで電極前面に形成される電位勾配によって SWNTs は電極に垂直に起立する。

ニウム製アノード及び，カソード電極を挿入し，アノード表面には予め開端処理した SWNTs[14] を塗付しておく。電極間隔は 1000 μm であり，電極には，直流電圧 V_{DC} 及び高周波電圧 V_{RF} を独立に制御し，印加することが可能である。DNA は溶液中で負イオンとして存在するので，直流電場を印加することで，アノードへの負イオン照射を行うことができる。

また本研究で電極に用いているアルミニウムは DNA 分子への表面活性が高い材料として知られている[15]。そのため，照射された DNA 負イオンはアノード電極表面に半永久的に吸着する。従って，直流電場印加によって DNA イオン照射を行えば，時間の経過と共に溶液濃度が減少することになり，その減少量から DNA 負イオン照射量を見積ることが可能である。

また，溶液中で糸玉形状を呈している DNA に高周波電場を印加すると，DNA 負イオン分子は溶液中で伸長することが分かっているので[15]，伸長した状態で DNA を SWNTs に照射することで DNA の内包が促進されるものと考えられる[16]。なお，本研究で用いた DNA は全て 1 重らせん DNA であり，塩基（アデニン，グアニン）の頭文字と塩基数を表す添字を用いて A_x，G_x と表記する。

4　実験結果と考察

アルミニウムは DNA を吸着するので，電場印加によって照射された DNA はアルミニウム基板表面に吸着・固定されると考えられる。その結果，吸着された DNA の減少分だけ溶液中に存在する DNA が減少する。従って溶液濃度の変化から DNA 負イオン照射量を見積ることができる。図 3 に $V_{DC}=3.0$ 及び 10.0 V を印加した場合の DNA 水溶液濃度変化を吸光度変化として示

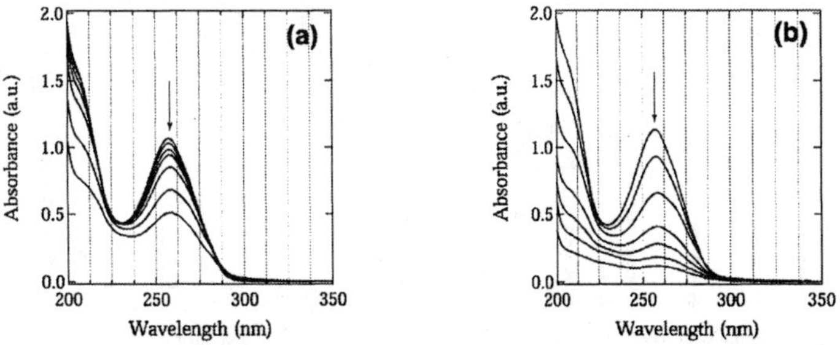

図 3　直流電場印加による DNA 溶液の濃度変化
(a) $V_{DC}=3.0$ V，(b) $V_{DC}=10.0$ V。印加時間はそれぞれ上から下に向かって，
t = 0，1，3，5，10，30，60 min.。

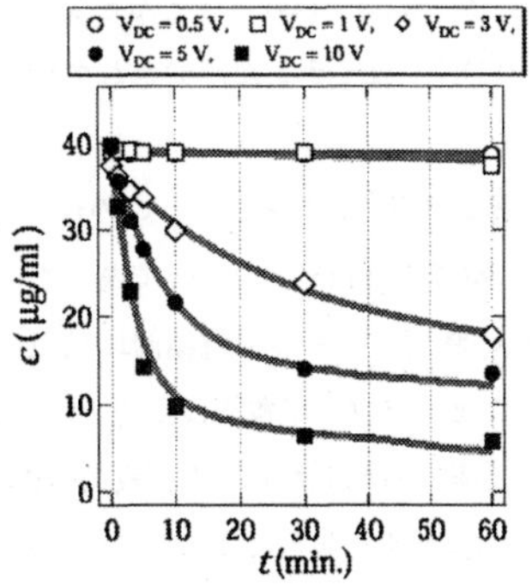

図 4　直流電場印加による DNA 負イオン濃度時間依存性

す。260 nm 付近のスペクトルピークは DNA の塩基由来のピークである。吸収スペクトルの形状は印加電圧 V_{DC} に依存せず，その強度のみが変化している。このことは DNA が直流電場印加によって変性や分解をせずに，イオン照射が行われたことを示している。図 3(a)のように V_{DC} が低い場合に比べて，図 3(b)のように $V_{DC}=10$ V の場合には吸光度が大きく減少していることがわかる。

図 4 に DNA 水溶液の吸光度変化を DNA 水溶液の濃度 c（μg/ml）に変換し，横軸を照射時間 t として示す。V_{DC} の増加に伴って DNA 水溶液濃度が減少している。その減少量は時間経過と V_{DC} の増加と共に増加していることがわかる。これらの結果より，DNA 負イオン照射量は照射時間 t と印加直流電圧 V_{DC} に依存し，これらを変化させることで制御できることが明らかに

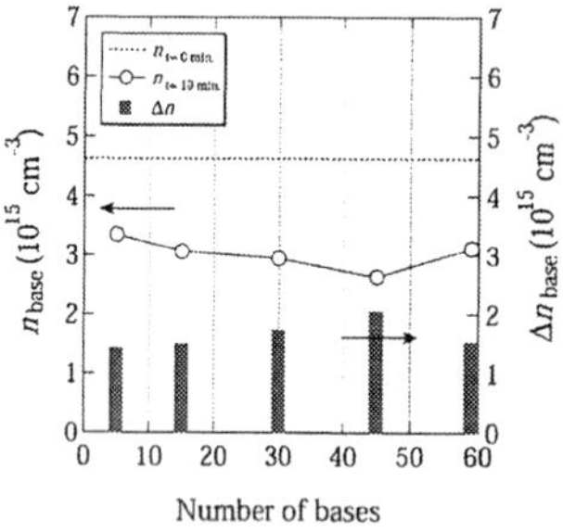

図5　DNA負イオン照射鎖長依存性

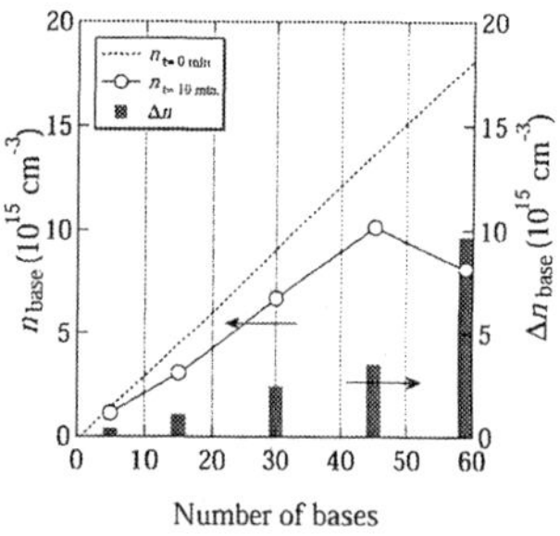

図6　異なる鎖長のDNAを初期DNA数密度一定の条件下でイオン照射した場合の密度変化

なった。また $V_{DC}=10$ V の場合，$t=10$ min. 以降はほとんど変化が見られなかった。このことは，水溶液中に存在するほとんどのDNA負イオンが照射されていることを示していると考えられる。

また60 min. の時間経過後も濃度はゼロにならない。この理由は用いたセルが10 mm×10 mm×50 mmであり，アルミニウム電極が5 mm×40 mmであるため，導入した電極の背面や側面に存在するDNA負イオンが長い時間スケールで電極間に拡散・流入してくるためと考えられる。すなわち，V_{DC}を印加することでアノード電極に到達・吸着するDNA負イオンは主に電極間に存在しているDNAであると考えられるため，電極表面への吸着により電極間のDNA負イオン濃度が減少し，電極背面や側面からの拡散によって，常にある量のDNA負イオンが電極間に補充されることになる。従って，DNA負イオン濃度は60 min. までの時間ではゼロにはならないと考えられる。また，別の理由としては，ある時間経過後はアルミニウム表面が照射されたDNA分子で覆われ，アルミニウムの吸着活性が低下することで，全てのDNAを吸着できずに水溶液中に存在するためとも考えられる。

図5にDNA負イオン照射量の鎖長依存性を塩基数密度変化 n_{base} として示す（$V_{DC}=10$ V）。破線は初期塩基数密度，白丸は10 min. 経過後の塩基数密度であり，その変化量は棒グラフとして示している。用いたDNAはアデニンから成る A_5～A_{59} であり，初期塩基数密度は吸光度から算出し，一定の値に設定している。V_{DC} 印加に伴うイオン照射によって塩基数密度が減少しており，$t=10$ min. 経過後の塩基数密度は，鎖長に依らずほぼ一定であることが分かった。このことは，塩基数密度が同一の溶液中に存在するDNA負イオン数は，$A_5>A_{15}>A_{30}>A_{45}>A_{59}$ となるため，長鎖DNA程照射される負イオン数が少ないことを表している。次に，図6に異なる鎖長のアデニンから成るDNAを，初期DNA負イオン数密度一定の条件下でイオン照射を行った場

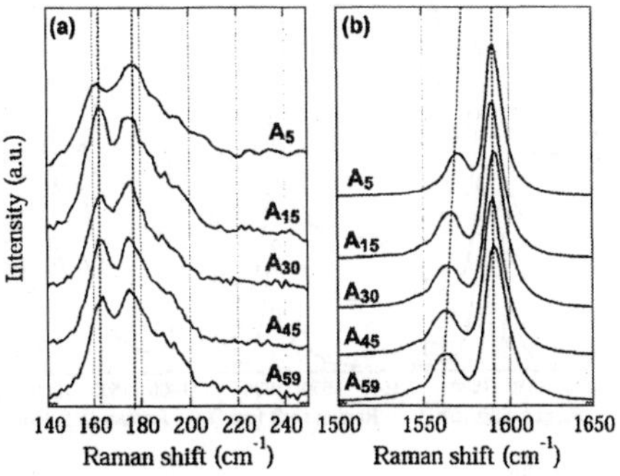

図7　DNA 負イオン照射後のラマンスペクトル
DNA：A_5-A_{59}，V_{DC}＝10 V。励起波長は 488 nm。

合の塩基数密度変化を示す。DNA の鎖長が長くなるにつれて変化量が大きくなっていることがわかる。これらの結果から，DNA 負イオンの照射量は溶液中に存在する塩基数密度（塩基数）にのみ依存していることがわかる。これは，塩基数が負電荷量に対応するため，溶液中の総負電荷量に依存して照射量が決まることを意味している。そのため，同一の塩基数密度の場合，照射される DNA 負イオン数は鎖長が短い程多くなる。

以上のことから，DNA 負イオン照射量の制御が可能であることが明らかになったので，次に典型的な条件下（V_{DC}＝10.0 V，t＝10 min.）において DNA 負イオン照射を SWNTs に行い，その SWNTs をラマンスペクトルによって解析した結果について述べる。

図7に異なる鎖長の DNA を用いて SWNTs へ DNA 負イオン照射を行った後の SWNTs のラマンスペクトルを示す。ここでは，初期塩基数密度を一定にしている。図7(a)に示すように鎖長が短くなるにつれて，SWNTs の径方向の伸縮モードである Radial Breathing Mode（RBM）領域におけるスペクトル形状が変化していることがわかる。特に A_5 を用いた場合，164 cm^{-1} のピーク値が著しく減少している。また，図7(b)に示す G-band の領域においては，SWNTs の軸方向の伸縮モードである G^+-band（～1590 cm^{-1}）に大きな変化が見られないにもかかわらず，周方向の伸縮モードである G^--band（1560-1570 cm^{-1}）が DNA 鎖長の増加に伴ってダウンシフトしている。以上の結果から，A_5 のように短い DNA は直流電場のみで容易に SWNTs 内へ内包することが可能であると考えられるため，RBM 領域のスペクトル変化は DNA の内包率を間接的に表していると考えることができる。一方で，長鎖 DNA の場合に，G^--band がダウンシフトしていることから，長鎖 DNA が SWNTs の周囲に巻きつき周方向のモードを阻害しているものと考えられる。すなわち，DNA の鎖長が長くなるに従い，内包が困難になっていること

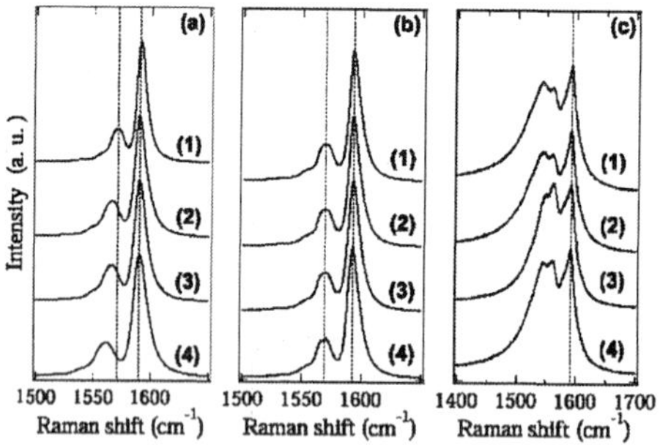

図8　t=10 min. の DNA 照射後の SWNTs のラマンスペクトルの G-band 領域
励起波長(a) 488 nm，(b) 514.5 nm，(c) 632.8 nm。(1) V_{DC} = 0 V，V_{RF} = 0 V，(2) V_{DC} = 0 V，V_{RF} = 150 V，(3) V_{DC} = 10 V，V_{RF} = 0 V，(4) V_{DC} = 10 V，V_{RF} = 150 V。DNA：A_{15}

を示している。そこで，長鎖 DNA を SWNTs へ内包させるためには，その立体構造を 1 次元的に変化，つまり伸長させることが有効であると考えられる。DNA の伸長には前述のように高周波電場が有効であるので，直流電場に高周波電場を重畳印加し，DNA 負イオン照射を行った SWNTs のラマンスペクトルについて次に述べる。

図 8 に異なる励起波長で測定した SWNTs のラマンスペクトルを示す。用いた DNA は全て A_{15} である。図中で示してある(1)は電場を印加していない状態であり，DNA 負イオンは SWNTs と接触はするが，イオン照射の効果は無い。よって(2)～(4)の比較対象として考えることができる。(2)は高周波電場のみを印加しているため，イオン照射はほとんど行われていないが，DNA 負イオンは液中で伸長されているので，SWNTs バンドル間への浸入等の DNA-SWNTs 間での相互作用が考えられる。(3)は直流電場のみを印加しているため，液中で糸玉状の立体構造をとる DNA 負イオンをその形状を維持して SWNTs へ照射した結果を表している。(4)は直流電場と高周波電場を重畳印加させ，伸長した状態の DNA 負イオンを SWNTs へ照射した結果を表している。この場合，シース電場の効果によりイオン照射時には DNA と SWNTs の先端開口部は共に対峙した位置関係になる。

G-band のトップピーク（G^+，1590 cm^{-1}）に着目すると，DNA 負イオン照射による効果はいずれのレーザー波長においても変化が確認されなかった。しかし，励起波長が 488 nm の場合において G^--band（～1560 cm^{-1}）がわずかにブロードとなり，さらに低波数側へのシフトが確認された。また，632.8 nm 励起の場合にも G^--band の形状が変化していることがわかる。この振

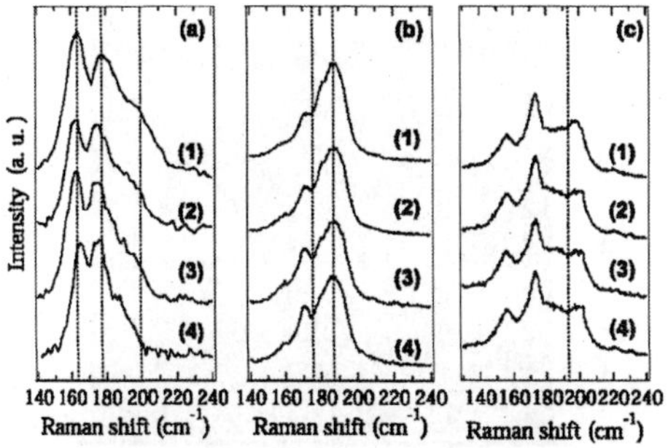

図9　DNA 照射後の SWNTs のラマンスペクトルの RBM 領域
励起波長(a) 488 nm，(b) 514.5 nm，(c) 632.8 nm。(1) V_{DC} = 0 V，V_{RF} = 0 V，(2) V_{DC} = 0 V，V_{RF} = 150 V，(3) V_{DC} = 10 V，V_{RF} = 0 V，(4) V_{DC} = 10 V，V_{RF} = 150 V，t = 10 min.。DNA：A_{15}

動モードは SWNTs の周方向に沿った炭素原子の振動に由来するので，DNA が SWNTs 内部に内包又は外接した場合には，そのスペクトルが変化すると考えられる。シフト量は伸長した状態で DNA 負イオン照射を行った場合（V_{DC} = 10 V，V_{RF} = 150 V）に最大となっている。これらの現象は，電場を重畳し，DNA 負イオン照射を行った場合でも，一見 DNA の内包が困難であると思われるが，次に示す結果と合わせて複合的に考える必要がある。

図 9 (a)は励起波長が 488nm 時の RBM 領域のラマンスペクトルである。図中点線で示した 164 cm^{-1}，178 cm^{-1}，200 cm^{-1} の波数において強度の変化が確認された。このうち，164 cm^{-1} と 200 cm^{-1} は一般に SWNTs のバンドル由来のピークと言われているが，(3) V_{DC} のみ印加時と(4) V_{DC}，V_{RF} 重畳印加時を比較した場合，V_{DC} に依存する DNA 負イオンの照射量が変わらないにもかかわらず，そのスペクトル形状及び，強度に大きな変化が確認されたこと，及びこの波数は SWNTs の直径分布の極大値に相当する波数と一致するので，確率的に変化が大きいと予想できることから，バンドル由来ではなく，DNA が SWNTs 内部に内包されている効果だと考えられる。さらに，内包される DNA の大きさは SWNTs の直径に対して十分に小さいので，本研究の条件下では DNA 内包率の SWNTs 直径に対する依存性はないものと考えられる。また，図 9 (b)，(c)に示している，514.5 及び，632.8 nm 励起の場合においても図中点線で示す波数において僅かではあるがスペクトル形状に変化が確認され，その変化量は(4) V_{DC} と V_{RF} を重畳印加させた場合に最も大きくなっていることが分かる。

このように RBM 領域は G-band 領域に比べて DNA 負イオン照射の効果が顕著に現れることが明らかになった。さらに，488 nm 励起の場合における 164，178 cm^{-1} のピーク強度変化が最

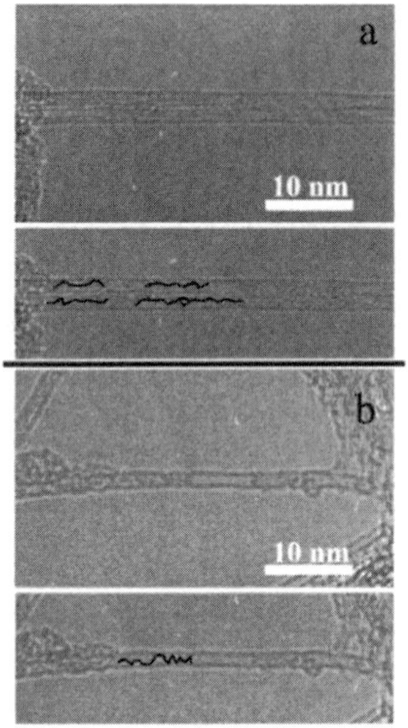

図 10　SWNTs に内包した DNA の模式図
(a) A_{15} (b) A_{30}，内包の様子を模式的に図中黒線で示してある。

も顕著であった。また印加電場が DNA 負イオンに与える効果を考慮すれば，DNA の SWNTs への内包率は(4)>(3)>(2)と予想でき，実際に図 9(a)における 164，178 cm^{-1} のピーク強度比を求めると同様の順に減小していることから，V_{DC} と V_{RF} の重畳印加が DNA の内包に重要であることが明らかになった。さらに，電場強度に依存してスペクトル変化が大きくなることも観測されており，強電場を印加することで内包率が上昇することも明らかになっている。

SWNTs のラマン測定は，本研究にもあるように非常に複雑であるが，それぞれのモードを解析することでより詳細な議論が可能となる。内包 SWNTs のラマン測定に関する理論的考察は未だ発展中であり，現段階では現象論的な印象を払拭することが困難であるため，今後の理論研究の発展が望まれる。

図 10 に透過型電子顕微鏡（TEM）によって観察した DNA 負イオン照射後の SWNTs 像を示す。サンプルは DNA イオン照射後純水で洗浄し，その後エタノール中で超音波処理をした後観察を行った。図 9(a)は A_{15}（～5 nm），図 10(b)は A_{30}（～10 nm）の DNA を用いている。図 10

(a)では2本のSWNTs内部に，それぞれ2本と3本の1次元構造物質が内包されていることがわかる。この物質の長さは全て用いたDNAであるA_{15}（～5 nm）とほぼ同一であるため，SWNTs内部にDNAが内包した像観察に初めて成功したと言える。また，図10(b)に示すように，A_{30}（～10 nm）のDNAを用いた場合でも同様にDNAと同程度の長さの物質内包，つまりDNAの内包が確認されている。

次にSWNTsに内包されたDNAの立体構造について述べる。A_{15}（～5 nm）の場合には，図10(a)に示してある通りSWNTs内部に内包したDNAはほぼ直線状に配置していることがわかる。これに対してA_{30}（10 nm）を用いた場合には，SWNTs内部でらせん状構造をとっていることがわかる。このような立体配置の違いは塩基配列によるものではなく，DNAの鎖長によるものだと考えられる。

DNAとSWNTsの相互作用に関する幾つかの報告があるが[17]，全てSWNTsの外壁とDNAの相互作用について議論されている。しかし，SWNTsを構成する炭素のグラファイト構造とDNA分子の関係は，本研究のような内包した場合においても適用が可能であると考えられる。DNAは前述の通り，親水性のリン酸骨格とそれに付随した疎水性の塩基部分から成る。一方でSWNTsを構成するグラファイトは疎水性である。この両者が接近したとき，互いの疎水性部分同士の相互作用が強く働くことが考えられる。つまり，DNAの塩基部分がSWNTsの内壁側を向いて内包していると考えることができる。さらに，DNAとSWNTsの相互作用で重要なのはπスタッキングである。πスタッキングとは，π電子雲同士の重なりによって安定に配置することである。DNAとSWNTsにおいては，それぞれ塩基とグラファイト格子がπ電子を持っているので，疎水性部分同士が向き合ったときにこれらはπスタッキングすることで安定化するものと考えられる。つまり，DNAがSWNTs内部に内包した場合，塩基と内壁グラファイト格子は互いに疎水性であるためお互い向き合うように配置し，さらにはπスタッキングによって安定した状態にあると考えている。

DNAを構成する4種の塩基は異なる酸化電位を持ち[10]，アデニン，チミン，シトシンはそれぞれ1.96，2.11，2.14 Vである。これに対してグアニンは1.49 Vと低く，このことは他の塩基に対して電子ドナー性が高いことを示している。つまり，グアニンを含むDNAを用いることでDNA-SWNTs間での電荷移動等の相互作用が期待できる。一般的なSWNTsのバンドギャップは～1 eV程度[18]であることから，アデニンの酸化電位がSWNTsのバンドギャップに影響を与えることは十分に可能である。グアニンを含むDNAを用い，直流電場と高周波電場を重畳印加させ，DNA負イオン照射を行ったSWNTsのラマンスペクトルを図11に示す。ここで用いたDNAのAG_{30}はアデニンとグアニンが交互に並んだ塩基配列をしており，A_{30}の場合に比べて164 cm^{-1}のピーク強度が著しく低下している。A_{30}とAG_{30}は同一条件下においてはDNA負イ

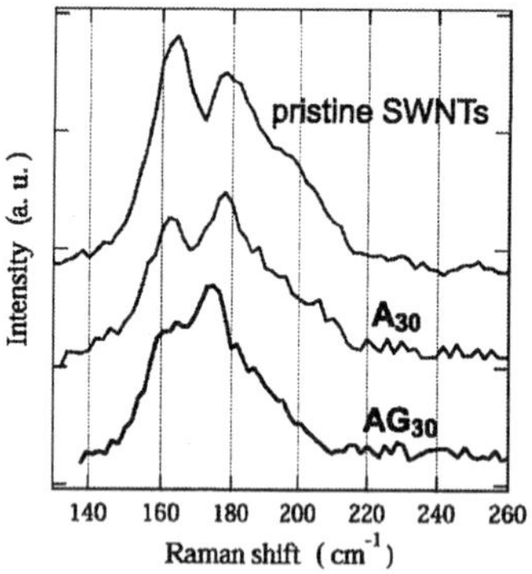

図 11　異なる塩基配列の DNA 負イオン照射後のラマンスペクトル
励起波長は 488 nm。V_{DC} = 10 V，V_{RF} = 150 V

オン照射量が等しいため，内包された DNA による RBM 領域でのスペクトル変化は塩基種の電気的特性によるものだと考えられる。グアニンの電子ドナー性を考慮すれば DNA と SWNTs 間で電荷移動が行われていることが示唆され，電子素子等への応用が期待できる。

5　超分子システムへの展開

DNA と SWNTs 間の相互作用については，計算機シミュレーションにおいて DNA-SWNT 複合システムを構成することによって調べられ，システム内での電子移動の存在が示唆され，電子デバイスのみならず超高速 DNA 配列への応用の可能性について言及されている[19)]。さらに，SWNT の外周に DNA が巻き付いたこの DNA-SWNT 複合体においては，SWNTs からの蛍光を用いて DNA ハイブリダイゼーション（二本の一本鎖が元の二本鎖に戻ること）を検出するという，興味深い応用の潜在能力が報告されている[20)]。すなわち図 12 に示すように，光センサー的な DNA ハイブリダイゼーション探知方法の開発である。一重螺旋 DNA がラッピングされた SWNT に相補的な相手 cDNA が結合した場合にのみに，近赤外蛍光発光スペクトルピークの有意なブルーシフトが発生し，非相補的な nDNA が近づいた場合には無視できる程度のシフトしか起こらなかった。このシフト量をエネルギー変化量 ΔE として換算し，溶液中に加える DNA の濃度の関数としてプロットとすると図 12(b)のように明瞭な差が測定され，生命科学や医療分野でのオリゴヌクレオチド（リン酸ジエステル結合によって結ばれている，2～10 個のヌクレチオドから成る直鎖状核酸片）検出器としての応用が期待されている。

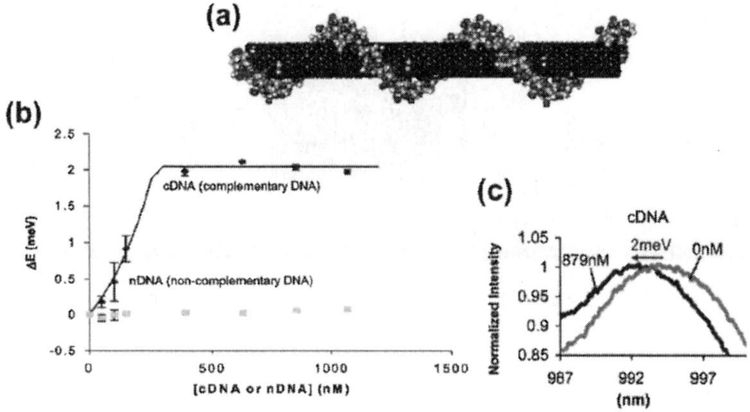

図12　(a) DNA で外壁をラッピングされた SWNT の模式図，(b)相補的 DNA と非相補的 DNA の濃度に対する蛍光発光スペクトルピークシフト量の変化，(c)相補的 DNA を加えることによる蛍光発光スペクトルピークシフト
(E. S. Jeng *et al*, *Nano Letters*, **6**, 371 (2006) より抜粋)

このようなバイオ，メデシン的応用には先ず水溶性の CNTs を合成することが基本的に重要である。上記の例のように，DNA の疎水性の塩基部位を同じく疎水性部位である CNT の外周にラッピングすると親水性部位である DNA のリン酸基が水に直面するので，DNA でラッピングされた SWNT は水溶性となる。他の方法として，N で保護されたアミノ酸誘導体により CNTs の側壁を化学修飾し，水溶性 SWNTs と MWNTs（多層カーボンナノチューブ）を合成しこれを生体内に導入した研究が展開されている[21]。この水溶性共有結合付加 CNTs は細胞膜を透過した後に繊維母細胞の細胞質に蓄積し，特にペプチド-SWNT 共役体の場合は細胞毒性を現すことが無く細胞核まで到達する。さらに水溶性のアンモニア修飾 CNTs は免疫能力のある細胞質中に細胞の生育能力と機能を変形することが無く吸収・摂取される[22]。このように CNTs は通常のタンパク質キャリアに比べて免疫原性が無いので，ナノドラッグデリバリーやナノ標的治療において治療効力の増加が期待できる。

ここにおいて，水溶性の正電荷を持つアンモニア修飾 MWNTs と負電荷を持つプラズミド（染色体外にある自己増殖性の遺伝因子の総称）DNA をイオン間静電相互作用により会合させ超分子複合体を形成すると，ナノ針のように細胞膜を貫通し，哺乳動物細胞内にそれを死滅させることがなく吸収・摂取させることができる。その結果，単独よりも 10 倍高い遺伝子発現レベルが観測され，ナノチューブベースの遺伝子ディリバリベクターシステム要素の第一例と言える[23]。これに比べて，ペプチド，デンドリマー，リボソーム等は，DNA ディリバリーの際に細胞膜を

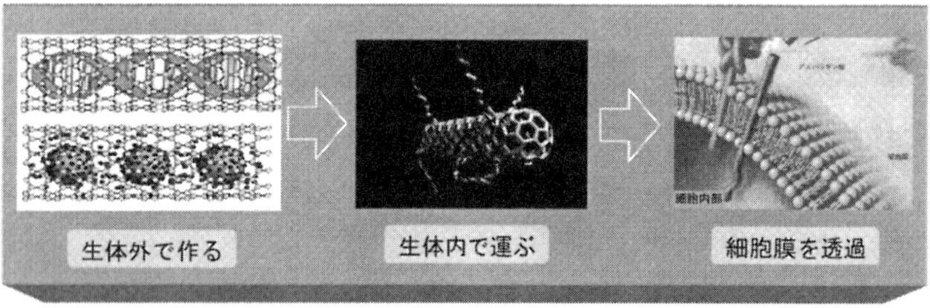

図13　水溶性の生体高分子内包 SWNTs による超分子システム創成の一例

壊すので顕著な毒性を誘起する。

以上のような背景において，本研究成果である CNT の内部中空空間に DNA を取り込んだ超分子システム基盤の“DNA 内包 SWNT”は，電子素子以外にどのような生体・医学的応用が考えられるのであろうか。先ず前節の最後に述べたように DNA と SWNT 間での電荷移動が示唆されているので，外環境には機械的に頑強でありながら，電気的にさらに光学的にも反応する“リモート制御対応の生体内埋め込み型バイオセンサー”としての期待がある。これはナノバイオエレクトロニクスの範疇であるが，さらにナノバイオテクノロジー，ナノメデシンへと医学・工学融合領域を視野に入れた場合にはどうであろうか。一つには，細胞内に，侵襲・毒性・免疫原性フリーの必要な生体機能分子を，必要な部位に（細胞核内，細胞質），必要な量だけ局在導入する，という“細胞内ナノバイオテクノロジー”の応用が考えられる。超分子としては Exogenous（生体の外に起源する）または Endogenous（生体内に起源する）が想定されるが，先ずここでは図13に示すように，生体外で“DNA やコロイドを内包した SWNTs”を電解質マイクロプラズマを駆使して創製し，それらをアミノ酸等で側壁修飾して可溶化する。次には，生体内に導入し運んで標的の細胞膜を透過させて局在注入する，という超分子システムである。その結果，細胞の新形質発現や新しい細胞の活用が見えてくるものと思われる。

6　まとめ

DNA 水溶液を電解質マイクロプラズマと捉え，溶液中における DNA 負イオン照射によって DNA 内包 SWNTs の創製に初めて成功した。DNA 負イオン照射は直流電場強度と時間によって制御可能であり，照射量は溶液中の塩基数密度に依存することが明らかとなった。また，SWNTs 内部に内包した DNA 分子はその長さによって立体構造が変化することがわかった。このようにDNA超分子システム創成の基盤となる．マイクロプラズマの応用として創製されたDNA内包SWNTsは，新機能性ナノ電子・バイオデバイス等への応用上大きな可能性を有しているものと考えている。

文　献

1) T. Hirata, N. Satake, G. -H. Jeong, T. Kato, R. Hatakeyama, K. Motomiya, and K. Tohji, *Applied Physics Letters*, **83**, 1119 (2003)
2) R. Hatakeyama, G. -H. Jeong, T. Kato, and T. Hirata, *Journal of Applied Physics*, **96**, 6053 (2004)
3) T. Kato, R. Hatakeyama, and K. Tohji, *Nanotechnology*, **17**, 2223 (2006)
4) N. Sato, T. Mieno, T. Hirata, Y. Yagi, R. Hatakeyama, and S. Iizuka, *Physics of Plasma*, **1**, 3480 (1994)
5) T. Hirata, R. Hatakeyama, T. Mieno, and N. Sato, *Journal of Vacuum Science and Technology A*, **14**, 615 (1996)
6) G. -H. Jeong, R. Hatakeyama, T. Hirata, K. Tohji, K. Motomiya, T. Yaguchi, and Y. Kawazoe, *Chemical Communication*, 152 (2003)
7) G. -H. Jeong, A. A. Farajian, R. Hatakeyama, T. Hirata, T. Yaguchi, K. Tohji, H. Mizuseki, and Y. Kawazoe, *Physical Review B*, **68**, 075410 (2003)
8) G. -H. Jeong, R. Hatakeyama, T. Hirata, K. Tohji, K. Motomiya, N. Sato, and Y. Kawazoe, *Applied Physics Letters*, **79**, 4213 (2001)
9) G. -H. Jeong, T. Hirata, R. Hatakeyama, K. Tohji, and K. Motomiya, *Carbon*, **40**, 2247 (2002)
10) K. H. Yoo, D. H. Ha, J. O. Lee, J. W. Park, J. Kim, H. Y. Lee, T. Kawai, and H. T. Choi, *Physical Review Letters*, **87**, 198102 (2001)
11) V. P. Debye and E. Huckel, *Phisikalische Zeeitschrift*, **24**, 185 (1923)
12) T. Okada, T. Kaneko, and R. Hatakeyama, *Japanese Journal of Applied Physics*, **45**, 8335 (2006)
13) T. Kaneko, T. Okada, and R. Hatakeyama, *Contributions to Plasma Physics*, in press.
14) K. Tohji, T. Goto, H. Takahashi, Y. Shinoda, N. Shimizu, B. Jeyadevan, I. Matsuoka, Y. Saito, A. Kasuya, T. Ohsuna, K. Hiraga, and Y. Nishina, *Nature*, **383**, 679 (1996)
15) M. Washizu and O. Kurosawa, *IEEE Transaction on Industry Applications*, **26**, 1165 (1990)
16) T. Okada, T, Kaneko, R. Hatakeyama, and K. Tohji, *Chemical Physics Letters*, **417**, 289 (2005)
17) M. Zheng, A. Jagota, M. S. Strano, A. P. Santos, P. Barone, S. G. Chou, B. A. Diner, M. S. Dressselhaus, R. S. Mclean, G. B. Onoa, G. G. Samsonidze, E. D. Semke, M. Usrey, D. J. Walls, *Science*, **302**, 1545 (2003)

18) J. W. G. Wildoer, L. C. Venema, A. G. Rinzler, R. E. Smalley, and C. Dekker, *Nature*, **391**, 59 (1998)
19) G. Lu, P. Maragakis, and E. Kaxiras, *Nano Letters*, **5**, 897 (2005)
20) E. S. Jeng, A. E. Moll, A. C. Roy, J. B. Gastala, and M. S. Strano, *Nano Letters*, **6**, 371 (2006)
21) V. Georgakilas, N. Tagmatarchis, D. Pantarotto, A. Bianco, J. -P. Briand, and M. Prato, *Chemical Communication*, 3050 (2002)
22) H. Dumortier, S. Lacotte, G. Pastorin, R. Marega, W. Wu, D. Bonifazi, J. -P. Briand, M. Prato, S. Muller, and A. Bianco, *Nano Letters*, **6**, 1522 (2006)
23) D. Pantarotto, R. Singh, D. McCarthy, M. Erhardt, J. -P. Briand, M. Prato, K. Kostarelos, and A. Bianco, *Angewandte Chemie International Edition*, **43**, 5242 (2004)

第2章　プラズマ技術の薬物送達システム開発へのバイオ応用

葛谷昌之*

1　はじめに

低圧気体のグロー放電（低温プラズマ）の特性を利用する“低温プラズマ化学”は，現在まで，各種高分子材料の表面処理や機能性新素材創製の基盤技術として，さまざまな各種産業分野で広く用いられている[1~3]。

一般に低温プラズマでは，陽柱光内の圧力が上昇すると電子温度（T_e）/ ガス温度（T_g）が1に近づき，放電場の縮小とともに高温の熱プラズマ（アーク放電）に移行する。したがって，大気圧に近い圧力下では安定な低温グロー放電は得られず，低温プラズマの発生は，通常10Torr以下の低圧で行われる。一方，1980年代後半，岡崎らは大気圧下でも安定にグロー放電（通称：大気圧プラズマ）を発生させる方法を開発した[4]。これは，電極間に過電圧を加え，最終的にアーク放電に移行するまでの間に一時的に存在する過渡的なグロー状態の連続パルス放電であり，今

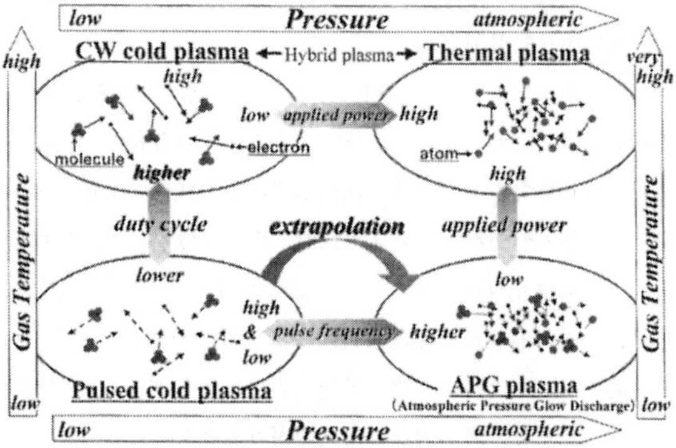

図1　プラズマ状態の定性的相関関係

*　Masayuki Kuzuya　松山大学　薬学部　薬品物理化学研究室　教授

日では真空不要のメリットもあって，有機薄膜生成や有機材料の表面処理への応用が展開されている。これらの定性的なプラズマ物理の関係は図1のようにまとめられる。

そして最近，マイクロあるいはナノ領域の微小空間におけるプラズマ，いわゆるマイクロプラズマが注目されてきている。これは，微小空間における非常に高いエネルギー密度を用いている点において上述の大気圧プラズマとは大きく異なるものである。その特性は，たとえばプラズマテレビの実現を可能にした光源やマスクレスでの超高速微細加工などさまざまな応用に利用されている。また，従来のプラズマ技術では実現不可能である超臨界流体や液体，あるいは固体のような超高密度媒質中でのプラズマ発生をも可能にしており，新規機能性材料の創製の観点からも，今後ますます学際的な応用研究が期待される。

本稿では，われわれがこれまでに行ってきた低温プラズマ技術を利用した薬物送達システム（ドラッグデリバリーシステム，DDS）の開発を中心とする低温プラズマ技術の医薬学的応用と，かかる分野におけるマイクロプラズマ技術への期待について概説する。

2　プラズマ高分子表面化学

プラズマプロセシングの中で，固体表面処理加工技術として定着している低圧の放電ガスを用いたプラズマ表面処理においては，プラズマ照射によって効率よく固体表面にラジカルが生成する。その表面ラジカルの反応性を利用して，表面架橋層の形成，表面グラフト化や官能基導入などの表面改質・修飾が行われている。これらプラズマ表面処理は，プラズマ照射によって生成する表面ラジカル種の反応が支配因子であることが知られているものの，その生成ラジカルの研究は，処理試料を大気中に取り出した後のESRスペクトルの測定例が散見されるのみで，ラジカル種自身の直接的定量や構造決定および反応特性は長い間検討されていなかった。そこで，われわれは高分子構造間の差異を含めたプラズマ表面処理の分子機構の確立とその体系化をめざし，種々の分子構造をもつ高分子への不活性ガスの低温プラズマ照射によって生成するラジカル種の定量，構造および酸素との酸化反応を含めた反応特性をESRスペクトル測定とその系統的なシミュレーションを駆使した詳細な速度論的解析によって明らかにした[5～28]。そして，かかる基礎的知見をもとに，生成ラジカルにおける高分子構造間の差異やプラズマ照射条件との相関関係が体系化された結果，さまざまな医薬学的な応用展開が可能となった[29～40]。

マイクロプラズマの分野においては，プラズマ物理の観点からその特性の詳細を解明すべく，さまざまなプラズマパラメーターの診断およびシミュレーションが行われている。一方，われわれは，マイクロプラズマ照射された高分子表面の特性を利用するために，現在，上述の低温プラズマにより得られた知見を参考にマイクロプラズマ照射高分子表面におけるラジカルの生成特性とそれに伴う分子物性変化について検討を行っている。

3　プラズマ技術のバイオアプリケーション：DDS開発への応用

プラズマ技術のバイオアプリケーションを考えたとき，それは，生体接触型と非接触型デバイスへの応用に大別されるであろう（図2）。前者にはDDSデバイスや人工臓器などの開発があり，後者にはバイオチップ作製や各種材料の滅菌・殺菌処理への利用が考えられる。生体接触型デバイス，特に医薬品などの開発においては，その機能性以上に生体に対する安全性が保証される必要があるため，実用化に至るまでには膨大な安全性評価が求められる。そのため，図3に示すように，新規医薬品の開発には長期にわたる年月とそれに伴う開発費用の増大が避けられない。さらに，医薬品候補物質が実際に医薬品として上市される確率はわずか数%であり，医薬品開発は他の製品開発と比較して非常に高いリスクを伴う。これは医薬品添加物の開発についても同様であり，したがって，既存の医薬品添加物をうまく用いて医薬品の性能を引き出すことが，効率の良い医薬品開発といえる。

かかる観点から，われわれはプラズマ技術の医薬品開発への応用として，すでに生体への使用が許認可されている既存の高分子医薬品添加物で薬物を覆った二重錠剤を調製し，その外層表面に存在する医薬品添加物へのプラズマ照射によるナノレベルでの表面改質により，錠剤からの薬

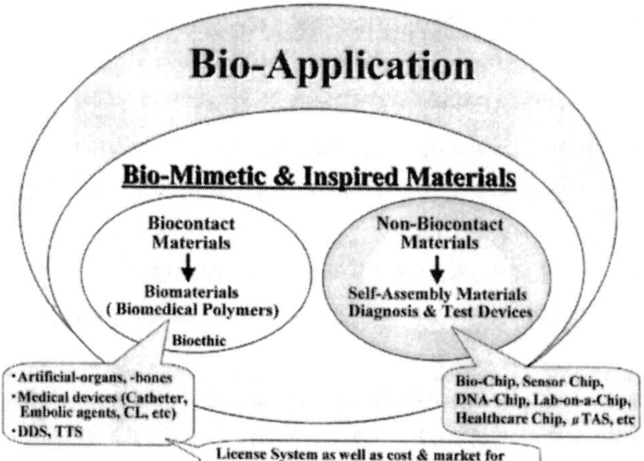

図2　バイオアプリケーションの分類

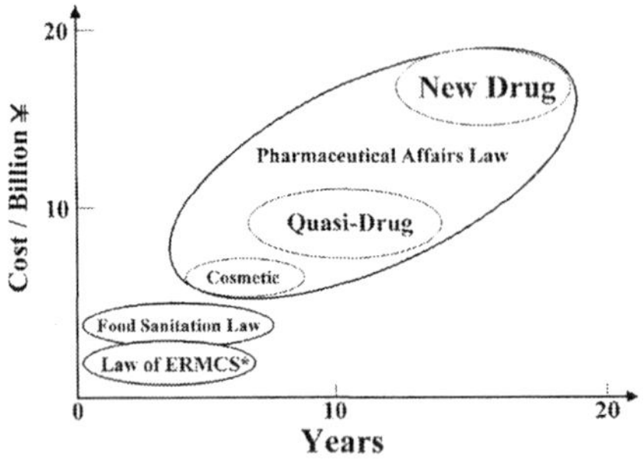

図３　医薬品開発期間とその費用との関係
＊Law Concerning Examination and Regulation of Manufacture of Chemical Substance

物の放出パターンを自在に制御するリザーバー型DDSの乾式構築法を開発している。

たとえば，図４のように，プラズマ照射された表面において優先的に分解反応が進行するプラズマ分解型高分子と生成ラジカルの逐次的な再結合反応が進行するプラズマ架橋型高分子の混合粉末，あるいは分子内にプラズマ分解架橋両性部位をもつ単一高分子粉末を外層とした薬物含有二重錠剤に酸素プラズマを照射すると，外層高分子の分解特性（の差異）により多孔性の外層が形成される。プラズマ未照射の二重錠剤からは薬物が放出されないのに対し，プラズマ照射二重錠剤の薬物放出速度はプラズマ照射条件により制御可能であり，服用後，決められた時間内に決められた速度で薬物を放出する徐放性DDSが構築される[41～43]。本DDSでは一回の服用により持続的な薬効が期待できるため，投薬回数を減らすのにも有効である。

また，図５のように，プラズマ架橋型水溶性高分子を外層とする薬物含有二重錠剤へのアルゴンあるいはヘリウムプラズマ照射では，表面架橋反応によって難溶性薄膜が形成される。その結果，外層高分子の溶解性が抑制され，一定時間のラグタイムを経過した後に薬物が放出される薬物放出時間制御型DDSが構築される[44～48]。本DDSでは，プラズマ照射条件によりラグタイムの制御が可能であり，服用後，本デバイスからは所定時間薬物が放出されないため，胃内の酸性環境では分解が危惧される薬物の小腸への送達や大腸癌など大腸特異的疾患治療薬の大腸への送達に有用である。

さらに，図６のように，プラズマ架橋型高分子と炭酸水素ナトリウムからなる混合粉末を外層とする二重錠剤へプラズマ照射すると，プラズマ照射時の熱効果により炭酸水素ナトリウムが分解され二酸化炭素が発生する。そして，外層バルクにおいてその発生ガスがトラップされ，錠剤は膨張する。また，それと同時に外層表面においてはプラズマ架橋反応が進行する結果，その溶

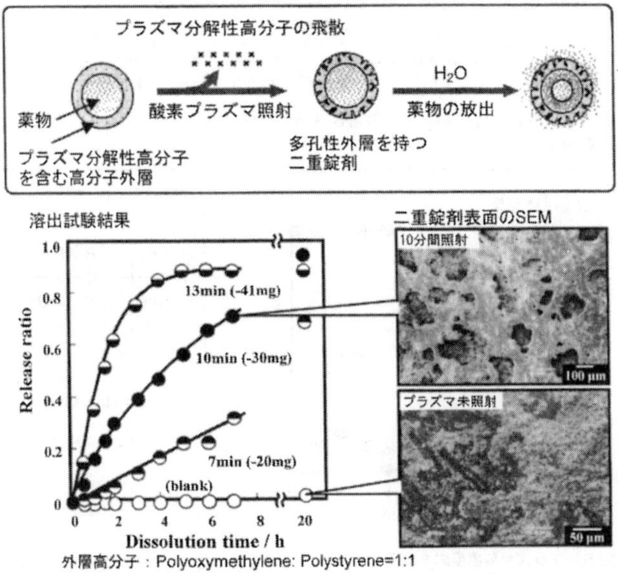

図4　プラズマ分解反応を利用した薬物徐放型 DDS の調製とその薬物溶出試験結果
プラズマ照射条件：50W 酸素プラズマ（Pressure：0.5Torr，O_2 flow rate：50ml/min）

解性が低下し，得られた二重錠剤は人工胃液面に長時間浮遊し，かつプラズマ照射条件に依存した薬物放出パターンを示す胃内浮遊型 DDS（FDDS）となる。かかる FDDS 構築法は，プラズマ照射による表面架橋反応とともに熱効果による外層高分子表面の軟化とバルク層での脱炭酸反応の併発により実現したものである。FDDS の特徴は，製剤を胃内に滞留させ，薬物を持続的に小腸へ送り込むことを可能にしたり，胃粘膜ターゲッティングにも有効なことである。通常，複雑な製剤的工夫が施されている FDDS デバイスに比べ，本方法は単純処方と簡便調製によって実現可能などの利点がある[49~51]。

一方，プラズマ照射高分子表面に生成する表面フリーラジカルを巧みに利用する簡便かつ乾式の新しいモノリティック（マトリックス）型 DDS の構築が考えられる。われわれは，プラズマ誘起表面ラジカルを有する多くの高分子粉末を高速振動処理するとメカノケミカル的にラジカル再結合反応が生起し，固体間架橋が進行することを報告している[52, 53]。したがって，図7に示すように，表面ラジカル含有高分子粉末を医薬品粉末とともに同様のメカノ処理を行うと高分子の高速振動処理過程において薬物が粉末間にトラップされた薬物徐放性複合粉末が得られる[54, 55]。このような表面フリーラジカルをもつ粉粒体のメカノケミカル反応による機能性複合

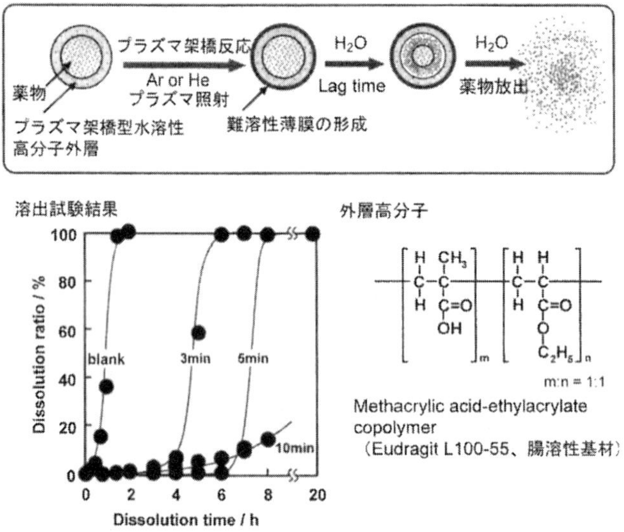

図５　プラズマ架橋反応を利用した薬物放出時間制御型 DDS の調製とその薬物溶出試験結果

プラズマ照射条件：30W アルゴンプラズマ（Pressure：0.5Torr，Ar flow rate：50m*l*/min）

粉末の調製は先例がなく，固相反応の基礎研究としてもきわめて意義が大きく，今後新しいさまざまな展開が期待できる。

以上，これらのプラズマ照射を利用した DDS 構築法の特徴と利点は次のようにまとめられる。

① 完全ドライプロセスのため残留溶媒の危惧がなく，生成ラジカルも完全に消失する。

② 一回の短時間プラズマ処理によって，目的に応じた薬物放出の速度とパターンが容易に得られる。

③ 既存の DDS 製造に比して，製剤製造工程が簡略化されるので，コストの削減が可能である。

④ ナノスケールの表面反応であるので，医薬品添加物としての高分子バルク特性が保持される。

4　マイクロプラズマ技術が可能にするテーラーメイド型 DDS の構築

薬物治療を有効かつ安全に行うためには，薬物をできるだけ選択的かつ望ましい濃度―時間パ

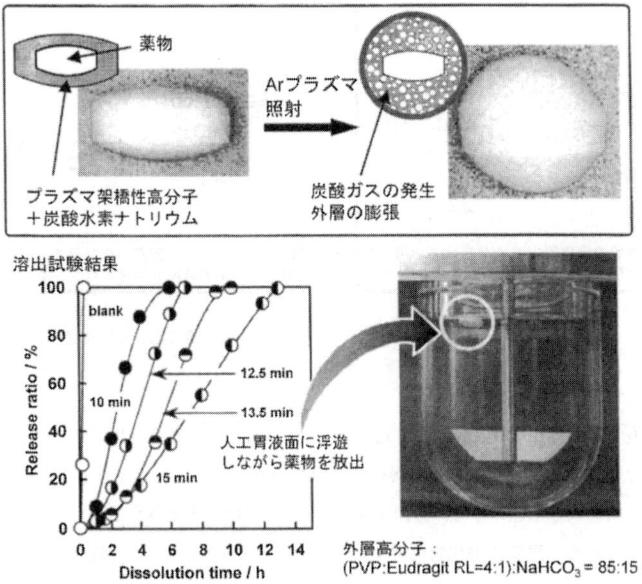

図6　プラズマ照射を利用した胃内浮遊型DDS（FDDS）の調製とその薬物溶出試験結果

プラズマ照射条件：100W アルゴンパルスプラズマ（Pulsed cycle(on/off) = 35ms/15ms, Pressure：0.5Torr, Ar flow rate：50ml/min）

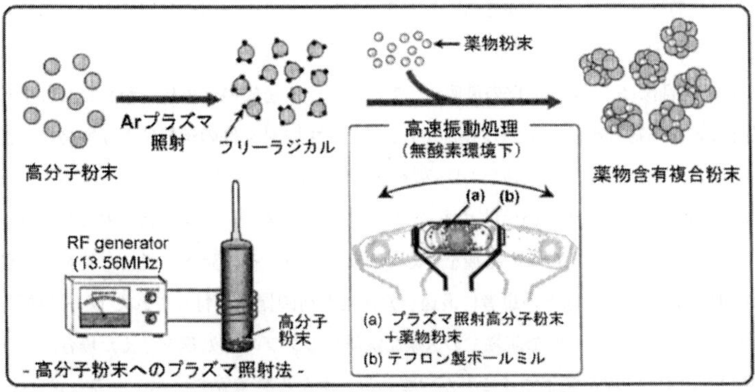

図7　プラズマ誘起高分子表面ラジカルを利用した薬物含有複合粉末の調製法

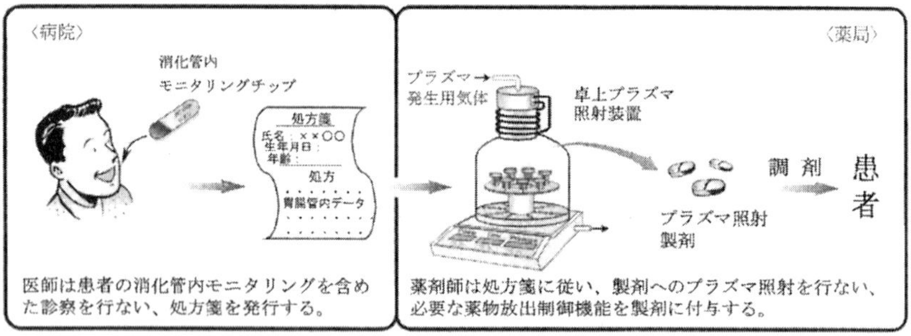

図８　プラズマ照射を利用したテーラーメイド型 DDS の概念図

ターンのもとに，作用発現部位に送り込まなくてはならない。こうした考えのもとに，薬物治療の最適化をめざしたさまざまなDDSが開発されている。

数ある薬物の投与形態のうち，経口投与型製剤は，服用の容易さなどの利点から汎用されている。しかしながら，患者の消化管内環境（pHなど）や経口投与された製剤の胃腸管内移動時間は個人で異なるために，患者によっては製剤からの薬物放出の時間的・位置的差異が生じることが知られている。これは，どんなに優れたDDS製剤であろうとも，その薬物放出特性は製造段階で決定されるため，個人レベルでの消化管内環境の差異にまで対応できないためである。その結果，経口投与された薬物の生物学的利用度の低下によって，期待した治療効果が得られない場合がある。また最近では，個人の異なる生体リズムのために，投薬時刻によっても薬の効き方が異なること（時間薬理学）などが知られるようになり，個々の患者の日周リズムを考慮した時間制御型DDS製剤にも注目が集まっている。

DDSの最終目標は，“薬物治療の最適化”である。その達成のために，われわれは上述のプラズマ照射による薬物放出制御が，外層高分子とプラズマ照射条件の選択により容易に可能であることを利用し，個々の患者に最適なDDS製剤を提供する“テーラーメイド型DDS”の開発を進めている[48]。図8は，その構想を示したものである。すなわち，医師は胃腸管内モニタリングチップを用いた患者の消化管内環境の把握を含めた診断を行い，その処方に従って薬剤師が製剤にプラズマ照射することで，個々の患者に最適な薬物放出制御機能が付与されたDDS製剤を提供するものである。このような医療現場での医薬品錠剤へのプラズマ処理を考えた場合，省スペースでかつ極短時間で処理が完了することが望まれる。かかる観点から，本テーラーメイド型DDS構築のために，大気圧下，特に反応容器も必要とせずに処理が可能なマイクロプラズマ技術に期待する部分は大きい。

現在，本プロジェクトの実現に向け，走査性や集積化も考慮したマイクロプラズマ発生装置を立ち上げつつある状況である。一方で，種々の医薬品添加物を外層にした薬物含有二重錠剤について，プラズマ照射条件，溶出試験液のpHおよび薬物放出パターン（ラグタイムの長さや薬物放出速度）間での定量的相関関係を明らかにし，多様なニーズに対応可能なプラズマ照射製剤の製造指針の確立に取り組んでいる。

5　おわりに

低温プラズマ表面処理の分子機構の解明をめざした基礎的研究成果をもとにした新規な乾式DDS構築法は，広範な種類の高分子と薬物の組み合わせについても応用が可能であると同時に，高性能生体適合性材料開発などを含むさまざまなデバイスの開発へと発展が期待できる。また，個人レベルでの薬物治療の最適化が望まれているなか，われわれが提唱するテーラーメイド型投与法の設計と開発は，実用化を視野に入れ，完成度をより高めることが急務である。かかる状況下，真空装置が不要で，高密度のプラズマ環境下，高速処理が可能な新しいマイクロプラズマ技術を用いた簡便かつ正確なDDS製造法の開発が一つの鍵となろう。

文　　献

1) M. Hudis, "Techniques and Applications of Plasma Chemistry", ed. by J. R. Hollahan, A. T. Bell, John Wiley, New York (1974)
2) 長田義仁，低温プラズマ材料化学，産業図書（1994）
3) 日本学術振興会プラズマ材料科学第153委員会編，プラズマ材料科学ハンドブック，オーム社（1992）
4) S. Kanazawa, M. Kogoma, T. Moriwaki, S. Okazaki, *J. Phys. D : Appl. Phys.*, **21**, 838 (1988)
5) M. Kuzuya, A. Noguchi, M. Ishikawa, A. Koide, K. Sawada, A. Ito, N. Noda, *J. Phys. Chem.*, **95**, 2398 (1991)
6) M. Kuzuya, A. Noguchi, H. Ito, S. Kondo, N. Noda, *J. Polym. Sci. Polym. Chem. Ed.*, **29**, 1 (1991)
7) M. Kuzuya, H. Ito, S. Kondo, N. Noda, A. Noguchi, *Macromolecules*, **24**, 6612 (1991)
8) M. Kuzuya, S. Kondo, H. Ito, A. Noguchi, *Appl. Sur. Sci.*, **60/61**, 416 (1992)
9) M. Kuzuya, N. Noda, S. Kondo, K. Washino, A. Noguchi, *J. Am. Chem. Soc.*, **114**, 6505 (1992)
10) M. Kuzuya, M. Ishikawa, A. Noguchi, K. Sawada, S. Kondo, *J. Polym. Sci. Part A :*

Polym. Chem., **30**, 379 (1992)
11) M. Kuzuya, *J. Photopolym. Sci. Technol.*, **5**, 407 (1992)
12) M. Kuzuya, K. Kamiya, Y. Yanagihara, Y. Matsuno, *Plasma Sources Sci. Technol.*, **2**, 51 (1993)
13) M. Kuzuya, J. Niwa, H. Ito, *Macromolecules*, **26**, 1990 (1993)
14) M. Kuzuya, K. Morisaki, J. Niwa, Y. Yamauchi, K. Xu, *J. Phys. Chem.*, **98**, 11301 (1994)
15) M. Kuzuya, Y. Yamauchi, J. Niwa, S. Kondo, Y. Sakai, *Chem. Pharm. Bull.*, **43**, 2037 (1995)
16) M. Kuzuya, T. Yamashiro, *J. Photopolym. Sci. Technol.*, **8**, 381 (1995)
17) 葛谷昌之，薬学雑誌，**116**, 266 (1996)
18) M. Kuzuya, M. Sugito, S. Kondo, *J. Photopolym. Sci. Technol.*, **9**, 261 (1996)
19) M. Kuzuya, M. Sugito, S. Kondo, *J. Photopolym. Sci. Technol.*, **10**, 135 (1997)
20) M. Kuzuya, Y. Matsuno, T. Yamashiro, M. Tsuiki, *Plasmas and Polymers*, **2**, 79 (1997)
21) M. Kuzuya, S. Kondo, M. Sugito, T. Yamashiro, *Macromolecules*, **31**, 3230 (1998)
22) M. Kuzuya, M. Sugito, S. Kondo, *J. Photopolym. Sci. Technol.*, **11**, 329 (1998)
23) M. Kuzuya, T. Yamashiro, S. Kondo, M. Sugito, M. Mouri, *Macromolecules*, **31**, 3225 (1998)
24) M. Kuzuya, Y. Yamauchi, *Thin Solid Films*, **316**, 158 (1998)
25) Y. Yamauchi, M. Sugito, M. Kuzuya, *Chem. Pharm. Bull.*, **47**, 273 (1999)
26) M. Kuzuya, Y. Sasai, S. Kondo, *J. Photopolym. Sci. Technol.*, **12**, 75 (1999)
27) M. Kuzuya, Y. Yamauchi, S. Kondo, *J. Phys. Chem. B*, **103**, 8051 (1999)
28) M. Kuzuya, T. Izumi, Y. Sasai, S. Kondo, *Thin Solid Films*, **457**, 12 (2004)
29) 葛谷昌之，野口章公，伊藤英樹，石川正直，日本 DDS 学会誌，**6**, 119 (1991)
30) 葛谷昌之，松野陽子，日本 DDS 学会誌，**8**, 149 (1993)
31) M. Ishikawa, K. Hattori, S. Kondo, M. Kuzuya, *Chem. Pharm. Bull.*, **44**, 1232 (1996)
32) 葛谷昌之，日病薬誌，**33**, 84 (1997)
33) 葛谷昌之，綜合臨牀，**47**, 3011 (1998)
34) 葛谷昌之，近藤伸一，応用物理，**69**, 401 (2000)
35) M. Kuzuya, S. Kondo, Y. Sasai, *Plasmas and Polymers*, **6**, 145 (2001)
36) 葛谷昌之，ケミカルエンジニヤリング，**48**, 18 (2003)
37) 伊藤幸祐，葛谷昌之，岐阜科大学紀要，**52**, 11 (2003)
38) 葛谷昌之，近藤伸一，笹井泰志，健康創造研究会誌，**2**, 223 (2003)
39) 葛谷昌之，静電気学会誌，**28**, 101 (2004)
40) M. Kuzuya, S. Kondo, Y. Sasai, *Pure and Applied Chemistry*, **77**, 667 (2005)
41) I. Yamakawa, S. Watanabe, Y. Matsuno, M. Kuzuya, *Biol. Pharm. Bull.*, **16**, 182 (1993)
42) M. Ishikawa, Y. Matsuno, A. Noguchi, M. Kuzuya, *Chem. Pharm. Bull.*, **41**, 1626 (1993)
43) M. Ishikawa, T. Noguchi, J. Niwa, M. Kuzuya, *Chem. Pharm. Bull.*, **43**, 2215 (1995)
44) M. Kuzuya, M. Ishikawa, T. Noguchi, J. Niwa, S. Kondo, *Chem. Pharm. Bull.*, **44**, 192 (1996)
45) M. Kuzuya, K. Ito, S. Kondo, Y. Makita, *Chem. Pharm. Bull.*, **49**, 1586 (2001)
46) K. Ito, S. Kondo, M. Kuzuya, *Chem. Pharm. Bull.*, **49**, 1615 (2001)
47) 近藤伸一，伊藤幸祐，笹井泰志，葛谷昌之，日本 DDS 学会誌，**17**, 127 (2002)

48) Y. Sasai, Y. Sakai, T. Nakagawa, S. Kondo, M. Kuzuya, *J. Photopolym. Sci. Technol.*, **17**, 185 (2004)

49) M. Kuzuya, T. Nakagawa, S. Kondo, Y. Sasai, Y. Makita, *J. Photopolym. Sci. Technol.*, **15**, 331 (2002)

50) S. Kondo, T. Nakagawa, Y. Sasai, M. Kuzuya, *J. Photopolym. Sci. Technol.*, **17**, 149 (2004)

51) T. Nakagawa, S. Kondo, Y. Sasai, M. Kuzuya, *Chem. Pharm. Bull.*, **54**, 514 (2006)

52) M. Kuzuya, J. Niwa, Y. Yamauchi, S. Kondo, *J. Photopolym. Sci. Technol.*, **7**, 315 (1994)

53) M. Kuzuya, J. Niwa, S. Kondo, *Mol. Cryst. Liq. Cryst.*, **277**, 343 (1996)

54) M. Kuzuya, Y. Sasai, M. Mouri, S. Kondo, *Thin Solid Films*, **407**, 144 (2002)

55) S. Kondo, Y. Sasai, M. Kosaki, M. Kuzuya, *Chem. Pharm. Bull.*, **52**, 488 (2004)

第3章　医療装置への応用

崎山幸紀*

1　はじめに

近年の医療工学の発展に伴って，X線や超音波診断装置からMRI（核磁気共鳴画像）に至るまで様々な装置が開発されている。電気メスに代表される，いわゆる電気手術器も古くから医療の現場で用いられてきた手術用具の一つである。これらは，原理的には高周波電流をジュール熱へと変換して熱的効果によって皮膚を切開したり血液を凝固させたりするが，熱が標的部位以外にも拡散するため周囲の健全な細胞や組織にまでダメージを与えることがある。“より局所的・表層的な治療はできないだろうか？”そこで登場するのがプラズマである。医療の現場で要求される空間的精度はサブミリメーター或いはそれ以下であり，まさしく，マイクロ・ナノプラズマの領域である。

2　生体組織とプラズマの相互作用

医療現場で用いられている各種プラズマ装置を紹介する前に，生体組織におけるプラズマの役割についてふれておこう。マイクロ・ナノプラズマに限らず，プラズマは一般に電子やイオンといった荷電粒子，ラジカルから構成され，光や電場，周囲気体との相互作用によって状態を維持している。これらの物理・化学的現象が細胞レベルにおけるネクローシス（壊死）やアポトーシス（プログラム細胞死），さらには組織レベルの不活化を引き起こし，最終的には血液の凝固や腫瘍の切除といった治療へとつながる。細胞や組織レベルにおいてプラズマが関与しうる現象は，主としてラジカル・荷電粒子，電流（電場），熱，光であると考えられる。これらに関して以下に簡単に紹介する。

①　ラジカル・荷電粒子

生体組織に影響を与えるラジカルの中で代表的なものは，OHラジカルに代表される活性酸素である。低圧プラズマとは対照的に大気圧・液中プラズマにおいて，活性酸素は粒子間衝突頻度の高さから非常に効率良く生成される化学種である。これらは生体内にて生成され生命活動に必

＊　Yukinori Sakiyama　東京大学大学院　工学系研究科　機械工学専攻　助手

須な化学種である一方で，細胞膜やタンパク質を酸化する酸化ストレスの効果があることが知られている[1]。酸化された細胞膜は荷電粒子に対する防壁の役割を果たさなくなったり或いはタンパク質の溶解や凝集を招いたりする。一方，イオンや電子に関しては，大気圧・液中プラズマにおけるエネルギーが数 eV 程度と比較的低いため，一般的に細胞組織に与える影響は小さいと考えられている。ただし近年，荷電粒子の堆積によってある種の細菌の細胞膜の構造が破壊されるという報告があり[2,3]，荷電粒子が生体組織に与える影響に関しては議論の余地があるといえる。

② 電流（電場）

一定以上の電流は神経細胞や筋組織にダメージを与えることが知られている。その閾値は周波数に大きく依存し，印加周波数が 10Hz の場合には閾値電流は 1 mA 程度であるが，100kHz では 100mA までは細胞や組織に不可逆的な変化は見られないことがわかっている[4]。これが電気的効果を利用する医療装置の多くで高周波電源が用いられている理由である。また，極度の電界が細胞に変化をもたらすことも知られており，この現象は遺伝子導入法の一つであるエレクトロポレーション（電気穿孔法）としても利用されている。ある例では細胞膜の内外で 1 V 程度の電位差が生じると細胞膜が崩壊し始めるとされており[5]，これは電界に換算すると約 10^8V/m に相当する。

③ 熱

温度が生体組織に与える影響は加熱時間と温度に依存し，火傷のように温度が高ければ瞬間的な加熱でも致命的である。細胞レベルにおいては，細胞が高温にさらされると熱ショックタンパク質（HSPs）がダメージを受けたタンパク質を処理することが知られている。しかし，この効果も加熱時間や細胞の種類に依存し，45℃以上では 1 時間程度の熱負荷によって不可逆的な効果が生じる場合もある[6]。プラズマの場合も条件によっては，電子やイオンとのエネルギー交換によって加熱された周囲流体が生体組織に影響を与える場合もある。

④ 光

波長 300nm 以下の紫外光は細胞や組織にとって有害である。例えば，成長因子やタンパク繊維に重要な役割を果たしている繊維芽細胞では，波長 282nm の場合には 1 W/cm^2 で，波長 206nm では 0.7W/cm^2 で細胞がネクローシスに至るという報告例がある[7]。このような影響の原因としては DNA 鎖の断裂や塩基対へのダメージに加えて，光脱離反応による活性酸素の生成も関係していると考えられているが，その詳細は明らかになっていない。

このように種々の現象が細胞や組織に影響を与えることが知られており，以下に解説するプラズマ医療装置は，これらのいずれか，或いは幾つかの組み合わせによって生体組織に効率的に作用し，結果として治療へと結びついているのである。

3　医療用プラズマ源と効果

3.1　気相におけるスパーク放電の利用

スパーク放電を利用した医療装置として最も良く知られているのが図1に示すAPC（Argon Plasma Coagulator）と呼ばれる凝固（止血）装置である。大気圧プラズマジェット装置[8~11]と類似の構造であるが，電極間に定常的なプラズマを生成するこれらの装置とは異なり，プローブ先端のアクティブ電極と治療部位に接しているリターン電極との間に閉回路を構成する単極型の装置である。動作時の印加電圧は約4kV，印加周波数は350kHz程度であり，2～10mm離れたアクティブ電極と治療部位間に一種のスパーク放電を発生させる。この放電のジュール熱によって局所的に組織を加熱することで血液の凝固を促進すると考えられているが[12]，そのメカニズムは定かではない。古くから用いられてきた電気手術装置にもスパーク放電を利用する器具があるが，この装置の最大の特徴はアルゴン雰囲気中にプラズマを形成する点にある。電気手術装置は空気中で放電させるため，反応性の高い酸素の影響によりプラズマを制御することが難しく表層のみならず生体深部まで影響が及んでいた[13]。これに対してAPCでは，反応性が低く安定に放電を維持でき，かつ安価なアルゴンが用いられている。これにより過度なプラズマ照射による皮膚の炭化を防ぐことが可能になり制御性が格段に向上した。プローブ出口付近におけるアルゴンの流速は5～10m/s程度であり，深さ3～4mm程度までの表層的な治療をすることが可能である。

APCは開腹手術時の凝固装置として1970年代から利用され始め，現在ではERBE社[14]の装置が広く普及している。APCの最大の特徴は凝固部位と出血部位の電気伝導率の違いを利用した自己制御性にある。プラズマ照射によってある箇所が止血されると表層の水分が蒸発して電気抵抗が増加する。するとプラズマは電気抵抗の低い箇所，すなわち出血している部位に集中する。

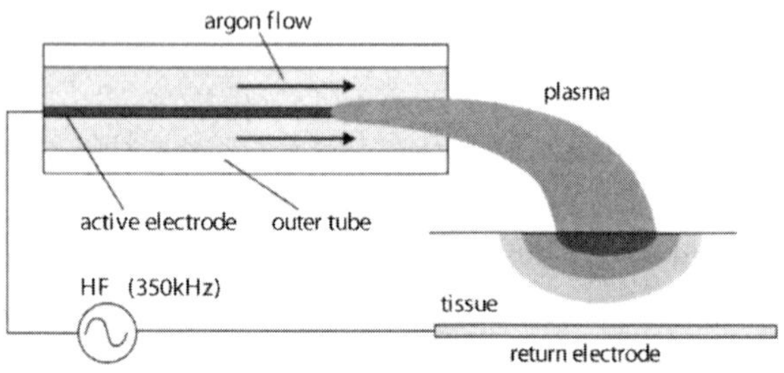

図1　APC装置の概略図

言い換えると，治療初期にプローブの中心軸上に照射されていたプラズマが，あたかも出血部位を探索するかのように周辺を走査するのである。この効果によってプラズマの直径よりも広範囲にわたって血液を凝固することが可能となる。また近年は，内視鏡と組み合わせることによって結石除去[15]や食道粘膜の治療[16]における止血にも用いられている。レーザー治療とは異なり細胞組織のアブレーションや炭化による“すす”が発生しないため内視鏡的治療にも有効である。さらには凝固のみならず，腫瘍の除去[17~19]にも利用されており，この場合には組織の切除と止血を同時に行なうことが可能である。

3.2 気相におけるコロナ・グロー放電の利用

気相におけるコロナ及びグロー放電を利用した装置としてプラズマニードル[20]があげられる。これは図2に示すように，先端の尖った直径150 μm ほどの金属針と，作動流体を導くための直径2～3 mm の絶縁体から構成される。金属針に200～300V 程度のRF（13.56MHz）を印加することによって，針の先端に直径 1～2 mm 程度のプラズマが形成される。ガス温度を低下させるために作動流体には熱伝導率の高いヘリウムが用いられている。このヘリウムガス流は放電の安定化にも寄与している。実際，最近の理論解析[21]によると0.1%の窒素が混入されただけでも窒素イオンが支配的になることが知られている。そのため，1 m/s 程度のヘリウムガスを流すことによって周囲の空気が放電領域に拡散して活性酸素のような反応性の高い化学種が生成されるのを防いでいる。構造的には前述のAPCと同様に単極型の放電装置であるが，最大の違いは，より低い印加電圧と高い周波数によってアクティブ電極の近傍に定常的なプラズマを形成する点にある。さらに，実験[20]からも理論解析[22]からも，印加電圧に応じてコロナ放電とグロー放電

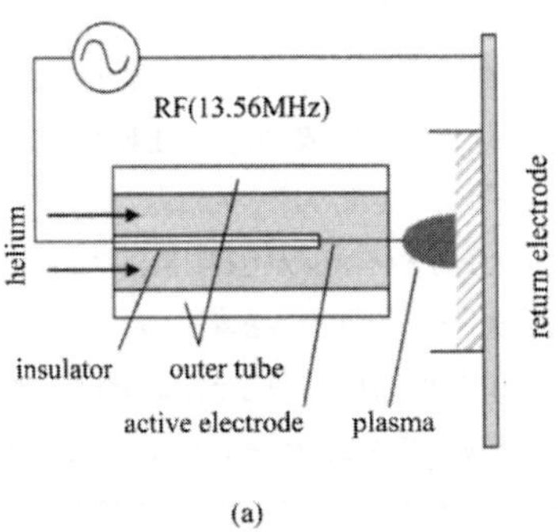

(a)

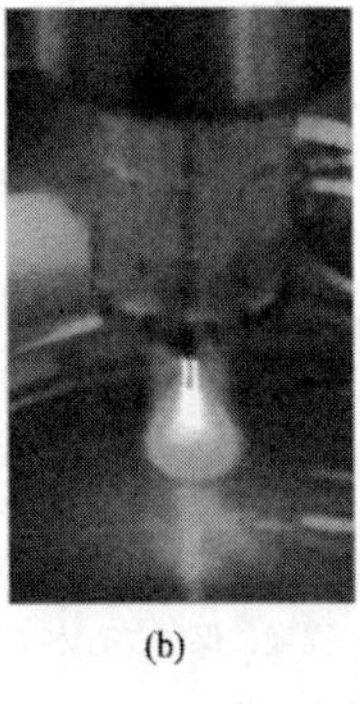
(b)

図2　プラズマニードル装置
(a)装置の概略図　(b)放電の様子（写真はEindhoven工科大学Stoffels博士のご好意による）

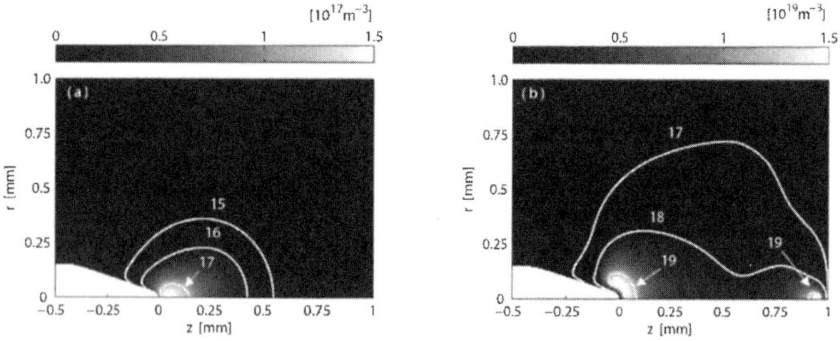

図３ FEM解析による放電時の平均電子密度分布
(a)コロナ・モード（1 mW） (b)グロー・モード（100mW） 実線は対数スケールにおける等密度線であり数字は指数に相当

の２つの異なるモードが存在することが知られている。プラズマニードルのようないわゆる“point-to-plane”構造の電極の場合，従来までは印加電圧の上昇とともにコロナ放電からスパーク放電へと遷移するのが一般的であり，この安定なグロー放電への遷移はプラズマニードルの大きな特徴である。コロナ・モードでは，プラズマは電極針の先端に局在化し電子密度は $10^{17}m^{-3}$ 程度である。ある印加電圧を境にして放電は徐々にグロー・モードに遷移しプラズマは針全体を覆うようになる。この際の電子密度は針先端において $10^{19}m^{-3}$ 程度にまで達する。図３は流体モデルを用いて行なわれた有限要素解析の一例である。この解析では１ppm の窒素が空気中からヘリウム雰囲気中に拡散した場合を想定している。アクティブ電極（金属針）とリターン電極（処理対象）との距離は１mm である。電子密度の低いコロナ・モードにおいては，電極針近傍の 100 μm 程度の領域内においてほぼ全てのイオン化反応が進行しており，多量の準安定原子・分子が生成される。比較的エネルギーの高いこれら準安定粒子が拡散によって処理対象の近傍に輸送され，各種の活性酸素の生成に寄与すると考えられる。一方，印加電圧を上昇させると，リターン電極の近傍でもイオン化が促進されるようになり電子密度のピークが確認できる。つまりグロー・モードでは，リターン電極近傍で生成された電子やイオンが処理対象に容易に到達することができ，このような荷電粒子が直接的に処理対象と相互作用すると考えられる。

著者の知る限りプラズマニードルを利用した臨床応用に関する報告は行なわれていないが，この装置の最大の特徴はプラズマの低温化である。印加電圧を制御することによってプラズマ直径を１mm 程度に保つことができ，プラズマの比表面積が大きくなるため処理対象の温度を室温とほぼ同程度に維持できる。これまでにも哺乳類[23, 24]や植物[25]の細胞，大腸菌[26]への適用例が報告されており，培養液中の細胞・細菌を分解能 100 μm 程度で処理できることが実証されている。このような特徴を最も生かした応用分野の一つは歯科治療であろう。例えば，現在の齲蝕（虫歯）の治療においては機械的なドリルやレーザーが一般的に用いられているが，ドリルは周知のように患者に痛みを伴い，レーザーでも周囲の健全な組織を破壊してしまう。特に歯髄と呼ばれる組織は5℃程度の温度上昇でネクローシスに至ることが知られており非常に精緻な温度管理が必要とされる。プラズマニードルを歯髄に照射した場合では投入エネルギーを制御することによって温度上昇を4℃以下に抑えられることが確認されており[27]，また齲蝕の原因菌であるミュータンス菌（*Streptococcus mutans*）への照射実験では30秒程度で菌が死滅することがわかっている[28]。さらに興味深いことに，ミュータンス菌へのプラズマ照射実験において，ヘリウムガスの流速に応じて寒天培地上に塗布された細菌の死滅パターンが円形やドーナッツ形になるという結果が報告されている[29]。この原因については明らかになっていないが，ヘリウムガスの流れと培地表面からの水の蒸発，大気からの空気の拡散といった熱物質輸送現象がプラズマと相互作用し，細菌を攻撃するラジカルや紫外光，或いはガス温度の分布が変化していることを示唆している。これらはプラズマと細胞組織の相互作用を理解する上で重要な知見である。

3.3　液中プラズマの利用

生理食塩水のような電気伝導度の高い溶液中でプラズマを生成すると，そのエネルギーで生体組織を除去することができる。これは低温アブレーション（cold ablation）と呼ばれ，この技術を利用して生体組織を除去する装置がArthroCare社[30]によって実用化されている。典型的な装置の概略を図4に示す。このプローブは計18個のアクティブ電極（直径0.38mm）から構成され，

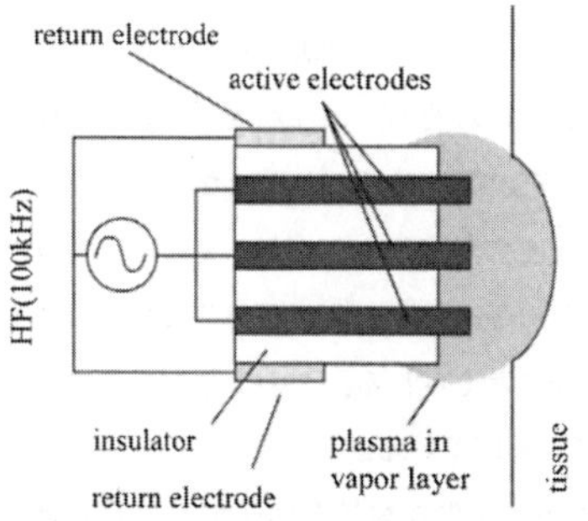

(a)

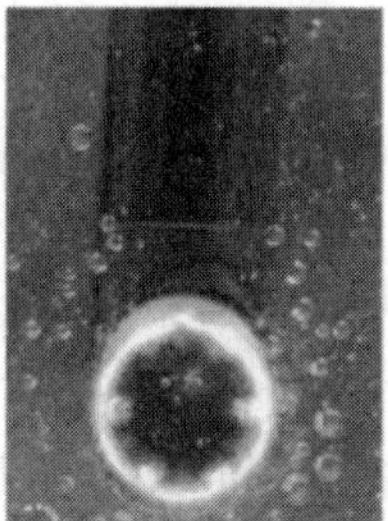
(b)

図4　低温アブレーション装置
(a)装置の概略図　(b)液中での放電の様子（写真はArthroCare社Stalder博士のご好意による）

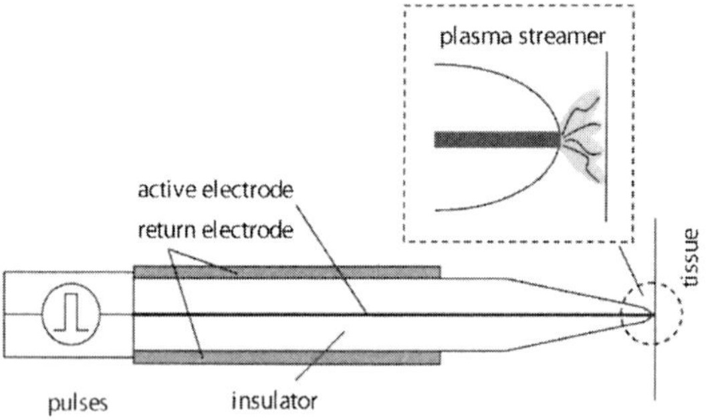

図5　PEAK 装置の概略図

各電極は直径 3.4mm のセラミックスに埋め込まれて互いに絶縁されており，100kHz の高周波パルスによって駆動される。アクティブ電極からの電流はプローブ外周に設置されたリターン電極にて回収される。人体を含んで閉回路を構成する単極型の装置とは異なり，複極型の回路を構成することによって人体に流れる電流を極力抑えることが可能となる。

アクティブ電極への印加電圧を徐々に上昇させていくと，ある閾値（150〜225V 程度）を超えるとプラズマの自発光が目視でも確認できるようになり，それと同時に直径 0.1〜0.5mm 程度の気泡群が生成されてインピーダンスが急激に上昇する[31)]。このようなことから，基本的には通電により温度が上昇したアクティブ電極近傍において気相が形成され，この気相中に生成されたプラズマによって溶液中にラジカルや荷電粒子が拡散していくと考えられる。簡単な解析によれば，気相の厚さは 50〜100 μm，電子密度は 10^{18}m^{-3}，平均電子温度は 4 eV と見積もられている[31)]。生理食塩水中のプラズマの自発光からは OH ラジカルが計測されており，また簡単な数値解析モデルからも OH ラジカルの存在が示唆されているため，これが生体組織との相互作用に重要な役割を果たしていると推測されているが[32)]，その詳細は明らかにはなっていない。事実，液体中の OH ラジカルの寿命は非常に短く 100ns 程度であるということ，実験により得られた電流波形に気相の生成・消滅に同期していると考えられる高周波成分が観測されていること[33)] から，圧力波や熱的な効果が影響している可能性も十分に考えられる。このような低温アブレーションは，主として扁桃摘出[34〜37)] において多くの実績をあげている。

また，液中に生成されたストリーマ放電を利用して生体組織を切開する装置も開発されており，PEAK（Pulsed Electron Avalanche Knife）[38)] として知られている。これは図5に示すように絶縁体で覆われた直径 25 μm 程度の極細線に数 kV のナノ秒パルス電圧を印加し，直径 2 μm 程度，長さ 20〜200 μm 程度のストリーマを生成する装置である。この極細線がアクティブ電極となり，プローブ外周に設置された直径900 μm の導電性のカバーがリターン電極の役割を担っている。ストリーマは溶液を気化しながら進展しアクティブ電極近傍にキャビテーション気泡群を生成する。放電時のエネルギーにもよるが気泡群の直径は約200～300 μm 程度である。アクティブ電極は生体組織に接触した状態で用いられる。放電エネルギーが低いときには，気泡群の生成・崩壊時の圧力波によって細胞を破壊していると考えられるが，放電エネルギーを上昇させると熱的な効果による凝固作用があることも報告されている[39]。この装置は現在でも基礎研究の段階であるが，眼球内治療に関して幾つかの症例報告[40, 41]もある。

4　おわりに

本章ではプラズマを利用した医療装置とその背後にある物理・化学的現象に関して簡単に紹介した。ここでは触れなかったが，食品衛生の保持やバイオテロへの防衛策として殺菌や消毒に対するプラズマの応用も盛んに研究されている[42～48]。このような内容も含めて，さらに興味のある読者にはプラズマと細胞や組織に関するレビュー的な記事[49]を薦めたい。

本章で紹介したように既に臨床応用されているプラズマ装置が幾つもあるが，強調すべきはプラズマが生体組織とどのように相互作用して医療的な効果へと結びつくのかに関しては未解明な点が多い，ということである。マクロなスケールにおける血液の凝固や腫瘍の切除という現象も，結局は，プラズマを構成する粒子や光が細胞レベルでどのような役割を演じているのかという点に集約される。既存のデバイスを種々の処理対象に適用することでプラズマの有する能力を示すことは臨床応用という点では非常に重要であるが，プラズマと細胞や組織との相互作用に関する実験及び理論解析といった基礎研究が，やがてはデバイスの設計や動作条件の最適化を通じて医療へと結びつくのである。このような研究分野の今後のさらなる発展を期待したい。

謝辞

本原稿を執筆するに当たり，ArthroCare社のKenneth R. Stalder博士，Eindhoven工科大学バイオメディカル工学科のEva Stoffels博士から資料の提供を受けた。また，UC Berkeley化学工学科のDavid B. Graves教授，分子生物学科の永野恵司博士から助言を受けた。なお，執筆は日本学術振興会海外特別研究員制度による支援中に行なわれた。ここに記して謝意を表す。

文　献

1) B. Halliwell, "Free Radicals in Biology and Medicine", Oxford (1999)
2) M. Laroussi *et al.*, *New J. Phys.*, **5**, 41 (2003)
3) M. Laroussi *et al.*, *IEEE Trans. Plasma. Sci.*, **27**, 34 (2004)
4) J. P. Reilly, "Applied bioelectricity : from electrical stimulation to electropathology", Springer, New York (1998)
5) C. Polk *et al.*, "Handbook of biological effects of electromagnetic fields", CRC Press, Boca Raton (1996)
6) K. L. O' Neill *et al.*, *Apoptosis*, **3**, 369 (1998)
7) E. A. Sosnin, *IEEE Trans. Plasma. Sci.*, **32**, 1544 (2004)
8) A. Schutze, *IEEE Trans. Plasma. Sci.*, **26**, 1685 (1998)
9) H. Koinuma *et al.*, *Appl. Phys. Lett.*, **60**, 816 (1992)
10) S. Wang *et al.*, *Appl. Phys. Lett.*, **83**, 3272 (2003)
11) S. Shakir *et al.*, *J. Appl. Phys.*, **99**, 73303 (2006)
12) J. Raiser *et al.*, *J. Phys. D: Appl. Phys.*, **39**, 3520 (2006)
13) J. D. Waye *et al.*, *Proble. Gen. Surg.*, **19**, 37 (2002)
14) http://www.erbe-med.de/
15) D. M. Quinlan *et al.*, *Journal Urol.*, **147**, 410 (1992)
16) K. K. Basu *et al.*, *Gut*, **51**, 776 (2002)
17) T. Sagawa *et al.*, *Gut*, **52**, 334 (2003)
18) W. Tirakotai *et al.*, *Clini. Neuropathol.*, **23**, 257 (2004)
19) M. J. Sessler *et al.*, *J. Cancer Res. Clin. Oncol.*, **121**, 235 (1995)
20) E. Stoffels *et al.*, *Plasma Sources Sci. Technol.*, **11**, 383 (2002)
21) Y. Sakiyama *et al.*, *J. Phys. D: Appl. Phys.*, **39**, 3451 (2006)
22) Y. Sakiyama *et al.*, *J. Phys. D: Appl. Phys.*, **39**, 3644 (2006)
23) I. E. Kieft *et al.*, *Bioelectromagnetics*, **25**, 362 (2004)
24) E. Stoffels *et al.*, *J. Phys. D: Appl. Phys.*, **36**, 2908 (2003)
25) N. Puac *et al.*, *J. Phys. D: Appl. Phys.*, **39**, 3514 (2006)
26) R. E. J. Sladek *et al.*, *J. Phys. D: Appl. Phys.*, **38**, 1716 (2005)
27) R. E. J. Sladek *et al.*, *IEEE Trans. Plasma. Sci.*, **32**, 1540 (2004)
28) J. Goree *et al.*, *IEEE Trans. Plasma. Sci.*, **34**, 1317 (2006)
29) J. Goree *et al.*, *J. Phys. D: Appl. Phys.*, **39**, 3479 (2006)
30) http://www.arthrocare.com/
31) J. Woloszko *et al.*, *IEEE Trans. Plasma. Sci.*, **30**, 1376 (2002)
32) K. R. Stalder *et al.*, *J. Phys. D: Appl. Phys.*, **38**, 1728 (2005)
33) K. R. Stalder *et al.*, *Appl. Phys. Lett.*, **79**, 4503 (2001)
34) K. E. Stoker *et al.*, *Arch. Otolaryngol. Head Neck Surg.*, **130**, 666 (2004)
35) R. L. Plant *et al.*, *Laryngoscope*, **112**, 20 (2002)
36) K. W. Chang, *Arch. Otolaryngol. Head Neck Surg.*, **132**, 273 (2005)

37) A. Arya *et al., Clin. Otolaryngol.*, **28**, 503 (2003)
38) D. V. Palanker *et al., Invest. Ophthalmol. Vis. Sci.*, **42**, 2673 (2001)
39) S. G. Priglinger *et al., Retina-J. Ret. Vit. Dis.*, **25**, 889 (2005)
40) S. G. Priglinger *et al., J. Catract. Refract. Surg.*, **32**, 1085 (2006)
41) M. S. Blumenkranz *et al., Invest. Ophthalmol. Vis. Sci.*, **44**, 3027 (2003)
42) H. W. Herrmann *et al., Phys Plasmas*, **6**, 2284 (2004)
43) W. Lai *et al., Phys Plasmas*, **12**, 23501 (2005)
44) A. Sharma *et al., Environ. Sci. Technol.*, **39**, 339 (2005)
45) F. -J. Trompeter *et al., IEEE Trans. Plasma. Sci.*, **30**, 1416 (2002)
46) R. B. Gadri *et al., Surface Coatings Technology*, **131**, 528 (2000)
47) N. S. Panikov *et al., IEEE Trans. Plasma. Sci.*, **30**, 1424 (2002)
48) P. Koulik *et al., Plasma chem. Plasma process.*, **19**, 311 (1999)
49) E. Stoffels *et al., Crit. Rev. Biomed. Eng.*, **32**, 427 (2006)

第4章　半導体オープニングスイッチ方式大気圧グロープラズマのバイオ応用

秋津哲也*

1　はじめに

減圧雰囲気において，大面積・大容量プラズマ方式に対して大気圧・非平衡プラズマが開発され，表面改質などの工業的応用とともに生体組織や病原性微生物に対する不活化，生体組織の補助や代用として用いられるインプラントの生体親和性の改善など，バイオ応用研究が行われるようになった。医療用器材の低温滅菌において，酸化エチレンガス滅菌法（EtO；Ethylene Oxide）が多用されている。この気体エージェントは爆発性があり，非常に毒性が強い。残留した気体による急性中毒，低濃度の残留気体への慢性的曝露による内臓疾患や，遅発的発癌性懸念が指摘され，国内でも2001年から法的規制が施行されている。医療機関におけるEtO滅菌の代替法として，過酸化水素・過酢酸プラズマ滅菌，次亜塩素酸滅菌，ガンマ線・電子線などの放射線照射滅菌法などがあげられる。過酸化水素プラズマ滅菌法（米国FDA，厚生省（当時）によって認可）は効果的な低温滅菌法として医療機関に導入されている。

医療用器材のディスポ（One-time-use）器材製造工程での無菌化工程において，滅菌処理が必要になる。シェルフストック管理・医療事故の予防策として医薬品の少量分包化が進められているが，浸透力の高いガンマ線の影響懸念のため，製造工程においても過酸化水素プラズマ滅菌がシェアを伸ばすことが見込まれる[1~3]。病院などの医療機関においては，医療用インプラントや柔軟性内視鏡など，再利用される医療用機材の無菌性保証がきわめて重要である。このようなさまざまな分野において，低温プラズマ滅菌は急速にシェアを伸ばしている。

近年，パルスパワー用スイッチ素子として，高繰り返し動作可能，長寿命，自己消弧能力など数多くの利点を有する半導体パワーデバイスへの期待が高まってきている。実現性の高いデバイスとして，静電誘導型サイリスター（Static-Induction-Thyristor；SI-Thyristor）オープニングスイッチを用いた小型パルスパワー電源の大気圧プラズマ滅菌に対する応用に関する研究が注目されている。半導体スイッチの利用によって，旧来のトリガースパークギャップの限界を超えた反復率と寿命の信頼性の向上のため，これらの素子を利用したパルス電源方式が大気圧プラズマ

*　Tetsuya Akitsu　山梨大学大学院　医学工学総合研究部　人間環境医工学専攻　教授

の工業的利用において成果をあげるようになってきた。パルスパワー発生装置に利用されている半導体パワーデバイスには高電圧のサイリスタ（Thyristor），光トリガサイリスタ，GTO（Gate Turn Off）サイリスタ，などのサイリスタ系のデバイスと静電誘導サイリスタ，SIThys（Static Induction Thyristor），IGBT（Insulated Gate Bipolar Transistor），Power-MOSFET（Metal Oxide Semiconductor Field Effect Transistor）などの素子がある。これらの素子は電力用のバルブゲート以外にトリガあるいはゲート信号を端子あるいは光信号によって加える素子である。パルスパワー電力発生に用いられる半導体素子としては，他に，SOS（Semiconductor Opening Switch, Inverse Recovery Diode）などの2端子の素子がある。日本では1970年代に西沢潤一博士によってSIT（Static Induction Transistor）とSITHy（Static Induction Thyristor）が開発された。これらの素子に関する研究は米国でも行われていて，VFET（Vertical-junction Field Effect Transistor）あるいはFCT，FCT（Field-controlled Diode，Field-controlled Thyristor）と呼ばれた。非常に高い放射線耐性や高いカットオフ周波数，ゲート電流によってOff制御可能な電力用素子であることなどの魅力的な特徴を有することが明らかにされ，さらに，VFETはパルスパワー制御用途以外にも，優れたアナログ特性を特徴とするオーディオアンプに利用された時期があったのであるが，これらのデバイスは成功を収めるほど商業的に受け入れられることはなかったようである。その理由は，これらの素子がNormally-ON特性を有することと，高速なターンオフを実際に実現するためにはアノード電流と殆ど等しいゲートドライブ電流が必要になることなどが理由であるとされた。この最後の理由，pinダイオード構造に埋め込まれた大電流引き込みが可能なバイポーラ接合のゲート電極を備えた構造こそが，SIThyを磁気誘導エネルギー蓄積方式パルスパワー電源の制御に用いた場合に，優れた特性が発揮される要因である。実験に使用した静電誘導サイリスタは（定格3600V，30A）磁気誘導エネルギー蓄積方式パルスパワー電源用に開発されたものである。特性を表1と表2に示す。2003年頃のレビュー論文に

表1　最大定格

	項目		規格値（単位）
1	Peak 繰返し OFF電圧	V_{DRXM}	3600（V）
2	Peak 非繰返し OFF電圧	V_{DSXM}	3600（V）
3	直流OFF電圧	$V_{D(DC)}$	2880（V）
4	実効ON電流	$I_{T(RMS)}$	30（A）
5	非繰返しサージ電流	I_{TSM}	300（A）
6	可制御ON電流	I_{TQSM}	70（A）
7	Peak-Gate 順電流	I_{FGM}	80（A）
8	Peak-Gate 逆電圧	V_{RGM}	－60（V）
9	接合温度	T_j	－40-125℃

表2　規格

	項目		標準	最大	単位
1	Peak OFF 電流	I_{DRXM}	–	10	mA
2	Peak Gate 逆電流	I_{RGM}	–	1	mA
3	Peak ON 電圧	V_{TM}	–	8	V
4	IES 回路最高 OFF 電圧上昇率	dV/dt	50		kV/μs
5	Turn ON 時間	t_{gt}	0.7		μs
6	遅延時間	t_d	0.3		μs
7	立上時間	t_r	0.4		μs
8	Turn OFF 時間	t_{gq}	1.0		μs
9	蓄積時間	t_s	0.8		μs
10	下降時間	t_r	0.2		μs
11	Tail 電流	I_{tail}	7.0		A
12	Tail 時間	t_{tail}	6.0		μs
13	Turn ON 損失時間積	E_{ON}	30		mJ/P
14	Turn OFF 損失時間積	E_{OFF}	30		mJ/P
15	熱抵抗	R_{thj}	0.3		℃/W

1-3：125 ℃，4：IES 回路使用，70A 遮断，室温，
5-14：125℃，C_S = 66nF，R_S = 10OHMs，V_g = 2000V
(S. Tange 等，SSID 06-9 (2006)[35]

よれば制御可能な電力は 10kVA 程度であるとされているが，現在の SITHys ではターン ON 時間 0.7μ秒，3600V，可制御 ON 電流，70A，ターン OFF 時間 1μ秒，3600V，300A の非繰り返しサージコントロールが可能である[10~11, 31~35]。

2　高周波励起大気圧プラズマによる滅菌

誘電体バリア方式の大気圧一様グローの提案は，ISPC，1987 年における Okazaki らによる実験報告である[4, 5]。不活化の研究には対象となる微生物に多くの選択肢があるが，ここでは日和見感染症の病原性細菌に対する滅菌評価を行った。

図 1 は実験の様子を示している[6, 9]。放電パワーはパルス変調高周波（27，12MHz）によって供給されている。滅菌実験には，生物学的指標菌：*Bacillus atrophaeus* などを塗布したキャリアを放電空間に露出するのであるが，滅菌時間と中性気体温度は高周波電力の変調パルス幅に対して依存する。ここで用いた *B. atrophaeus* は EtO 滅菌において標準として用いられている生物的指標である。

代表的な実験結果として図 2(a)，(b)はパルス幅に対する依存性，酸素分圧に対する依存性を示

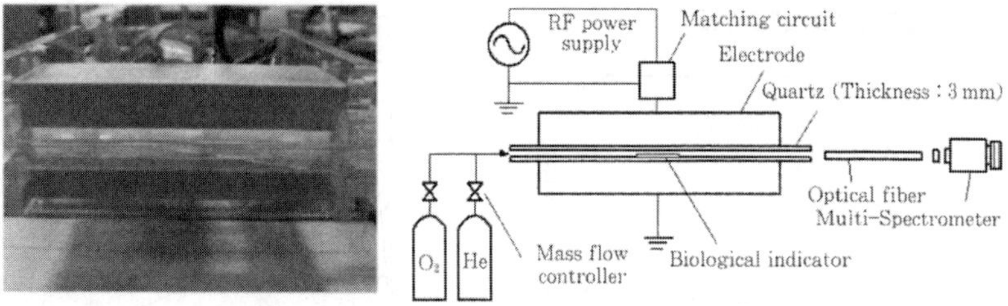

(a)　大気圧グロー放電　　(b)　実験装置の構成

図1　パルス変調高周波励起大気圧プラズマ滅菌装置

している。(a)のパルス幅に対する中性気体温度の依存性から，パルス幅の拡大によって，中性気体温度が上昇することが分かる。滅菌に必要なプラズマ照射時間は短くなるが，熱可塑性高分子材料の表面を滅菌する場合，オートクレーブ処理と差別化するためには90℃以下での滅菌が望ましい。(b)は酸素分圧に対する滅菌時間の依存性である。滅菌に必要なプラズマ照射時間は酸素分圧が低い条件で最も短くなっている。この条件，0.06％近傍で酸素原子の発光強度が最大となっていることから，滅菌に対する励起状態酸素原子の寄与が大きいことが推定される。石英ガラス製の誘電体バリアに覆われた電極は冷却液の循環によって20℃に温度制御された。放電空間は70 × 150mm，電極間隔3 mm，ヘリウム希釈された酸素が側面から供給されている。CW入力による連続放電の場合，＞200℃まで中性気体温度が短時間で上昇するため，低温滅菌の要求を満たすことができない。＜90℃の条件は，パルス幅10 μ 秒の50％パルス変調で実現された。このとき，放電空間に対して670～700W の平均放電電力が必要であった。酸素分圧0.06％のとき，最も滅菌時間が短い完全滅菌時間180秒が得られている。観測された中性酸素原子の発光強度が最大となるため，放電条件に対する依存性から，中性酸素原子による酸化滅菌が主要な作用機序であると推測される。

滅菌後の再汚染を避けるため，無菌包装を通してプラズマ滅菌が有効であることが望ましい。そこで，Tyvek製無菌包装内部のバチルス菌胞子の不活性化（滅菌）を試みた。実験に使用された生物学的指標は *B. atrophaeus* ATCC9372である。初発菌数1.1 × 10^7CFU では20分処理を行っても菌の繁殖が認められた。すなわち滅菌実験は不成功に終わった。これに対して，低濃度の5.4 × 10^5CFU では20分，2.7 × 10^4CFU 以下では5分以内の処理時間で不活性化が確認された。同様の検証が *Geobacilluss tearothermophilus* ATCC7953を用いて行われ，6.6 × 10^5CFU において20分，3.3 × 10^4CFU において5分以内の処理時間で滅菌が確認された。ここで，*G. stearothermophilus* はオートクレーブ滅菌に対して用いられる好熱菌の生物的指標である。

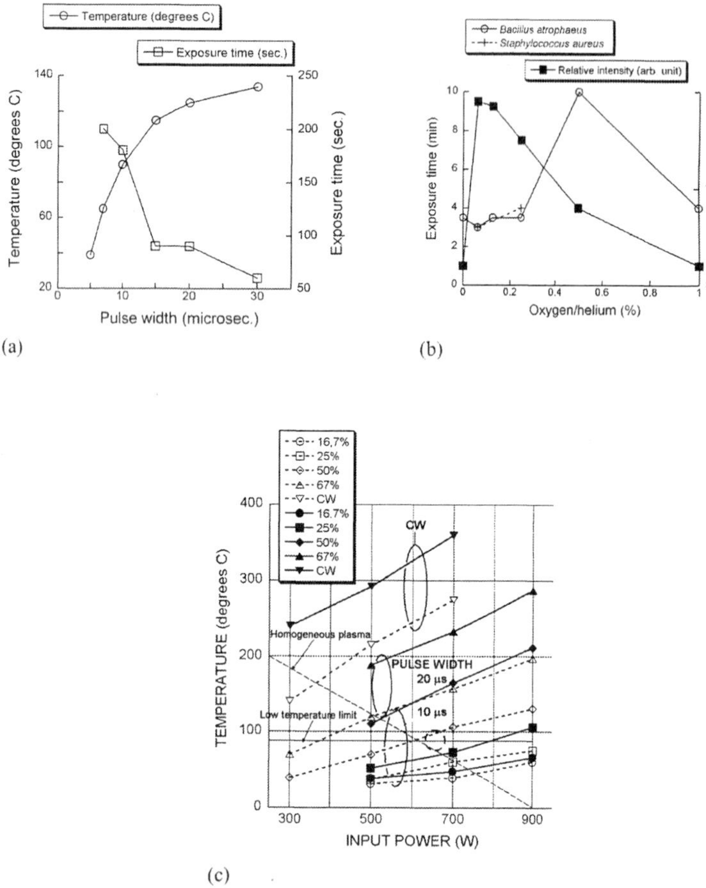

図２　実験結果

(a)パルス幅に対する中性気体温度の依存性と滅菌に必要なプラズマ照射時間の依存性の比較，バイオロジカルインジケータ：*Bacillus atrophaeus* ATCC9372，(4.8×10^6CFU)

(b)酸素分圧に対する滅菌時間と酸素原子の発光強度の依存性。バイオロジカルインジケータ *Bacillus atrophaeus*（○），*Staphilococcus aureus*（+）

(c)パルス変調高周波励起大気圧プラズマの場合の実験が可能な条件，中性気体：He 流量 3L/ 分，周波数：27.12MHz；Gas：電極間隔が５ミリの場合（実線）と３ミリの場合（破線）

準定常的に高周波放電大気圧プラズマを維持する場合に，温度の能動的制御が重要となる。図２(c)は大気圧プラズマ中における中性気体温度の測定結果である。測定には高電界下での温度測定が必要であるため，光ファイバー温度計のプローブを放電空間に設置した。中空のシンボルは

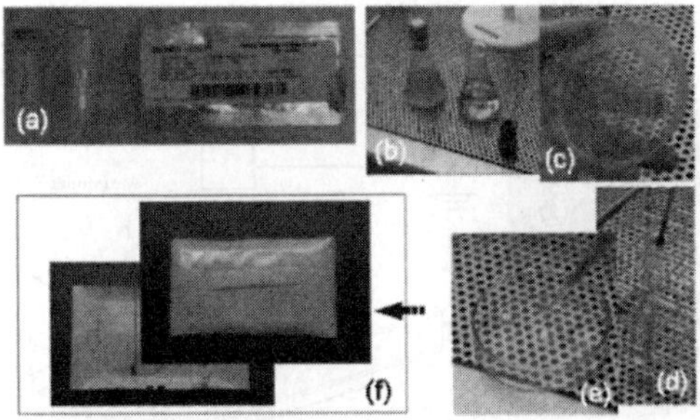

図3　バイオロジカルインジケーター
(a)サンプル，(b)SCD 培地による培養，(c)SCD 寒天培地による菌株の培養，(d)菌株のサンプリングとサスペンション，(e)キャリアへの塗布，ならびに(f)パッケージされたバイオロジカルインジケーター

他の実験でも用いられている条件である電極間隔 3 mm の場合の測定結果である。▼等の黒いシンボルは電極間隔 5 mm の場合の測定結果である。CW 入力の場合，中性気体温度は短時間で 300-400℃に達する。前述のように，高周波パルスのデューティ比を低下させることによって中性気体温度を 90℃程度まで低下させることが出来るのだが，別の境界による制限もあるので，これらを考慮して実験条件を選択しなければならない。図 2(c)はパルス変調高周波励起大気圧プラズマの場合に測定された入力パワー，変調の比率に対する中性気体温度の依存性を示している。200℃付近から 900W 付近を結ぶ斜めの破線の境界は，プラズマが電極全体に発生する条件を示している。90℃以下で電極全体にプラズマが維持できる設定目標を満たす条件としては選択された動作条件は，平均電力 670-700W，パルス幅 10 μs，繰り返し間隔 10 μs，デューティ比 50%付近の狭い動作条件に限られている。この動作条件は，電極間隔が 3 mm のときにだけ実現可能である。このように，準定常的に大気圧プラズマを維持する際に，熱の発生が問題となる。

図 3 は実験に使用された生物的指標の培養調整の様子を示している。分離された菌株の状態(a)では活性が低いため，SCD（Soy Bean Casein Digest）培地によるフラスコ培養(b)，寒天培地で培養(c)ののち，清浄水サスペンションが濃度調整される。希釈による ml 当たり菌濃度調整ののち，キャリアへの塗布作業が行われる。(f)は Tyvek 包装への封入作業を示している。一般に，SAL6 検証用に調整された生物的指標では，破壊された微生物から漏出した有機物負荷によって滅菌時間が長くなる現象が知られている。

大気圧中の初期絶縁破壊電圧は放電空間の距離に依存して増大するが，予備電極から光電子放出を行うと，開始電圧が著しく低下する。この方法は広いギャップの大気圧放電を始動する際に

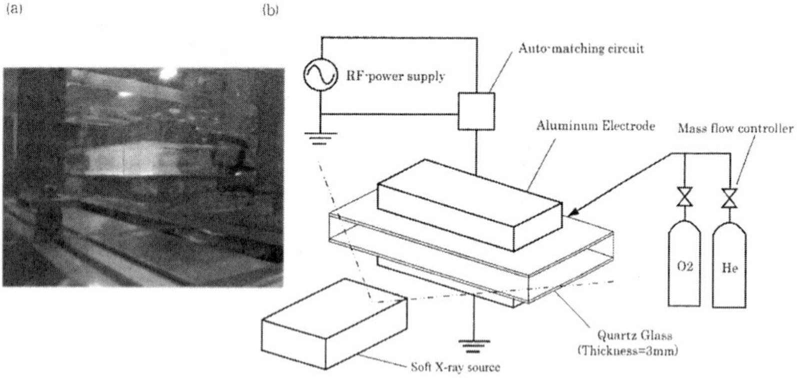

図4　軟X線による予備電離を用いた広い電極間隔の大気圧プラズマ放電
(a)広い電極間隔の誘電体バリア方式大気圧プラズマ，(b)軟X線による予備電離の実験装置
(Hamamatsu Photonics, Co. Ltd. のご厚意により実現)

有用である。図4は，軟X線予備電離実験（電極間隔28.5mm）の様子を示している。一般に，放電開始時の全反射による電源やマッチング回路の素子の破壊を防ぐため，過大電圧出力の制限が自動的に行われるが，軟X線予備電離の手法を用いて電極間隔28.5mmまでの大気圧プラズマの始動が確認されている。

大容積の大気圧グロー放電励起においてはパルス化による温度制御や軟X線照射による予備電離などさまざまな手法が必要となるのだが，このような制約のいくつかは，次に述べる半導体オープニングスイッチ方式パルスパワーの登場によって解決される。

3　誘導性エネルギー蓄積方式パルスパワー励起

静電誘導サイリスター（SI-Thy）[10, 11]は，pinダイオード半導体素子中に埋め込まれたキャリア制御用のゲート電極を付加した静電誘導効果によるキャリア制御デバイスである。図5はパルスパワー実験に用いたSI-Thyの内部構造であるが，pnpn構造をもつ一般のサイリスターとは違い，ゲート開放時にpinダイオードと同様に順方向に対して導電性をもつノーマリーオン特性を有する。SI-Thyは，ゲートへのキャリア注入あるいはキャリア引き出し電圧印加により制御される。

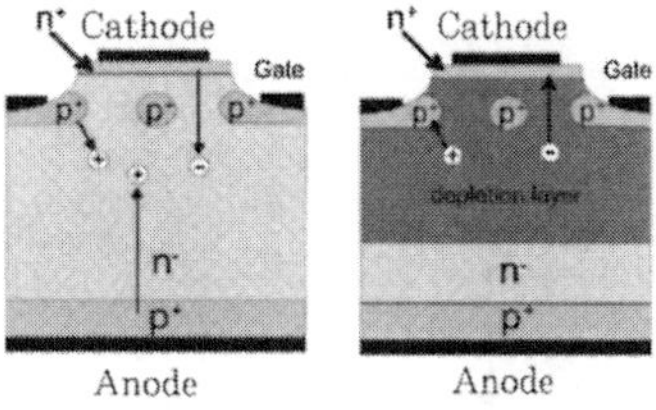

(a)　ON State　　(b)　OFF State

図5　SI-Thy のデバイス構造

4　SI-Thy の電流阻止動作

パワーエレクトロニクス分野では，SI-Thy は電圧制御デバイスに分類される。SI-Thy は絶縁ゲート構造をもたない構造である。そのため，ON 状態への移行時にはゲート・カソード間の pn ジャンクションが順方向バイアス状態となり，ゲートから空乏層へのキャリア注入が起きることも可能である。一方，ゲートに負電位を印加すると，n 層内のキャリアがゲートから排出され，ゲート電極近傍に空乏層が形成されて，阻止状態となる。

SI-Thy はこのようなゲート制御による自己消弧能力を有する。この特性は半導体パワーデバイスがもつ最大のメリットであり，開放スイッチを利用した誘導性エネルギー蓄積方式パルスパワー電源は，電圧の立ち上がりが急峻であるため，大気圧プラズマの励起用として有用である。SI-Thy でターンオフを実現するためには，アノード・カソード間を流れる電流とほぼ同等の電流をゲートから引き抜く必要がある。これは，ゲート付近に空乏層を短時間に形成するために不可欠な条件であり，そのため急峻大電流を制御可能なゲート回路が必要である。電流遮断時の高い電流変化率を実現する場合には，安全動作領域を逸脱してデバイス破壊を起こす危険性も高いのであるが，本研究で用いた電源回路では，(a)安全に大電流遮断を実現している。

回路の動作原理を簡単に説明する。図6(a)の状態では，MOSFET が阻止状態にある。この状態で MOSFET にゲート信号を印加すると SI-Thy に電流が流れ始め，その結果，(b)のように，SI-Thy のアノード・カソード間の電圧降下によって SI-Thy のゲートが正電位となる。SI-Thy はノーマリーオンの性質を有するため，この状態で安定した ON 状態が確立される。ON 状態では誘導性エネルギーがインダクタンスに蓄積される。次に，MOSFET にオフゲート信号が入力されると MOSFET のドレイン電圧が上昇し，電流遮断が開始される。このとき，(c)→(d)のように SI-Thy を流れる電流の一部がゲートから排出され，アノード・ゲート間に電流によって，n-層内にあるキャリアがゲートから高速に排出される。ゲート付近の空乏層が急速に成長し，高速なターンオフが実現される。この動作を誘導性エネルギー蓄積に応用した回路がこの電源回路で

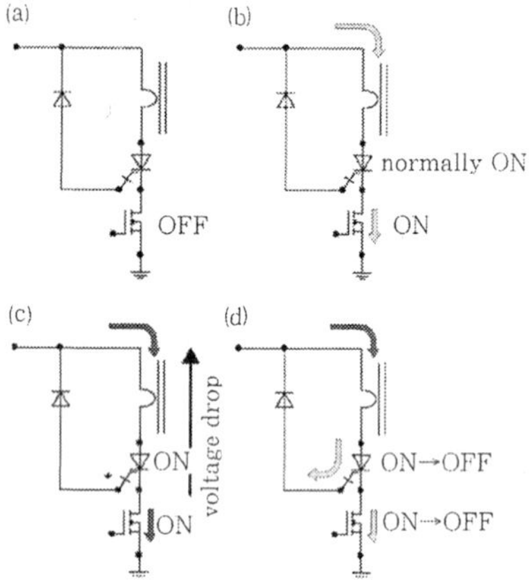

図6　SI-Thy の開放動作

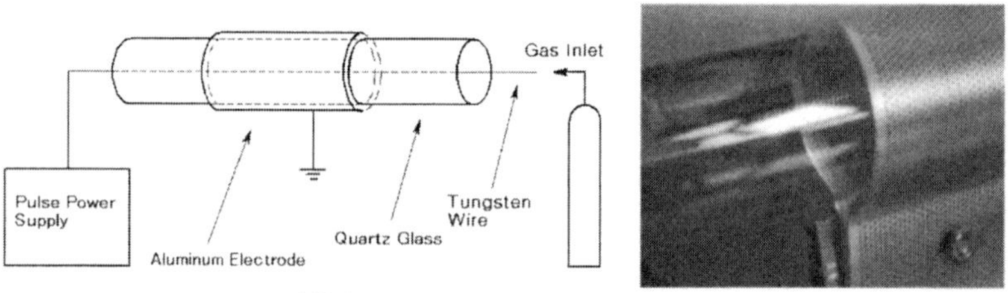

(a)　電極構造

(b)　大気圧ヘリウム中でのプラズマ生成の様子

図7　ナノ秒大気圧プラズマ実験装置

ある。エネルギー蓄積素子を二次側が絶縁されたパルストランス型構成とすることにより，出力電圧側の接地電位を入力側から独立させ，出力の極性を自由に選択できるように構成されている。さらに，一次と二次の巻き数比を選択することにより，20倍程度の高電圧出力が実現されている。滅菌実験に使用した電極構造は同軸構造であり，外径2.6cm，内径2.4cmの石英ガラス製放電管の外側に幅10cm，厚さ1mmの多孔アルミ板を配置し，陰極（接地電位）としてある。中央に酸化雰囲気に対する耐性が高い3%レニウム・タングステン合金製ワイヤー（直径0.6mm）を通し，陽極（高電圧）とした。電極は対流による空冷である。ガス流量をデジタルマスフローコントローラーで調整し，同軸構造の軸に沿って流れるように側面から流す。通常の実験条件に

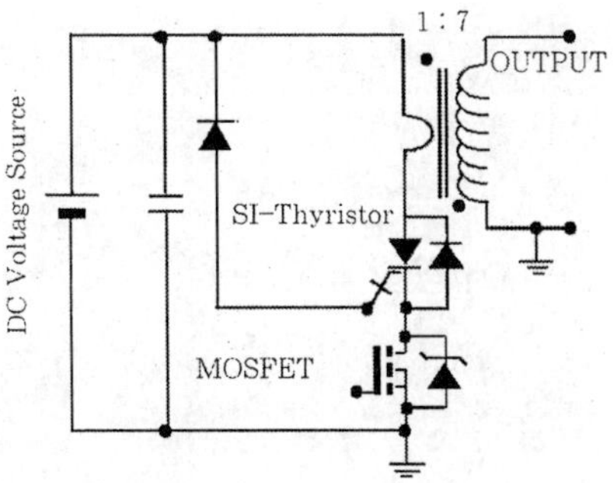

図8　静電誘導サイリスタ制御方式ナノ秒パルスパワー電圧電源

おいて，ガス流量は1分間に20回程度のガス置換が行われるように設定を行った。プラズマ領域を通過させたガスは活性炭を通して，オゾンなど長寿命のラジカルを吸収させたのち，外部環境に放出される。中心に陽極（高電圧）を配置する同軸型電極のメリットは，陽極近傍の局所的な高電界領域によって作動気体（ヘリウム）が高度に励起されることである。BIは電極近傍の高電界領域の外側に設置される。

図9は出力波形の代表的な例を示している。パルス幅は約300nm，後述する滅菌試験の実験条件の一つで電圧・電流を測定し，電力，エネルギー効率を計算したところ，1秒当たりのエネルギー入力10.8J，エネルギー効率36%となった。

パルスパワー電源を用いて直接露出の場合とBIをシリンジ内に設置した場合の滅菌効果を比較試験した。ここで使用したBIは，芽胞を一定濃度で紙片上に塗布したものである。シリンジ内部に設置する場合，シリンジ先端の開口部を作動気体の流れの方向に対して風上を向くように置いている。2.1*l*/minのヘリウムに窒素もしくは酸素を混合したガスを電極間に供給した。実験にあたり，通常のシリンジに加えてシリンジを黒い紫外線遮へい用テープで巻いたものも使用して，紫外線の効果を明らかにした。テープを巻かない場合，シリンジ自体で紫外線を約75%カット，一方，テープを巻いたものは完全に遮断できる。シリンジの温度は赤外線温度計によって非接触温度測定を行った。酸素混合気体を用いたときに温度が高くなったが，それでも約60℃で安定した。この温度ではバチルス菌が死滅することはなく，シリンジにも熱の影響はない。

滅菌試験結果を図10に示す。複数回滅菌試験を行い，48時間培養後にpHインジケーターによって菌の生命活動を検出する方法を用いた。縦軸の滅菌時間は100%滅菌が成功したときの処理時間を表している。紙片に直接照射した場合，ヘリウムのみの場合は約10分で完全滅菌を行

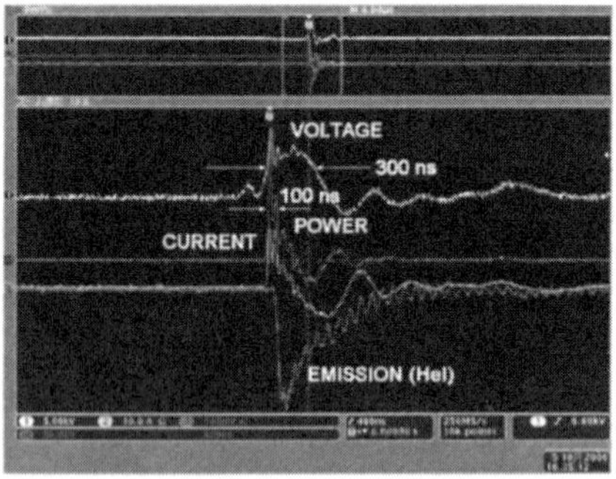

図9　出力波形

典型的な実験条件における動作波形。大気圧ヘリウム中の放電励起，出力電圧波形とアフターグロー中のヘリウム中性原子の発光強度。全パルス幅：約300n秒，最初の100n秒で1パルスあたり約30mJのエネルギー入力，化学的反応性を発現させるための電圧維持，電圧反転による空間電荷中和の一連の動作が行われる。

うことができた。窒素を3%混合させた場合，滅菌時間はヘリウムのみの場合と違いはみられなかった。残留分程度の窒素量で十分紫外線は発生していると思われる。酸素を用いた場合は滅菌効果が著しく低下した。原因としては，酸素分子による紫外線吸収が考えられる。シリンジ内部にBIを入れた場合，シリンジ内の紫外線強度が減少したため，ヘリウムのみ，酸素混合気体，窒素混合気体に対してほぼ等しい滅菌時間の値となり，紫外線遮断シリンジではヘリウム希釈酸素プラズマでしか滅菌することができなかった。酸素を用いた場合では，通常のシリンジと遮光性シリンジで滅菌時間は同程度であった。一方，酸素を用いた場合，シリンジに入れた場合と入れない場合での時間差は10分程度である。これは，化学活性種の流れが関係していると考えている。直接プラズマに当てる場合，紙片の風上方向の面には化学活性種が紙片に衝突する。よって高い酸化・殺菌効果が期待できるが，風下方向の面はあまり化学活性種が当たらない。シリンジ内の滅菌では，シリンジ先端より風上で生成された化学活性種はガスのフローによりシリンジ内に進入してシリンジ内にとどまるかあるいはシリンジ内部で放電空間を形成する必要がある。いずれにしても，実験事実は化学活性種が紙片に当たる確率が高くなり，滅菌作用が高進されることを示していると思われる。これらの結果のように，直接紫外線を照射できる場合は大量の紫外線が発生する窒素混合気体を用いるのがよいが，紫外線の当たらない影の部分が存在する場合には酸素混合気体を用いる必要がある。

酸素を用いて実験を繰り返したところ，シリンジ表面が白く変色した。特にシリンジの上部，陽極に面している側の変色が強くみられた。これは，ポリプロピレン表面が酸化されたためであ

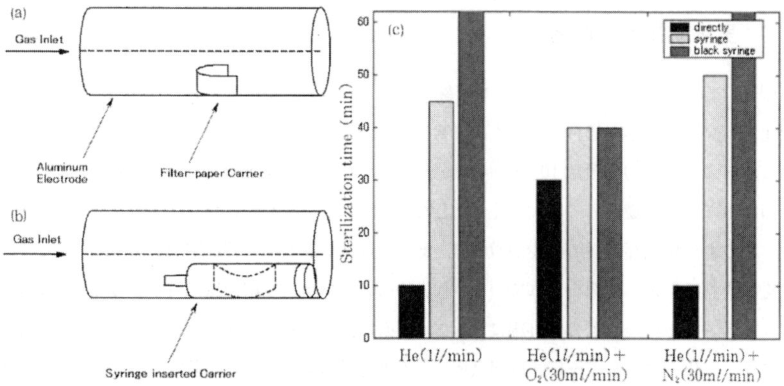

図10　バイオロジカルインジケーターの設置方法
(a)直接照射，(b)シリンジBIによるラジカル滅菌の負荷試験，
(c)混合気体とシリンジ負荷による滅菌時間の変化比較

る。ポリプロピレンのような有機物キャリアでは，表面の水素が酸素ラジカルによって奪われ劣化すると同時に，発生する水素が酸素ラジカルに対するスカベンジャーとして作用することに留意するべきである。

5　コロニーカウント法による生存菌数測定

滅菌試験としては，培養後の濁度，pHインジケーターによる菌の生命活動の検出に基づいた方法が用いられる。この方法では生存菌数が低い場合にも検出可能である利点があるが，一方，滅菌の成功判別しかできないという問題があった。コロニーカウント法，すなわちカスケードダイリューションによって濃度調整後，無選択性寒天培地上で培養して，得たコロニー数の処理時間に対する依存性と依存性の傾きから，生存菌数が1桁減少するために必要な処理時間(D-value）を算出した。*G. stearothermophilus* を付着させたポリプロピレン製BIをプラズマ処理後，取り出し，滅菌処理した脱イオン水（10m*l*）中で超音波クリーナーによって30分間撹拌，さらにミクサーによって均質化したサスペンションから1m*l* のサンプルを取り出して，滅菌水(9m*l*）中で希釈した。この操作を繰り返して10倍から10^4倍までの希釈サスペンションを調整した。サスペンションからのサンプル（1m*l*），を，無選択性寒天培地シャーレ上で規定繁殖温度57℃において培養し，48時間後に発生したコロニー数を計数した。

6　実験結果および考察

図11に実験結果を示す。これらの実験結果はBI上の初発菌数を変えた場合の生存数の時間変化，ヘリウムのみの場合とヘリウムに窒素を混合した場合の生存数を表している。グラフから明らかなように，初発菌数10^4CFUの実験結果は片対数グラフでほぼ直線的に低下している。初発菌数10^6CFUの場合，一度大きく低下した後に減少率が緩やかになり，また大きく減少している。このように残存菌数の減少が数段階，あるいはプラトー状の停滞期間を示す現象について，多くの研究者によって報告されている。代表的には，プラズマ滅菌は3段階で行われる。第1段階はプラズマ中の短波長の紫外線によるごく表面の菌に対する破壊，第2段階は原子状酸素や窒素による酸化やエネルギー伝達励起反応による気化反応である。この段階では，プラズマ中で生成された化学活性種が保護している細胞壁などを化学反応で分解する。第3段階は，より低層にまで紫外線が照射され，この段階で菌が死滅する。

作動ガスに高純度ヘリウムを用いた場合にも，大気圧環境からの逆流によって電極間に残留窒素，酸素が存在しているため，上記のような反応が起こり，ある程度の滅菌が起きる。また，低濃度BIにおいて減衰曲線のグラフが3段階にならなかったのは，塗布された胞子が多層レイヤーを構成していないためである。窒素を混合した実験では3段階にならず，片対数グラフ上で直線的に低下する現象が観測された。発光スペクトル測定によって，窒素量増加に伴い紫外線強度が増加して酸素ラジカル量が減少する。ヘリウムのみの場合と比較して滅菌に寄与する紫外線強度が増加するため，単純な滅菌モデルに従うものと考えられる。シリンジの材料のポリプロピレンから発生する水素が酸素ラジカルに対するスカベンジャーとして働くため滅菌作用が損なわれる。

このような有機物負荷の効果がキャリア材料の異なるBIに対する滅菌処理時間の違いによって明らかにできると考えたため，ポリプロピレン製キャリアとガラス製キャリアを用いたBIで滅菌処理を行い，残存菌数の時間依存性を比較した。実験結果は，処理開始から5分の区間のデータは有意差を示していないが，これに対して5分から15分の区間のデータは大きな差を示している。このような実験結果は，有機物負荷によるラジカルスカベンジャーの影響を示しているものと考えられる。なお，最小2乗法を用いて傾きよりD-valueの値を算出したのであるが，平均差の有意水準と算出方法については引き続き検討する必要がある。

対数スケールで個体数1以下，すなわち滅菌状態を表すデータの適切な表記方法がない。したがって，測定の最後の点は滅菌が確定した実験の繰り返し回数をもとにしてその逆数をプロットした。

プラズマ滅菌に関する幾つかのレビュー論文の議論を要約すると[12〜30]，滅菌過程の各作用機序

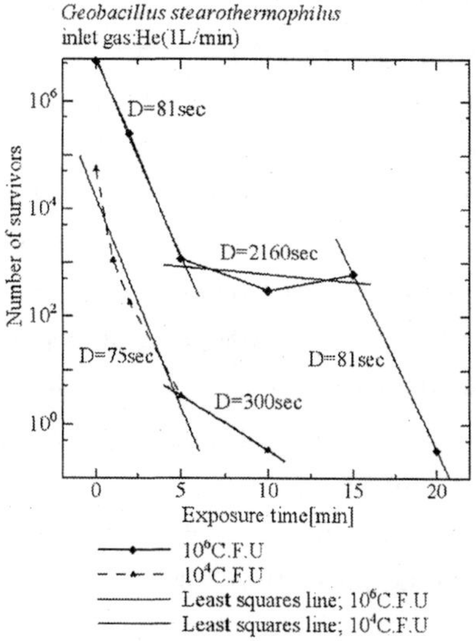

図11　生存曲線とD-value

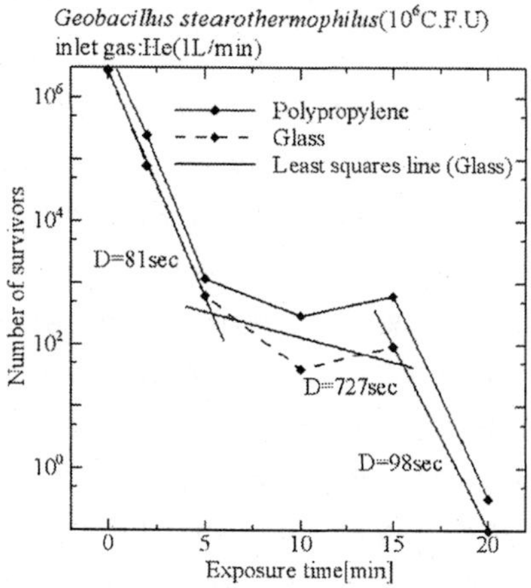

図12　有機物キャリアの場合に観測される滅菌時間の遅延効果

の効率を表す生存カーブの解釈のため3つの素過程を仮定することが必要である。

① 微生物の遺伝物質のUV放射による直接の破壊

② 光脱着による原子浸食；UV光子に引き起こされた脱着，化学結合を壊し，微生物固有の原子から揮発性物質を形成する化学反応に結びつく光励起分解反応に起因する。副産物は，COおよびCHxなどの揮発性分子である

③ エッチングによる原子の浸食；エッチングは，微生物上へのプラズマ（またはアフターグロー）からの反応的な種の吸着による揮発性物質の形成に起因する。反応的な種はそれぞれ原子や分子のラジカル（例えばO，OH）である。熱力学の平衡条件下で，酸化プロセスの生産物，CO_2，H_2Oなどの小さな分子が産出される。

ある場合には，エッチングが，UV光子による反応性粒子種による作用との相乗効果によって増強される。これらの揮発性生成物は排気，あるいはガス置換によって取り除かれる。プラズマ放電場またはアフターグロー中の反応性粒子種およびUV放射は，圧力に強く依存する。例えば，オゾンは，大気圧ではより容易に発生するが，低圧力では酸素の解離によって生じた酸素原子の形態で表面まで輸送される。一方，大気圧程度の圧力では，UV光子はプラズマの中で強く再吸収される。この作用は，殺菌されるサンプル表面にUVが到達するのを妨げてしまう。真空紫外光の光子（VUV，180nm以下の波長域）において特に顕著になる。一方，低圧力の放電プ

ラズマ中で生成されたUV光は再吸収の影響を受けることが少なく，UVによる滅菌処理がより効率的であると予想される。滅菌プロセスでのUV光子の効率は基礎的なメカニズム，UV放射による遺伝物質の不活性化と微生物の構成原子の侵食，これらの過程はUV放射の強度に依存する。酸素をベースとした放電気体中で原子状酸素およびオゾンに加えて，準安定の1重項状態のO_2のような活性種が放電中で見つかる。電気的双極子遷移によって，非常に速い（10^{-8}s）脱励起プロセスを通じて光子を放射することができないので，これらの励起種は長寿命（数秒程度）を有する。準安定種は，他の粒子，気体あるいは露出されたサンプル表面上の粒子を活性化する化学反応を起こし，エネルギーを転送して，光子を放射することなく脱励起される。準安定種は，したがって，プラズマ化学反応用エネルギーの蓄積の役割を果たしている。三相の生存カーブが得られる場合の説明のために，下記のようなメカニズムを仮定する。反応種およびUV光子の両方が存在し，胞子は，DNA材料のUV光子放射による不活性化を受ける。

第1のステップは，分離された胞子および積み重なった胞子の最上層に直接UV放射が当たってDNA破壊が起きる。この過程は，最も速い減少時間（最も小さなD値）を規定する。しかし，このプロセスは，残骸で覆われていたり，積み重ねられた胞子の下部に位置する胞子へのUV光子の浸透深さが制限されていたりするため，完全な滅菌に結びつくことができない。第2のステップは最も遅い機構（最大のD値）を持つ。不活性化された胞子や，生きている胞子の上の残骸を浸食するために必要な時間を反映している。直接UV光子によって全ての遺伝物質が不活性化されるためには，これらを覆っている残骸が十分にエッチングによって取り除かれる必要がある。この過程が終了すると第3のステップが発動して滅菌が急速に完了する。このシナリオは，滅菌が達成される直前になぜ，第3のステップが観察されるかを説明している。実際にやってみると，プラズマ露出，カスケード・ダイリューションなどの複雑なプロセスを経ているにもかかわらず，菌数を同等に調整したインジケータを用いると，比較的小さな遅れ時間のバラツキで第3のステップが発動する。

O原子のような中性反応種が存在する場合，およびUV放射強度が最大限にされた場合，この遅れは最も短かくなる（Moreau等，2000；Philip等，2001）。第2ステップの不活性化のメカニズムは浸食プロセスによって制限されるため，もっとも大きなD値を観測する。光脱着が唯一の浸食のメカニズムであるHgランプやUVレーザーの実験結果では，酸素が加わることによってエッチングが光脱着に加えて作用し始めるため，より浸食が速く起きる。基板温度が上昇すると，同様にD2時間はより短くなる。電子顕微鏡観察によって胞子の寸法の減少が観測されており，これらが浸食の存在を直接示している。胞子の初期密度の一部分だけが不活性化されることから，この過程が始まる。酸素原子およびUV光子の粒子束がある場合，第3の最終フェーズの不活性化が比較的急速にスタートするが，そうでない場合には，数時間遅れることがある。D3

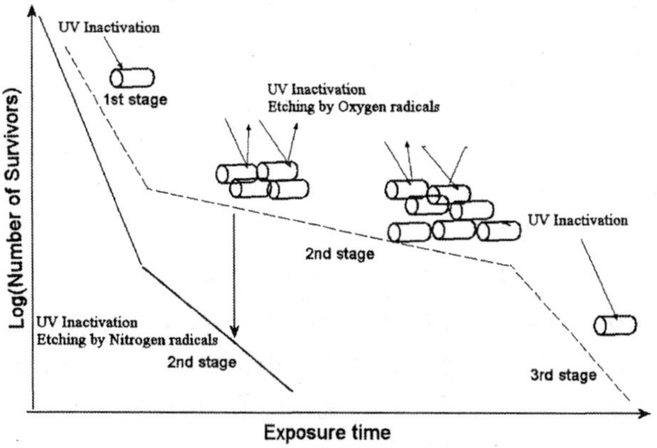

図13　酸素ラジカル滅菌とUVによる不活性化を作用機序とする大気圧窒素プラズマ滅菌の生存曲線の比較

時定数はD1に近く，速いプロセスである。これは，第3の過程不活性化の中でUV放射によるDNAの直接の不活性化が起きていることが考えられる。D3はD1よりはるかに大きな値を示すことがあるが，特にHgランプやUVレーザーを用いて，UV光のみで滅菌処理が行われるときなどである。図13は酸素ラジカル滅菌とUVによる不活性化を作用機序とする大気圧窒素プラズマ滅菌の生存曲線（モデル）の比較である。再生能力のある不活性化されていない芽胞の数経時的依存性測定によって，10分の1に減少するために必要な時間が決定される。積み重なった芽胞の有機物負荷効果によって第2フェーズは最大のD値を示す。これに対して，UV放射による不活化を作用機序とする窒素プラズマの場合，より急速な滅菌効果が発現される。

大気圧プラズマ研究の最近のトレンドは，コスト高の原因となっている高価な放電媒質ヘリウムを比較的安価な窒素に置き換える研究である。Boudam等（2006），Massines等（2003），Massines等（2005）などの論文によれば，窒素を用いた場合でも，500 μm程度の狭ギャップの誘電体バリヤー放電電極間に，窒素および500ppm程度の酸素やN_2Oなどの酸化剤を含む放電媒質では，一様性の高い大気圧プラズマが励起できることが確認されている（タウンゼンド放電モード）。これらの成分はもともと大気中に含まれている主要成分であり，もしそれらが放電電場によって活性化されなければ，含まれていたガスは生命破壊性の効果を発揮しない。放電がオンの場合に限り，対応する滅菌効果を発現する活性種が存在し，放電場が切られた後は，高々数msでラジカルは消滅してしまう。したがって，EtO滅菌の場合のように換気時間が必要とされないことを意味する。大気圧プラズマによる不活性化では，胞子の生存カーブ中の2つあるいは3つの別個の相の存在によって特徴づけるプラズマ滅菌特有の様相を示している。さらに，

NO γ など，酸素を微量含む窒素プラズマに特徴的なラディエイターの存在によって，UV による不活性化プロセスが支配的である。中間および低圧放電プロセスの場合には，窒素プラズマによる不活性化は十分に理解されている。不活性化のメカニズムは，UV 放射による DNA の不活性化および窒素の励起状態分子と酸素原子による微生物の侵食，構成原子の脱離・エッチングである。演繹的に，これらの蛋白質の侵食によって大腸菌などの細胞膜毒素であるエンドトキシンや異常プリオンの不活性化などにも適応可能であることが推定できる。これらは遺伝物質を持っていない蛋白質であるために，通常の加圧蒸気滅菌プロセスでは破壊できないとされている。励起状態分子によるエッチングは最も早い不活性化のプロセスとなる。

本章で紹介した実験結果はヘリウム希釈酸素放電媒質中の大気圧プラズマによる滅菌特性の評価である。マルチスペクトル分光器による発光スペクトルの観察では UV-C 領域の強い発光は検出されていない。従って，主要な作用機序は酸化による滅菌が，紫外線との相乗効果にくらべてより簡単なプロセスによっても，生存カーブは複雑な経時的間変化を示している。微生物ごと，キャリアーや無菌包装による滅菌時間の変動等があるため，理解するには複雑な条件を考慮した考察が必要である。

大気圧プラズマに関して Boudam 等（2006），Massines 等（2005）によって指摘されているように，UV 光子および反応的な基のそれぞれの役割に関する論議は，低圧力のプラズマ滅菌の場合には解決されている。下げられた圧力のプラズマ滅菌の場合には解決された。UV 光子および O 原子の相乗効果による侵食効果が滅菌時間を最小限にするために要求される。N_2-O_2 混合の場合には，O_2 の分圧が，NO γ バンドからの UV 放射強度と酸素原子の相対密度を最大にするために要求される。実際には，NO γ の最大強度は，酸素原子の最大値より酸素分圧が低いところで生じるため，実験的妥協によって実現される。プラズマの代わりに UV ランプあるいは紫外レーザーのみを使用する滅菌方法は，対象が厚く積み重なっているときに特に破壊プロセスが効率的でない。UV 光が適切なサイトへ輸送される場合，プラズマ露出による滅菌とは対照的に，有機物の負荷効果や遮蔽効果によって妨げられ，遺伝物質の不活性化に長時間を要することになるからである。プラズマに直接接触させる滅菌プロセスはアフターグローへの接触に比べてより短時間で滅菌を実現することができるが，プラズマ滅菌の重要な欠点は，UV 光子がそれらの遺伝物質に達する前に障害となる不活性化される微生物の実際の「厚さ」に対する依存性である。無菌包装や高分子のキャリアー材料の有機物負荷効果を含む。微生物をカバーするどんな材料も浸食が働くようにならなければならないので，滅菌を達成するのに必要な時間が増加する原因になることを暗示する。静電誘導サイリスタを制御素子として使用した磁気誘導エネルギー蓄積方式パルスパワー電源は，急峻な電圧立ち上がりにより大気圧プラズマをはじめとするさまざまな気体の励起およびプラズマ状態を用いた滅菌・表面処理過程に用いることができる。

7　おわりに

高周波励起大気圧プラズマ滅菌と半導体スイッチング誘導エネルギーパルスパワーによる同軸型大気圧放電プラズマにおいて滅菌試験を行った。高周波プラズマの場合，強制水冷が必要であるが，パルスパワーを用いた場合には強制水冷による冷却を必要とせず，10分の1程度のエネルギー入力で高周波電源を用いたときと同程度の時間で滅菌を行うことができた。ヘリウム流量を下げることが可能で，放電維持のためには必ずしもヘリウムなどの希ガスによる希釈は必要としない。実験で使用した同軸形状はシリンジのような体積を有するオブジェクトを処理するにはあまり向いていない。平らなオブジェクト表面を一様に処理する場合にも，電極形状の工夫が必要である。高周波励起大気圧プラズマの実験で使用した平行平板形状が一つの選択肢であるが，パルスパワー電源を用いた場合には，電流がほとんど流れず，プラズマに対する入力エネルギーが大きくとれない。高圧電極の配置構成など，電極形状を工夫する必要があることが明らかになった。

以上のように，大気圧プラズマ用電源の置き換えについて，パルスパワー電源はいくつかの優位性を示している。大気圧プラズマの実験手法が一定水準で普及してきたため，工業材料のみならずより多くの分野，特に医療用生体材料などの表面処理に広がりをみせている。実用化にあたってはさらに，工学的研究の向こうにある，病原性細菌に対する抗菌スペクトルの検証，使用にあたっての規定などの多くの関門をクリアしなければならない。プラズマ応用研究が，この入門編をできるだけ早く卒業し，医療機関における活動の中で寄与すべき分野を正しくとらえるべきである。

謝辞

本研究に協力された山梨大学工学部卒業研究生ならびに医学工学総合教育部大学院修士課程，博士課程の大学院生諸君に謝意を表する。

文　　献

1）W. G. Kohn, A. S. Collins, J. L. Cleaveland, J. A. Harte, K. J. Eklund, D. M. Malvitz, Morbidity and Mortality Weekly Report (MMWR), RR-17, 52 (2003)

2）W. A. Rutala, M. F. Green, D. J. Weber, *Infect. Control. Hosp. Epidemiol.*, **20**, 514-516

(1999)

3) W. A. Rutala, M. F. Green, D. J. Weber, *Am. J. Infect. Control.*, **26**, 393-398 (1998)

4) S. Lerouge, M. R. Wertheimer, L' H. Yahia, *Plasmas and Polymers*, **6**, 175-188 (2001)

5) S. Kanazawa, M. Kogoma, T. Moriwaki, S. Okazaki, "Carbon film formation by cold plasma at atmospheric pressure", Proceedings of 8th International Symposium on Plasma Chemistry (ISPC-8), 3, 1839-1844, Tokyo (1987)

6) 大川博司, "医療用器材のプラズマ滅菌に関する総合的研究―*Bacillus atrophaeus*を基準とする比較研究―", 山梨大学博士論文, 医学工学総合研究部先進医用工学分野 (2005)

7) H. Ohkawa, T. Akitsu, M. Tsuji, H. Kimura, M. Kogoma, K. Fukushima, "Pulse-modulated, high-frequency plasma sterilization at atmospheric pressure", Surface Coatings Technology, Article Accepted for publication, 27, Aug. (2005)

8) T. Akitsu, H. Ohkawa, M. Tsuji, H. Kimura, M. Kogoma, "Plasma sterilization using glow discharge at atmospheric pressure", Surface Coatings Technology 193/1-3, 29-34 (2005)

9) H. Ohkawa, T. Akitsu, M. Tsuji, H. Kimura, K. Fukushima, "Initiation and Microbial Disinfection of Wide-Gap Atmospheric Pressure Glow Discharge using Soft-X ray Ionization", *Plasma Process and Polymers*, **2**, 120-126 (2005)

10) S. Ibuka, "Fast High Voltage Pulse Generator Utilizing SI-Thyristor", *Journal of Plasma and Fusion Research* (プラズマ核融合学会誌), **81** (5), 359-362 (2005)

11) W. Jiang, K. Yatsui, K. Takayama, M. Akemoto, E. Nakamura, N. Shimizu, A. Tokuchi, S. Rukin, V. Tarasenko, A. Panchenko, "Compact Solid-State Switched Pulsed Power and Its Applications", *Proceedings of The IEEE*, **92** (7), 1180-1196 (2004)

12) M. K. Boudam, M. Moisan, B. Saoudi, C. Popovici, N. Gherardi and F. Massines, F., "Bacterial spore inactivation by atmospheric-pressure plasmas in the presence or absence of UV photons as obtained with the same gas mixture", *J. Phys. D: Appl. Phys.*, **39**, 3494-3507 (2006)

13) M. C. Crevier, M. Moisan, L' H. Yahia and B. Saoudi, "Cold plasma effects on spores and polymers", Proc. Int. Symp. Advanced Materials for Biomedical Applications (SAMBA) (Montréal, Québec)

14) F. Massines, P. Segur, N. Gherardi, C. Khamphan and A. Ricard, "Physics and chemistry in a glow dielectric barrier discharge at atmospheric pressure: diagnostics and modeling", *Surface and Coatings Technology*, **174-175**, 8-14 (2003)

15) F. Massines, N. Gherardi, A. Fornelli, S. Martin, "Atmospheric pressure plasma deposition of thin films by Townsend dielectric barrier discharge", *Surface and Coatings Technology*, **200**, 1855-1861 (2005)

16) F. Massines, N. Gherardil, N. Naud and P. Ségur, "Glow and Townsend dielectric barrier discharge in various atmosphere", *Plasma Phys. Control. Fusion*, **47**, 1-12 (2005)

17) F. Massines, N. Gherardi, N. Naudé and P. Ségur, "Glow and Townsend dielectric barrier discharge in various atmospheres", *Plasma Phys. Control. Fusion*, **47**, B577-88 (2005)

18) S. F. Miralä, E. Monette, R. Bartnikas, G. Czeremuszkin, M. Latrèche and M. R. Wertheimer, "Electrical and optical diagnostics of dielectric barrier discharges (DBD) in

He and N_2", Proc. 7th Int. Symp. on High Pressure Low Temperature Plasma Chemistry (Hakone VII) (Greifswald, Germany) 83-7 (2000)

19) M. Moisan, S. Moreau, M. Tabrizian, J. Pelletier, J. Barbeau and L' H. Yahia, "Système et procédé de stérilisation par plasma gazeuxà basse température", PCT WO 00/72889 (12/07/2000) also in European Patent EP 1 181 062 (2004) applied for in France, Belgium, Spain, Switzerland, Italy, Germany, US patent 6,707,254 (2004)

20) M. Moisan, J. Barbeau, S. Moreau, J. Pelletier, M. Tabrizian, L' H. Yahia, "Review: Low-temperature sterilization using gas plasmas: a review of the experiments and an analysis of the inactivation mechanisms", *International J. Pharmaceutics*, 226 1-21 (2001)

21) M. Moisan, J. Barbeau, J. Pelletier, La stérilisation par plasma: méthodes et mécanismes. Le Vide: *Sci. Techn. Applic.*, **299**, 15-28 (2001)

22) M. Moisan, J. Barbeau, J. Pelletier, N. Philip, B. Saoudi, "Plasma sterilization: mechanisms, potential and shortcomings", the 13th International Colloquium Plasma Processes (CIP 2001). In: Le Vide: *Sci., Techn. Applic.* (Numéro Spécial: Actes de Colloque), 12-18 (2001)

23) M. Moisan, B. Saoudi, M. C. Crevier, N. Philip, E. Fafard, J. Barbeau and J. Pelletier, "Recent development in the application of microwave discharges to the sterilization of medical devices", Proc. 5th Int. Workshop on Microwave Discharges (Zinnowitz, Greifswald, Germany)

24) M. Moisan, J. Barbeau, M.-C. Crevier, J. Pelletier, N. Philip and B. Saoudi, "Plasma sterilization. Methods and Mechanism", IUPAC, *Pure Appl. Chem.*, **74**, 349-358 (2002)

25) M. Moisan, N. Philip and B. Saoudi, Système et procédé de haute performance pour la stérilisation par plasma gazeuxà basse température, PCT WO2004/011039 A2 (07/24/2003) (2002)

26) S. Moreau, M. Moisan, M. Tabrizian, J. Barbeau, J. Pelletier, A. Ricard and L. H. Yahia, "Using the flowing afterglow of a plasma to inactivate Bacillus subtilis spores: influence of the operating conditions", *J. Appl. Phys.*, **88**, 1166-1174 (2000)

27) N. Naud, J. -P. Cambronne, N. Gherardi and F. Massines, "Electrical model and analysis of the transition from an atmospheric pressure Townsend discharge to a filamentary Discharge", *J. Phys. D: Appl. Phys.*, **38**, 530-538 (2005)

28) N. Philip, B. Saoudi, J. Barbeau, M. Moisan, J. Pelletier, "Optimization of the cooperative effect of UV photons and oxygen atoms in plasma sterilization", the 13th International Colloquium on Plasma Processes (CIP 2001). In: Le Vide: *Sci., Techn. Applic.* (Numéro Spécial: Actes de Colleque) 245-247 (2001)

29) N. Philip, B. Saoudi, M. -C. Crevier, M. Moisan, J. Barbeau and J. Pelletier, M. Laroussi, S. J. Beebe, "The respective roles of UV photons and oxygen atoms in plasma sterilization at reduced gas pressure: the case of N_2-O_2 mixtures", *IEEE Trans. Plasma Sci.*, **30**, 1429-1436 (2002)

30) A. Ricard, M. Moisan and S. Moreau, Détermination de la concentration d' oxygène atomique par titrage avec NO dans une post-décharge en flux, émanant de plasmas de

$Ar-O_2$ et N_2-O_2, utilisée pour la stérilisation, *J. Phys. D: Appl. Phys.* **34**, 1203-12 (2001)
31) R. Hironaka, M. Watanabe, E. Hotta, A. Okino, K. -C. Ko, N. Snhimizu, "Performance of Pulsed Power Generator Using High-Voltage Static Induction Thyristor" *IEEE Trans. Plasma Sci.*, **28**, 5, 1524-1527 (2000)
32) N. Shimizu, T. Sekiya, M. Kimura and J. Nishizawa, "Electric Field Analysis of SIThys at Pulsed Turn-off Actions", ISSN 1340 5853, SSID-04-9 (2004)
33) S. Ibuka, T. Osada, K. Jingushi, M. Suda, T. Nakamura, K. Yasuoka and S. Ishii, "Pulsed power generator utilizing fast-thyristors for Environmental applications", ISSN 1340 5853, SSID-04-9 (2004)
34) 秋津哲也, "大気圧プラズマの医療＋生物＋環境への応用ー半導体制御電源への期待", ISSN 1340-5853, SSID-06-8 (2006)
35) 丹下正次, 関谷高幸, 佐久間健, 清水尚博, "3.6kV 級 SI サイリスタの開発とそのパルス応用", ISSN 1340-5853, SSID-06-9 (2006)

第5章　センシングプロセスへの応用

黒澤　茂[*1]，張替寛司[*2]，愛澤秀信[*3]，寺嶋和夫[*4]，鈴木博章[*5]

1　はじめに

今日，医療診断，環境汚染計測，食品検査，化学・バイオテロ対策など種々の分野で測定対象物質を簡便な操作で，高感度・高選択的，短時間に簡易検出できるバイオセンサによる微量計測法が大きな注目を集めている[1~3]。図1にバイオセンサの構成の概念図を示す。バイオセンサは生体由来のレセプター分子（例えば，抗体，酵素，ペプチド等）の分子認識部位と情報変換素子（例えば，電極，水晶振動子，表面弾性波素子，表面プラズモン共鳴素子，光導波路等）部位からなり，分子認識した測定対象の物質量や濃度を電気信号に変換して測定する。それぞれの要素技術がほぼ完成段階に近いとされているラボレベルでのモデル測定用ではなく，実際の使用環境で測定に用いる実用レベルに耐える高信頼性を有するバイオセンサを作成するためには，分子認

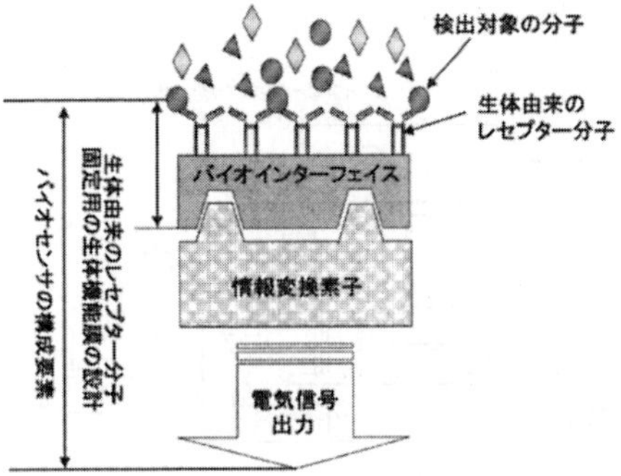

図1　バイオセンサの構成要素

＊1　Shigeru Kurosawa　㈱産業技術総合研究所　環境管理技術研究部門　主任研究員
＊2　Hiroshi Harigae　筑波大学　数理物質科学研究科　物性・分子工学専攻
＊3　Hidenobu Aizawa　㈱産業技術総合研究所　環境管理技術研究部門　研究員
＊4　Kazuo Terashima　東京大学　大学院新領域創成科学研究科　物質系専攻　助教授
＊5　Hiroaki Suzuki　筑波大学　数理物質科学研究科　教授

識部位と情報変換部位の両者を接合するバイオインターフェイスの選択とその構成が特に重要である。バイオセンサの検出感度，選択性，安定性は，レセプター分子のセンサ表面上での固定化状態により大きな影響を受けることが知られており，その高度制御の実現が期待されている。

我々は，抗体を用いた免疫センサを例に，抗体固定化の足場のみでなく，抗体の分子認識能の長期安定化や測定対象溶液中での阻害物質の非特異的な吸着反応の削減のために，各種のバイオインターフェイスの適合性について研究を進めている。実際の環境由来試料や人血清中の測定対象の疾病マーカー測定のために，優れたバイオインターフェイスの構成とその作成条件を見出すことが出来れば，バイオセンサの性能制御に直結し，これを基盤として更なるセンサ応答の増幅や安定性の向上が可能となり，センサの高感度化・高信頼性の向上に貢献できる。

近年，プラズマ重合膜の高耐久性に着目したバイオセンサや化学センサの分子認識膜への応用が大きな発展を遂げている[4~6]。プラズマ重合法は，一般に真空反応容器中での高周波放電による熱的非平衡状態（低温プラズマ）を利用し，超薄膜を得る手法である。原料となるモノマーガスはプラズマ空間中で励起され，高速電子，カチオン，ラジカル等の反応活性種を含んだプラズマ化する。プラズマ空間のガス温度は比較的低温であるため，多くの有機化合物は熱分解しにくい。プラズマ重合はドライプロセスで進行し，気相から直接，基材上を超薄膜で被覆できる[7]。

プラズマ重合膜は高架橋構造を持つため基材に対する接着性は大変に強固で，被膜は物理的・

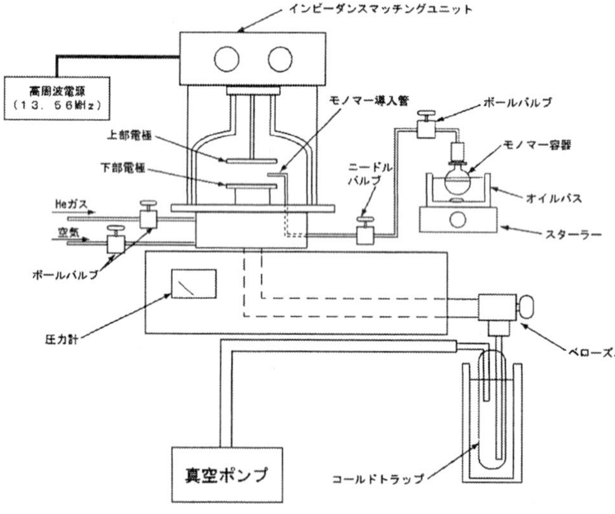

図２　プラズマ重合装置の構成例

化学的に大変安定であり，プラズマ重合条件を制御すればモノマーの構造と機能を保持した超薄膜が得られる等の利点を持つ。しかしプラズマ重合法では，反応容器内での重合膜の作り分けが難しく，位置選択的に物理的性質や化学的に組成の異なった重合膜を合成するには基板上に被覆不要部を覆う複雑なマスクが必要な欠点がある[8~10]。図2に代表的なプラズマ重合装置図を示す。大気圧下に微小空間で発生させるマイクロプラズマを位置選択的なプラズマ重合に利用できればこの問題の解決が期待でき，従来に存在しなかった新しいOn-Demand型の薄膜製造プロセスの実現が期待できる。

筆者らは，平成17年度より，文部科学省特定領域研究「プラズマを用いたミクロ反応場の創成とその応用」の研究助成の下で，大気圧低温マイクロプラズマの発生とそれを用いたマイクロプラズマ重合反応プロセスの開発を行い，合成したマイクロプラズマ重合薄膜を用いたバイオセンシングプロセスの研究を行っている。本研究での研究対象のマイクロプラズマは，発生トーチ内でのプラズマガス温度が50～200℃で，発生するプラズマの大きさが直径数mm単位のものを示す。本研究では，従来のプラズマ重合プロセスではその実現が難しい，大気圧下での重合膜堆積基板上の位置・大きさ・膜厚を制御した高分子薄膜の直接合成をマイクロプラズマ重合反応により目指している。本稿では，マイクロプラズマ重合反応の研究状況を紹介したい。

2　マイクロプラズマ重合法

2.1　マイクロプラズマ重合装置の開発

マイクロプラズマは高エネルギーを微小空間に注入して高活性種を効率良く作製し，微小空間での化学合成に利用できることから従来の化学合成プロセスに大きな変革を与えるものとして注目を集めている。寺嶋らは，プラズマ発生トーチに熱電子の供給によりマイクロプラズマの安定発生を可能にした[11]。このプロセスは，熱電子支援用マイクロプラズマ（thermoelectron-enhanced microplasma：TEMP）と呼ばれる。寺嶋らは，TEMPにより発生したマイクロプラズマの分光診断[12]，マイクロプラズマによる大気圧CVD[13]，ナノ材料の超臨界流体中での合成[14]等の研究を展開している。TEMPプロセスはプラズマガス温度の低温化が可能とされ，例えばプラズマガス温度を有機化合物の分解の少ない100℃程度に維持できれば，その高エネルギー空間に気体として導入した有機化合物や有機金属化合物をマイクロプラズマ重合するための反応空間に利用できる可能性がある。

寺嶋らのTEMPプロセスを基盤として，常温・常圧下の微小空間に低エネルギーでマイクロプラズマを安定発生させることができる低温マイクロプラズマ発生機構（トーチ）を備えた大気圧マイクロプラズマ反応装置を作製し，これを用いたマイクロプラズマ重合反応条件を検討し

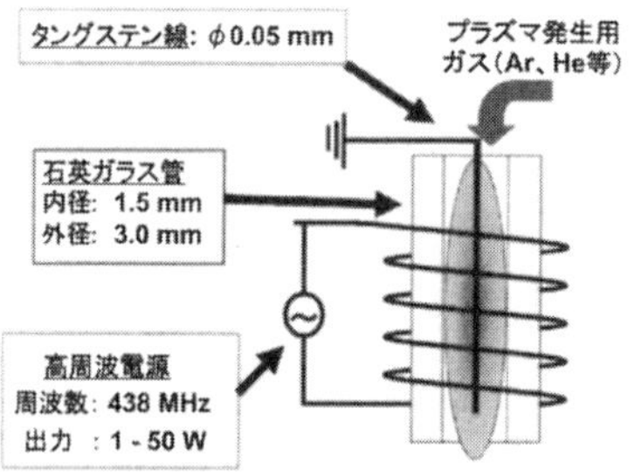

図3 大気圧低温マイクロプラズマ発生方法の概念図

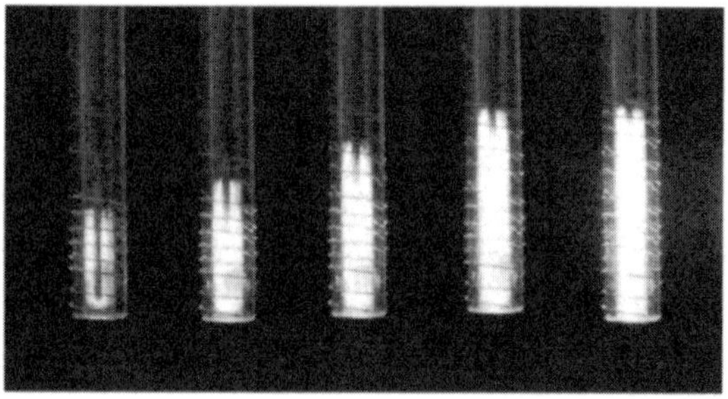

図4 マイクロプラズマ発生時の単管式マイクロプラズマトーチの写真
左側より，1 W，3 W，5 W，10W，20W の放電出力をそれぞれ示す。

た。図3に大気圧低温マイクロプラズマの発生方法の概念図を示す。従来のマイクロプラズマ反応装置では，発生するプラズマガス温度が高温であるため主に分解・再結合反応を生じることから，原料となる有機化合物の主要な化学構造を保持した高分子薄膜の合成に用いることに着目した研究は行われていなかった。

図4には，外径3 mm で内径が1.5mm のプラズマトーチを用いて，Ar 流速が 100mL/min の条件での RF コイルに印加する放電出力を，1 W から 20W まで変化させた際に生じるプラズマ発光を示す[15]。RF コイルに印加する放電出力が低いとプラズマ発光部位は短く，放電出力を増やすに伴い発光部位の長さと輝度が増加する。図4のプラズマトーチを用いて各種の放電出力に対してプラズマトーチ下部に2 mm，又は5 mm の距離で設置した K 型熱電対にてプラズマガス温度を便宜的に測定した（あくまで便宜的な目安であり，得られた数値は正確なガス温度とは異

なることに注意されたい)。プラズマガス温度の測定に用いたArの流速は，100mL/min，または200mL/minに設定した。Ar流速が200mL/minで測定距離2mmでは，温度は放電出力が5Wで180℃を示した。Ar流速が100mL/minで測定距離2mmでは，ガス温度は放電出力が5Wで110℃を示した。Ar流速が100mL/minで測定距離5mmでは，ガス温度は放電出力が5Wで70℃を示した。以上の結果より，マイクロプラズマのガス温度は放電出力や，Arガスの流速が小さい程低く，またはプラズマトーチからK型熱電対測定点の距離が離れる程低くなることが明らかとなった。

2.2　マイクロプラズマ重合膜の合成とキャラクタリゼーション

2.1項で記載した図4の単一ガラス管内でArによりマイクロプラズマを発生させ，その中で重合目的のモノマーガスを導入して重合させる方法では，マイクロプラズマ重合中に発生する重合物が管内に付着し安定なプラズマが持続しにくい。そこで，図5では図4のプラズマトーチ外管中にプラズマトーチ内管を入れた二重構造とした。モノマーガスがプラズマと接触するのが二重管の内部とすることで，プラズマ発生部の単管内部に放電を妨げる重合物を付着することがなく，安定なマイクロプラズマを維持できる。単管式トーチでの知見を基に，常温・常圧下の微小空間に低エネルギーでマイクロプラズマを安定に発生・持続することが可能で安定したマイクロプラズマ重合反応を行えるトーチ作成を目標に二重管式プラズマトーチのマイクロプラズマ重合反応装置を試作した。図5は，二重管プラズマトーチを用いたマイクロプラズマ反応装置の概念図を示す。図6に本研究で原料モノマーに用いた化学物質の名称と化学構造を示す[16]。

マイクロプラズマ重合反応の手順は，①プラズマトーチ内部に導入したArの流量が安定した時点で，438MHzの高周波電圧を各種の出力でRFコイルに印加する。プラズマトーチの内管内

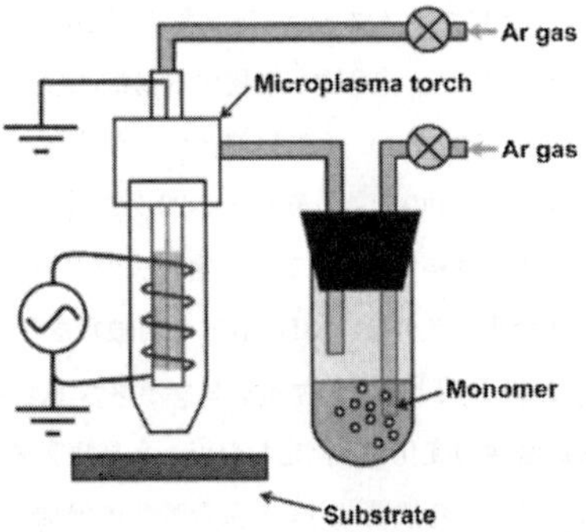

図5　マイクロプラズマ重合装置の概念図

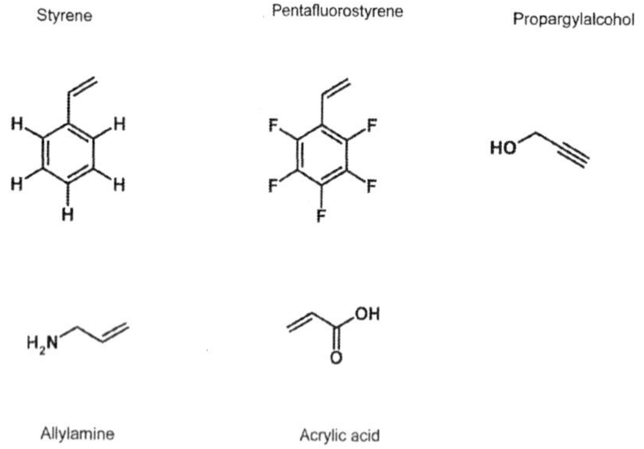

図6　マイクロプラズマ重合反応の用いたモノマーとその化学構造の一例

のRFコイル捲部分に高周波電磁界が発生し，それと共にコイル内に延長したタングステン線の先端部が高周波誘導加熱を受ける。②この状態で，イグナイターによりタングステン線に，15kV程度の高電圧を印加すると，タングステン線とRFコイルの間に放電が発生し，RFコイルを介して供給された高周波により誘導プラズマが発生する。発生した誘導プラズマは，高温状態のタングステン線から発生される熱電子の供給を受け安定に維持する。③モノマー導入管を通してArをモノマー容器内に供給し，Arとモノマーの混合ガスを発生させた。この混合ガスをプラズマトーチ内管とプラズマトーチ外管の間に供給し，基板上に高分子薄膜を形成した。

二重管プラズマトーチを用いて，スチレンをモノマーとして基板の上にマイクロプラズマ重合薄膜を形成させる反応条件を示す。スチレンを試料溶液タンク内に15mL入れ，オイルバスを用いて液体モノマー温度を40℃に調節した。プラズマトーチ内部には，ガス導入管を通してArを100mL/minで供給した。マイクロプラズマ重合反応装置の周囲圧力は大気圧，周囲温度は20℃である。プラズマ発生ガスとしてAr，重合物を堆積する基板には，KBr錠剤，ガラス基板，水晶振動子を用いた。各基板とプラズマトーチ先端部との距離を5mm，プラズマ発生とキャリアーガスの供給量を共に100mL/minの流量の条件下で20分間基板上に重合薄膜を形成した。

マイクロプラズマ重合膜の比較試料には，プラズマ重合法で作製したプラズマ重合スチレン膜を用いた。スチレンのプラズマ重合条件は，13.56MHzの周波数を用い，放電出力50W，反応容器内圧力100Pa，重合時間は20分間とした。マイクロプラズマ重合膜の成膜量は，水晶振動子法により膜堆積前後の発振周波数の変化から測定した[17]。水晶振動子法で測定したスチレンのマイクロプラズマ重合膜の成長量は，各放電出力での重合時間の増加にほぼ比例し増加した。放電出力が5W，15W，50Wでは，重合膜の成長速度は100ng/min，62ng/min，25ng/minをそれ

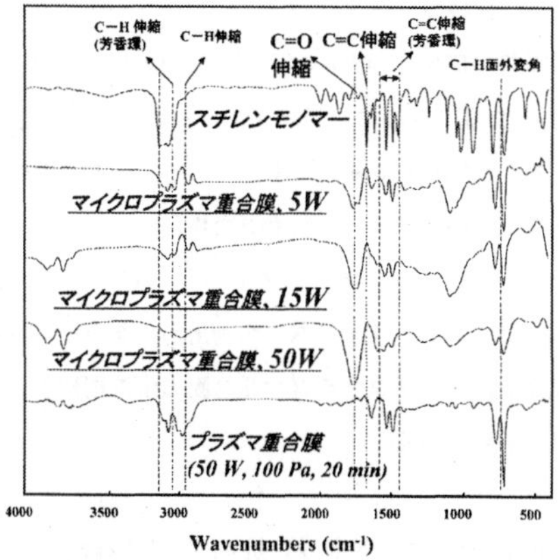

図7　マイクロプラズマ重合スチレン膜のFT-IRスペクトル
上部よりスチレンモノマー，各RF放電出力で合成したマイクロプラズマ重合スチレン膜，及びプラズマ重合スチレン膜のFT-IRスペクトルを示す。

ぞれ示し，放電出力の増加に伴い重合膜の成長速度は減少した。

IRプレスで加圧成形したKBr錠剤上に，マイクロプラズマ重合スチレン膜を20分間堆積し，赤外線吸収スペクトル（FT-IR）測定試料とした。図7に，マイクロプラズマ重合スチレン膜とプラズマ重合スチレン膜のFT-IRスペクトルをそれぞれ示す。上から下方にスチレンモノマー，マイクロプラズマ重合スチレン膜（5, 15, 50Wで合成），プラズマ重合スチレン膜（50Wで合成）のIRスペクトルをそれぞれ示す。各重合条件で得られたマイクロプラズマ重合スチレン膜の色は，無色・透明を示した。スチレンモノマーに含まれるC = C結合（1630cm^{-1}付近）の吸収は，各プラズマ重合膜では確認できない。マイクロプラズマ重合スチレン重合膜のIRスペクトルには，C-O伸縮振動を示す1640～1631cm^{-1}の領域に大きな吸収が存在し，マイクロプラズマ重合スチレン膜の酸化を示唆する。

ガラス基板上に堆積させたマイクロプラズマ重合スチレン膜の純水に対する接触角は，5 W，15W，50Wの放電出力の増加と共に接触角は42度，63度，70度とそれぞれ増加を示した。一方，プラズマ重合スチレン膜では，放電出力に依存せずほぼ一定の90度を示した。マイクロプラズマ重合スチレン膜の接触角は放電出力に対して，比較したプラズマ重合膜より著しく低い値の接触角を示した。FT-IR測定結果からも，マイクロプラズマ重合スチレン膜の酸化を示唆する結果が得られ，プラズマ重合スチレン膜とはその化学構造が異なることが明らかとなった[15]。

バイオセンサのバイオインターフェイスにプラズマ重合膜やマイクロプラズマ重合膜を用いる際には，重合膜を抗体分子等の固定化のための各化学修飾の反応プロセスにおいて使用する試薬や溶剤への耐久性が重要となる。一般に，原料モノマーの化学構造を保持する重合条件では，RF 放電出力が小さく，プラズマエネルギーも小さいことから重合膜の架橋度が充分に高くない場合が多い[18]。このような反応条件で重合が行われた場合，マイクロプラズマ重合膜の化学修飾溶剤への溶解性が問題となる。マイクロプラズマ重合反応の条件を注意深く選択しないと，安定した機能性薄膜としてバイオインターフェイスへの利用ができない。従って，マイクロプラズマ重合用にトーチ構造を改良し，マイクロプラズマ重合膜の耐溶剤性の向上と共に余分な酸化反応を生じないプロセス改良が必要である[19]。

2.3 マイクロプラズマ重合膜へのガス吸着及び抗体固定化の検討

2.2 項で記載したものに，さらに改良を加えたマイクロプラズマ重合装置を用いて合成したマイクロプラズマ重合膜へのガス吸着及び抗体固定化の検討を行った。ガス吸着膜はマイクロプラズマ重合スチレン膜の重合条件を変えて合成し，その化学構造及びそのガス吸着性を検討した。一方，抗体固定化膜にはマイクロプラズマ重合アリルアミン膜の重合条件を変えて合成し，その化学構造及び抗体固定化性能をそれぞれ検討した[19~23]。吸着実験のモデルガスには，水，エタノール，トルエン，アンモニアの 4 種類の試料ガスを選び，それぞれのマイクロプラズマ重合スチレン膜への吸着を水晶振動子法により測定した[6]。その結果，ガス吸着量とガス選択性はマイクロプラズマ重合条件に大きく依存し，エタノールに対して大きなガス吸着量と選択性を示すマイクロプラズマ重合スチレン膜を合成する重合条件を明らかとした。

水晶振動子の両面電極上へマイクロプラズマ重合アリルアミン膜を合成した。この水晶振動子をグルタルアルデヒド水溶液に浸漬し，マイクロプラズマ重合アリルアミン膜表面の末端官能基をアミノ基からアルデヒド基へ変換し，さらに抗 CRP 抗体溶液へ浸漬し，重合膜表面のアルデヒド基と抗 CRP 抗体のアミノ基とを化学結合させ，抗 CRP 抗体の固定化を行った。抗 CRP 抗体の固定化量は水晶振動子法で測定した。その結果，マイクロプラズマ重合アリルアミン膜表面上への抗 CRP 抗体の固定量は，プラズマ重合膜に比べ 3 倍程度も多く固定されることが明らかとなった。以上をまとめると，筆者らが開発した大気圧マイクロプラズマ重合装置は，大気圧下でマイクロプラズマ重合膜を合成可能であり，合成したマイクロプラズマ重合膜は化学センサやバイオセンサへのバイオインターフェイスとしての利用が期待できる。

本研究とは違った On-Demand 型の表面修飾の取り組みとして，低温マイクロプラズマを用いる高分子材料表面の局所機能付与に関する野間らの研究も興味深い。室温程度の低ガス温度のアンモニアマイクロプラズマを用いた局所的な化学処理で，熱による損傷を高分子材料に与えずポリエチレンやプラズマ重合スチレン膜に局所的なアミノ基の導入が可能である。超微量質量感度を有する表面剪断波（STW）素子上での当該処理を行ったプラズマ重合スチレン膜表面に水分子吸着の選択性を付与できることがSTWセンサ応答から明らかとなった[24, 25]。

マイクロプラズマ重合膜を用いた化学センサ，バイオセンサの研究は，現在，上述のように研究の途上であり，研究目的に応じて反応装置構成も含めた各種の試行錯誤を行いながらデータを得ている。逐次の学術論文化を進めている状況のため，その詳細については別の機会に紹介したい。

3　おわりに

本稿ではマイクロプラズマ重合反応装置の開発と，これを用いた機能性マイクロプラズマ重合膜の合成とそのセンサの分子認識膜への適用の可能性を述べた。マイクロプラズマ重合法の特長を生かした研究が，応用関連分野である，医療材料開発，臨床検査，環境モニタリング，食品分析，等の多方面で益々活発に展開されることを願うものである[26~28]。筆者らは，環境省の公害防止等に関する調査研究の下で，ダイオキシン類の高感度簡易計測装置の研究開発を行い，水晶振動子の持つ極微量の質量定量性と抗ダイオキシンモノクローナル抗体の持つダイオキシン選択結合性を結合し，さらにMPCポリマーを抗体安定化剤として用いセンサ上に固定化した抗体の抗体活性を長期間保持し，かつ環境マトリックスに共存する妨害物由来のセンサ応答を低減することで，ng/mLレベルの高濃度ダイオキシン測定用センサの実験室段階での要素技術をほぼ完成した[29~32]。先述のように環境分析の現場ではさらに難易度の高い，極低濃度（pg/mLの濃度レベル）のダイオキシン簡易測定が要求されており，これを可能とする超高感度センサ化を実現するにはマイクロプラズマ反応によるセンサ表面のOn-Demand型の高機能付加（バイオインターフェイス化）は重要な要素技術候補の一つであり，今後はマイクロプラズマ反応を用いたバイオセンシングプロセスの高度化を指向した研究を展開したい。

文　　献

1）E. Mallat, D. Barcelo, C. Barzen, G. Gauglitz, R. Abuknesha, *Trends in Anal. Chem.*, **20**, 124 (2001)

2）P. B. Luppa, L. J. Sokoll, D. W. Chan, *Clin. Chim. Acta*, **314**, 1 (2001)

3) K. A. Marx, *Biomacromolecules*, **4**, 1099 (2003)

4) R. Nakamura, H. Muguruma, K. Ikebukuro, S. Sasaki, R. Nagata, I. Karube, H. Pedersen, *Anal. Chem.*, **69**, 4649 (1997)

5) Z. Wu, Y. Yan, G. Shen, R. Yu, *Anal. Chim. Acta*, **412**, 29 (2000)

6) S. Kurosawa, H. Miura, H. Takahashi, J. W. Park, H. Aizawa, K. Noda, K. Yamada, M. Hirata, *Sensors & Actuators B*, **108**, 558 (2005)

7) H. Yasuda, "Plasma Polymerization", Chaps. 1, 2 and 6, Academic, New York (1985)

8) 黒澤茂，プラズマ材料科学第153委員会第45回研究会資料，21 (2000)

9) 黒澤茂，愛澤秀信，鈴木博章，寺嶋和夫，プラズマ材料科学第153委員会第68回研究会資料，19 (2004)

10) 黒澤茂，愛澤秀信，山本和弘，谷津田博美，鈴木博章，寺嶋和夫，プラズマ材料科学第153委員会第72回研究会資料，6 (2005)

11) T. Ito and K. Terashima, *Appl. Phys. Lett.*, **80**, 2648 (2002)

12) T. Ito, H. Nishiyama, K. Terashima, K. Sugimoto, H. Yoshikawa, H. Takahashi, T. Sakurai, *J. Phys. D*, **37**, 445 (2004)

13) Y. Shimizu, T. Sasaki, T. Ito, K. Terashima and N. Koshizaki, *J. Phys. D*, **36**, 2940 (2003)

14) T. Ito, K. Katahira, Y. Shimizu, T. Sasaki, N. Koshizaki, K. Terashima, *J. Mater. Chem.*, **14**, 1513 (2004)

15) S. Kurosawa, H. Harigae, J. W. Park, H. Aizawa, H. Suzuki, K. Terashima, *J. Photopolym. Sci. Technol.*, **18**, 273 (2005)

16) H. Harigae, H. Aizawa, S. Kurosawa, K. Terashima, H. Suzuki, Proc. ICRP-6/SPP-23, 335 (2006)

17) S. Kurosawa, T. Hirokawa, K. Kashima, H. Aizawa, D. S. Han, Y. Yoshimi, Y. Okada, K. Yase, J. Miyake, M. Yoshimoto, J. Hilborn, *Thin Solid Films*, **374**, 262 (2000)

18) H. Aizawa, M. Matsunaga, J. W. Park, S. Kurosawa, *J. Photopolym. Sci. Technol.*, **17**, 171 (2004)

19) 張替寛司，大気圧マイクロプラズマ重合装置による膜形成とそのバイオセンサへの応用，筑波大学数理物質科学研究科修士論文 (2006)

20) S. Kurosawa, H. Harigae, H. Aizawa, K. Terashima and H. Suzuki, *J. Photopolym. Sci. Tech.*, **19**, 253 (2006)

21) S. Kurosawa, H. Aizawa, H. Harigae, H. Suzuki, K. Terashima, Proc. 3rd Inter. Workshop on Microplasmas 2006, 117 (2006)

22) H. Yatsuda, M. Nara, T. Kogai, H. Aizawa, S. Kurosawa, Proc. 3rd Inter. Workshop Microplasmas 2006, 194 (2006)

23) S. Kurosawa, H. Harigae, H. Aizawa, K. Terashima, H. Suzuki, Proc. APCPST 2006, 59 (2006)

24) H. Yatsuda, M. Nara, T. Kogai, H. Aizawa, S. Kurosawa, "STW gas sensors using plasma-polymerized allylamine", Thin Solid Films, in press.

25) 野間由里，東芳，愛澤秀信，黒澤茂，谷津田博美，奈良誠，寺嶋和夫，第5回界面ナノアーキテクトワークショップ講演要旨集，77 (2006)

26) S. Kurosawa, M. Nakamura, J. W. Park, H. Aizawa, K. Yamada, M. Hirata, *Biosensors & Bioelectronics*, **20**, 1134 (2004)
27) C. Kurosawa, E. P. Casa, H. Aizawa, S. Kurosawa, H. Suzuki, *Chemical Sensors*, **21B**, 82 (2005)
28) E. P. Casa, C. Kurosawa, S. Kurosawa, H. Aizawa, J. W. Park, H. Suzuki, *Electrochemistry*, **74**, 153 (2006)
29) S. Kurosawa, H. Aizawa, J. W. Park, *Analyst*, **130**, 1495 (2005)
30) J. W. Park, S. Kurosawa, H. Aizawa, Y. Goda, M. Takai, K. Ishihara, *Analyst*, **131**, 155 (2006)
31) J. W. Park, S. Kurosawa, H. Aizawa H. Hamano, Y. Harada, S. Asano, Y. Mizushima and M. Higaki, *Biosens. Bioelectron.*, **22**, 409 (2006)
32) S. Kurosawa, J. W. Park, H. Aizawa, S. Wakida, H. Tao and K. Ishihara, *Biosens. Bioelectron.*, **22**, 473 (2006)

第6章　マイクロプラズマ技術の先端バイオ計測への展開

一木隆範*

1　はじめに

近年，バイオロジー（生物学）とエンジニアリング（工学）の融合による21世紀の新しい科学，技術，新産業の創出に，期待が高まっている。バイオテクノロジーの進展に不可欠と目される技術開発の中でも，ことに材料と計測技術の開発に関しては，工学系研究者・技術者にかかる期待が大きい。

バイオテクノロジー研究開発ロードマップにもあげられているマイクロ分析システム（μTAS：micro total analysis system）やバイオデバイスと称される新技術は，半導体加工技術やセンサー技術などの20世紀を代表する工学知をバイオ計測に応用展開して，小型の分析・診断装置を実現しようとするものである。微小化，集積化の利点を生かし，高効率，高機能な分析手段が提供できるため，バイオ研究，創薬，医療，環境などの幅広い分野で期待されている。μTASにおけるプラズマ応用としてはマイクロ流体デバイスやセンサーの微細加工があげられるが，さらに，チップの表面修飾，マイクロプラズマを応用した検出デバイスなどが報告されており，これらの動向も注目に値する。

本稿では，μTASにおける高感度検出器としてのマイクロプラズマの応用研究について，筆者らの最近の研究成果[1~4]を交えて紹介する。

2　マイクロプラズマのμTASへの応用研究の現状

図1に典型的なμTASの構成を模式的に示す。μTASでは，扱う試料が非常に少量であるため，必然的に検出感度の高感度化が課題となる。汎用性の高い分析システムとして実用化するには，ICP（誘導結合型プラズマ）発光分析装置や質量分析装置並みのppm～ppbクラスの感度を

---

*　Takanori Ichiki　東京大学大学院　工学系研究科　バイオエンジニアリング専攻・総合研究機構（兼任）助教授／東京大学ナノバイオ・インテグレーション研究拠点（CNBI）

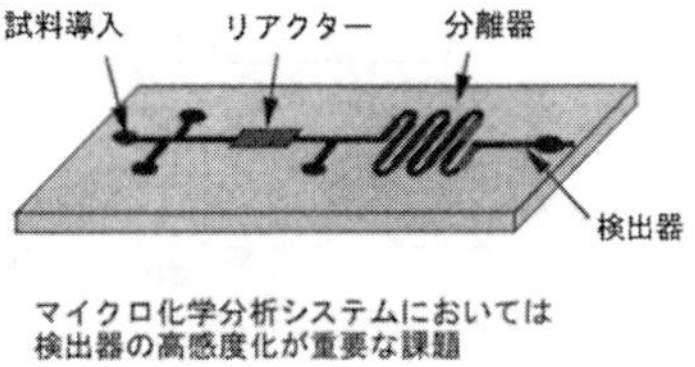

図1　マイクロ化学分析システム（μTAS）の模式図

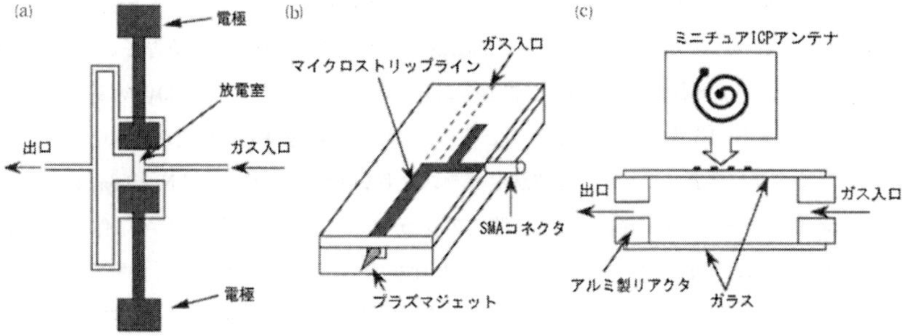

図2　分析への応用を目的に2000年ころに報告された代表的なマイクロプラズマ源
(a) DC グロー放電[5]，(b)マイクロ波誘導プラズマ[10]，(c)誘導結合プラズマ[16]

もつ検出モジュールを集積化することが望ましい。そこで，μTAS の検出装置としてマイクロプラズマの応用が期待されている。マイクロプラズマ技術を用いると，電源を含めたプラズマ生成装置が小型軽量になるだけでなく，ガスや電力の消費が少なく冷却水も不要になるため，計測したい場所に分析システムを持ち運ぶことができる。ランニングコストの低減は連続的な計測，モニタリングにも適している。また，チップ技術を用いてプラズマ源を作製する場合には，量産によりその価格を大きく引き下げることが期待できるなど，実用面での魅力も多い。

分析への応用を意図したマイクロプラズマチップの最初の報告は，μTAS創始者の1人として著名なイギリス・インペリアル大学（当時）のManzらによりμTAS化したガスクロマトグラフィー（GC）での原子，分子検出を目的として1999年に発表された[5]。図2(a)に示すように，ガラスチップ内に形成した幅450μm×深さ200μm×長さ2000μmの微小空間内に，約17kPaの減圧下で10〜50mWの電力でHeの直流グロー放電を発生させ，メタンの検出限界600ppmを見積もっている。減圧下での動作では，カソード電極のスパッタリングにより2時間で放電が不可能になったが，その後，大気圧下では24時間の動作も可能であると報告された[6]。大気圧

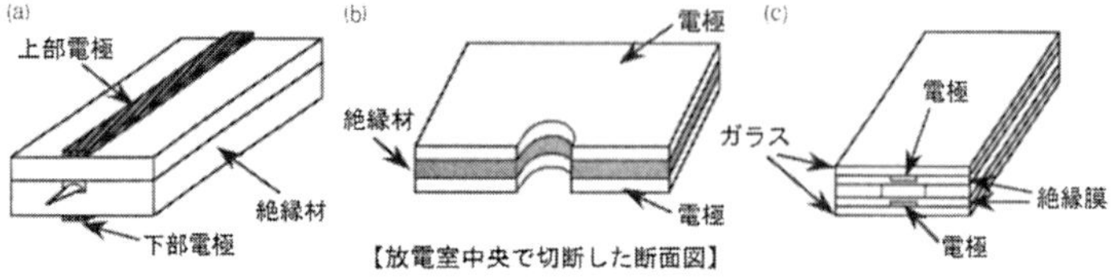

図３　(a)容量結合型マイクロプラズマ源[17]，(b)ホローカソード型マイクロプラズマ源[18]，(c)誘電体バリア放電型マイクロプラズマ源[19]

かつ無電極で動作する最初のマイクロプラズマチップとしては，ドイツのBroekaertらが，マイクロストリップラインアンテナを用いた2.45GHzマイクロ波放電チップを報告している[7~10]。幅1mm×深さ0.9mm×長さ90mmの放電室内に長さ2～3cmの放電を10～40Wの電力で発生させ，水銀蒸気の検出限界として10ng/mlを報告している[11]。図2(b)には彼らが幾度もの改良を重ねて，2003年に発表したマイクロ波誘導プラズマ源を示す。一方，米国Northeastern大学のHopwoodらが，やはり1999年にICP源（アンテナおよび整合回路）のMEMS（Micro Electromechanical System）作製技術による小型化を報告している（ただし，放電室は小型化されていなかった）[12]。直径5mmのアンテナと整合回路をガラス上に金メッキで作製し，1～1000Paの圧力範囲で100～460MHzでのVHFプラズマを0.35W～数Wの小電力で生成し，発信器も含めたプラズマ源のチップ集積化の可能性を示した。彼らはその後も，小型ICP源の改良を続け，小型分光器を組み合わせたガス分析システムを報告している[13~16]。図2(c)は，彼らがガス分析システムの試作研究で採用した小型ICP源の模式図である。

以上のように，マイクロプラズマの小型分析システムへの応用研究は2000年ころから複数の研究グループにより検討されているが，分析対象はガスに限定されていた。この理由は，溶液試料を分析するためには，水溶液の注入というかなり大きな擾乱にもかかわらず十分安定に動作する高密度マイクロプラズマを大気圧下で生成するという，技術的に高いハードルが要請されることにある。しかし，実際の分析応用においては，溶液試料の分析が可能であることの意義は大きい。そこで，筆者らは携帯可能な高感度溶液試料分析システムの実現をめざしてマイクロプラズマ源の開発を行ってきた[1~4]。その詳細は次節で述べる。

その後，これらのDC（直流放電），ICP（誘導結合型），MIP（マイクロ波誘導プラズマ）の小型化に関する先駆的な研究に続いて，図3に示すようなCCP（容量結合型）[17]，HCD（ホローカソード放電）やDBD（誘電体バリア放電）[18~20]，さらには図4に示すような液体を電極にしたグロー放電[21~24]など，多様な発生方式のマイクロプラズマ源を用いて，プラズマ発光分析もしくはプラズマイオン化質量分析などの高感度分析システムの小型化をめざす研究が報告されて

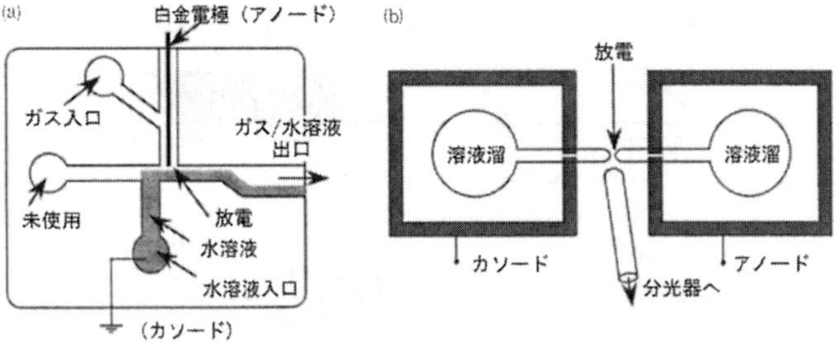

図4　水溶液を電極としたマイクログロー放電
(a)文献[21]，(b)文献[22]による

いる。近年，いくつかのレビュー論文が報告されているので，詳細に興味のある方は文献を参照されたい[9, 20, 25, 26]。

3　大気圧マイクロ ICP 発光分析システムの開発

本節では，筆者らが開発した大気圧マイクロプラズマジェット源と，その水溶液分析への応用について述べる。分析システム全体としての小型化を図るためには，マイクロプラズマ源に関してはプラズマ生成チップのみならず，電源，整合回路も含めて電力効率を改善し，小型化を進める必要がある。そこで，駆動部を含めたマイクロプラズマ源の小型プロトタイプを試作し，高効率化のための設計指針を検討した。

まず，図5にマイクロプラズマチップの作製工程を示す。アルミナ基板もしくは石英基板上にフォトリソグラフィーによりアンテナ形状を開口したレジストマスクを形成する。RF マグネトロンスパッタリングにより基板-Cu 間の接着層となる Cr を約 500 Å，後の電解 Cu メッキの工程におけるシード層となる Cu を約 1000 Å 堆積させた。リフトオフによりアンテナ形状に Cr-Cu の層を残し，その上に電解メッキにより 50～200 μm の厚さの Cu を成長させ，最後に放電管を封じるためにチップ裏面にアルミナ板もしくは石英板を接着した。このプラズマチップのデザインの特徴は，チップ端にアンテナを設けることでアンテナ近傍の高密度プラズマがチップからジェット状に伸びて利用できることである。図6に示すように，車載用の小型 VHF 帯無線機（144MHz，最大出力：50W）を電源として用い，自作の π 型整合回路を介してマイクロプラズマチップ上のアンテナに高周波電流を供給すると大気圧下で高輝度 Ar プラズマジェットを生成できることを実証した。さらに，マイクロプラズマチップの絶縁体基板材料，放電管形状，微細アンテナ形状のプラズマ生成への影響を検討し，μTAS 応用に適したマイクロプラズマチップ

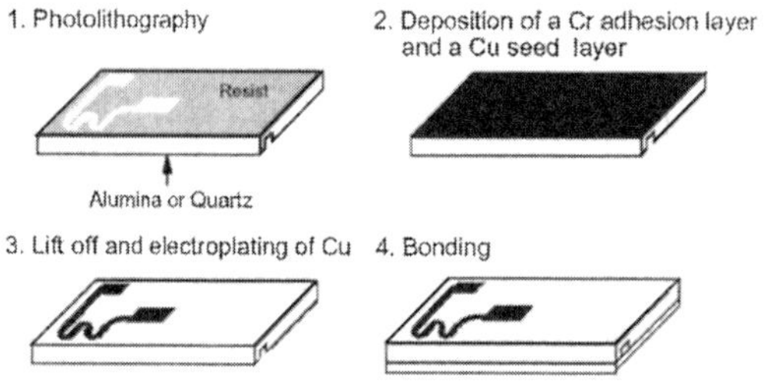

図5　大気圧マイクロプラズマジェット源の作製工程の例

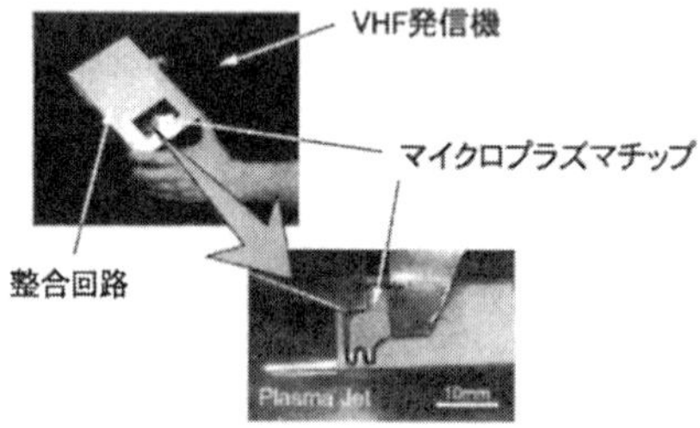

図6　大気圧マイクロプラズマジェット源
VHF 発信機と整合回路も含めて小型化
が可能であるため携帯も可能である。

のデザインを実験的に検証した。詳細は文献[4]に記されているが，われわれのプラズマ源では，大気圧で高密度プラズマを発生するために比較的大きな高周波電流をアンテナに流す必要がある。したがって，ジュール発熱に起因するアンテナ抵抗の上昇を抑制することが不可欠であり，熱伝導率に優れる絶縁材料をチップに用いることが重要な鍵となる。

最後に，本研究で開発したマイクロプラズマ源を用いて水溶液中の微量元素検出を試みた。図7に，Ar プラズマジェット中に微量の NaCl を含む水溶液を導入して得られた発光スペクトルを示す。比較のため，水溶液を導入していないときの Ar プラズマからの発光スペクトルも並べて示しているが，水溶液の導入によっても Ar の発光線強度にはほとんど変化がなく，プラズマ自体はきわめて安定していることがわかる。また，水溶液を添加した際のスペクトルには，波長 589nm に Na 原子からの発光ピークが明瞭に得られている。その強度と Na 濃度の間には図8に示すように良好な線形性が確認されており，これは定量分析への適用の可能性も示している。

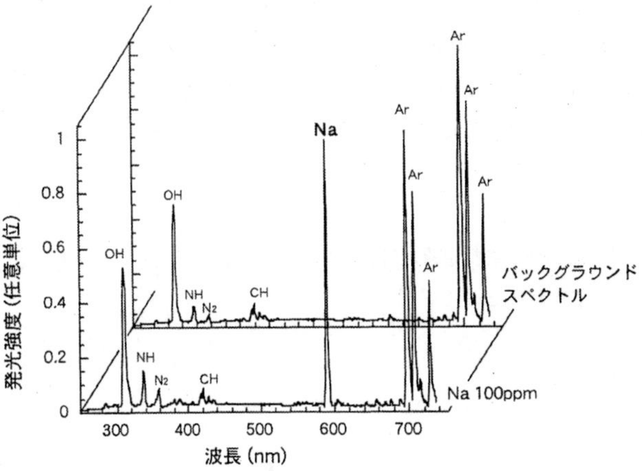

図7　マイクロプラズマからの発光スペクトル
アルゴンプラズマに100ppmのNaClを含んだ水溶液を注入するとNaの発光線が明瞭に検出される。

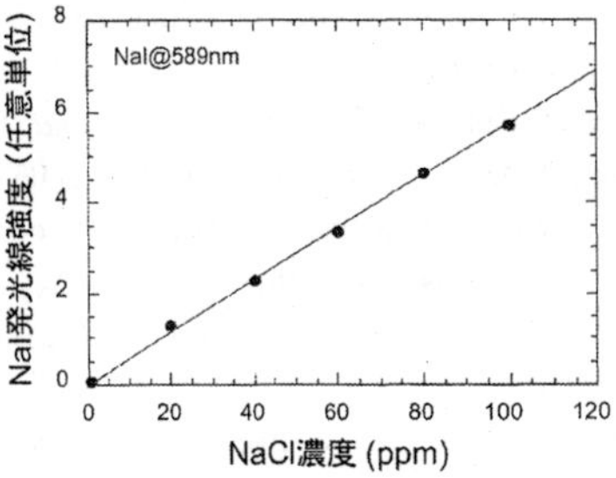

図8　水溶液中のNaCl濃度とNa発光線強度の関係

4　おわりに

マイクロプラズマの小型分析システムへの応用をめざし，国内外で数十の研究グループにより研究開発が進められてきた。現状では，「マイクロプラズマを用いても検出できることが確認された」といったstate-of-artのレベルの報告が多いが，μTAS技術の本質的な課題である高感度検出器の要請に対する最も有力なソリューションの一つであり，今後の実用化を視野に，プラズマの高密度化，温度制御による高感度化，さらには分析の定量性，再現性などを検討し，より洗練された技術へと進めていく必要がある。ppm，ppb クラスの検出が達成されると，これまでにもニーズがありながら技術的に困難とされたオンサイト分析のための小型分析システムの実現が可能になり，災害，事故などの際の緊急分析，オンサイトでの水質検査，土壌検査などの環境分析，さらには血液中の微量元素の POCT（point of care testing）などへの応用が期待できる。

謝辞

本研究の一部は文部科学省特定領域研究「プラズマを用いたミクロ反応場の創成とその応用」による支援を受けて行われた。

文　献

1） 一木隆範，堀池靖浩，応用物理，**70**, 452-453 (2001)
2） T. Koidesawa, T. Ichiki, Y. Horiike, Proc. Plasma Science Symposium 2001/18th Symp. on Plasma Processing, 663-664 (2001)
3） T. Koidesawa, T. Ichiki, Y. Horiike, Micro Total Analysis Systems 2002, 894-896, Kluwer Academic Publishers, Netherland (2002)
4） T. Ichiki, T. Koidesawa, Y. Horiike, *Plasma Sources Sci. and Technol.*, **12**, s16-s20 (2003)
5） J. C. T. Eijkel, H. Stoeri, A. Manz, *Anal. Chem.*, **71**, 2600-2606 (1999)
6） J. C. T. Eijkel *et al.*, Micro Total Analysis Systems 2000, ed. by A. van den Berg *et al.*, 591-594, Kluwer Academic Publishers, Netherlands (2000)
7） A. M. Bilgic, U. Engel, M. Kückelheim, E. Voges, J. A. C. Broekaert, *Plasma Sources Sci. and Technol.*, **9**, 1-4 (2000)
8） A. M. Bilgic, E. Voges, U. Engel, J. A. C. Broekaert, *J. Anal. At. Spectrom.*, **15**, 579-580 (2000)
9） J. A. C. Broekaert, *Anal. Bional. Chem.*, **374**, 182-187 (2002)
10） S. Schermer, N. H. Bings, A. M. Bilgic, R. Stonies, E. Voges, J. A. C. Broekaert, *Spectrochim. Acta Part B*, **58**, 1585-1596 (2003)
11） U. Engel, A. M. Bilgic, O. Hasse, E. Voges, J. A. C. Broekaert, *Anal. Chem.*, **72**, 193-197 (2000)
12） Y. Yin, J. Messier, J. Hopwood, *IEEE Trans. Plasma Science*, **27**, 1516-1524 (1999)
13） J. A. Hopwood, *J. Micro. Electro Mech. Syst.*, **9**, 309-313 (2000)
14） J. A. Hopwood, O. Minayeva, Y. Yin, *J. Vac. Sci. Technol.*, **11**, 229-235 (2002)
15） F. Iza, J. A. Hopwood, *Plasma Sources Sci. Technol.*, **11**, 229-235 (2002)
16） O. B. Minayeva, J. A. Hopwood, *J. Anal. At. Spectrom.*, **17**, 1103-1107 (2002)
17） A. Bass, C. Chevalier, M. W. Blades, *J. Anal. At. Spectrom.*, **16**, 919-921 (2001)

18) M. Miclea, K. Kunze, J. Franzke, K. Niemax, *Spectrochim. Acta Part B*, **57**, 1585-1592 (2002)
19) K. Kunze, M. Miclea, J. Franzke, K. Niemax, *Spectrochim. Acta Part B*, **58**, 1435-1443 (2003)
20) J. Franzke, K. Kunze, M. Miclea, K. Niemax, *J. Anal. At. Spectrom.*, **18**, 802-807 (2003)
21) G. Jenkins, A. Manz, *J. Micromechanics and Microengineering*, **12**, N19-N22 (2002)
22) C. G. Wilson, Y. B. Gianchandani, *IEEE Trans. Electron Devices*, **49**, 2317-2322 (2002)
23) W. C. Davis, R. K. Marcus, *J. Anal. At. Spectrom.*, **16**, 931-937 (2001)
24) R. K. Marcus, W. C. Davis, *Anal. Chem.*, **73**, 2903-2910 (2001)
25) P.-A. Auroux, D. Iossifides, D. R. Reyes, A. Manz, *Anal. Chem.*, **74**, 2637-2652 (2002)
26) V. Karanassios, *Spectrochimica Acta Part B*, **59**, 909-928 (2004)

第7章　微量元素分析への応用

沖野晃俊[*1]，宮原秀一[*2]

1　はじめに

液体，固体，気体など，ある試料の中にどのような種類の元素がどれだけの濃度もしくは比率で含まれているかを調べる手法を総称して元素分析と呼んでいる。プラズマを用いた微量元素分析技術は高感度かつ高精度であるため，環境，食品，半導体，医療，犯罪捜査などの幅広い分野で一般的に使用されている。高温のプラズマ中に試料を導入すると，物質は原子化，励起，イオン化される。そこから発せられる光の波長と強度を計測する手法を原子発光分析法（Atomic Emission Spectrometry；AES），イオンの質量と個数を計測する手法を質量分析法（Mass Spectrometry；MS）と呼んでいる。微量元素分析用のプラズマ源としては，大気圧中で高温・高密度プラズマを生成できる，誘導結合プラズマ（Inductively Coupled Plasma；ICP）が一般的に使用されており，質量分析装置と組み合わせた市販装置では，多くの元素についてppt（10^{-12}，＝pg/mL）オーダの極めて優れた検出限界が実現されている[1~3]。

近年，元素分析の要求は微小な粒子や細胞など，より微細な試料へと移行しつつある[4~6]。しかし，ICPは低濃度試料の高感度分析には有効であるものの，プラズマの体積が数mLと大型であるため，それに応じて毎分1mL以上の大量の分析試料が必要となり[1,7]，絶対量の限られた微少量の試料の高感度分析という面では有利ではなかった。そこで，微少体積のプラズマを大気圧中で安定に生成できるマイクロプラズマが次世代の微量元素分析用プラズマ源として注目を集めている。本稿で紹介するホローカソード方式のマイクロプラズマでは，毎分数10mLのプラズマガスと，数Wの電力で大気圧プラズマを安定に生成できる[8~10]。

さらに，従来のICPでは基本的にはアルゴンプラズマしか生成できなかったため，アルゴンの第一イオン化エネルギー（15.8eV）もしくは準安定エネルギー（11.7eV）よりもエネルギーの高いハロゲン元素や一部の非金属元素の高感度分析は原理的に困難であったが，開発したマイクロプラズマ源では全元素中で最もイオン化エネルギーの高いヘリウム（第一イオン化エネル

＊1　Akitoshi Okino　東京工業大学大学院　総合理工学研究科　創造エネルギー専攻　助教授

＊2　Hidekazu Miyahara　東京工業大学　原子炉工学研究所　日本学術振興会　特別研究員

ギー：20.6eV）のプラズマも生成できるため，ハロゲン元素の高感度検出が期待できる。また，プラズマの体積に対する電力密度をICPよりも遥かに高くできるため，その他の元素の分析感度向上も期待できる。

本稿では，筆者らの開発した微量元素分析用のマイクロプラズマ源とその基本特性，ならびにハロゲン元素の分析について記述する。

2　微量元素分析用マイクロプラズマ源

開発した微量元素分析用マイクロプラズマ源の概略を図1に示す。マイクロホローカソード方式の放電部は厚さ300 μm の2枚の電極用モリブデンと厚さ900 μm の絶縁用軟質ガラスにより構成され，中心部に直径300 μm の小孔を持つMo-Glass-Moの構造となっている。放電部の体積は約 7×10^{-5} cm^3 となるが，これは1 kW以上でプラズマを生成する約3 cm^3 のICPの約1/40000であるため，数Wで放電を生成しても電力密度はICPの100倍以上の値となる。

スパッタリングや熱溶融による電極および軟質ガラスの損傷を低減するため，開発した装置では電極を両側から冷却する水冷機構を有している。これにより，電極等の寿命が延長するとともに高出力での連続運転が可能となり，それに伴って発光，質量スペクトルの干渉も低減されている。

また，プラズマに大気が混入すると発光スペクトルや生成されるイオンが変化し，分析に影響を与えるため，プラズマの排出側にも別系統のガスを流すことによって大気の混入を防ぐ構造としている。このガスは分析試料の電極やガラスへの堆積を低減するガスカーテンの役割も有して

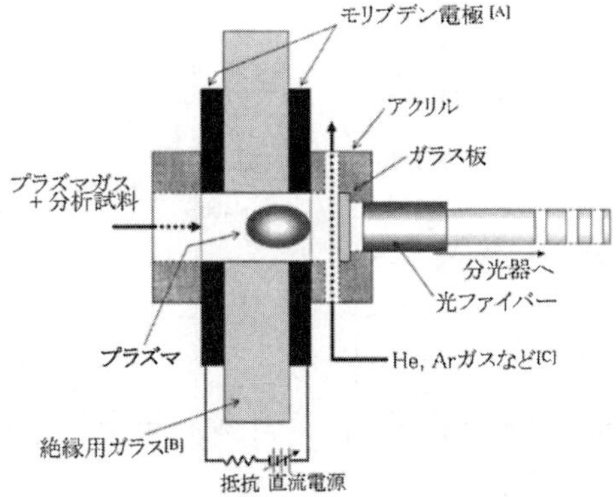

図1　微量元素分析用マイクロプラズマ源

いる。

プラズマの正面から20mmの位置に光ファイバーを配置し，厚さ150μmのガラス板を介してプラズマからの発光を測定した。分析試料としては，従来のICPで分析が困難なハロゲン元素の分析を行うため，ハロン1211（CF_2BrCl）〔ハロン99%，窒素1%〕を用いた。試料はシリンジに封入し，マイクロシリンジポンプを用いて毎分100μLの流量でプラズマガス中に混合したのち，マイクロプラズマ中に導入した。

3 マイクロプラズマ源の基本特性

プラズマガスにアルゴンおよびヘリウムを用い，放電の生成条件を調べた。プラズマガス流量を10～60mL/minとしたときの電流電圧特性を図2に示す。プラズマに流れる電流が安定した放電，電流が振動する不安定な放電，パルス状の放電の3つの放電形態が観測された。安定な放電はほぼ一定の電圧で生成され，電流を増加させることによって電圧の降下が観測された。これは，電子が増加することによりガスのイオン化率の上昇が起きたためと考えられる。安定放電の電圧よりも高い電圧を印加した場合には，不安定な放電に移行した。また，電源の供給する電流が少ない場合には，パルス状の放電となった。製作したマイクロプラズマ源における最小安定放電電力はアルゴンでは1.4W，ヘリウムでは3.4Wであった。アルゴンとヘリウムともに40mA以上の電流では熱によって電極が溶融し，安定した放電が得られなかった。

次に，分光測定により，プラズマの励起温度と電子密度を測定した。励起温度はHe I

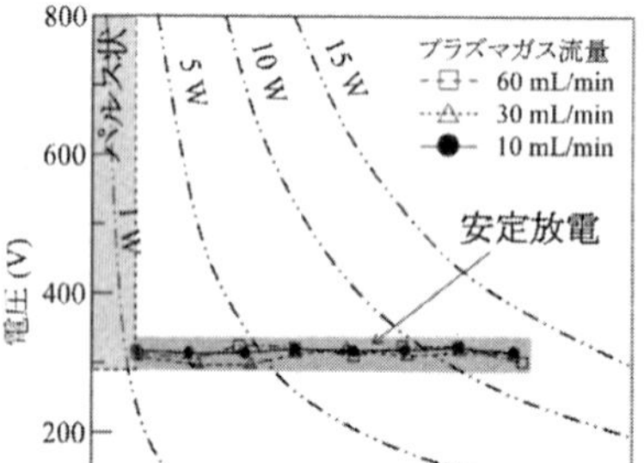

図2(a) ヘリウムプラズマの電流電圧特性

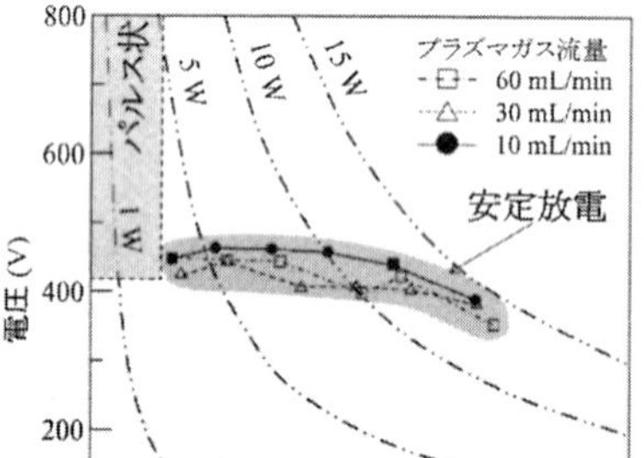

図2(b) アルゴンプラズマの電流電圧特性

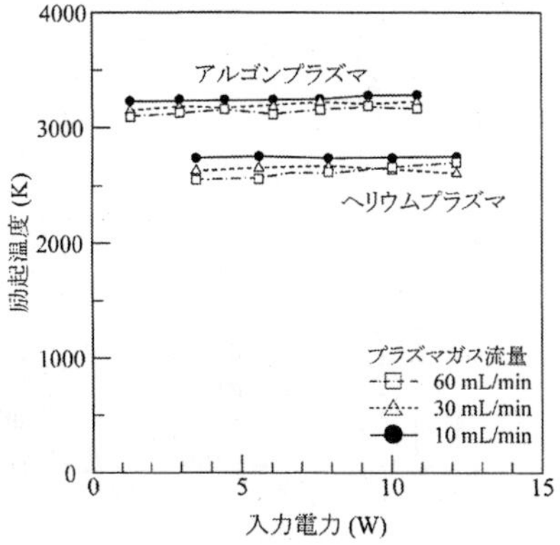

図3　分析用マイクロプラズマの励起温度

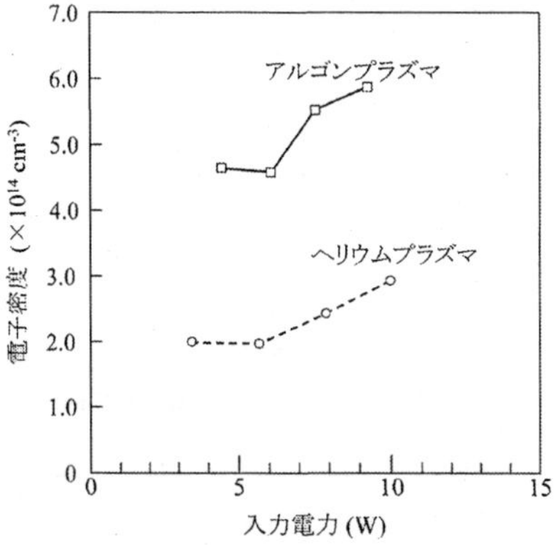

図4　分析用マイクロプラズマの電子密度

492.193nm, 501.568nm, 587.562nm もしくは Ar I 641.63nm, 667.73nm, 675.28nm, 687.13nm のスペクトルからボルツマンプロット法を用いて測定した[11, 12]。電子密度は水素の β 線（486.1nm）のシュタルク広がりを用いて測定した[13]。結果をそれぞれ図3および図4に示す。

励起温度は入力電力やプラズマガス流量を変化させてもほとんど変化せず，アルゴンでは約3200K，ヘリウムでは約2700Kであった。これは1100Wで生成されたアルゴンICPの7000K[14]，およびヘリウムICPの3600K[15]と比較すると，アルゴンでは半分以下，ヘリウムでも約800K低い値であった。電子密度は入力電力の増加に伴ってアルゴン，ヘリウムともにわずかに上昇したが，アルゴンでは約 $5\times10^{14}cm^{-3}$，ヘリウムでは約 $2\times10^{14}cm^{-3}$ であった。アルゴンではICP[16]の $1.0\sim3.0\times10^{15}cm^{-3}$ の半分以下であったが，ヘリウムではICP[15]の $4.2\times10^{-13}cm^{-3}$ の4倍以上の値であった。この電子密度よりLTEを仮定してイオン化温度を計算すると，アルゴンでは7300K，ヘリウムでは10600Kとなる。$2.6\times10^{15}cm^{-3}$ のアルゴンICPおよび $4.2\times10^{-13}cm^{-3}$ のヘリウムICPのイオン化温度はそれぞれ8400Kと9500Kになるので，ICPと比較した場合，マイクロプラズマの方がアルゴンではLTEに近く，ヘリウムではLTEから外れる傾向にある。

励起温度，電子密度ともに入力電力に対する大きな変化は観測されなかったが，図5に示すように発光強度は入力電力の増加とともに上昇したため，増加した入力電力はプラズマ体積の増加に消費されたと考えられる。プラズマ体積の増加傾向は顕微鏡による観察でも確認されている。

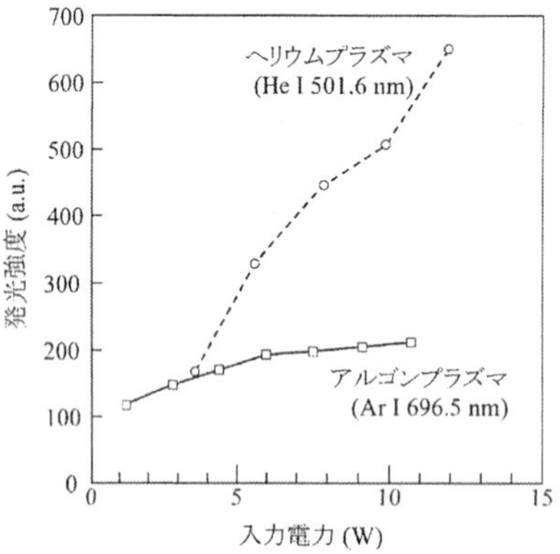

図5　分析用マイクロプラズマの発光強度

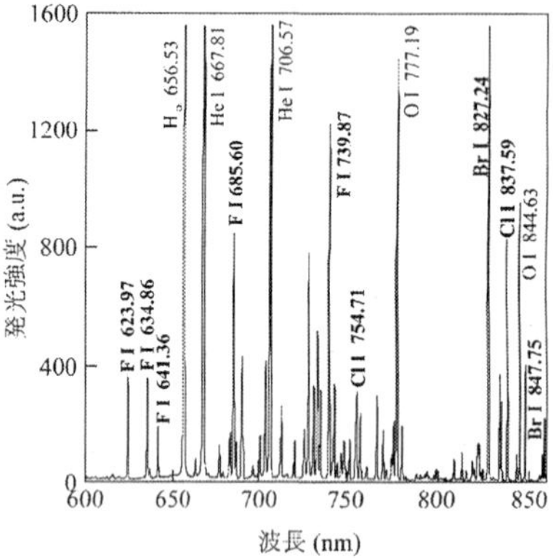

図6　発光スペクトル（試料：ハロン 1211）

4　ハロゲン元素の発光分光分析

試料にハロン 1211（CF_2BrCl）を用いて発光分光分析を行った。プラズマガスにはアルゴンもしくはヘリウムを用いた。まず，アルゴンプラズマでは従来の ICP と同様にハロゲンのスペクトルは観測できなかった。これに対し，ヘリウムプラズマでは図 6 に示すようにフッ素，塩素，臭素の強い発光が観測された。入力電力とプラズマガス流量を変化させたときの，ヘリウム，水素，フッ素の発光スペクトル強度の変化を図 7 に示す。いずれの発光強度も入力電力とともに増加した。これは，入力電力の増加とともに放電体積が増加したことに対応していると考えられる。また，プラズマガス流量が少ない場合にフッ素の発光強度が高くなっているのは，フッ素のプラズマ中の滞留時間が増加したためと考えられる。

ヘリウムガス流量 30mL/min，入力電力 10W の実験条件でフッ素，塩素，臭素（第一イオン化エネルギー：17.4eV，13.0eV，11.8eV）の発光分析による 10 秒積算の 3σ 検出限界を求めたところ，それぞれ，8.9pg，15pg，9.1pg という値を得た。ICP 発光分析ではこれらのハロゲンを検出することは困難とされている。また，発光分析よりも 3 桁程度高感度な分析が可能な ICP 質量分析の検出限界[17]は，フッ素：検出困難，塩素：1000pg，臭素：0.8pg であるため，マイクロプラズマを用いた発光分光分析では，フッ素と塩素ではこれを遥かに上回る検出感度を実現できている。アルゴンを使用する ICP 質量分析装置ではフッ素は検出が非常に困難であるが，これはフッ素の第一イオン化エネルギー（17.4eV）がアルゴンのイオン化エネルギー（15.8eV）よりも高いため，原理的にイオン化できない事が原因である。

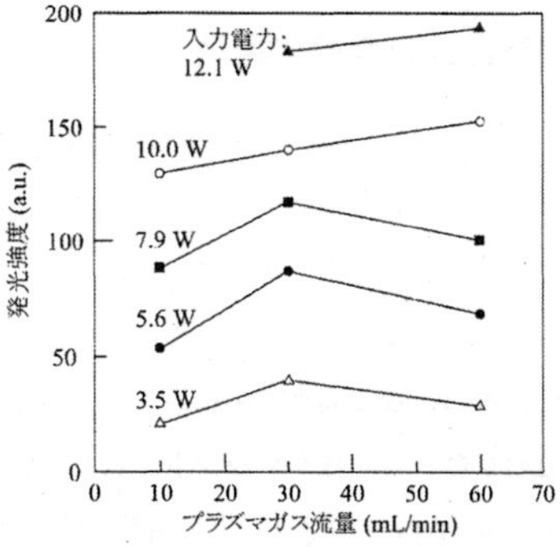

図 7(a)　ヘリウムの発光強度

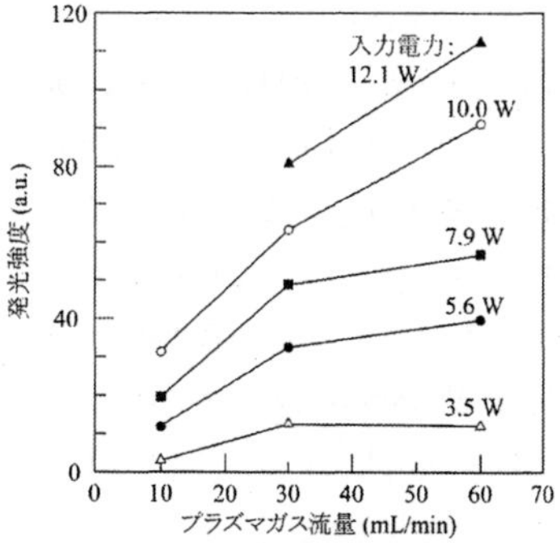

図 7(b)　水素の発光強度

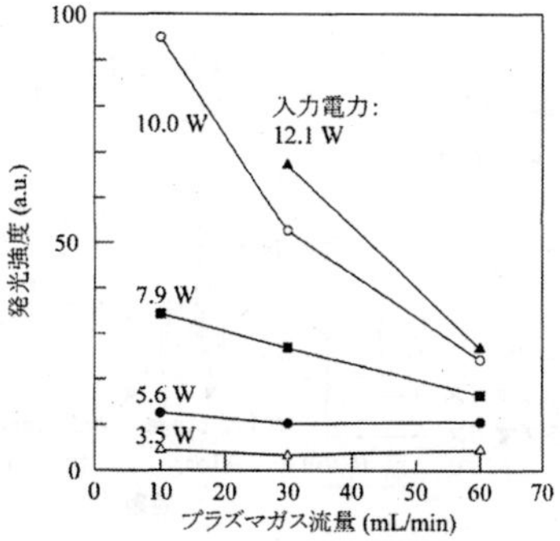

図 7(c)　フッ素の発光強度

5 マイクロプラズマ質量分析装置の原理

ICPを光源ではなくイオン源として用いたものがICP質量分析装置（ICP Mass Spectrometer：ICP-MS）である。この微量元素分析装置は発光分光分析装置と比較して3桁以上の分析感度を持ち，また同位体の分析も可能であるため多くの装置が市販され，広い分野で使用されている。

ICP質量分析装置では図8に示すように，大気圧下の高温・高密度プラズマ中でイオン化された分析試料を3段程度の差動排気によって高真空中に導入し，四重極質量分析器で特定質量のイオンをフィルタリングし，透過したイオン数がカウントされる。電磁偏向型の質量分析器を用いた高分解能質量分析装置では，$m/\Delta m=10{,}000$以上の質量分解能を得られるため，通常の四重極質量分析器では弁別不可能なほぼ同質量を持つ多原子イオンと単原子イオン，たとえば$^{40}Ar^{16}O$（m/z＝55.874）と^{56}Fe（m/z＝55.947）との弁別も可能である。

分析試料をイオン化するプラズマ源をICPからマイクロプラズマに変更した場合，装置に変更が必要になるのは主に，インターフェイスと呼ばれる初段の差動排気部である。インターフェイスは1mm程度の径を持つサンプラーとスキマーから構成される。大気圧プラズマ中でイオン化された試料はサンプラーを通って数Torrの低気圧下に導入され，超音速流を形成する。この超音速流が音速以下に減速され，マッハディスクを形成する。このマッハディスクの直前にサンプラー口を配置することでイオン流は高真空の第2段以降へ導入される。ICP質量分析装置ではプラズマガスの流量が20L/min程度と多いため，プラズマの中心軸付近の1～2L/min程度をサンプラーを通して質量分析装置に導入しているが，マイクロプラズマではプラズマガス流量が小さいため，同様の構成ではプラズマガスの他，大気も導入されてしまい，質量干渉や分析感度低下の原因となる。そこで，MP-MSでは，マイクロプラズマをサンプラー口の位置に直接設置する構成としている。インターフェイス部の概略を図9に示す。

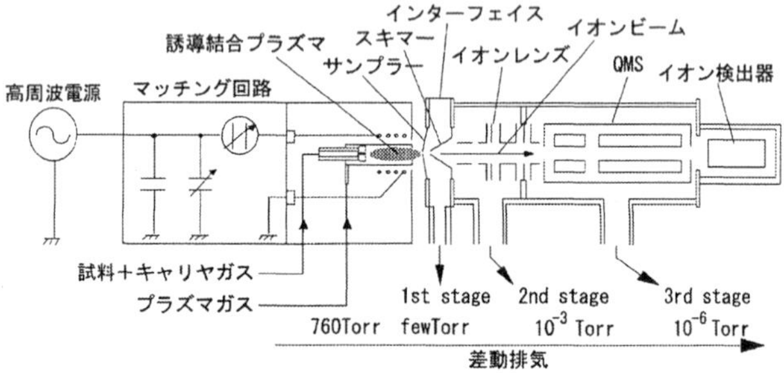

図8 ICP質量分析装置

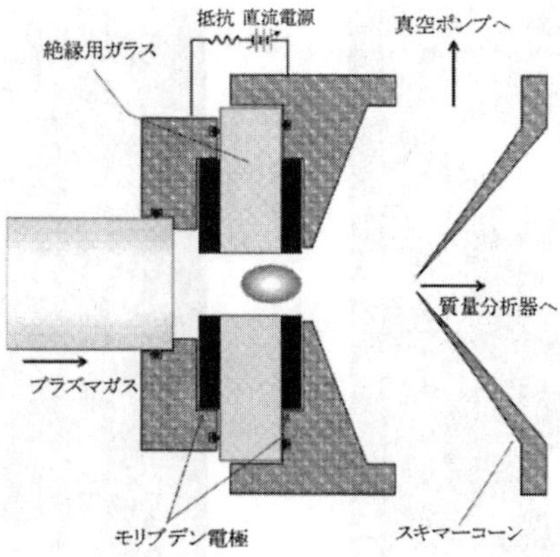

図9　開発したマイクロプラズマ用インターフェイス

分析に際してSN比を最大にするためには，マッハディスクの直前にスキマーを配置するのが適当である事が明らかになっている[18]。そこでまず，インターフェイス部での超音速流の挙動を直接観察できる装置を製作した。プラズマガスの流量と排気速度を調節し，インターフェイス内の圧力を変化させ，超音速部の観測を行った。

アルゴンおよびヘリウムをプラズマガスに用いた場合の様子を図10および図11に示す。

特に気圧の低いヘリウムではバレスショックと呼ばれる円すい形状がはっきりと観測される。また，写真からは確認しづらいが，マッハディスクの位置も目視で確認できた。アルゴンの場合のマッハディスクの位置を図12に示す。

6　マイクロプラズマ質量分析装置による観測結果

インターフェイス中での超音速流の挙動やマッハディスクの位置が明らかになったため，マイクロプラズマ源を市販のICP質量分析装置（Agilent HP 4500）のイオン源として使用する装置を試作した。プラズマ源およびインターフェイス周辺の写真を図13に示す。

分析試料：ハロン1211（CF_2BrCl），プラズマガス：ヘリウム100sccm，放電電力：9 W，インターフェイス内気圧：80Paで実験を行った。得られた質量スペクトルを図14に示す。

塩素と臭素の強いスペクトルが観測された。フッ素のスペクトルの観測される質量数19は酸素等の干渉のために観測できなかったため，フッ素の分析には質量数20の$^{19}FH^+$のスペクトルを用いた。その結果，フッ素，塩素，臭素の検出限界は4.1ng，0.4ng，1.2ngという値を得た。

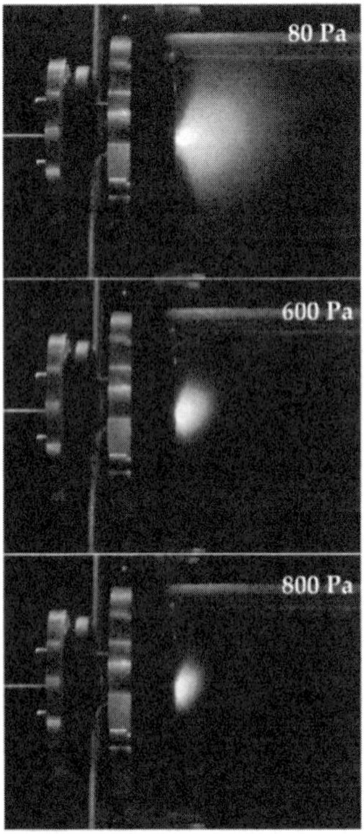

図10　インターフェイス内の直接観察（アルゴン）

図11　インターフェイス内の直接観察（ヘリウム）

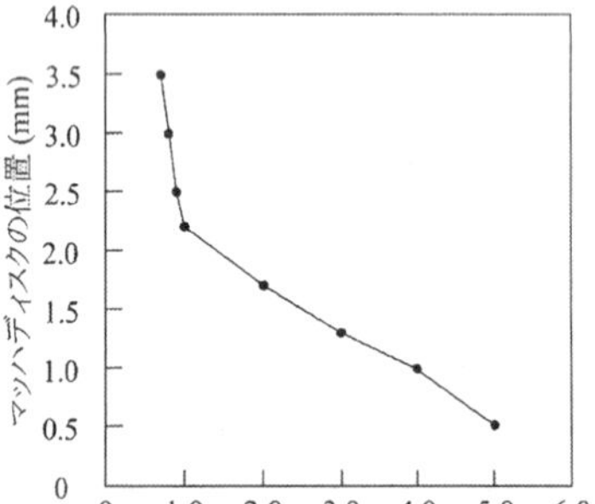

図12　アルゴンプラズマのマッハディスク位置

図 13　プラズマ源およびインターフェイス部

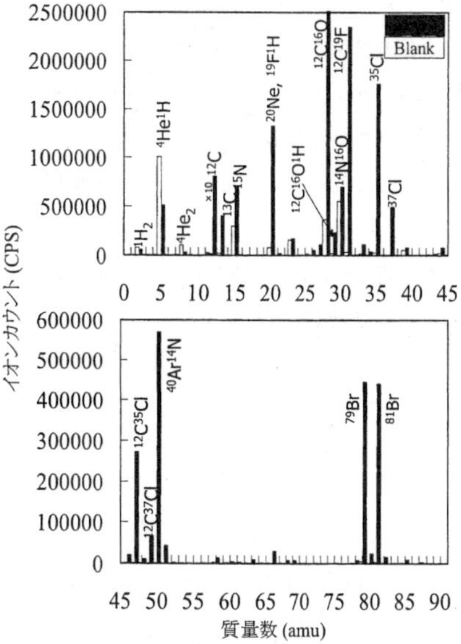

図 14　質量スペクトル（試料：ハロン 1211）

この結果は発光分析よりも大きい値となっている。これは，マイクロプラズマ放電部の気圧が下ってしまい，試料のイオン化率が低下している事が原因と考えられるので，現在，装置を改良中である。

ところで，質量分析法では塩素 ^{35}Cl と ^{37}Cl のように，同位体を計測することが可能である。塩素と臭素の天然の同位体存在比は $^{35}Cl/^{37}Cl = 3.129$ および $^{79}Br/^{81}Br = 1.176$ であるが，今回測定した図 14 のスペクトルからも $^{35}Cl/^{37}Cl = 3.129$ および $^{79}Br/^{81}Br = 1.176$ が得られた。

7　おわりに

大気圧マイクロプラズマを光源として用いた発光分光分析装置を開発し，ハロゲンの高感度分析に成功した。また，マイクロプラズマをイオン源として用いた質量分析装置を試作し，ハロゲンの同位体スペクトルを得る事ができた。マイクロプラズマ源は従来の ICP に比べてプラズマの体積が小さいため，分析試料，プラズマガス，電力などの消費量を大きく低減することが可能である。また，大気圧中でヘリウムプラズマを生成できるため，従来は困難であったハロゲンの高感度分析も可能である。さらに，電源をはじめとした装置も小型化できるため，ハードウエアやランニングコストの低減が期待できる。

今後の展開としては，微少量の試料でも分析が可能である事から，ガスクロマトグラフィやマイクロチャンネル分析用の高感度検出器としての利用も期待できる[19]。また，今回開発したマイクロプラズマ源と小型の電源，ガスボンベ，分光器等を組み合わせる事でオンサイトで高感度の分析が行えるモバイル元素分析装置を構成できるため，現在試作装置を開発中である。

本研究の一部はNEDO平成17年度産業技術研究助成事業の補助を得て行われたものです。ここに記して謝意を表します。

文　献

1) A. Montaser (ed.), "Inductively Coupled Plasma Mass Spectrometry", Wiley-VCH, New York (1998)
2) A. Montaser ほか，誘導結合プラズマ質量分析法，化学工業日報社（2000）
3) C. Vandecas teele ほか，微量元素分析の実際，丸善（1995）
4) K. Inagaki, N. Mikuriya, S. Morita, H. Haraguchi, Y. Nakahara, M. Hattori, T. Kinoshita, H. Saito, *Analyst*, **125**, 197 (2000)
5) B. K. Mandal, Y. Ogra and K. T. Suzuki, *Toxicol. Appl. Pharmacol.*, **189**, 73 (2003)
6) N. Tsuzaki, M. Osaki, B. Tomiyasu, M. Owari and Y. Nihei, *Bunseki Kagaku*, **54**, 992 (2005)
7) J. A. McLean, H. Zhang and A. Montaser, *Anal. Chem.*, **70**, 1012 (1998)
8) K. H. Schoenbach, M. Moselhy, W. Shi, Bentley, *J. Vac. Sci. Technol.*, **A 21**, 1260 (2003)
9) R. H. Stark, K. H.Schoenbach, *J. Appl. Phys.*, **85**, 2075 (1999)
10) M. Miclea, K. Kunze, J. Franzke, K. Niemax, *Spectrochim. Acta B*, **57**, 1585 (2002)
11) Robert C. Weast, CRC Press, Inc., Florida (1989-1990)
12) W. L. Wiese, M. W. Smith, B. M. Glannon, Atomic Transition Probabilities. Vol. 1 NSRDS-NBS, 4 (1966)
13) C. R. Vidal, J. Cooper, E. W. Smith, *Astropys. J.*, Suppl. 214, **25**, 37 (1973)
14) N. Furuta, *Spectrochim. Acta B*, **40**, 1013 (1985)
15) A. Okino, H. Ishizuka, I. Hirayama, Y. Nomura, R. Shimada, *Bunseki Kagaku*, **43**, 685 (1994)
16) N. Furuta, Y. Nojiri and K. Fuwa, *Spectrochim. Acta B*, **40**, 423 (1985)
17) エスアイアイ・ナノテクノロジー㈱製 ICP 質量分析装置 SPQ9400 で得られる水質分析における検出限界の一例
18) H. Niu and R. S. Houk, *Spectrochim. Acta B*, **51**, 779 (1996)
19) T. Ichiki, T. Koidesawa, Y. Horiike, *Plasma Sources Sci. Technol.*, **12**, S16 (2003)

第8章　大気圧酸素ラジカルフローと水処理への応用

安岡康一*

1　はじめに

オゾンを始めとした酸素ラジカルの利用が進んでいる[1)]。酸素ラジカルには，ヒドロキシラジカル：OH，酸素原子：O，オゾン：O_3などがあるが，図1に示すようにその酸化電位はフッ素についで高い。このため，酸化，殺菌，脱臭，脱色などに広く利用されており，浄水場やプールなどでオゾンが利用されていることは広く知られている。酸素ラジカルは，反応後は環境に無害な酸素に戻るため，理想的な酸化剤といえる。半導体製造装置でもオゾンが盛んに利用されており，酸化膜形成やレジスト除去などに高濃度オゾンの需要が高い。一方で，オゾンでは分解できないダイオキシンなどの有害物質除去には，オゾンよりも酸化電位の高いOHラジカルが利用され始めている。

プラズマによるオゾンの生成過程を2段階で書くと，

$O_2 + e \rightarrow O + O + e$　　(1)：電子による酸素の解離過程

$O + O_2 + M \rightarrow O_3 + M$　　(2)：三体衝突によるオゾン生成

のように表される。Mは第三体で，窒素分子あるいは酸素分子などが相当する。三体衝突反応を盛んにするため，通常大気圧以上のガス中でプラズマを生成する。酸素分子を解離するのに必要な電子エネルギーは6.1eV以上である。ところで酸素ガス中の放電は圧力が高いと収縮しやす

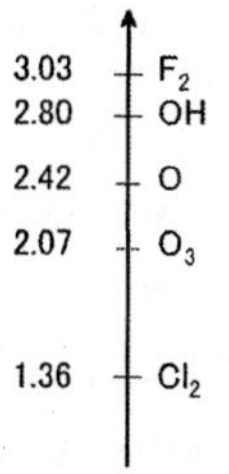

図1　酸化電位

*　Koichi Yasuoka　東京工業大学　電気電子工学専攻　助教授

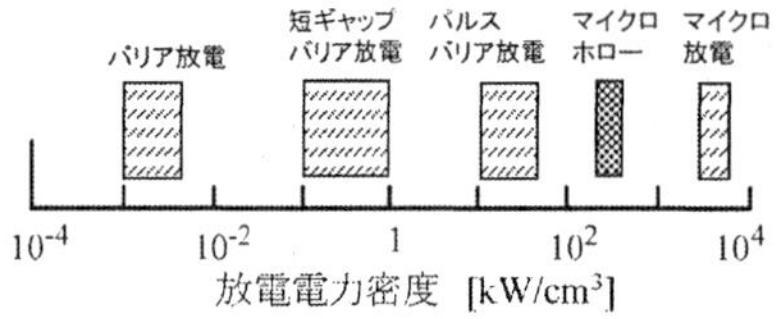

図2 放電形態と放電電力密度

い性質があって，電子温度の低いアーク放電に移行しやすい。このためガラスを片側もしくは両側に挟んだバリア電極を交流電源で駆動して，電流を制限してアーク放電への移行を防いでいる。バリア放電は小さなマイクロ放電の集合体で，交流の半サイクル毎に多数のマイクロ放電が発生と消滅を繰り返している[2)]。

図2はプラズマの単位体積あたりに投入される電力，すなわち放電電力密度を示している。ギャップ長数mm以下のバリア放電を左端に示す。その右側の短ギャップバリア放電は，300g/Nm^3以上の高濃度オゾンを生成するために開発された方式で，ギャップ長を数100μm程度にして電力密度を増すとともに冷却促進とオゾン分解の抑制を行っている[3)]。また，高速パルス電源を使うとさらに放電電力密度の高いバリア放電を生成できるが，バリア放電を構成する個々のマイクロ放電の電力密度はそれよりもずっと大きい。本稿で紹介するマイクロホローカソード放電の電力密度は，パルスバリア放電とマイクロ放電の中間に位置しているが，1 cm^3あたり数100Wの電力が連続投入されるため，かなり高い値である。本稿では，このプラズマを大気開放型ラジカル源として利用し，オゾンおよびOHラジカルを生成して水処理に利用した内容を中心に述べる。

2 マイクロプラズマによるオゾンフローの生成

オゾン生成はこれまで交流電源駆動のバリア放電を使い，密閉チャンバー内で作るのが常識だった。しかし，マイクロホローカソード電極[4)]を使うと，大気圧以上の空気や酸素中で比較的安定にプラズマを形成できることがわかり，オゾン生成が可能であることがわかった[5)]。酸素ラジカルを発生して取り出す装置の基本構成を図3に示す。アルミナなどの絶縁スペーサの両側にモリブデンなどの金属電極を密着配置し，数100μm程度の穴を貫通させる。両金属電極間は放電安定化用のバラスト抵抗を介して数kVの直流電源に接続する。ガスを下から上に流すと，金属電極とスペーサとで作る微小空間にプラズマが発生する。大気中で真上からマイクロプラズマを観測すると図4のように見える。この写真はガスを流さずに大気中で撮影した例で，300μm

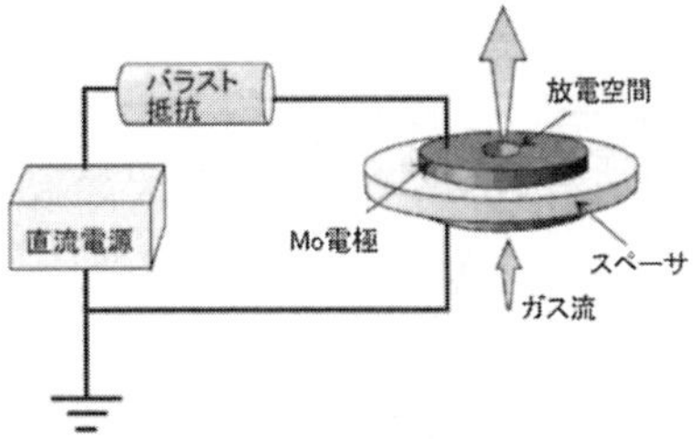

図3　ラジカルフロー装置の基本構成

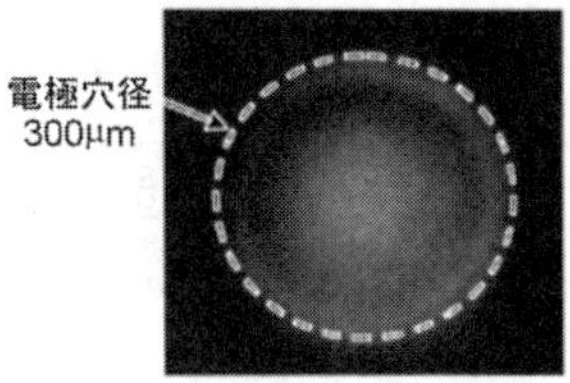

図4　大気圧空気中のマイクロホローカソードプラズマ

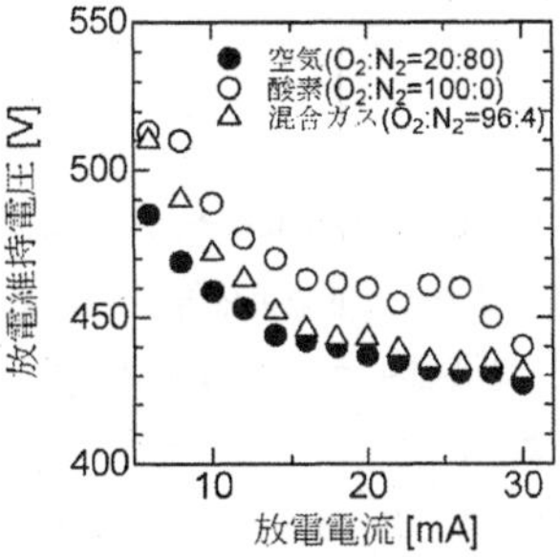

図5　放電電圧電流特性

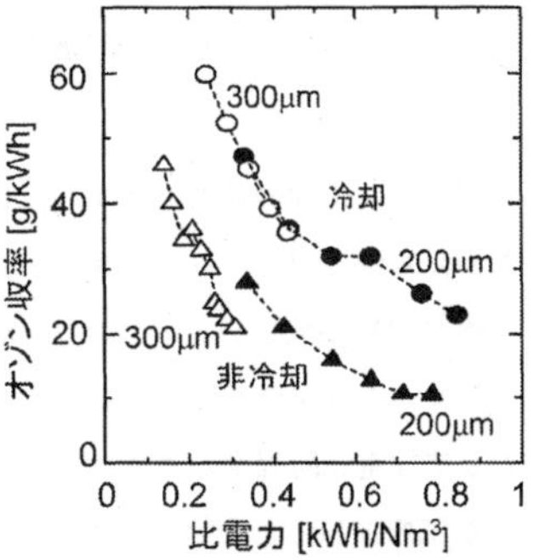

図6　オゾン生成特性

の電極穴壁から内向きに負グローや陰極暗部，グロー放電部などが区別できる。ただし，酸素ガス中やガスを高速に流した場合は，放電は不安定になり穴径を100〜200 μm に狭める必要があるが，それでも図4のようには均一に生成できない。

プラズマの電気的特性を示す放電維持電圧対電流特性は図5に示すように，負の傾きを示す。これは一般的なグロー放電と同様である。3種類のガスについて示しているが，空気，混合ガス(酸素96%，窒素4%)，酸素ガスの順に放電維持電圧は増加する。これは酸素が多いほど電子の損失が大きいためで，プラズマを維持するためにより高い電圧が必要になることを示している。ガス流速を増加させた場合も放電維持電圧は増加するが，この場合はイオンの損失が原因である。酸素ガスを使ってオゾンを生成した結果を図6に示す。縦軸のオゾン収率は，オゾンの生成効率を示す値で，投入電力量：kWh あたりのオゾン量：g で表す。横軸の比電力はガス分子あたりの投入電力を示す値で，単位体積：Nm^3 あたりの投入電力量で表す。この図ではオゾン濃度は一定ではなく，比電力が大きいほど値は増加し，最大で約 20g/Nm^3 となった。図中には電極穴径200 μm と300 μm および電極およびガス流路を冷却した場合と冷却しない場合のデー

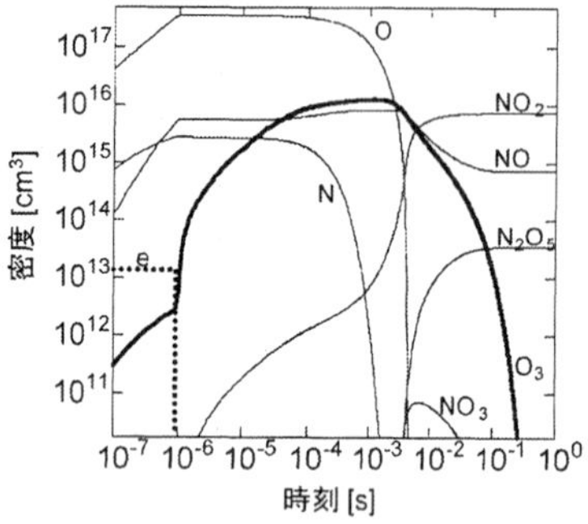

図７　空気原料のオゾン生成シミュレーション

タを示している。冷却の効果は大きく，オゾン収率は増加する。バリア放電型オゾナイザでも同様の効果が見られるが，マイクロホローカソードプラズマは電力密度が高いため，ガス温度はより高く，熱の影響が大きい。オゾンは300℃以上で分解するため，熱除去は重要な課題である。このようにマイクロプラズマを用いると，極めて単純な小さな電極で，しかも直流電源によって通常のバリア放電と同程度のオゾン濃度，収率が得られる。

一方，空気を原料としたオゾン生成は効率が極めて悪いことがわかった。これはマイクロホローカソードプラズマの電子エネルギーは，バリア放電よりも高いため，窒素が解離して NOx が生成してオゾン破壊することが主要因であることが，実験とシミュレーションとから明らかになった[6)]。図７はその一例で，波線で示す時間だけプラズマが生成したとして計算した。この時間幅は図３に示す電極内をガスが通過する時間オーダに相当する。プラズマによって酸素とともに窒素が解離していることが確認できる。太線で示すオゾンはプラズマ消滅後に生成されて次第に増加していくが，NO_2 などの窒素酸化物の生成とともに急激に減少していく様子がわかる。窒素分子の解離には酸素分子よりも高い電子エネルギーを必要とする。マイクロホローカソードプラズマは電子エネルギーが高いので，窒素を含むガスでは解離がおこりやすく，この影響が悪影響を及ぼす場合，すなわちオゾン生成には適さないことがわかる。放電形態によって電力密度だけでなく電子エネルギーも変化するため，これらを総合して最適な利用方法を決定する必要がある。

なお，図７はもう一つ重要な点を示していて，酸素分子が解離してからオゾンが生成されるまでには１μsec 程度の時間遅れがある。マイクロホローカソード電極は厚さが全体で１mm 以下のため，ガスを高速で通過させると電極内の滞在時間は簡単に１μsec 程度にすることができる。このことは，プラズマ内ではガスを解離して原子状のラジカルを生成し，その外側，ガスの下流側でオゾンなどのラジカルを形成することができることを示している。マイクロプラズマとガス流との組み合わせによって，こうした新しいラジカル生成，反応系が実現できることを示している。

3　プラズマ外のラジカル空間分布

プラズマはマイクロホローカソード電極内に閉じ込められているが，外部から観測するとあたかも電極から噴出しているように見える。図8は電極部とガス下流側を側面から見た可視光写真で，空気流は左から右の方向である。電極下流側5 mm 前後までの発光は，プラズマから放出された準安定原子・分子などによって励起された空気中の窒素が発光したものと見られる。ここで，オゾンの空間分布を測定するため，電極下流側にガス流れと直交する方向に水銀ランプの254nm 紫外光を通した。オゾンがあると紫外線は吸収されるため，その減衰量からオゾン量を測定することができる。電極下流側1 mm と4 mm において，ガス流量をパラメータにして計測した結果を図9に示す。ガス流量が増すと共に穴から噴出するガスの流速は増加すると考えて良い。電極下流側1 mm の測定点を示す○印を見ると，ガス流量の増加と共に減少することがわかる。これは流速が速いほど，電極下流1 mm にあるオゾン分子が減少することを示している。一方●印の下流側4 mm では，ガス流量を増すと共にオゾン濃度が増加することがわかる。ガス流量3 l/min の点で比較すれば，電極から離れた位置のオゾン濃度が電極に近い位置よりも高い値を示していることがわかる。このことは，プラズマ内でできたO原子が高速に電極外に放出され，電極の外で三体衝突によってオゾンを形成したことを裏付けている。つまり，マイクロプラズマと高速ガス流を使えば，大気中でO原子を使った反応を実現できることを示している点で興味深い。

以上の結果を受けて，オゾンよりも酸化エネルギーの高いO原子やOHラジカルの利用について検討を進めた。酸素ガスを供給する際に，一旦水にくぐらせて水分を含ませた酸素ガスを放電部に供給した。OHラジカルの生成反応は極めて複雑であると考えられているが，簡略化して表現すれば次のようになる。

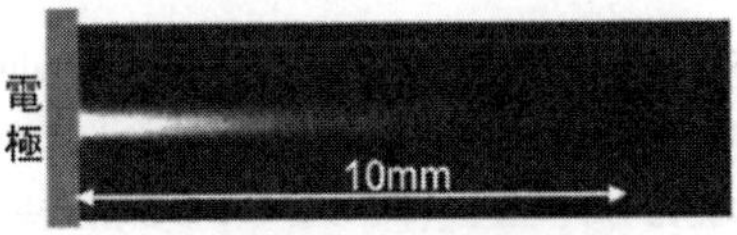

図8　ラジカルフローの可視発光

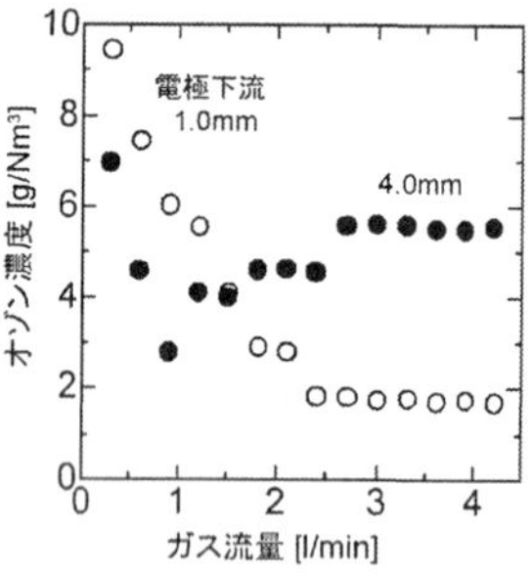

図9　電極外部のオゾン空間分布

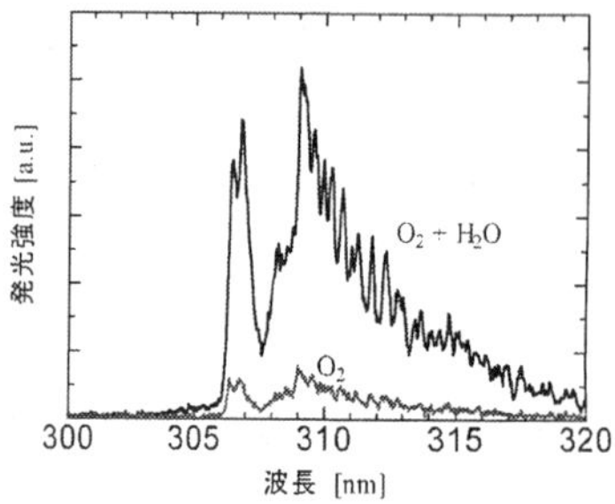

図10　マイクロプラズマからのOHスペクトル

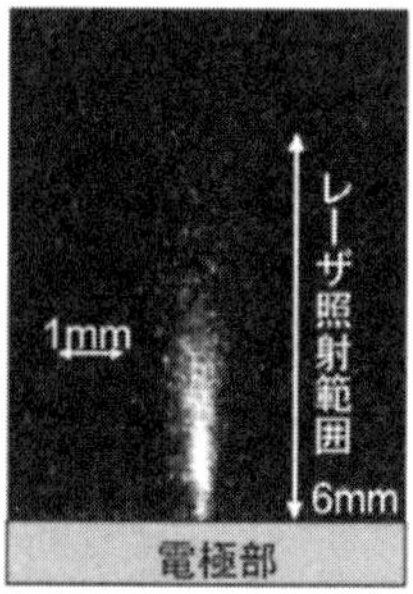

図11　プラズマ外部での
OHラジカル分布

$H_2O + e \rightarrow H + OH + e$　　(3)：電子による水の解離過程

$O + H_2O \rightarrow OH + OH$　　(4)：酸素原子と水分子との反応によるOHラジカル生成

OHラジカルは励起されると脱励起の過程で309nmのスペクトル発光を示す。図10は酸素ガスを供給した場合と，水を含んだ酸素ガスの場合のスペクトル分布を示す。なお，プラズマ正面から測定した。概ねOHラジカルと考えられるスペクトル分布が得られ，水を含んだ場合に発光強度が数倍以上になることがわかる。ただし励起状態のOHラジカル寿命は極めて短く，また基底状態のOHラジカルは発光しないため，プラズマ外でのOHラジカル分布を計測するには，レーザ誘起蛍光法（LIF法）などの測定手段が必要になる。今回は283nmのパルス色素レーザ光を電極下流側に照射して，基底状態のOHラジカルを励起した。レーザ光によって励起されたOHラジカルは脱励起する際に発光する。図11にこのようにしてLIF法で計測したOHラジカルの空間分布を示す。なお放電安定性を高める目的で水蒸気を含んだArガスを使用している。ガス流は下から上方向である。レーザ光は幅6 mmのシート状で図の横方向から照射した。電極の表面近くからガス下流側にOHラジカルの発光が見られ，マイクロプラズマとガス流の組み合わせによって大気圧空気中の任意の位置にOHラジカルを供給できることがわかった。

4　マイクロプラズマを用いた水の直接処理

マイクロホローカソードプラズマと高速ガス流の組み合わせをより発展させて，プラズマを処理水と直接反応させる水処理方法を開発した[7]。実験装置図を図12に示す。処理水には濃度10ppmの酢酸水溶液（CH_3COOH）を使用した。酢酸はオゾンでは分解できない難分解物質の一つで，酢酸が完全分解された後はCO_2とH_2Oになると考えられている。酢酸の量は全有機炭素計（TOCメータ）で測定した。マイクロホローカソード電極は直接水に接しているが，電極穴径が小さいため水は穴内に侵入してこない。下部から酸素ガスを流すと電極内でプラズマが形成され泡となって処理水中に放出される。処理水上部から発光スペクトルを観測すると，水素スペクトルの他に309nm近辺の発光が観測され，この場合にOHラジカルが生成されていることが確認された。図13はTOC濃度の時間変化を示すもので，●印は電流を流さない状態，すなわち酸素ガスのみを流した状態である。TOCは減少せず，僅かに上昇するがこれはガス配管などの影響で増加したと考えている。またオゾン化ガスを注入した▽印の場合もTOCは減少せず，酢酸がオゾンでは分解されないことが確認できる。しかし電流を徐々に増していくと，TOC濃度は減少し，電流を増すと共により速く減少していくことがわかる。TOCの分解効率を(5)式で定義した。

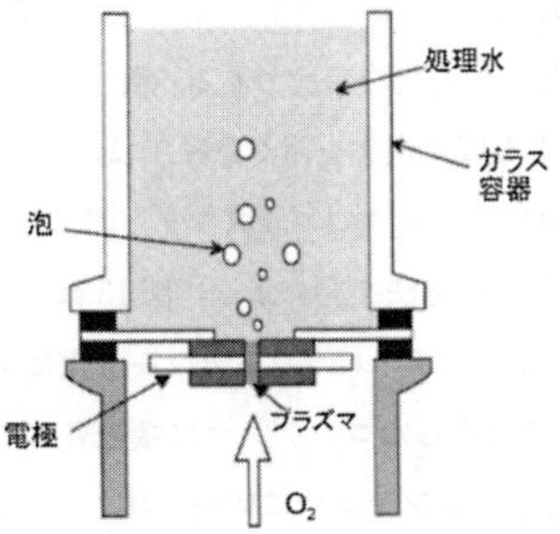

図12　水中へのラジカル直接注入

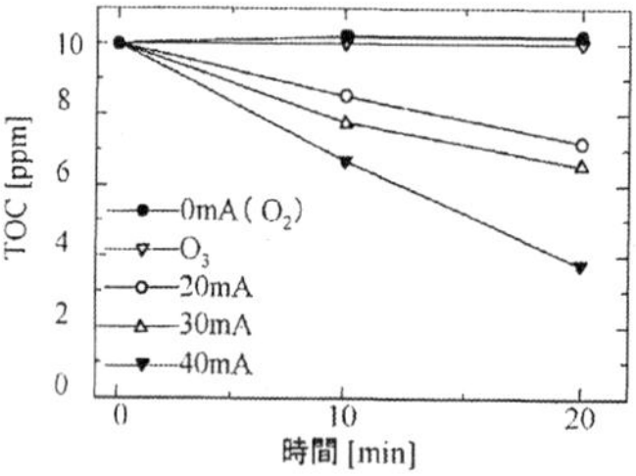

図 13　TOC 濃度の変化

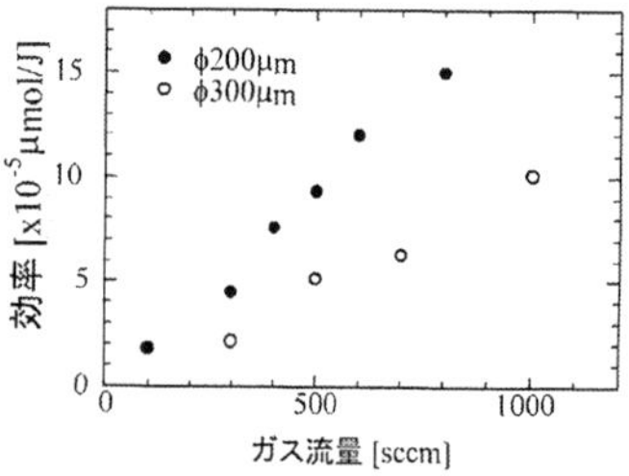

図 14　ガス流速に対するエネルギー効率変化

$$\eta = \frac{w \Delta C/m}{IV \Delta t} [\mathrm{mol/J}] \quad (5)$$

ここで，w：処理水量，m：酢酸 1 mol あたりの炭素量，I：プラズマ電流，V：放電維持電圧，ΔC：TOC 濃度の変化，Δt：処理時間である。これを使ってガス流量に対する分解効率を整理すると，図 14 が得られる。電極穴径 200 μm と 300 μm の場合とも，分解効率はガス流量にほぼ比例するという結果が得られた。図 12 の電極構成ではプラズマ内で生成した O ラジカルが直接水分子と反応して OH ラジカルを生成していると考えられるが，O ラジカルの寿命は極めて短く数 μsec 程度と見込まれるので，ガス流速を増すほど利用できる O ラジカル量が増加して，分解効率が増加したと考えている。このようにマイクロプラズマと高速ガス流の組み合わせによって，これまでプラズマ外では利用できなかった O ラジカルが水中でも利用できるようになった。

5　マイクロプラズマのパルス駆動

マイクロホローカソードプラズマを直流電源で生成する理由は，パルス駆動にするとプラズマに触れないガス流が発生するためだった。しかし，ガスを高速で流さない場合にはパルス駆動方式もプラズマ発生やラジカル生成に有効な手段である。特に水中では直流電界によって水の電気分解が発生するため，これによる電力損失を防ぐ意味ではパルス駆動が有利になる場合がある。ここでは，水処理とは一旦離れて，マイクロプラズマをパルス駆動することで，より大きな体積のグロー放電プラズマを発生させる方法を紹介する。図 15 は，ガスレーザ励起用に研究したグロー放電発生回路である[8]。右側にマイクロホローカソード電極が配置され，安定化抵抗 R と高速スイッチ S を介して負極性に充電したコンデンサに接続されている。左側の電極対は安定化抵抗 R_V を介して正極性に充電したコンデンサに接続され，マイクロホローカソード電極の一方が共通電極となって接地されている。スイッチを閉じると右側でパルス状のマイクロプラズマが

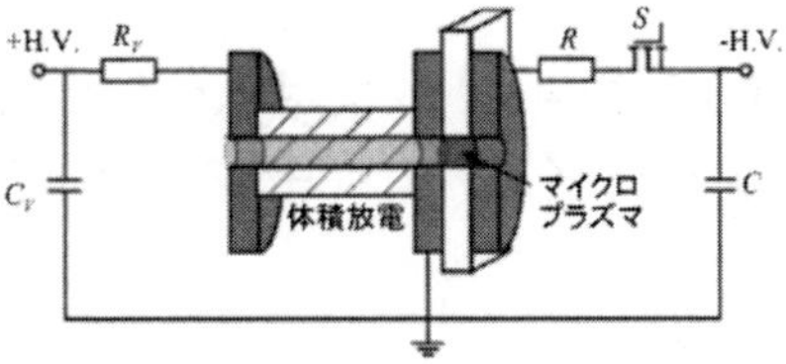

図 15　パルス体積放電の発生回路

生成されるが，これがきっかけとなって左側に体積放電と呼ばれるグロー放電プラズマが生成される。全ての電極中央部に穴を開けているため，例えばレーザ光の増幅が可能になる。

6　おわりに

マイクロホローカソードプラズマを利用した水処理について述べた。ガス流と組み合わせることで，大気中で O ラジカルなどの利用が可能になった。ガス種を変えることで，空間内の必要部分に必要なラジカルを供給できる見通しが得られた。さらに，オゾン処理よりも強力な酸化処理が可能な OH ラジカルの生成および O ラジカルによる水中での OH ラジカル生成について述べた。難分解物質を分解できたことから本ラジカルフロー方式のプラズマ源は高度水処理の一つの形態として有効であることがわかった。今後様々な応用が展開されるものと期待される。

文　献

1）水野彰，応用物理学会誌，**72**, p.457 (2003)
2）B. Eliasson, *IEEE. Trans. Plasma. Science*, **19**, p.1063 (1991)
3）J. Kitayama and M. Kuzumoto, *J. Phys. D: Appl. Phys.*, **30**, p.2453 (1997)
4）K. H. Schoenbach, *Plasma Sources Sci. Technol*, **6**, p.468 (1997)
5）遠藤康信，安岡康一，石井彰三，電学論 A，**123**, p.364 (2003)
6）A. Yamatake, K. Yasuoka, S. Ishii, *Jpn. J. Appl. Phys.*, **43**, p.6381 (2004)
7）A. Yamatake, J. Fletcher, K. Yasuoka, and S. Ishii, *IEEE Trans. Plasma Sci.*, **34**, 1375 (2006)
8）山野井隆，前田耕作，安岡康一，石井彰三，電学論 A，**123**, p.43 (2003)

第9章　ハイパワーパルス式マイクロプラズマの環境・バイオプロセスへの応用

秋山秀典*

1　はじめに

パルスパワー生成放電プラズマあるいはパルスパワーのバイオへの作用の研究が進みつつあり，それに伴って，Bioelectricsという新しい学問分野が形成されようとしている。類似した言葉としてBioelectronicsがあり，これは主として，電子工学の生体への観点から生体の特徴を分子レベルまで考察し，その成果を電子デバイスに生かすことを目的としている。

Bioelectrics（バイオエレクトリクス）は，パルスパワー，極短パルス電界，バースト高周波電界，非平衡パルスプラズマなどを利用して，生物細胞，生物組織，生物を操作することを目的としている[1)]。腫瘍のような望まれない細胞を取り払うこと，細菌やウイルスの処理，気体や液体および食物の化学的方法によらない処理など，環境，医療，食品，殺菌の分野，さらには体性幹細胞・ES細胞への作用を利用した器官形成制御など，多くの応用分野を展開できる可能性をもっている。

ここでは，パルスパワー[2, 3)]電源を用いた，大気圧気体および水中におけるマイクロプラズマ生成とその特性について述べるとともに，パルスパワーのバイオへの作用およびその応用について概説する。

2　大気圧気体中プラズマの特性

図1は，大気圧空気中に置かれた線対平板電極間に，パルスパワーを印加したときの放電プラズマの様子である。正のパルス電圧を線電極に印加している。線電極直径0.5mm，電極間隔38mm，線電極長4.5mである。線電極長は実験室の関係で制限されており，さらに大容積にわたって放電プラズマを付けることは容易である。均一な放電プラズマのようにみえるが，分解能を上げて観察すると1cm当たり10本の放電が線電極付近で観察される。それぞれの放電プラズマの直径は小さくマイクロプラズマの領域である。線電極から始まる放電の進展より，電圧を

---

*　Hidenori Akiyama　熊本大学大学院　自然科学研究科　複合新領域科学専攻　教授

図1　大気圧空気中における4.5mにわたる放電プラズマ

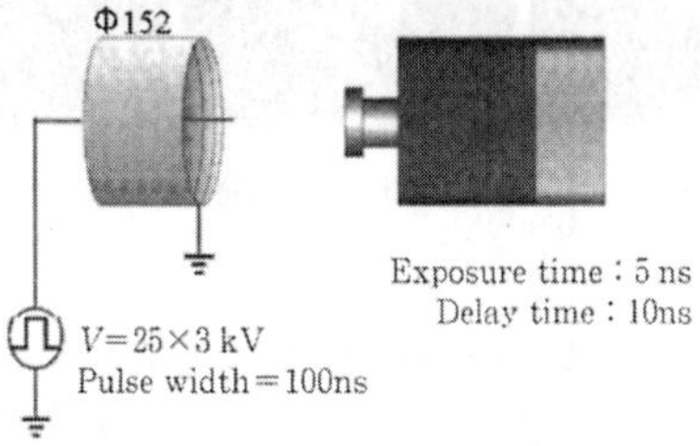

図2　線電極と円環状電極を用いたストリーマ放電の進展計測装置

早く立ち上げると，多くの放電が進展する。一方，遅く立ち上げると1本の放電に電力が集中され，雷のような放電となる。

放電の進展の様子をみるため，図2の装置を用いた[4)]。線電極と円環状電極間に，約75kV，パルス幅100nsのパルス電圧を印加した。円環状電極の直径は152mm，長さは10mmであり，線電極の直径は0.5mmである。高速度カメラの露光時間は5 ns，コマ間隔は10nsである。図3は，得られたコマ撮り写真である。中心に置かれた線電極からストリーマ放電が進展している。ストリーマ先端の伝播速度は，0.8～2.5mm/ns程度である。ストリーマ放電の先端が強く光っており，そこの強い電界で電子が加速され，多くのラジカルが生成されていることが考えられる。コンピューターシミュレーションによると，ストリーマ先端の電界は200kV/cmを超えていることが報告されている[5)]。負のパルス電圧を線電極に印加した場合は，複雑なふるまいをし，場合によっては，円環状電極から線電極に向かってストリーマが伸びてくる場合もある。

排ガス処理[6)]やオゾン生成[7, 8)]などの産業応用を考えたとき，パルスパワーのパルス幅を小さくしたほうが，処理効率や生成効率を高くできる[9)]。パルス幅を7 nsまで短縮すると，ストリーマ放電の伝播距離は，0.8～2.5mm/ns × 7 ns = 5.6～17.5mmとなり，ストリーマ放電が電極間

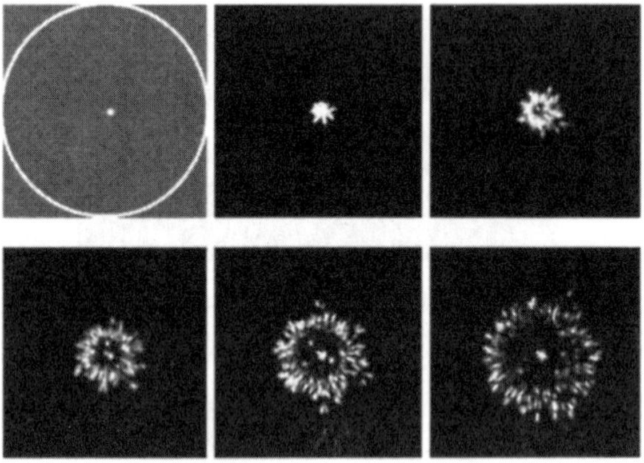

図３　大気圧空気中ストリーマ放電のコマ撮り写真

を埋めるためには，電極間隔を小さくする必要がある。この仮説が真実かどうかを確かめるため，円環状電極の半径を37mm とし，電極間にパルス幅７ns のパルス高電圧を印加した。パルス幅７ns の間に，印加電圧の極性にかかわらず，ストリーマ放電先端は円環状電極に達した。ストリーマ放電先端の伝播速度はパルス幅100ns の場合と比較して６～８mm/ns と数倍速くなっており，また，印加電圧の極性による変化はない。

ストリーマ放電先端で起こる高エネルギー現象，たとえば高電界，高速電子生成，豊富に生成されるＯやOH やO_3，紫外線などを利用した応用が考えられている。これまでに研究されてきた課題は，排ガス処理，オゾン生成，ダイオキシン処理，VOC 処理，殺菌，脱臭，光源，活性原子・分子源などがある。

3　水中プラズマの特性

水中で，大気圧気体中のような大容量放電プラズマの生成ができないかという興味から，水中放電プラズマの研究が始まった[10, 11]。約100kV のパルスパワーを水中に置かれた棒電極に印加すると，図４のように，無数のストリーマ状放電が進展した。大気圧気体中のストリーマ放電と比較すると，可視光の強度が強く水を気化しながら放電が進展するため，従来のストリーマ放電とは異なる。

図５に，ストリーマ状放電プラズマが進展する間に起こる高エネルギー現象を示している。水からプラズマに変化する過程で生ずる衝撃波は30000 気圧にも達している。ストリーマ状放電先

図4　棒電極先端から進展している水中ストリーマ状放電プラズマ

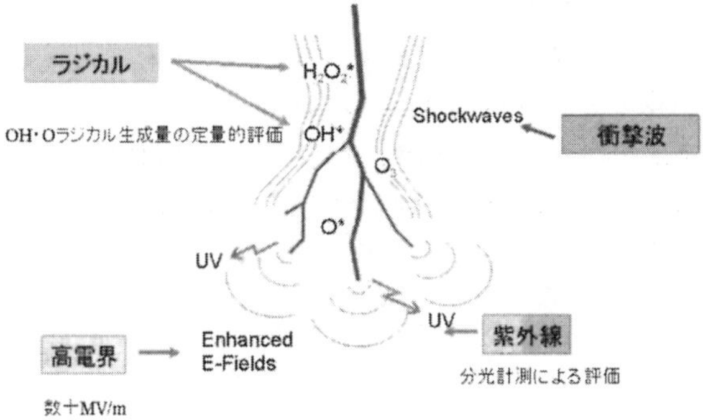

図5　水中ストリーマ状プラズマにおける高エネルギー現象

端の電界は，数百 kV/cm と大きいと思われる。紫外線や水分子からのラジカルも生成されている。このような高エネルギー現象が，水の中の細菌に作用して殺菌したり，化学化合物を分解したりする。ストリーマ状放電プラズマの進展速度は，約 0.03mm/ns と大気圧気体中進展速度より約2桁遅い。ストリーマ状放電プラズマの直径は 0.1mm 弱であり，先端の高電界が作用する範囲を直径の 10 倍とっても，高電界印加時間はわずか 30ns である。棒電極先端近傍の放電光が強い領域でのプラズマ温度と密度計測を行った。プラズマ温度計測は，電極材質に関連した銅の発光線強度比から得られ，約 1.3eV であった。電子密度は，H_{α}線のシュタルク広がりから求め，$3 \sim 7 \times 10^{18}/cm^3$ であった。

4 バイオエレクトリクス

パルス電界を細胞に印加して，細胞膜に孔を開けるエレクトロポレーションがよく使われている。図6はエレクトロポレーションの様子である。細胞膜の両側に逆極性の電荷がたまり，約1V程度の電圧で孔が開く。孔が小さいときは元に戻るが，大きくなると元に戻れなくなり細胞死となる。図7にその詳細を示す[12]。不可逆破壊になると，細胞内組織が外に出て，修復が困難となる。

細胞を電気回路に例えると，図8のようになる[13]。C_s と R_s は細胞が入っている媒質の静電容量と抵抗，C_m は細胞膜の静電容量，R_{c1} と R_{c2} は細胞膜と細胞核膜間媒質の抵抗，C_n は細胞核膜の静電容量，R_n は細胞核内部の抵抗である。低周波の場合は，細胞膜のインピーダンスが大きいため細胞膜に電圧がかかり，エレクトロポレーションが起こる。周波数が数十MHzになると，細胞膜には電圧がかからず細胞内組織に直接電圧がかかることになる。細胞の種類によっては，図9のように細胞膜を破らずに細胞核膜に孔を開けることも可能である。

図10に，いろいろな応用に対する電界強度とパルス幅の関係を示す[1]。2つの曲線で囲まれた領域は，細胞が可逆破壊を起こす範囲を示す。下の曲線は，細胞膜に1Vかかるための電界強度とパルス幅の関係を示している。下の曲線より上で，エレクトロポレーションが起こる。上の曲線は温度が10K上昇する曲線であり，その曲線より上は加熱が支配的となり，バイオエレクト

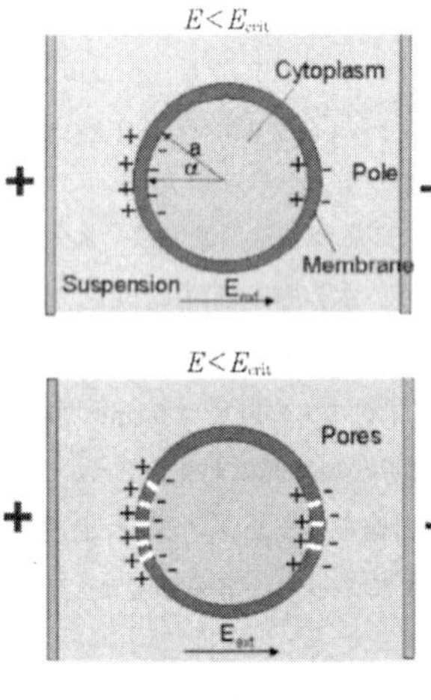

図6　パルス電界による細胞のエレクトロポレーション

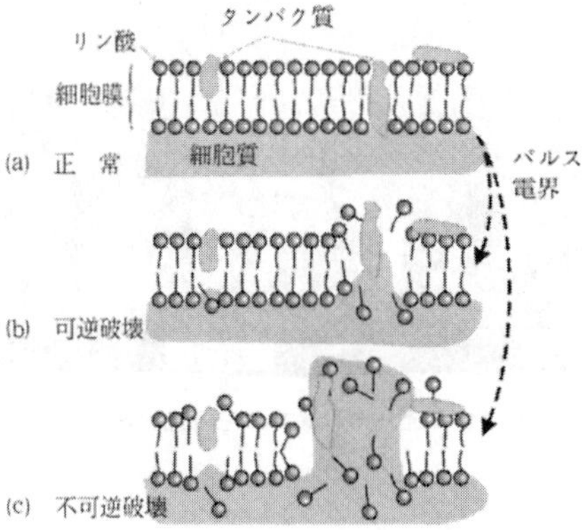

図7　細胞膜の可逆破壊と不可逆破壊

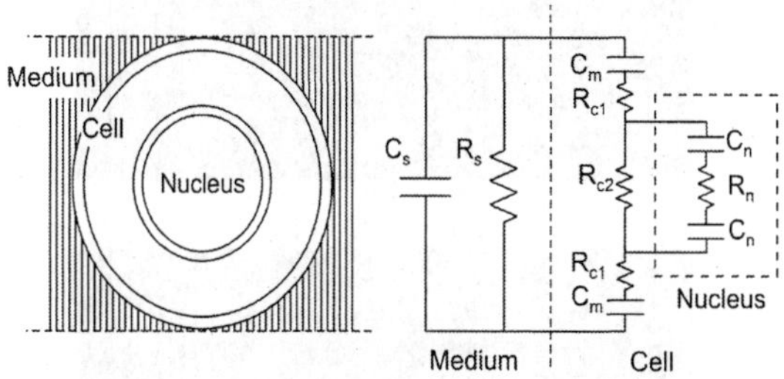

図8　細胞の等価電気回路

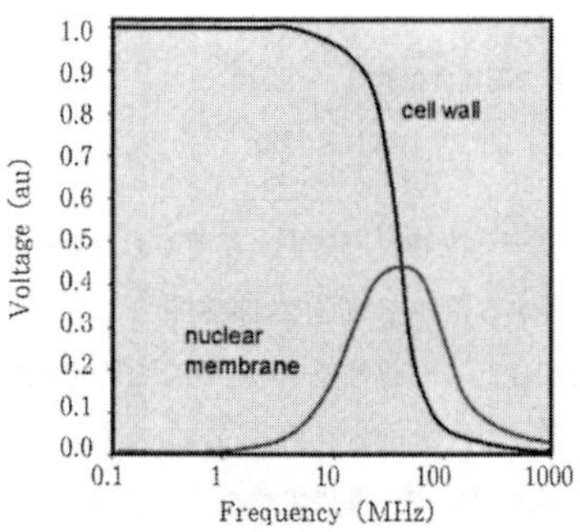

図9　細胞膜および細胞核膜への印加電圧の周波数依存性

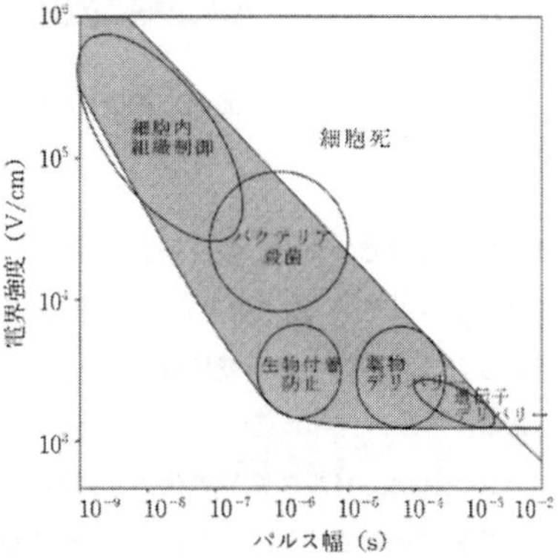

図10　電界強度とパルス幅に対する応用分野

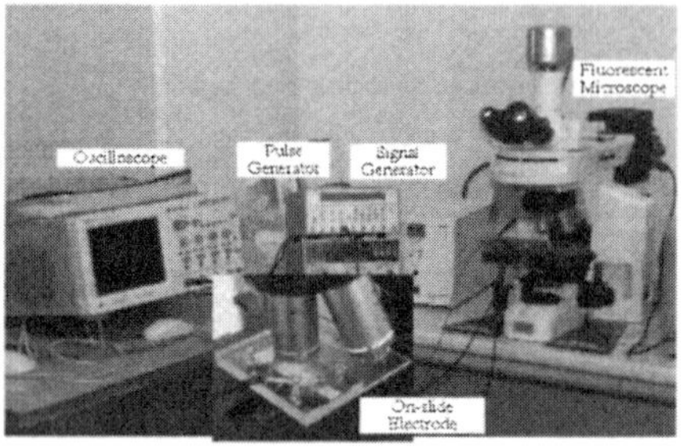

図11　細胞へのパルスパワー印加実験風景

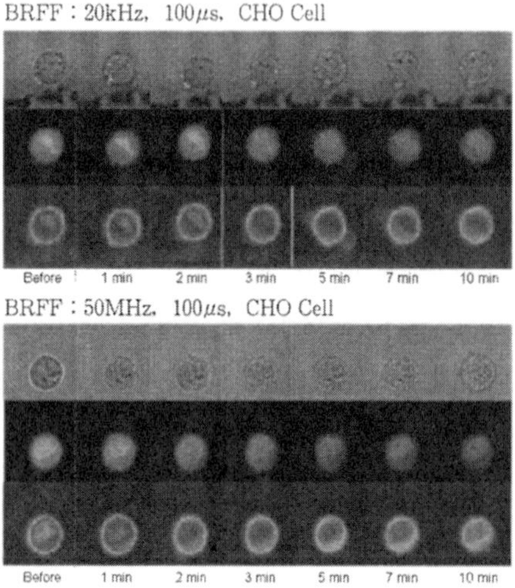

図12　細胞へのバースト高周波電界の周波数依存性

リクスの領域ではない。遺伝子デリバリー，薬物デリバリー，生物付着防止，殺菌のおおよその領域が示されている。DNA などの細胞内組織に直接影響する領域を細胞内組織制御として示している。これは新しい研究領域であり，アポトーシスを引き起こし癌治療への応用などの可能性もある。

われわれは，パルス電界の代わりにバースト高周波電界を用いて，基礎実験を行っている。その実験装置の写真を図11に示す。間隔 100 μm の電極間にバースト高周波電界を印加し，各種細胞に対してその作用を調べている。実験は，顕微鏡下で行っている。図12に最近得られた結果を示す[14]。CHO（Chinese Hamster Ovary）に，20kHzあるいは50MHzのバースト（バーストの時間幅100μs）をかけたときの，顕微鏡写真（上），DNAをみるためにAO（Acridine Orange）を入れたときの蛍光写真（中），コンピューター処理した図（下）を示す。20kHzのバースト高周波電界を印加した場合，細胞膜に孔が開きDNAが外に漏れている。細胞核内のDNA濃度の大きい変化はない。50MHzのバースト高周波電界を印加した場合，細胞の外へのDNAの漏れはなく，細胞膜に孔は開いていない。細胞内蛍光強度は全体に減少しており，DNAの断片化などが起こっている可能性がある。これらの結果は，図10の左上の細胞内組織制御がバースト高周波電界で可能なことを示している。パルスパワーのバイオへの作用の解明は始まったばかりで，まだ学問としては創成期であるが，今後のバイオエレクトリクス分野の発展が期待される。

5　湖沼浄化

水中生成放電プラズマの応用例として，湖沼浄化を取り上げる[15]。農業廃水や生活排水などによって汚染された湖沼や池が多くなってきた。湖沼や池の水が赤みを帯びたように見えるのを淡水赤潮と呼び，緑の粉をまいたようにみえるのをアオコと呼んでいる。総称して水の華と呼ばれている。これらは，富栄養化に伴う窒素やリンなどの増加によるプランクトンの異常発生が原因となっている。異臭や景観が問題となっているが，プランクトンの種類によっては，毒素，魚の大量死など深刻な問題となる。

図13は，熊本県内ダムにおけるアオコ発生の様子である。水面が緑のペンキを流したようになっている。このダムでは，顕微鏡観測から，藻類の一種であるミクロキスティス（Microcystis）

図13　ダムでのアオコ発生の様子

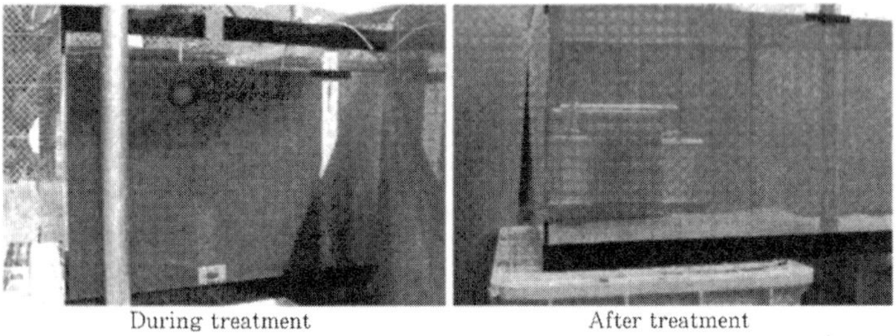

図 14　アオコを含んだダムの水に水中放電プラズマを印加

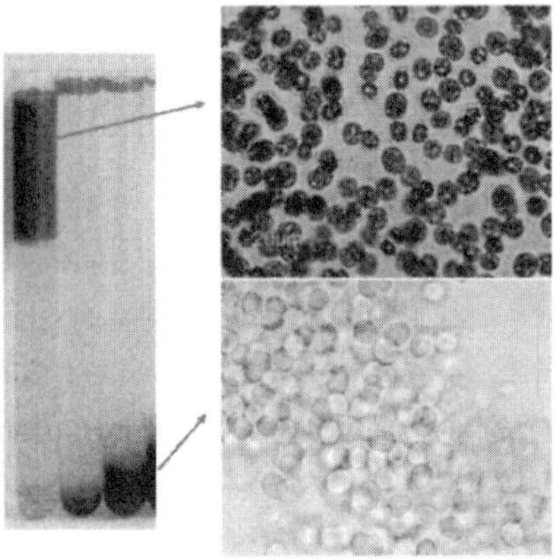

図 15　水中放電プラズマ印加前後でのミクロキスティスの顕微鏡写真

の増加がアオコの原因であることがわかった。ミクロキスティスは，細胞内に偽空胞（ガス胞）をもっており，浮いて群体をなし，水面からおよそ 10cm までに多く存在する。

図 14 は，50cm 立法の容器にミクロキスティスを含んだダムの水を入れ，図 4 の水中放電プラズマを印加した。棒電極は，輪を描くように動かしている。処理後，ミクロキスティスは容器の底にたまり，水が透明になっている。図 15 は，水中放電プラズマをミクロキスティスに印加する前と印加した後の様子である。印加する前は偽空胞によって浮いているが，印加した後は沈んでいる。顕微鏡写真から，水中放電プラズマを印加した後のミクロキスティスも群体を形成しているが，印加する前のミクロキスティスにみられる黒い斑点（偽空胞）はみられない。細胞壁はともに存在する。偽空胞の消滅は，水中放電プラズマが進展するとき，先に強い電界にさらさ

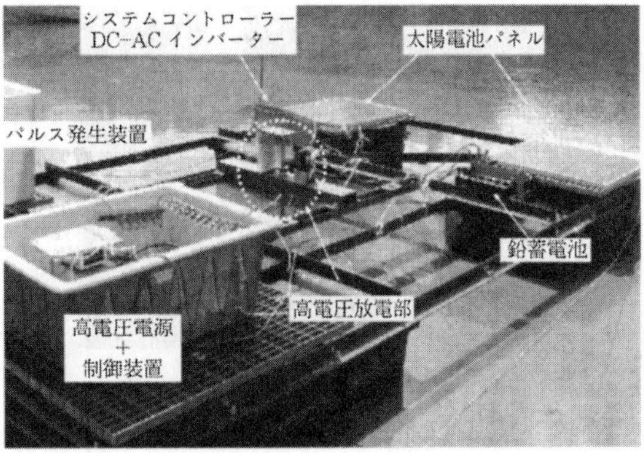

図16　太陽電池駆動型パルスパワー電源による湖沼浄化装置

れ次に衝撃波を受けるためではないかと考えている。

図16は，実際にダムで行ったミクロキスティス殺藻の様子である。

6　応用の広がり

パルスパワーのバイオへの作用の利用は，湖沼浄化以外にも多くの試みがなされている。そのいくつかについて，以下述べる。

発電所などの海水冷却水系に生物（フジツボなど）が付着し，冷却効率の低下や冷却水管の腐食が起こる。化学的処理も考えられるが，周囲の環境を壊さない，生態系を変えない方法が望まれている。海水の取水口でメッシュにより多くの生物を取り除くことは可能であるが，大きさが0.2mm程度のフジツボなどの幼生を取り除くことは困難である。海水取水口でパルスパワーを印加して幼生を気絶させ，排水口に来るまでその状態を維持できれば，環境に優しい方法となる[1]。ブラインシュリンプを用いた実験で，パルスパワー印加後400秒程度活動を抑えることができた。

淡水産巻き貝は住血吸虫幼虫（セルカリア）の中間宿主である。これに，水中放電プラズマを印加すると，中から液が出てきて死んだ。マラリアを媒介するハマダラカ幼虫に対しては，気絶効果が認められた。

シイタケのホダ木にパルスパワー（パルス幅70ns，電圧100kV）を1回印加することにより，収穫量が約2倍に増える[16]。図17はその様子で，左のホダ木はパルスパワーを印加していない

図17　パルスパワーのシイタケ栽培への利用

場合，右は印加した場合の写真である。右のホダ木のほうが多くシイタケがみられる。

7　おわりに

パルスパワー，パルスパワー生成放電プラズマ，極短パルス電界，バースト高周波電界のバイオへの作用およびその応用をバイオエレクトリクス（Bioelectrics）と呼び，この新しい学問分野形成のための萌芽的研究をまとめた。今後，パルスパワーのバイオへの作用の基礎研究が進むことにより，その適用範囲も明らかとなり，湖沼浄化などの環境，癌治療などの医療，食品のパルスパワー殺菌，さらには体性幹細胞・ES細胞への作用を利用した器官形成制御など，多くの応用分野が生まれるものと思われる。

文　　献

1) K. Schoenbach, S. Katsuki, R. Stark, E. S. Buescher, S. J. Beebe, "Bioelectrics — New Applications for Pulsed Power Technology", *IEEE Transactions on Plasma Science*, **30** (1), 293-300 (2002)

2) 原雅則，秋山秀典，"高電圧パルスパワー工学"，森北出版（1991）

3) 秋山秀典編著，"高電圧パルスパワー工学"，オーム社（2003）

4) T. Namihira, Douyan Wang, S. Katsuki, R. Hackam, H. Akiyama, "Propagation Velocity of Pulsed Streamer Discharges in Atmospheric Air", *IEEE Transaction on Plasma Science*, **31** (5), 1091-1094 (2003)

5) 杤久保文嘉，渡辺恒雄，"大気圧非平衡プラズマの有害ガス処理への適応"，応用物理，**66**

(6), 576-579 (1997)
6) R. Hackam, H. Akiyama, "Air Pollution Control by Electrical Discharges", *IEEE Transactions on Dielectrics and Electrical Insulation*, **7** (5), 654-683 (2000)
7) W. J. M. Samaranayake, Y. Miyahara, T. Namihira, S. Katsuki, T. Sakugawa, R. Hackam, H. Akiyama, "Pulsed Power Production of Ozone Using Nonthermal Gas Discharges", *IEEE Electrical Insulation Magazine*, **17** (4), 17-25 (2001)
8) 佐久川貴志, 石橋英紀, 浪平隆男, 勝木淳, 秋山秀典, 前田定男, "高繰り返しパルスパワーを用いたオゾンの生成特性", 静電気学会誌, **26** (6), 275-280 (2003)
9) R. Hackam, H. Akiyama, "Application of Pulsed Power for the Removal of Nitrogen Oxides from Polluted Air", *IEEE Electrical Insulation Magazine*, **17** (5), 8-13 (2001)
10) H. Akiyama, "Streamer Discharges in Liquids and their Applications", *IEEE Transactions on Dielectrics and Electrical Insulation*, **7** (5), 646-653 (2000)
11) 中司宏, 廣岡達也, 勝木淳, 秋山秀典, "線対平板電極を用いた大容量水中ストリーマ放電の特性", 電気学会論文誌 A, **123** (7), 618-622 (2003)
12) 勝木淳, "パルスパワーによるバクテリアの殺菌", プラズマ・核融合学会誌, **79** (1), 20-25 (2003)
13) J. Deng, K. H. Schoenbach, E. S. Buescher, P. S. Hair, P. M. Fox, S. J. Beebe, "The Effects of Intense Submicrosecond Electrical Pulses on Cells", *Biophysical Journal*, **84**, 2709-2714 (2003)
14) N. Nomura, S. Abe, I. Uchida, K. Abe, H. Koga, S. Katsuki, T. Namihira, H. Akiyama, H. Takano, S. Abe, "Response of Biological cells exposed on Burst RF Fields", IEEE Int. Pulsed Power Conf., Monterey, CA, USA, Jun. 13-17, 2005
15) 秋山秀典, 勝木淳, 浪平隆男, 石橋和生, 清崎典昭, "パルスパワー生成水中ストリーマ状放電プラズマによる湖沼浄化", プラズマ・核融合学会誌, **79** (1), 26-30 (2003)
16) 塚本俊介, 前田貴昭, 池田元吉, 秋山秀典, "キノコ栽培へのパルス高電圧の利用", プラズマ・核融合学会誌, **79** (1), 39-42 (2003)

第　四　編

マイクロ・ナノプラズマの今後の展望

第1章　産業応用の新展開
―PDP開発に学んで―

篠田　傳*1，粟本健司*2

1　はじめに

プラズマディスプレイ（PDP）が世界各地で本格普及の段階に入っている。三電極面放電型などの構造およびADSに代表される駆動法の発明と改善により，1992年に世界で初めて21型フルカラーPDPが製品化され，1997年には42型PDPの製品化に成功し，薄型大画面でかつ広視野角という特徴を生かして大画面公衆表示市場を作り出した。大きく発展し始めたのは，日本でのBSデジタル・ハイビジョン放送開始に合わせて2001年から販売された32型プラズマテレビが注目を集め，テレビとして受け入れられたことによる。この年家庭向けの台数が業務用途を超えたため，2001年はプラズマテレビ元年と呼ばれる。プラズマテレビ販売台数は年々倍増しており，2007年度には全世界で1500万台に達すると予想されている。これに加えて公衆表示用PDPも着実に成長し年100万台規模に達している。PDPは単にCRTからの置き換えでなく，リアリティと感動のある映像表現を特徴とする薄型大画面テレビという新市場を作り出して成長して来た。今後さらに高精細化と低電力化が進み，また等身大表示を実現する超大画面の新技術が実用化に近づきつつあり，ブロードバンドネットワーク普及との相乗効果で，再び新市場を作り出すと期待される。

本章では，現在のPDP製品に用いられているAC型の基本技術を中心に開発の歴史を振り返り，特長と優位性について解説する。また，大画面化に有利なプラズマ技術を基に提案されている次世代超大画面・薄型ディスプレイ技術の概要と今後の展開について述べる。

2　カラーPDP基本技術の開発

PDPはガス放電により発生するプラズマを利用して電気信号を発光に変換する，自発光・直視型ディスプレイである。大きく分けると直流（DC）型と交流（AC）型があり，前者は放電電

* 1　Tsutae Shinoda　東京大学　生産技術研究所　客員教授；㈱富士通研究所　フェロー
* 2　Kenji Awamoto　㈱富士通研究所

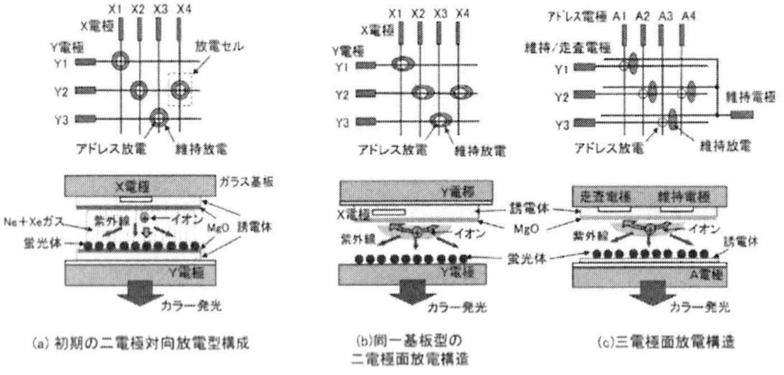

図1　AC 型カラー PDP の基本構造の開発

極がガス空間に直接露出した構造で，後者は電極が絶縁層（誘電体層）で覆われている。AC 型 PDP の原理は 1964 年にイリノイ大学で発明された。AC 型 PDP では，放電が起こりガス分子が電離すると，電子やイオンなど荷電粒子は印加電界を打ち消すように誘電体層表面に吸着される。蓄積された電荷は壁電荷と呼ばれ，印加電界を打ち消すため放電が停止するのでパルス状の放電となる。この壁電荷がメモリー機能をもたらす。富士通ではこの AC 型 PDP の持つ電極保護や壁電荷メモリー機能の特長に着目し，イリノイ大学と提携して研究を開始した。当初はテレビ用ではなく，コンピュータ端末用モノクロ PDP 中心に研究が進められ，カラー PDP の研究は小規模であった。

初期の AC 型カラー PDP の構造は，図 1 (a)に示す二電極対向放電型と呼ばれるものであった。二枚のガラス基板のそれぞれに互いに直交するストライプ電極を配置し，その上を誘電体層さらに MgO 保護膜で覆う。一方の基板上の各放電セルに赤，青，緑の蛍光体が配置され，二枚の基板間にはネオンとキセノン（Ne＋Xe）の混合ガスが封入される。放電によって Xe から発生する 147 nm や 172 nm の紫外線が蛍光体を励起して可視光が発生する。この構造では，放電により高速に加速されたイオンが，MgO 保護膜上に形成された蛍光体を衝撃し破壊することで輝度が急激に低下した。この寿命問題は対向型の構造に起因していたが，1970 年代終盤に筆者は面放電の導入で解決への新しい展開を試みた[1]。最初に検討した面放電構造を図 1 (b)に示す。電極は片側基板にのみに配置され，ガラス層で挟まれた交差電極二層構造になっており，同一基板型面放電構造と呼ばれた。対向する基板には蛍光体のみを配置する。いま，上下の電極間に交流のパルスを加えると，電界が誘電体層を通して空間に印加され放電を開始する。放電からの紫外線が蛍光体を励起発光させるが，面放電構造だと電界が基板の表面に集中し，放電によって生じたイオンはこの電界に閉じ込められ，蛍光体に衝撃を与えない。この構造により蛍光体の寿命が飛

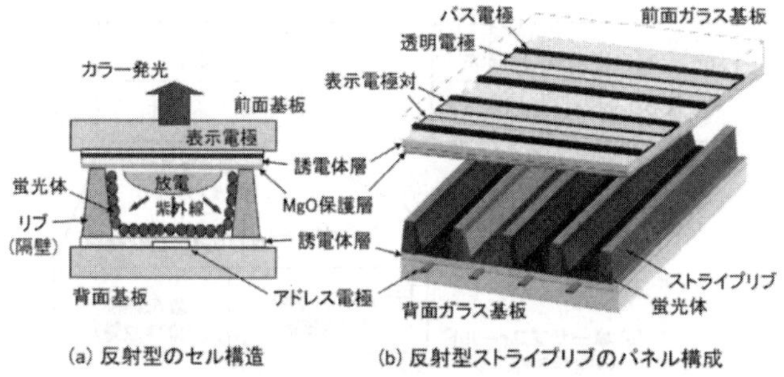

図2　反射型・ストライプリブ構造の開発

躍的に延びた。

二電極面放電構造は，電極交差部に電界が集中し，この部分でMgO保護膜や誘電体層を劣化させ動作不安定になる問題があった。これを解決するため，筆者は図1(c)の三電極面放電構造を考案した[2)]。並行配置した2本の電極間で起こる面放電は電界集中が少ないことに着目し，対向するガラス基板上に画素選択専用のアドレス電極を新たに設ける構造を導入した。単セルを構成する電極が従来の二本から三本に増えて複雑になると思われたが，原理的には共通に一本の電極を追加するだけで対向電極間での画素選択動作と，並行電極による表示放電とを明確に分離できたため，駆動回路や表示制御など全体を通して単純化につながっていった。

このように，カラーPDPは，単なるモノクロPDPの延長でなく，新規な基本構造が発明されて実現されている。データ制御（アドレス電極），放電・エネルギー変換（維持電極）可視光発光（蛍光体）の各機能が明確に分離され，それぞれバランス良く分担されており，新デバイスとして生まれ変わっている。この三電極構造の特長である明確な機能分離は，特に大画面化を進める際に本質的に優位性を与え，その後の緻密な画質制御技術の開発や，より大画面で電力を効率良く使う電力制御法の開発などにつながってゆく。

図1(c)の構造は透過型とも呼ばれ，光を取り出す前面側のガラス基板に蛍光体を配置したものであった。紫外線を受けた蛍光体からの発光が，蛍光体自身を透過するとき反射・吸収されるため，大きく輝度低下していた。これを解決するために反射型構造が考案された[3)]。図2(a)のように前面基板側の表示電極での放電により紫外線を発生させ，背面基板側の蛍光体を励起発光させ，反射方向に出てくる可視光を利用する。蛍光体透過時の輝度の減衰がなくなり，透過型に較べて2倍以上の高輝度化を達成した。図2(b)は，1990年代始めに本格量産を目指して開発された，反射型ストライプリブと呼ばれる基本構造である。背面基板側に蛍光体色を分離するストライプ状のリブを設け，これに蛍光体を塗布する。またリブ側面にも蛍光体を塗布する。さらに前

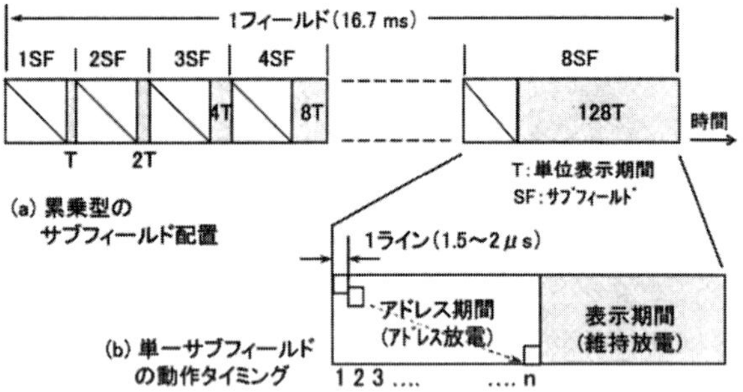

図3　アドレス／表示分離（ADS）サブフィールド法

面基板の表示電極には透明電極材料を用いた。蛍光体量が増えることで輝度が上昇し，リブ側面への蛍光体塗布が広い視野角をもたらした。また，ストライプリブは製造が容易で，1993年の世界初フルカラー21型PDP製品化と量産立上げに貢献した[4)]。この時期，基本構造に合わせて製造プロセスも確立された。定評のある厚膜印刷技術，薄膜技術からなり量産性に優れており，PDPが大画面でも作りやすいという特長はこの時期に確立された。

AC型PDPはパルス発光（二値発光）であるため，表示輝度は発光パルス数を変えることで制御する。1枚の画像の中間階調を表わすとき，1フィールドの表示期間（テレビでは1/60秒）を輝度の異なる複数の画像に分割し，その画像を重ね合わせるサブフィールド法を用いる。例えば1フィールドを8サブフィールドに分割し，それぞれに2の累乗である1，2，4，…，128の輝度重みをつけることで256階調が表現できる。アドレス動作と維持放電動作が混在する初期の駆動方法では，1フィールド期間に最大でも4サブフィールド程度しか入らず，テレビ表示に必要な階調表示数が得られなかった。

筆者は，さらにAC型PDPの特徴である壁電荷メモリーを利用した高速駆動法を開発した。これは，ライン順に単純なアドレス動作（ドットを選択する動作）だけを行い，全てのアドレス動作を終了した後，全ライン同時に維持放電を行う手法であり，ADS（Address Display-period Separation）サブフィールド法と呼ぶ[5)]。図3(a)にサブフィールド配置，(b)に単一サブフィールドのタイミングを示す。ADS法では，アドレス動作が高速であり，アドレス時間が大幅短縮された結果，サブフィールド数を増加させフルカラー表示を実現した。

現在のカラーPDPの技術では，三電極構造とADS駆動法を基礎とした，様々な駆動方法のバリエーションが生まれている。アドレス動作，維持放電動作が明確に分かれているため，それぞれの動作を変更しても，全体の安定動作を保つことが容易であるため，様々な画質改善法や電力

表1　PDP基本技術とその優位性

基本技術	機能	優位性
面放電	放電と紫外発光	長輝度寿命，安定な放電
三電極構造	アドレス放電，維持放電	安定な駆動，画質制御・電力制御が容易
ADS駆動法	中間調表示制御	
反射型ストライプリブ構造	色ごとの放電分離	高輝度・広視野角，広いプロセスマージン

制御法などが提案されている[6,7]。以上述べたカラーPDPの構造や駆動法など基本技術と，そこから得られる優位性を表1にまとめた。これらは今後の技術開発においても重要な要素となっている。特に大画面化に際しては，安定駆動，電力制御の容易性，広いプロセスマージンが重要であり，次世代技術においてもこれら優位性を引き継ぐ必要がある。

3　PDPの次世代技術開発と超大画面化技術

PDPにおける今後の技術開発の展開を図4に示す。PDPの技術開発において，これまで大画面化やFull-HDに代表される高精細化，さらには様々な高画質化信号処理によりテレビ市場で付加価値を高めて来た。最近のPDPの画質は高いレベルに達したため，市場の要求は低電力化と低コスト化および環境対応に向かっている。これら3つの開発は製品の競争力を維持し底辺を支える技術として今後も開発の重点が置かれる。さらに，現在の技術の枠を超えた次世代の超高精細技術や超大画面技術[8,9]の開発が進められている。これらはPDPの応用範囲を広げ新市場を作り出す基となるため，その技術確立が期待される。

PDPの最大画面サイズは年々拡大し，2006年始めに103インチ試作機が報告された。大画面化に有利なPDPであっても，対角100インチ以上の画面サイズでは，ガラス基板大型化に伴う技術課題と膨大な工場投資という2つの壁がある。筆者らはプラズマの発光原理を持つプラズマチューブアレイ（PTA: Plasma Tube Array）という独自のデバイス構造と製造プロセスでこの

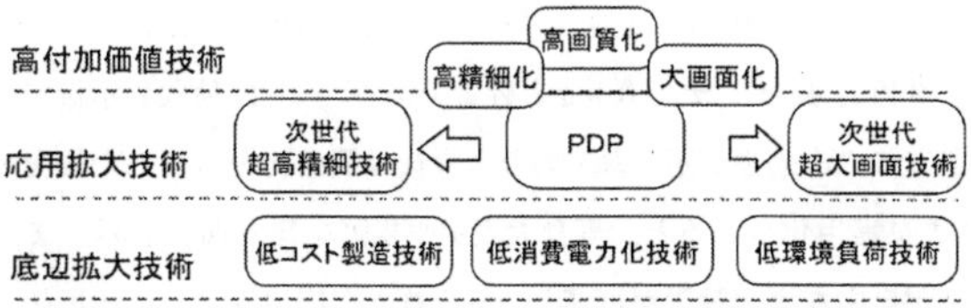

図4　PDP技術の開発の展開

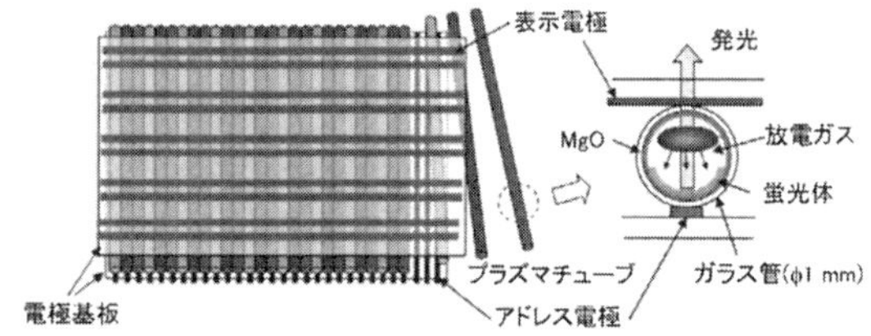

図5　プラズマチューブアレイの基本構造

(a) 1mプラズマチューブ×504本アレイ　(b) 動画表示例

図6　試作プラズマチューブアレイ

2つの壁を破る技術を開発した[8]。基本構造を図5に示す。直径1 mmの細長いガラス管内にPDPと同様の発光構造を形成する。このプラズマチューブを並べることで100インチ以上の大画面･薄型ディスプレイを実現できる。本方式では，大画面ほど放電空間が広がり高発光効率にできるため，低電力化が期待できる。並べ方により自由な形状・サイズの画面が実現可能であり，通常のPDPに比べ小規模な工場で製造可能である。

図6(a)は，フレキシブルな樹脂フィルム電極基板を使った1 m長プラズマチューブ504本試作アレイである。対角約42インチで0.6kgと軽量である[9]。(b)は動画表示例である。これら基本技術開発により本方式の有効性が示されており，今後は製品化を目指した開発・試作が計画されている。PTA方式が実用化されると，等身大表示や視野を覆う曲面表示，また軽量さを生かした天井への配置など自由な画面設置が可能となり，様々な応用システムの開拓が期待できる。自発光・大画面でリアリティある実物大表示の映像を伴って情報伝達するという新市場が発展する

と予想している。

4　おわりに

カラーPDPの基礎技術と今後のPDP技術の展開および次世代超大画面技術の開発について述べた。カラーPDPの基本構造は大画面化，低電力化，低コスト化に耐え得る素性を持っており，強い競争力を持つ。今後も改善が続けられ，性能，価格競争力，環境対応力を伸ばし続けるであろう。PDP技術はこれまで大画面公衆表示市場や薄型大画面テレビ市場を作り出して来たが，次世代の超高精細化・超大画面化への開発展開を得て，今後も新市場を作り出しつつ応用範囲を広げ，さらに競争力を強固なものにしてゆくと考えている。

文　　献

1) T. Shinoda, "Surface Discharge Color AC-Plasma Display Panels," late news in biennial display research conference (1980)
2) T. Shinoda and A. Niinuma, "Logically addressable Surface Discharge ac Plasma Display Panels with a New Write Electrode," SID84 Digest, pp.172-175 (1984)
3) T. Shinoda, M. Wakitani, T. Nanto, T. Kurai, N. Awaji and M. Suzuki, "Improvement of Luminance and Luminous Efficiency of Surface-Discharge Color AC PDP," SID91 Digest, pp.724-727 (1991)
4) S.Yoshikawa *et al.*, "Full color AC plasma display with 256 gray scale", Japan Display '92 Proceedings, pp.605-608 (1992)
5) 篠田傳，吉川和生，金沢義一，鈴木正人，"AC型PDPの高階調化の基礎検討"，テレビ学技報 EID91-97, pp.13-18 (1992)
6) M. Kasahara, M. Ishikawa, T. Morita and S. Inohara, "New Drive System for PDPs with Improved Image Quality: Plasma AI," SID99 Digest, pp.158-161 (1999)
7) M. Uchidoi, "Technology for Reducing Power Consumption of PDPs in Pioneer," ASIA-DISPLAY / IMID04 (2004)
8) T. Shinoda, M. Ishimoto, A. Tokai, H. Yamada and K. Awamoto, "New Approach for Wall Display with Fine Plasma Tube Array Technology," SID02 Digests, pp.1072-1075 (2003)
9) K. Awamoto, M. Ishimoto, H. Yamada, A. Tokai, H. Hirakawa, Y, Yamasaki, K. Shinohe and T. Shinoda, "Development of Plasma Tube Array Technology for Extra-Large-Area Displays," SID05 Digest, pp.206-209 (2005)

第2章　戦略的基礎研究
—新たな産業化の核として—

橘　邦英*

1　はじめに

序論でも述べたように，マイクロプラズマは，①プラズマ本来の性質，②微小化によって発生する特性，③単体または集合体としての利用の方法，の組み合わせによってさまざまな機能や用途が創生できる[1)]。図1にその発想の流れを示す。一例としてPDPの場合に触れたが，他の多くの例も既に本書の各章で紹介されている。例えば，反応性×微小性×単体使利用の組み合わせとしてのマイクロプラズマジェットは局所的プロセスを可能にし，ナノ構造材料の創製やマスクレスエッチング，さらにはバイオマテリアルの加工やマイクロスラスターなどへと新しい用途が展開してきている。集合体としての用途では，微小性に導電・誘電性を組み合わせて，プラズマフォトニック結晶という新概念を創生し，ミリ波（100GHz）からサブミリ波（THz）領域でのマイクロ波の制御デバイスへ応用する展開が，第2編第6章に紹介されている。ここでは，このような新しい研究の展開を実用化して新規産業へと結び付けていくために必要な基礎研究における課題と戦略目標を，単体および集合体としての利用法に分けて整理してみよう。

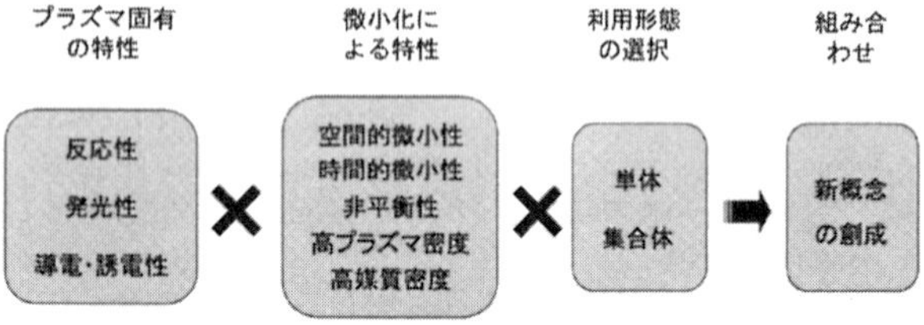

図1　マイクロプラズマによる新技術創生における発想の流れ

＊ Kunihide Tachibana　京都大学　工学研究科　電子工学専攻　教授

2　単体としての機能と用途

マイクロプラズマ単体としての多くの用途では，サイズがどこまで微小化できるかという目標がある。しかし，プラズマが荷電粒子の集合体としての性質を保つためには，空間中での主として電子衝突による生成とその空間および境界を含めた領域での荷電粒子消滅のバランスを，少なくとも放電が持続している間は保持する必要がある。そのため，電子が特性長（空間的スケールを規定する距離）を走行する間に1回以上の電離衝突を経験する必要があり，図2に示すように，媒質の密度と空間的サイズには自ずと逆比例の関係があることがわかる。したがって，サイズを1μmオーダーに近づけていくには，数10気圧に相当する10^{20}～$10^{21}cm^{-3}$の媒質密度が必要ということになる。その領域では，第2編第1章で述べられた超臨界流体中の放電プラズマ現象も新しい研究対象となる。

光源などへの用途では，第2編第10章で紹介されたように，三次元的な体積を小さくして自己吸収の小さい点光源としての性能を追求する方向が求められる。一方で，エッチングやCVDなどのプロセスに用いるためには微小化とともにプラズマの形状も問題になり，マイクロジェットのように断面は小さく長さの大きい高アスペクト比の形状が必要なことが多い。そのためには，放電の駆動法とともに放電ガスや原料ガスの流れを高度に制御する技術が重要で，モデルやシミュレーションに基づいた基礎研究が要求される。それを実現した一つの例として，ドイツのEngemannらが開発した低周波駆動のマイクロプラズマジェットの例を図3に示す[2)]。構造はきわめて単純で，内径数mmのキャピラリーガラス管に数cmの間隔でリング電極を2個巻きつけ，動作ガスのHeを数l/min流して大気中に噴出させ，数kHz程度の交流電源で駆動することによって，直径が1 mm以下で拡散せずに数cm以上の長さで伸展するジェットが得られる。

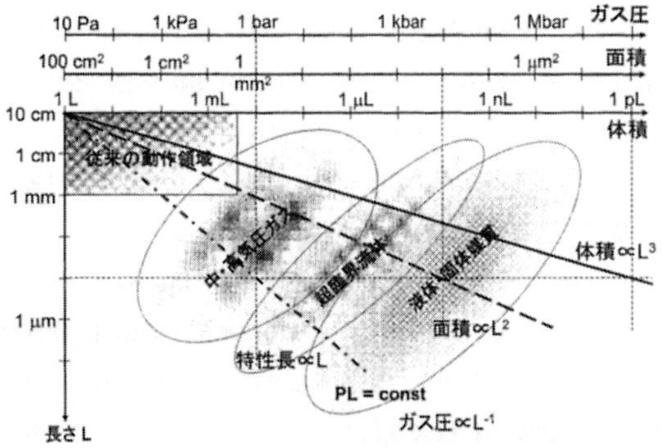

図2　微小化にともなう面積，体積，動作ガス圧および適合媒質の変化

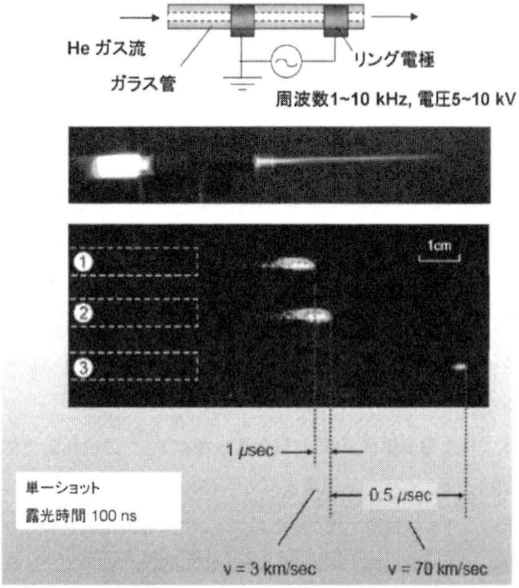

図３　低周波駆動マイクロプラズマジェットの構造とジェットの高時間分解画像の例

このジェットを高速カメラで観測すると，放電の周期に同期してプラズマ粒が弾丸のように噴出していることがわかるが，その速度は，元のガス流が 10m/s 程度であるのに比べて，3 桁も速い 10km/s のオーダーに達している。その加速のメカニズムはまだ詳細にはわかっておらず，基礎的な研究による解明が待たれている。

一般に，マイクロプラズマ技術の産業化への展開においては，プラズマ源と基板の材料（金属，半導体，ガラス，紙など）やその形状（平面状，線状，立体状など）との組み合わせに多くの戦略的な要素や可能性が残されている。マイクロプラズマの最大の特徴は大気圧動作が可能なことであり，どのような形状の反応場を作って，そこにどのような方式で処理基板を供給するかの組み合わせによって，多様な実用的技術が創生されるであろう。

また近年，マイクロプラズマの応用が医療やバイオマテリアルのプロセスに広がり，爆発的な発展の兆しが見えてきている。その端緒として，殺菌や滅菌への応用，歯科治療への応用に向けての基礎研究が進められている。しかし，現状ではまだプラズマ照射とその結果としての滅菌率などの表面的な関係のみが議論され報告されているに過ぎない。本格的な応用技術の開発においては，より基礎的なデータを蓄積していくために，プラズマ中のどの粒子が生体分子にどのような効果を及ぼすかを地道にかつ系統的に調べるような研究を進めていく必要がある。最近出席したアメリカのGaseous Electronics Conference（GEC-2006）では，代表的なたんぱく質のモデル分子と電子の衝突における電離や解離過程の衝突断面積を調べている例も報告されており，腰を据えた基礎研究の必要性もアピールされてきたように見受けられる。

3　集合体としての機能と用途

プロセス応用における集合化の効果は，簡便に大面積化がはかれることである。一般に，大気圧や高気圧中での放電においては，低圧領域とは違ってプラズマがフィラメント様に収縮し，場合によってはアーク放電に移行してしまう傾向が強い。そこで，初めから微小なプラズマを意図的に多数配列して作ることによって，マクロ的にみれば均一なプラズマが得られるというわけである。マイクロプラズマの集積化には，まず単一要素の放電構造をどのようにするかということと，次にどのようにそれらを配列するかということで，その設計の自由度が実用化への戦略となる。参考までに，単一構造として考えられる幾つかの例を図４に示す[1]。その一つを実用化した例を図５に示す[1, 3]。その構造は図４(c)のタイプに対応しており，実際には金属メッシュを誘電体（SiO_2）で被覆して，２枚を互いに重ね合わせた単純なものである。この構造を用いることによって，大気圧の窒素ガスや空気中でも安定で一様な放電プラズマが得られている[3]。また，水蒸気などを混合しても放電が不安定になることはない。このような微小化によって，放電開始電圧も１～２ kV 程度に低くなるので，簡単な電源で駆動できるという特長も同時にでてくる。この例では，得られるプラズマは平面的であるが，先述のマイクロプラズマジェットを集積するよ

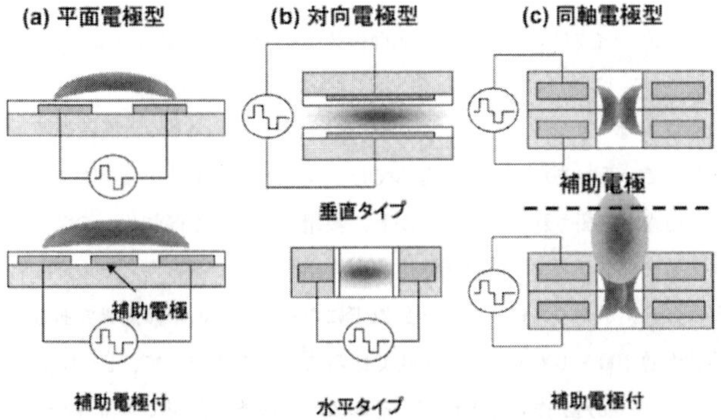

図４　誘電体バリヤ放電型マイクロ放電セルの構造例

うな方式も可能であり，他にも多様な方式の展開が考えられるであろう。

一方，フォトニックデバイスへの応用における集積化では，大面積を実現するという目的も大きいが，より興味深いのは集積化によって新しい機能を創生できる可能性があることである。その具体例の一つとしては，先に触れたプラズマフォトニック結晶が挙げられるが，さらにそれを一般化させていくと，物質に固有のパラメータである誘電率 ε，透磁率 μ，導電率 σ，を電磁波の波長のオーダーで変化させて人工的な機能媒質，すなわちメタマテリアルを創生するという新しい方向が見えてくる。どのような構造でどのような機能を発現させるかにおいては，多くの可能性に対して戦略的で系統的な基礎研究が必要である。

可視～紫外領域でのフォトニックデバイスでは，シリコン基板上に数 10 μm 程度の放電セルを多数集積したデバイスや[4]，プリント基板様のものに数 10～100 μm 径の細孔を配列して設け

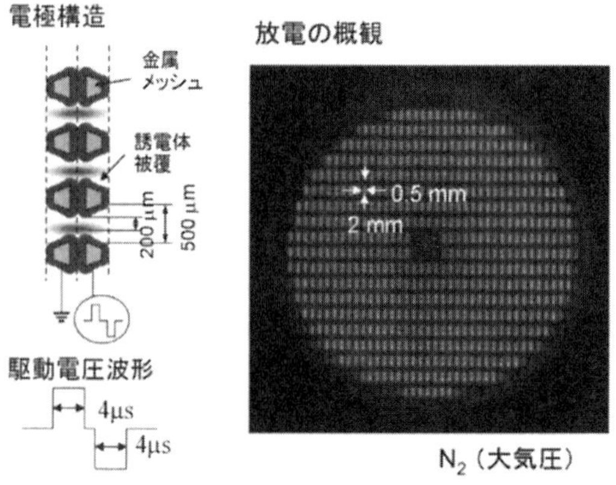

図５　マイクロプラズマ集積型大面積プラズマ源の電極構造と放電の概観

た構造のマイクロホローカソード放電デバイスが実現されており[5]，大面積光源としての用途へ応用されようとしている。また，前者の構造では，高感度なフォトディテクタとしての機能も検証されて新たな用途が開拓されている。しかし，集積構造による機能化へのさらに踏み込んだ方向としては，マイクロプラズマ間の相互作用を引き出すことであろう。その最も簡単な着想例としては，配列のピッチが光のコヒーレント長以下になったときの干渉効果である。ちなみに，回折格子の刻線数が数 100～1000 本 /mm 程度であることから想像して，1 ～10 μm 程度のピッチでマイクロプラズマの配列が作製できれば，そのような機能が発現できる可能性がある。干渉効果以外にも何か新たな効果が考えられるかも知れない。

4　おわりに

「マイクロプラズマ技術による新たな産業創成の戦略研究」という大きなテーマを背負って拙論を述べてきたが，本来，戦略そのものはそれぞれの研究開発者の創意によるものであって，一般論で紹介できるようなものではない。しかし，その発想の一つの方法として，例えば，他の学術技術の分野での進展にアナロジーを求めることも有効な方法である。固体物性の分野では，原子分子の結晶格子の構造の上にメゾスコピックな人工構造をしつらえて，量子細線や量子ドットの概念を創生して新しい展開が得られてきていることをヒントにして，プラズマにも人工的な構造を持ち込むことが考えられ，その一つの結果として，マイクロプラズマの配列によるプラズマフォトニック結晶の概念が着想された。また，インクジェット技術や微粒子のマニピュレーション技術を利用して，液滴や微粒子のような新媒質を用いたマイクロ放電プラズマの生成技術も試行されてきており，プラズマによって活性化される材料の多様性がさらに拡大できる可能性がある。また，表面との相互作用を利用したプラズマ生成法として，例えば，摩擦現象でマイクロプラズマが生成されるとの報告があり，トライボロジーの分野やそれ以外の電子放出材料などの研究分野との交流も戦略的な基礎研究の方向として有望と思われる。

文　　献

1) 橘　邦英：応用物理，**75** (4)，399 (2006)
2) J. Kedzierski, J. Engemann, M. Teschke and D. Korzec, *Solid State Phenomena*, **107**, 119 (2005)
3) O. Sakai, Y. Kishimoto and K. Tachibana, *J. Phys. D: Appl. Phys.*, **38**, 431 (2005)
4) J. G. Eden, S.-J. Park, N. Ostrom *et al.*, *J. Phys. D: Appl. Phys.*, **36**, 2869 (2003)
5) R. H. Stark and K. H. Schoenbach, *J. Appl. Phys.* **85**, 2075 (1999)

《CMC テクニカルライブラリー》 発行にあたって

弊社は、1961 年創立以来、多くの技術レポートを発行してまいりました。これらの多くは、その時代の最先端情報を企業や研究機関などの法人に提供することを目的としたもので、価格も一般の理工書に比べて遙かに高価なものでした。

一方、ある時代に最先端であった技術も、実用化され、応用展開されるにあたって普及期、成熟期を迎えていきます。ところが、最先端の時代に一流の研究者によって書かれたレポートの内容は、時代を経ても当該技術を学ぶ技術書、理工書としていささかも遜色のないことを、多くの方々が指摘されています。

弊社では過去に発行した技術レポートを個人向けの廉価な普及版**《CMC テクニカルライブラリー》**として発行することとしました。このシリーズが、21 世紀の科学技術の発展にいささかでも貢献できれば幸いです。

2000 年 12 月

株式会社　シーエムシー出版

マイクロ・ナノプラズマ技術の開発と産業応用 (B0993)

2006 年 12 月 27 日　初　版　第 1 刷発行
2012 年 2 月 8 日　普及版　第 1 刷発行

監　修　橘　邦英
　　　　寺嶋　和夫

Printed in Japan

発行者　辻　賢司
発行所　株式会社　シーエムシー出版
東京都千代田区内神田1-13-1
電話 03 (3293) 2061
http://www.cmcbooks.co.jp/

〔印刷　株式会社ニッケイ印刷〕

ISBN978-4-7813-0497-7　C3054　¥5000E